高等职业教育园林类专业系列教材

# 园林工程 第5版

**YUANLIN GONGCHENG**

主　编　李玉萍　　杨易昆

副主编　黄红艳　　仝婷婷　　孙江　　李强

主　审　韩玉林

重庆大学出版社

## 内容提要

本书是高等职业教育园林类专业系列教材之一。全书共 17 章,主要包括施工工艺和施工管理两方面的内容:园林工程的施工准备、园林土方工程、园林给排水工程、水景工程、砌体工程、园路工程、园林假山、种植工程、园林供电与照明、园林机械、园林工程养护、园林工程招标与投标、园林工程概预算、工程合同管理、园林工程组织与管理、园林建设工程的施工监理、园林工程竣工验收。全书最后为 18 个实训单元。本书配有电子教案,可在重庆大学出版社官网上下载。还有 28 个微课视频,可扫书中二维码学习。

本书可作为应用型本科和高职高专园林专业教材,也可供从事本专业的工程技术人员参考。

**图书在版编目(CIP)数据**

园林工程 / 杨易昆,李玉萍主编. -- 5 版. -- 重庆:
重庆大学出版社,2024.2
高等职业教育园林类专业系列教材
ISBN 978-7-5624-6654-3

Ⅰ.①园… Ⅱ.①杨… ②李… Ⅲ.①园林—工程施
工—高等职业教育—教材 Ⅳ.①TU986.3

中国国家版本馆 CIP 数据核字(2023)第 151643 号

### 园林工程
#### (第 5 版)

主　编　李玉萍　杨易昆
副主编　黄红艳　仝婷婷　孙　江　李　强
主　审　韩玉林
责任编辑:何　明　　版式设计:莫　西
责任校对:谢　芳　　责任印制:赵　晟

\*

重庆大学出版社出版发行
出版人:陈晓阳
社址:重庆市沙坪坝区大学城西路 21 号
邮编:401331
电话:(023)88617190　88617185(中小学)
传真:(023)88617186　88617166
网址:http://www.cqup.com.cn
邮箱:fxk@cqup.com.cn(营销中心)
全国新华书店经销
重庆升光电力印务有限公司印刷

\*

开本:787mm×1092mm　1/16　印张:22　字数:550 千
2006 年 9 月第 1 版　2024 年 2 月第 5 版　2024 年 2 月第 16 次印刷
印数:31 501—34 500
ISBN 978-7-5624-6654-3　定价:53.00 元

# 编委会名单

**主　任**　江世宏

**副主任**　刘福智

**编　委**（按姓氏笔画为序）

| | | | | |
|---|---|---|---|---|
| 卫　东 | 方大凤 | 王友国 | 王　强 | 宁妍妍 |
| 邓建平 | 代彦满 | 闫　妍 | 刘志然 | 刘　骏 |
| 刘　磊 | 朱明德 | 庄夏珍 | 宋　丹 | 吴业东 |
| 何会流 | 余　俊 | 陈力洲 | 陈大军 | 陈世昌 |
| 陈　宇 | 张少艾 | 张建林 | 张树宝 | 李　军 |
| 李　璟 | 李淑芹 | 陆柏松 | 肖雍琴 | 杨云霄 |
| 杨易昆 | 孟庆英 | 林墨飞 | 段明革 | 周初梅 |
| 周俊华 | 祝建华 | 赵静夫 | 赵九洲 | 段晓鹃 |
| 贾东坡 | 唐　建 | 唐祥宁 | 秦　琴 | 徐德秀 |
| 郭淑英 | 高玉艳 | 陶良如 | 黄红艳 | 黄　晖 |
| 彭章华 | 董　斌 | 鲁朝辉 | 曾端香 | 廖伟平 |
| 谭明权 | 潘冬梅 | | | |

## 编写人员名单

主　编　李玉萍　金陵科技学院
　　　　杨易昆　重庆三峡职业学院
副主编　黄红艳　重庆艺术工程职业学院
　　　　仝婷婷　长沙环境保护职业技术学院
　　　　孙　江　连云港师范高等专科学校
　　　　李　强　南京园林建设总公司
参　编　纪易凡　金陵科技学院
　　　　孙丽娟　金陵科技学院
　　　　徐友军　金陵科技学院
　　　　王　欢　金陵科技学院
　　　　周士锋　河南农业职业学院
　　　　李兴平　河南科技大学林业职业学院
　　　　王洪兴　黑龙江生物科技职业学院
　　　　李　霞　江苏省畜牧兽医职业技术学院
　　　　付佳佳　南昌工学院
　　　　张秋敏　江西城市职业学院
　　　　邢春艳　南昌大学共青学院
主　审　韩玉林　江西财经大学

# 第5版前言

《园林工程》问世已经有 17 年多了,它对园林学科的发展,园林施工技术的普及、园林专业人才的培养起到了积极的作用。随着经济的发展,风景园林学科地位的调整,社会对园林工程技术人员和工程管理人员的需求有增无减,为满足高等职业教育园林专业对教材的需求,我们对第 4 版教材进行了修订。

园林工程的特点是以工程技术为手段,塑造园林艺术的形象。在园林工程中运用新材料、新设备、新技术是当前的重大课题。园林工程的中心内容是:如何在综合发挥园林的生态效益、社会效益和经济效益功能的前提下,处理园林中的工程设施与风景园林景观之间的矛盾。在编写过程中,突出了各个工程的能力实训,具有较强的实用性、艺术性和规范性。

《园林工程》第 5 版是在第 4 版《园林工程》的基础上修订完善而成的,它继承了第 4 版《园林工程》的学科体系和大部分内容,所不同之处是对基础理论作了进一步充实,增加了砌体工程内容,同时对土方工程和种植工程进行了补充。第 5 版《园林工程》在应用技术上进一步提高,在适用范围上进一步扩大,使其能更贴切接近我国园林工程技术教育的现状。还增加了 28 个视频微课,可扫书中二维码学习。

本教材集园林各工程设计、施工及管理于一体,在园林工程的施工工艺方面,主要介绍了园林工程施工中的土方工程、给排水工程、水景工程、砌体工程、园路及铺装工程、假山工程、种植工程、园林用电及照明工程、园林机械等方面的内容;在园林工程施工管理方面,本书重点介绍了园林工程招投标与概预算、园林工程的组织设计、组织管理与监理、园林工程的竣工验收等方面的内容。

在第 5 版《园林工程》完稿之时,我们衷心感谢第 1 版、第 2 版、第 3 版、第 4 版《园林工程》的作者们,是他们的辛勤劳动为我们打下了坚实的基础。第 5 版《园林工程》由李玉萍和杨易昆任主编,黄红艳、仝婷婷、孙江和李强任副主编。李玉萍制定编写提纲、绪论和第 8 章,杨易昆、周士锋编写第 10 章和实训部分;仝婷婷编写第 5 章和附录的整理,杨易昆、孙丽娟编写第 4 章,李强编写第 15 章;付佳佳编写第 1 章,纪易凡编写第 2 章,李兴平编写第 17 章,徐友军编写第 6 章,黄红艳、王欢编写第 7 章,杨易昆、黄红艳、周士锋编写第 9 章和第 11 章,仝婷婷、王洪兴、李霞编写第 12 章,张秋敏编写第 14 章,邢春艳编写第 16 章,孙江编写第 3 章和第 13 章。书稿由江西财经大学资源与环境学院韩玉林教授审阅。全书由李玉萍统稿并整理。参与工作的同志都发挥了协作努力的团队合作精神,以渊博的知识、丰富的经验、严谨科学的态度,完成

了该书的编写任务。对他们的辛勤劳动和真诚的合作精神表示感谢！

　　本书在编写的过程中参考了大量的资料,在此向相关作者深表谢意。同时,在该书的编写过程中,得到了南京林业大学汤庚国教授、金陵科技学院园艺学院院长朱士农教授、副院长宰学明副教授、南京园林局陈雷总工程师、齐佩文处长、南京园林研究所王军所长、南京园林建设总公司的崔兆星副总经理的鼎力帮助和指点,在此一并表示感谢。

编　者

2023 年 8 月

# 目 录

# 绪 论

## 0.1 园林与园林工程

绪论微课

园林在中国古籍里根据不同性质也称作囿、苑、园、庭园、别业、山庄等，欧美各国则称之为 Garden、Park、Landscape Garden。现代园林的概念与传统的园林相比要大得多。100 多年前，奥姆斯特德提出的"Landscape Architecture"被广泛采纳，翻译成中文为"景观建筑学""园林学""造园学""风景园林"或"景观规划与设计"，后两种翻译被专业人士认可。随着风景园林研究的进一步深入，理论和实践的发展，刘滨谊博士提出了一个新的概念——"Landscape Studies"，即景观学，使风景园林的研究从景观规划设计与建造扩展为包括景观资源的管理，遗产的保护等方面，甚至包括纯理论方面的研究。

园林工程是指在一定的地段范围内，利用并改造自然山水地貌或者人为地开辟山水地貌，结合植物的栽植和建筑的布置，从而构成一个供人们观赏、游憩、居住的园林景观环境的全过程，过去也称为造园。园林工程学就是研究园林的工程设计，工程管理，施工技术及原理，园林中新材料、新技术的利用以及如何创造优美宜人的园林景观环境的学科。

## 0.2 园林的发展及类型

### 1）我国园林的发展

我国园林历史悠久，是世界三大园林体系之一。但我国古典园林始建于何时，至今尚无明确的定论。从园林建筑的使用性质来分析，园林主要是为满足游憩、文化娱乐、起居的要求而兴建，因此使用者只有占有一定的物质财富和劳动力，才有可能建造供他们游憩享乐的园林。在我国古代第一个奴隶制国家——夏朝，农业和手工业都有相当的发展，那时已有青铜器，有锛、凿、刀、锥、戈等工具，为营造活动提供了技术上的条件。因此，在夏朝已经出现了宫殿建筑。

甲骨文中有园、圃、囿等字的出现，引起了关于园林的营造活动和最初形式到底是开始于商朝还是周朝，以及最初形式是园、圃，还是囿的讨论，在这 3 种形式中，囿具备了园林活动的内容,特别是从商到了周代,就有周文王的"灵囿"。据《孟子》记载:"文王之囿,方七十里",其中养有兽、鱼、鸟等,不仅供狩猎,同时也是周文王欣赏自然之美,满足他的审美享受的场所。可以说,囿是我国古典园林的一种最初形式。

秦始皇完成了民族大统一后,连续不断地营建宫、苑,大小不下300处。其中最为有名的应推上林苑中的阿房宫,周围300里,内有离宫70所,"离宫别馆,弥山跨谷"。汉代所建宫苑,以未央宫、建章宫、长乐宫规模为最大。汉武帝在秦上林苑的基础上继续扩大,苑中有宫,宫中有苑,在苑中分区饲养动物,栽培各地的名果奇树多达3 000余种,其内容和规模都是相当可观的。

在三国魏晋时期,在山水画出现和发展的基础上,由画家所提供的构图、色彩、层次和美好的意境往往成为造园艺术的借鉴。这时的文人士大夫以玄谈隐世,寄情山水,以退隐为其高洁的象征,有的文人画家更以风雅自居。因此,该时期的造园活动将所谓"诗情画意",也运用到园林艺术之中,为隋唐的山水园林艺术发展打下了基础。

隋炀帝时更是大造宫苑,所建离宫别馆40余所。杨广所建的宫苑中以洛阳最宏伟的西苑而著称,苑内有周长十余里的人工海,海中有3座百余尺高的海上神山造景,山水之胜和极多的殿堂楼阁、动植物等。这种极尽豪华的园林艺术,为开池筑山,模仿自然,聚石引水,植林开涧等有若自然的造园手法,为以后的自然式造园活动打下了厚实的基础。

唐代,是我国历史上继秦汉以后的极盛时期。此时期的造园活动和所建宫苑的壮丽,比以前更有过之而无不及。如在长安建有宫苑结合的"南内苑""东内苑""芙蓉苑"及骊山的"华清宫"等。著名的"华清宫"至今仍保留有唐代园林艺术风格,这是极为珍贵的。

在宋代,有著名的汴京(今开封)"寿山艮岳",周围十余里,规模大、景点多,其造园手法也比过去大有提高。

明朝,在北京建有"西苑"等。清代更有占地8 400多亩的承德"避暑山庄",以及与世界文化历史上著名的古迹——法国巴黎的凡尔赛宫相比美的"圆明园"等,还有诸多私家园林。

我国3 000年左右的园林史可划分为:商周产生了园林的雏形——囿;秦汉由囿发展到苑;唐宋由苑到园;明清则为我国古典园林的极盛时期。

### 2) 我国古典园林对世界园林的影响

自唐、宋始,我国的造园技术传入日本、朝鲜等国。明末著名造园家计成撰写的造园理论专著——《园冶》流入日本,抄本题名为《夺天工》,至今日本许多园林建筑的题名都还沿用古典汉语。特别是在公元13世纪,意大利旅行家马可·波罗就把杭州西湖的园林称誉为"世界上最美丽华贵之城",从而使杭州的园林艺术名扬海外。今天,它更是世界旅游者心中向往的游览胜地。在18世纪,中国自然式山水园林由英国著名造园家威廉·康伯介绍到英国,使当时的英国一度出现了"自然热"。清初,英国传教士李明所著的《中国现势新志》对我国园林艺术也有所介绍。后来,英国人钱伯斯到广州,看了我国的园林艺术,回英国后著成《东方园林论述》,对欧洲园林产生了一定的影响。随着人们对中国园林艺术的逐步了解,英国造园家开始对规则式园林布局原则感到单调。从而,东方园林艺术的设计手法随之得到发展。如1730年在伦敦郊外所建的植物园,即今天的英国皇家植物园,其设计意境除模仿中国园林的自然式布局外,还大量采用了中国式的宝塔和桥等园林建筑的艺术形式。在法国不仅出现"英华园庭"一词,而且仅巴黎一地,就建有中国式风景园林约20处。从此以后,中国的园林艺术在欧洲广为传播。随着我国国际地位的提高,我国山水园林更加受到欧美各国的青睐。

**3）世界园林形式的划分**

（1）规则式园林 规则式园林又称整形式、建筑式、图案式或几何式园林。西方园林，从埃及、希腊、罗马起到 18 世纪英国风景式园林产生以前，基本上以规则式园林为主，其中以文艺复兴时期意大利台地建筑式园林和 17 世纪法国勒诺特平面图案式园林为代表。这一类园林，以建筑和建筑式空间布局作为园林风景表现的主要题材。北京天安门广场园林、大连斯大林广场园林、南京中山陵园林以及北京天坛公园都属于规则式园林。规则式园林又可分为规则对称式园林和规则不对称式园林。

（2）自然式园林 自然式园林又称为风景式、不规则式、山水派园林等。我国园林，从有历史记载的周秦时代开始，无论大型的帝皇苑囿，还是小型的私家园林，多以自然式山水园林为主，古典园林中以北京颐和园、承德避暑山庄、苏州拙政园、留园为代表。我国自然式山水园林，从唐代开始影响日本的园林，到 18 世纪后半期传入英国，从而引起了欧洲园林对古典形式主义的革新运动。

（3）混合式园林 混合式园林是指在园林中规则式与自然式比例相差不多的园林。如广州烈士陵园。在园林规划中，原有地形平坦的可规划成规则式，原有地形起伏不平，丘陵、水面多的可规划为自然式。树木少的可规划成规则式。大面积园林以自然式为宜，小面积以规则式较经济。四周环境规则则宜规划为规则式，四周环境自然则宜规划成自然式。林荫道、建筑广场的街心花园等以规则式为宜。居民区、机关、工厂、体育馆、大型建筑物前的绿地以混合式为宜。

**4）现代园林的趋势**

①现代园林不断向开敞、外向型发展。逐渐从城市中的花园转变为花园城市，而且乡镇和农村也逐渐重视生态环境的建设。

②在现代园林中，园林建筑密度减少，以植物为主组织景观代替了以建筑为主组织景观。起伏地形和林间草地代替了大面积挖湖堆山，减少土方量和工程成本，同时也减轻对自然环境的破坏。

③在园林规划建设中越来越强调园林的功能性和增加园林的科学品位。

④随着对生态环境的破坏，人们环境保护的意识不断增强，人性化和生态园林也越来越受到重视，以人为本、美化生态环境、改造生态环境和恢复生态环境已成为园林工作者在园林设计和园林建设中的主要议题。

⑤新材料、新技术不断应用于园林建设。体现时代精神的雕塑，在园林中的应用也日益增多。

# 0.3 园林工程的特点

**1）综合性强**

园林工程是一门涉及内容广泛、综合性很强的综合学科，园林工程所涉及的不仅仅是简单的建筑和种植，更重要的是在建造的过程中：

①要遵循美学的观点，对所建工程进行艺术加工。

②园林施工人员必须要看懂园林景观设计图纸，还要理会景观设计师的意图，才能使所建

工程符合设计的要求,甚至还能使所建景观锦上添花。

③园林工程还涉及施工现场的测量、园林建筑及园林小品的营造、园林植物的生长发育规律及生态习性、种植与养护等方面的知识。

### 2) 高复杂性

①园林工程的复杂性。如上所述,园林工程施工涉及广泛,即涉及园林美学与园林艺术、土建和植物的种植与养护、气候、土壤及植物的病虫害防治等方面的知识。在施工过程中,园林建造师还需要有一定的组织管理能力,才能使工程以较低成本,高质量按期交工。

②关系的复杂性。园林工程施工过程中,涉及施工队伍内部人员的管理,还涉及与建设单位和监理单位进行协调。因此,园林建造师在园林工程的施工过程中,不仅要掌握熟练的园林施工技能,还要有相应的管理及社交能力,才能保证施工的顺利进行。

### 3) 时效性强

一般来说,园林建设项目都有工期限制,在园林工程施工过程中,施工进度控制也是一项相当重要的管理内容,只有制定完善的施工组织设计和施工中进行适当的工期控制,才能保证工程如期完工。由于园林植物的生长发育受到气候的影响,因此,园林施工也受到季节限制,在不适宜季节种植园林植物,就要增加相应的种植和养护管理费用。

## 0.4　园林工程学与其他学科的关系

### 1) 园林美学及园林艺术

要想创造优美的园林景观环境,给人以美的享受,首先必须要懂得什么是美。古希腊的毕达哥拉斯学派认为:"美就是一定数量的体现,美就是和谐,一切事物凡是具备和谐这一特点的就是美。"美是事物现象与本质的高度统一,或者说,美是形式与内容的高度统一,它是通过最佳形式将它的内容表现出来。美包括自然美、生活美和艺术美。自然美如泰山日出、黄山云海、云南石林、黄果树瀑布等,凡其声音、色泽和形状都能令人身心愉悦,产生美感,并能寄情于景的,都是自然美。园林作为景观环境,在为人们创造接近大自然的机会,使人们接受大自然的爱抚,享受大自然的阳光、空气的同时,还必须保证游人游览时,感到生活上的方便和心情舒畅,即园林的生活美。人们在欣赏和研究自然美、创造生活美的同时,孕育了艺术美。艺术美应是自然美和生活美的提高和升华。园林艺术是融汇多种艺术于一体的综合艺术,是融文学、绘画、建筑、雕塑、书法、工艺美术等艺术于自然的一种独特艺术。同时,园林艺术利用植物的形态、色彩和芳香等作为园林造景的主题,利用植物的季相变化构成奇丽的景观。因而,园林艺术具有生命的特征,是有生命的艺术。园林工程就是利用园林美学的观点,通过园林艺术的手法,包括园林作品的内容和形式、园林设计的艺术构思和总体布局、形式美的构图及其内涵美的各种原理在园林中的运用、园景创造的各种手法等,创造出优美的园林景观环境。

### 2) 园林景观规划设计

园林景观规划设计是园林景观的布局,起战略性的作用,布局合理与否影响全局。园林工程施工是实践设计意图的工程,园林建造师必须了解景观规划设计图的要求,知晓景观设计师的意图,通过利用构成园林的各种素材,对地形、地貌、园林建筑、假山水景、植被等精心加工制作,实现优美的园林景观。优秀的景观规划设计必须由高水平的施工队伍的精心制作才能实现,优秀的施工队伍在施工过程中还能对设计中的不足进行补充和完善。因此,两者之间相辅相成。

### 3)园林树木学、花卉学、草坪学、园林苗圃学及园林植物遗传育种学

园林植物是园林景观的主要组成部分,是园林中具有生命的部分,通过明显的花色、叶色及季相变化赋予园林景观以不同的外貌和活力。园林树木学、花卉学、草坪学、园林苗圃学主要研究的是园林植物的形态特征、观赏特性、生态适应性、园林用途、繁殖及栽培、养护管理等方面的内容。园林植物育种学则是研究新优园林植物种质资源、新优园林植物种及品种的引种、选种及育种。因此,这些课程是园林工程学的基础。

### 4)生态学

随着工业化的不断发展和社会的不断进步,环境的污染、破坏日趋严重,人们越来越重视生态环境的改善,因此在园林规划设计和园林景观建造的过程中引入生态学观点,即生态园林设计和建造生态园林景观。斯坦利·怀特认为:"如果我们的设计能含纳草地、森林和山,那我们能占据的景观将富含原土地之奥妙。景观特征应被加强而不是被削弱,而最终和谐应存在于一个复合体上,这些人为化的景观是最动人、最可爱的,只要景观的结构和灵魂能被保留,我们就会感到快乐和兴奋。"现在的园林景观工程应包含为满足大众需求的园林景观美化,生态环境的改善、修复与保护。

### 5)其他

筑山、理水、植物配置、建筑营造称为造园的4大要素。筑山、理水、建筑营造都需要有建筑学和建筑材料知识,园林植物更需要养护管理。因此在园林工程的学习过程中,要注重园林建筑、建筑材料、气象学、土壤肥料学、植物保护等方面知识的学习。

## 0.5　园林工程学的主要内容和学习方法

### 1)园林工程学的主要内容

本书主要包括两方面的内容,即园林工程施工工艺方面的内容和与之有关的施工管理方面的内容:

①在园林工程的施工工艺方面,主要介绍园林工程施工中的土方工程、给排水工程、假山工程、水景工程、砌体工程、种植工程、园路及铺装工程、园林用电及照明工程、园林机械等方面的内容。

②在园林工程施工管理方面,本书重点介绍园林工程招投标、概预算、园林工程的组织设计、施工管理与监理、园林工程的竣工验收等方面的内容。

### 2)园林工程学的教学及学习方法

园林工程是园林专业的一门主要的专业课,是造园活动的理论基础和实践技能课,是实践性和综合性很强的课程。园林工程的教学环节包括课堂教学、课程设计及园林模型的制作、实践教学等方面的内容。实践教学最好能结合园林工程现场施工和重点园林景观景点的评价来进行。在园林工程的学习过程中要注意以下几个方面:

(1)注重理论和实践的结合　园林工程是一门技术性很强的课程,主要包括园林工程中的相关施工技术、园林工程的预决算、工程的施工管理与监理。在学习的过程中,必须要掌握所学内容,并结合实践加深对理论知识的认识和掌握。在实习过程中并非仅仅观看园林美景,而应重视施工技术,同时还要运用园林美学和园林艺术的观点对所见园林景观和景观要素,如假山、园路、水景、园林建筑等进行评价,包括对某一园林景观与周围环境的协调程度,景观内部的设计,园林中各景点与整个园林景观的和谐,个体的造型艺术、制作手法及选材是否恰当,施工技术的好坏等方面进行评价,寻找景观优异之处,探寻不足之点,在提高自己的审美观及艺术造诣的同时,又加深了对施工技术的掌握程度。预决算与施工管理和监理也只有在实际操作过程中才能更加熟练。

(2)注重多学科知识的综合运用　前已述及园林工程是一门涉及广泛的学科。不仅要学园林美学、园林艺术、园林制图、园林规划设计、园林建筑设计、生态学、城市生态学、气象学、园林植物等有关方面的课程,还要掌握园林的经营管理、园林工程的概预算与招投标、园林工程的组织管理与监理,使得这些知识在园林工程的施工及管理中能够加以综合运用。随着社会的发展,园林工程施工单位必须要紧跟时代的步伐,适应市场运作方式,园林工程施工技术和管理人员也必须要有经济学、社会科学等方面的知识,同时也要了解国家相关的法律法规。

(3)注重新知识、新材料、新技术的学习和运用　园林风景和园林建设水平随社会的发展进步而不断提高。因此,在园林工程的学习过程中要紧跟时代发展的潮流,熟知园林的发展方向,掌握园林中新材料和新技术的应用,并能把它们灵活运用于园林建设之中。

## 复习思考题

1.何谓园林工程? 如何理解园林美学及园林艺术与园林工程的关系?

2.园林工程有哪些特点? 你认为应该如何学习这门课程?

# 1 园林工程的施工准备

**本章导读** 良好的开端是成功的一半。园林工程的施工准备是园林工程建设顺利进行的必要前提和根本保证。本章作为园林工程的入门,主要是介绍施工准备的重要性、主要内容及临时设施类型等,通过本章学习使读者对施工准备有初步的认识和了解。

## 1.1 施工准备工作

第 1 章微课

### 1.1.1 施工准备工作的重要性

园林工程建设是人们创造物质财富的同时创造精神财富的重要途径,园林建设发展到今天,其涵义和范围有了全新拓展。建设工程项目总的程序是按照决策(计划)、设计和施工 3 个阶段进行。施工阶段又分为施工准备、项目施工、竣工验收、养护与管理等阶段。

由此可见,施工准备工作的基本任务是为拟建工程的施工提供必要的技术和物质条件,统筹安排施工力量和施工现场。同时施工准备工作还是工程建设顺利进行的根本保证。因此,认真做好施工准备工作,对于发挥企业优势、资源的合理利用、加快施工进度、提高工程质量、降低工程成本、增加企业利润、赢得社会信誉、实现企业管理现代化具有十分重要的意义。

实践证明,凡是重视施工准备工作,积极为拟建工程创造一切施工条件的,项目的施工就会顺利进行;反之,就会给项目施工带来麻烦或不便,甚至造成无可挽回的损失。

### 1.1.2 施工准备工作的分类

#### 1)按范围不同分类

按工程项目施工准备工作的范围不同可分为:全场性施工准备、单位工程施工准备和分部分项工程施工准备。

（1）全场性施工准备　全场性施工准备是以整个施工工地为对象而进行的各项施工准备。其特点是施工准备工作的目的、内容都是为全场性施工服务的。它不仅要为全场性的施工活动创造条件，而且要兼顾单位工程施工条件的准备。

（2）单位工程施工准备　单位工程施工条件准备是以一个建筑物、构筑物或种植施工为对象进行施工条件的准备工作。其特点是它的准备工作的目的、内容都是为单位工程施工服务的。它不仅为该单位工程的施工做好一切准备，而且要为分部分项工程做好施工准备工作。

（3）分部分项工程施工准备　它是以一个分部分项工程或冬、雨季施工项目为对象而进行的作业条件准备。

## 2）按施工阶段的不同分类

按拟建工程所处的施工阶段的不同可分为：开工前的施工准备和各施工阶段前的施工准备。

（1）开工前的施工准备　开工前的施工准备是在拟建工程正式开工之前所进行的一切施工准备工作。其目的是为拟建工程正式开工创造必要的施工条件。它既可能是全场性的施工准备，又可能是单位工程施工条件的准备。

（2）各施工阶段前的施工准备　各施工阶段前的施工准备是在拟建工程开工之后，每个施工阶段正式开工之前所进行的一切施工准备工作。其目的是为施工阶段正式开工创造必要的施工条件。

综上所述，施工准备工作既要有阶段性，又要有连贯性，必须要有计划、有步骤、分期分阶段进行，要贯穿整个施工项目建造过程的始终。

## 1.1.3　施工准备工作的内容

### 1）技术准备

技术准备是核心，因为任何技术的差错或隐患都可能引发人身安全和工程质量事故。

（1）熟悉并审查施工图纸和有关资料　园林建设工程在施工前应熟悉设计图纸的详细内容，以便掌握设计意图，确认现场状况，以便编制施工组织设计、为工程施工提供各项依据。在研究图纸时，需要特别注意的是特殊施工说明书的内容、施工方法、工期以及所确认的施工界限等。

（2）原始资料的调查分析　为了做好施工准备工作，除了要掌握有关拟建工程的书面资料外，还应该对拟建工程进行实地勘测和调查，获得第一手资料，这对拟定一个合理、切合实际的施工组织设计是非常必要的，因此应该做好以下两方面的调查分析：

①自然条件的调查分析。自然条件主要包括工程区气候、土壤、水文、地质等，尤其是对于园林绿化工程，充分了解和掌握工程区的自然条件是必须的。

②技术经济条件的调查分析。内容包括：地方建筑与园林施工企业的状况；施工现场的动迁状况；当地可利用的地方材料状况；建材、苗木供应状况；地方能源、运输状况；劳动力和技术水平状况；当地生活供应、教育和医疗状况；消防、治安状况和参加施工单位的力量状况。

（3）编制施工图预算和施工预算　施工图预算应由施工单位按照施工图纸所确定的工程

量、施工组织设计拟定的施工方法、建设工程预算定额和有关费用定额编制。施工图预算是建设单位和施工单位签订工程合同的主要依据,是拨付工程款和竣工决算的主要依据,是实行招投标和建设包干的主要依据,也是施工单位制订施工计划、考核工程成本的依据。

施工预算是施工单位内部编制的一种预算。它是在施工图预算的控制下,结合施工组织设计中的平面布置、施工方法、技术组织措施以及现场施工条件等因素编制而成的。

(4)编制施工组织设计　拟建工程应根据其规模、特点和建设单位要求,编制指导该工程施工全过程的施工组织设计。

### 2)物质准备

园林建设工程的物质准备工作内容包括土建材料准备、绿化材料准备、构(配)件和制品加工准备、园林施工机具准备等。

### 3)劳动组织准备

①施工项目管理人员应是有实际工作的专业人员。

②有能进行现场施工指导的专业技术员。

③各工种应有熟练的技术工人,并应在进场前进行有关的入场教育。

### 4)施工现场准备

大中型的综合园林建设项目应做好完善的施工现场准备工作。

(1)施工现场的控制网测量　根据给定的永久性坐标和高程,按照总平面图要求,进行施工场地的控制网测量,设置场区永久性控制测量标桩。

(2)做好"四通一清"　确保施工现场水通、电通、道路畅通、通信畅通和场地清理。应按消防要求设置足够数量的消防栓。园林建设中的场地平整要因地制宜,合理利用竖向条件,既要便于施工,又要保留良好的地形景观。

(3)做好施工现场的补充勘探　对施工现场做补充勘探是为了进一步寻找隐蔽物。对于城市园林建设工程,尤其要清楚地下管线的布局,以便及时拟定处理隐蔽物的方案和措施,为基础工程施工创造条件。

(4)建造临时设施　按照施工总平面图的布置,建造临时设施,为正式开工准备好用于生产、办公、生活、居住和储存等的临时用房。

(5)安装调试施工机具　根据施工机具需求计划,按施工平面图要求,组织施工机械、设备和工具进场,按规定地点和方式存放,并应进行相应的保养和试运转等工作。

(6)组织施工材料进场　根据各项材料需求计划,组织其进场,按规定地点和方式存放。植物材料一般随到随栽,不需提前进场。若进场后不能立即栽植,要选择好假植地点和养护方式。

(7)其他　如做好冬季、雨季施工安排,保护、保存树木等。

### 5)施工场外协调

①材料选购、加工和订货。根据各项材料需要量计划,同建材生产加工、设备设施制造、苗木生产单位取得联系,必要时签订供货合同,保证按时供应。植物材料属非工业产品,一般要到苗木场(圃)选择符合设计要求的优质苗木。园林中特殊的景观材料,如山石等需要事先根据设计需要进行选择备用。

②施工机具租赁或订购。对本单位缺少且需用的施工机具,应根据需要量计划,同有关单位签订租赁合同或订购合同。

③选定转、分包单位,并签订合同,理顺转、分、承包的关系,但应防止将整个工程全部转包的情况出现。

## 1.1.4　施工准备的工作计划

为了落实各项施工准备工作,加强对其检查和监督,必须根据各项施工准备工作的内容、时间和人员,编制施工准备工作计划,如表 1.1 所示。

表 1.1　施工准备工作计划

| 序号 | 施工准备项目 | 简要内容 | 负责单位 | 起止时间 | | 备　注 |
|---|---|---|---|---|---|---|
| | | | | 月、日 | 月、日 | |
| | | | | | | |
| | | | | | | |

综上所述,各项施工准备工作不是分离的、孤立的,而是互为补充,相互配合的。为了提高施工准备工作的质量,加快施工准备工作的进度,必须加强建设单位、设计单位和施工单位之间的协调工作,建立健全施工准备工作的责任制度和检查制度,使施工准备工作有领导、有组织、有计划,分期分批地进行,并贯穿施工全过程的始终。

## 1.2　临时设施

为了满足工程项目施工需要,在工程正式开工之前,要按照工程项目施工准备工作计划的要求,建造相应的临时设施,为工程项目创造良好的施工条件。临时设施工程也叫暂设工程,在施工结束之后就要拆除,其投资有效时间是短暂的,因此在组织工程项目施工时,对暂设工程和大型临时设施的用途、数量和建造方式等方面,要进行技术经济方面的可行性研究,要做到在满足施工需要的前提下,使其数量和造价最低。这对于降低工程成本和减少施工用地都是十分重要的。

## 1.2.1　施工总平面图

暂设工程的类型和规格因园林建设工程规模不同而异,但其布局的合理性主要是通过施工总平面图的设计来实现的。

施工总平面图是拟建项目施工场地的总布置图。它按照施工方案和施工进度的要求,对施工现场的道路交通、施工房屋设施、工地供水(电)设施及临时通信设施等做出合理的规划和布置,从而正确处理全工地施工期间所需各项临时设施和拟建园林工程之间的空间关系。通常施工总平面图标注了各拟建工程的位置和尺寸。

## 1.2.2　临时设施

（1）施工房屋设施　房屋设施一般包括工地加工厂、工地仓库、办公用房（含施工现场指挥部、办公室、项目部、财务室、传达室、车库等）以及居住生活用房等。

（2）工地运输　工地运输方式有：铁路运输、水路运输、汽车运输和非机动车运输等。在园林施工中主要以汽车运输为主，修建能够承载重车辆的临时道路。

（3）工地供水　施工工地临时供水主要包括生产用水、生活用水和消防用水3种。需要根据用水的不同要求选择水源和确定用水量，铺设临时用水管道。

（4）工地供电　工地临时供电组织包括：计算用电总量，选择电源，确定变压器和导线截面积并布置配电线路。

（5）临时通信设施　现代施工企业为了高效快捷获取信息，提高办事效率，在一些稍大的施工现场都配备了固定电话、对讲机、电脑等设施。

## 复习思考题

1. 为什么说施工准备工作贯穿于整个工程施工的全过程？
2. 施工准备工作如何分类？施工准备工作的内容主要有哪些？
3. 技术准备的主要内容有哪些？

# 2 园林土方工程

**本章导读** 本章主要阐述竖向设计的概念和方法,介绍土方工程量的意义及如何减少土方工程量、土方工程量的计算,讲述土方施工的基本知识和土方施工内容。通过本章内容的学习,使学生掌握如何进行竖向设计和土方计算的方法,了解土方施工的步骤,并为园林其他章节的学习打下良好的基础。

园林工程施工,必先动土,对施工场地地形进行整理和改造。土方工程是园林建设工程中的主要工程项目,尤其是大规模的挖湖堆山、整理地形的工程,这些项目工期长,工程量大,投资大且艺术要求高。土方工程施工质量的好坏直接影响到工程的顺利进行、景观质量、施工成本和以后的日常维护管理。

## 2.1 园林地形改造与设计

第 2 章微课(1)

地形是构成园林实体的四要素之一,它是指地球表面起伏的形态,具有三维特性。园林景观建设离不开地形设计,因其为园林景观元素的载体,同时也是园林景观的构成。地形的设计和改造是园林工程首要解决的问题,也是园林建设成功与否的关键所在。

### 2.1.1 地形的作用

(1)骨架作用 园林景观的形成在不同程度上都与地面相接触,因而地形便成了园林景观不可缺少的基础和依赖。地形是连接景观中所有因素和空间的主线,它的结构作用可以一直延续到地平线的尽头或水体的边缘。地形为所有景观与设施提供了赖以存在的基面,它是园林各组成元素的载体。地形如同骨架一样,为园林各景物提供平面及立面的依据。可见地形对景观的决定作用和骨架作用是不言而喻的。

(2)空间作用 园林空间设计的素材可以是建筑、植物和道路等,也可以是地形。地形具有构成不同形状、不同特点园林空间的作用。园林空间的形成,也可由地形因素直接制约。地块的平面形状如何,园林空间在水平方向上的形状也就如何。地块在竖直上有什么变化,空间的立面形式也就会产生相应的变化。

(3)景观作用　园林地形本身就是景观元素之一,具有重要的景观作用,具体体现在背景作用和造景作用两个方面。

地形一方面是造园诸要素的基础,另一方面为其他造园要素承担背景角色,例如一块平地上草坪、树木、道路、建筑和小品形成地形上的一个个景点,而整个地形构成此园林空间诸景点要素的共同背景。

地形还具有许多潜在的视觉特性,对地形可以进行改造和组合,以形成不同的形状,产生不同的视觉效果。近年来,一些设计师尝试如雕塑家一样,在户外环境中,通过地形造型而创造出多样的大地景观艺术作品,我们将其称之为"大地艺术"。

(4)工程作用　地形对于地表排水亦有着十分重要的意义,园林排水的主要形式即地面排水。由于地表的径流量、径流方向和径流速度都与地形有关,因而园林中地形过于平坦时就不利于排水,容易积涝。而当地形坡度太陡时,径流量就比较大,径流速度也快,从而引起地面冲刷和水土流失。因此,创造一定的地形起伏,合理安排地形的分水和汇水线,使地形具有较好的自然排水条件,是充分发挥地形排水工程作用的有效措施。

地形也可以改善局部地区的小气候条件(图2.1)。如对地形进行设计,改善小环境的通风透光等。起伏的地形在受光照的情况下形成阴面和阳面,可营造不同的光环境。

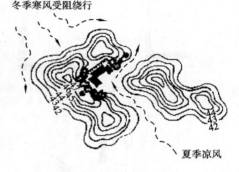

图2.1　地形工程作用

## 2.1.2　地形的类型

从园林造景角度来说,坡度是涉及地形的视觉和功能特征最重要的因素之一。从这一点上可将地形分为平地、坡地、山地三大类。

### 1)平地

自然环境中绝对平坦的地形是不存在的,所有的地面都或多或少存在一些明显或难以觉察的坡度。园林中的"平地"指的是相对平坦的地面,更为确切的描述是指园林地形中坡度小于4%的较平坦用地。

园林中,平地适用于任何种类的活动场所需求。平地亦适于建造建筑,铺设广场、停车场、道路,建设游乐场,铺设草坪草地,建设苗圃等。因此,现代公共园林中必须设有一定比例的平地形以供人流集散以及交通、游览需要。

园林中对平地应适当加以地形调整,一览无余的平地不加处理容易流于平淡。适当地对平地形挖低堆高,造成地形高低变化,或结合这些高低变化设计台阶、挡墙,并通过景墙、植物等景观元素对平地形进行分隔与遮挡,可以创造出不同层次的园林空间。

### 2）坡地

坡地指倾斜的地面。园林中进行坡地设计,使地面产生明显的起伏变化,增加园林艺术空间的生动性。

园林中坡地按照其倾斜程度的大小可以分为缓坡、中坡、陡坡3种。

坡地地表径流速度快,不会产生积水,但是若地形起伏过大或坡度不大但同一坡度的坡面延伸过长,则容易产生滑坡现象,因此,地形起伏要适度,坡长应适中。

（1）缓坡　坡度在4%～10%。地面起伏相对平缓,可用于运动和非正规的活动场地。在缓坡地,布置道路和建筑基本不受坡度与地形限制。园林中通常结合缓坡地修建活动场地、游憩草坪、疏林草地等,形成舒适的园林休息环境。缓坡地不宜开辟面积较大的水体,如要开辟大面积水体,可以采用不同标高水体叠落组合形成,以增加水面层次感。缓坡地植物种植不受地形约束。

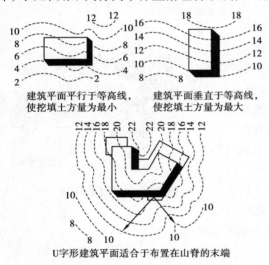

建筑平面平行于等高线,使挖填土方量为最小

建筑平面垂直于等高线,使挖填土方量为最大

U字形建筑平面适合于布置在山脊的末端

图2.2　建筑布置与地形

（2）中坡　坡度在10%～25%。在这种地形中,建筑和道路的布置会受到限制,垂直于等高线的道路常做成梯道,建筑一般要顺着等高线布置并结合现状进行地形改造才能修建（图2.2）,并且占地面积不宜过大。对于水体布置而言,除溪流外不宜开辟河湖等较大面积的水体。中坡地植物种植基本不受限制。

（3）陡坡　坡度在25%～50%的坡地为陡坡。陡坡的稳定性较差,容易造成滑坡甚至塌方,因此,在陡坡地段的地形改造一般要考虑加固措施,如建造护坡、挡墙等。陡坡上布置较大规模建筑会受到很大限制,并且土方工程量很大。如布置道路,一般要做成较陡的梯道;如要通车,则要顺应地形起伏做成盘山道。陡坡地形更难设计较大面积水体,只能布置小型水池。陡坡地上土层较薄,水土流失严重,植物生根困难,因此陡坡地种植树木较困难,如要对陡坡进行绿化可以先对地形进行改造,改造成小块平整土地,或在岩石缝隙中种植树木,必要时可以对岩石打眼处理,留出种植穴并覆土种植。

### 3）山地

同坡地相比,山地的坡度更大,其坡度在50%以上。山地根据坡度大小又可分为急坡地和悬坡地两种。急坡地地面坡度为50%。悬坡地是地面坡度在100%以上的坡地。由于山地尤其是石山地的坡度较大,因此在园林地形中往往能表现出奇、险、雄等造景效果。山地上不宜布置较大建筑,只能通过地形改造点缀亭、廊等单体小建筑。山地上道路布置亦较困难,在急坡地上,车道只能曲折盘旋而上,游览道需做成高而陡的爬山磴道;而在悬坡地上,布置车道则极为困难,爬山磴道边必须设置攀登用扶手栏杆或扶手铁链。山地上一般不能布置较大水体,但可结合地形设置瀑布、叠水等小型水体。山地与石山地的植物生存条件比较差,适宜抗性好、生性强健的植物生长。但是,利用悬崖边、石壁上、石峰顶等险峻地点的石缝石穴,配植形态优美的青松、红枫等风景树,却可以得到非常诱人的犹如盆景树石般的艺术景致。

### 2.1.3　地形设计的原则和要求

园林地形设计是园林竖向设计的内容之一,是在园林总体设计的指导下进行的。地形设计关乎园林景观的成败、园林诸多功能的实现,在具体设计时须遵循如下原则:

①从使用功能出发,兼顾实用与造景,发挥造景功能。用地的功能性质决定了用地的类型,不同类型、不同使用功能的园林绿地对地形的要求各异。如传统的自然山水园和安静休息区均需地形较复杂、有一定的地貌变化。现代开放规则式园林要求地形相对平坦,起伏小。

②要因地制宜,利用与改造相结合,在利用的基础上,进行合理的改造。园林地形改造需充分了解原地形状况,在原地形基础上合理地进行地形设计和改造有助于降低地形改造难度,减少土方量,创造优质景观。

③必须遵守城市总体规划时对公园的各种要求。

④注意节约原则,降低工程费用,就地就近,维持土方平衡。地形改造往往涉及大量土方,而土方工程费用通常占造园成本的 30% ~ 40% ,有时高达 60% 。为此在地形设计时需尽量缩短土方运距,就地挖填,保持土方平衡以节省建园资金。

## 2.2　竖向设计

第 2 章微课(2)

在建园过程中,园基原地形往往不能完全符合建园的要求,所以在充分利用原有地形的基础上必须进行适当的改造。竖向设计的任务就是从最大限度地发挥园林的综合功能出发,统筹安排园内各种景点、设施和地貌景观,使地上的设施和地下设施之间、山水之间、园内与园外之间在高程上有合理的关系。因此园林用地的竖向设计是指在一块场地上进行垂直于水平面的布置和处理,是园林中各个景点、各种设施及地貌等在高程上创造为高低变化和协调统一的设计。

### 2.2.1　竖向设计的内容

**1)地形设计**

地形的设计和整理是竖向设计的一项主要内容。地形骨架的"塑造",山水布局,峰、峦、坡、谷、河、湖、泉、瀑等地貌小品的设置,它们之间的相对位置、高低、大小、比例、尺度、外观形态、坡度的控制和高程关系等都要通过地形设计来解决。

**2)园路、广场、桥涵和其他铺装场地的设计**

图纸上应以设计等高线表示出道路(或广场)的纵横坡和坡向,道桥连接处及桥面标高。在小比例图纸中则用变坡点标高来表示园路的坡度和坡向。

在寒冷地区,冬季冰冻、多积雪。为安全起见,广场的纵坡应小于 7% ,横坡不大于 2% ;停车场的最大坡度不大于 2.5% ,一般园路的坡度不宜超过 8% 。超过上述数值应设台阶,台阶应集中设置。为了游人行走安全,避免设置单级台阶。另外,为方便伤残人员使用轮椅和游人推童车游园,在设置台阶处应附设坡道。

**3)建筑和其他园林小品**

建筑和其他园林小品(如纪念碑、雕塑等)应标出其地坪标高及其与周围环境的高程关系,大比例图纸建筑应标注各角点标高。例如,在坡地上的建筑,是随形就势,还是设台筑屋。在水边上的建筑物或小品,则要标明其与水体的关系。

**4)植物种植在高程上的要求**

公园基地上可能会有些有保留价值的老树。其周围的地面依设计如需增高或降低,则在规划时,应在图纸上标注出保护老树的范围、地面标高和适当的工程措施。

植物对地下水很敏感,有的耐水,有的不耐水。规划时应为不同树种创造其适宜的生活环境。

不同的水生植物对水深有不同要求,有湿生、沼生、水生等多种。例如荷花适宜生活于水深0.6~1 m 的水中,应予以考虑。

**5)排水设计**

在地形设计的同时要考虑地面水的排除。一般规定无铺装地面的最小排水坡度为1%,而铺装地面则为5%,但这只是参考限值,具体设计还要根据土壤性质和汇水区的大小、植被情况等因素而定。

**6)管道综合**

园内各种管道(如供水、排水、供暖及煤气管道等),难免有些地方会出现交叉,在规划上就需按一定原则,统筹安排各种管道,合理处理交叉时的高程关系,以及它们和地面上的构筑物或园内乔灌木的关系(参考第3章)。

## 2.2.2　竖向设计的方法

竖向设计的方法有多种:如等高线法、断面法、模型法等。园林建设中常用等高线法。

**1)等高线法**

等高线法在园林设计中使用最多,一般地形测绘图都是用等高线或点标高表示的。在绘有原地形等高线的底图上用设计等高线进行地形改造或创作,在同一张图纸上便可表达原有地形、设计地形状况及园林的平面布置、各部分的高程关系,大大方便了设计过程中进行方案比较及修改工作,也便于进一步的土方计算工作,因此,它是一种比较好的设计方法。

应用等高线进行园林景观的竖向设计时,首先应了解等高线的基本性质。

(1)等高线的概念　等高线是一组垂直间距相等、平行于水平面的假想面与自然地貌相交,所得到的交线在平面上的投影。给这组投影线标注上数值,便可用它在图纸上表示地形的高低陡缓、峰峦位置、坡谷走向及溪池的深度等内容。

(2)等高线的性质

①在同一条等高线上的所有的点,其高程都相等。

②每一条等高线都是闭合的。由于图界或图框的限制,在图纸上不一定每根等高线都能闭合,但实际上它们还是闭合的。

③等高线的水平间距的大小,表示地形的缓或陡。如疏则缓,密则陡。等高线的间距相等,表示该坡面的角度相同。如果该组等高线平直,则表示该地形是一平整过的同一坡度的斜坡。

④等高线一般不相交或重叠,只有在悬崖处等高线才可能出现相交情况。在某些垂直于地平面的峭壁、地坎或挡土墙驳岸处等高线才会重合在一起。

⑤等高线在图纸上不能直穿横过河谷、堤岸和道路等。由于以上地形单元或构筑物在高程上高出或低于周围地面,所以等高线在接近低于地面的河谷时转向上游延伸,而后穿越河床,再向下游走出河谷。如遇高于地面的堤岸或路堤时等高线则转向下方,横过堤顶再转向上方而后走向另一侧。

(3)用设计等高线进行竖向设计 用设计等高线进行设计时,经常要用到两个公式:一是用插入法求两相邻等高线之间任意点高程的公式;其二是坡度公式:

$$i = \frac{h}{L}$$

式中 $i$——坡度,%;

$h$——高差,m;

$L$——水平间距,m。

以下是设计等高线在设计中的具体应用:

①陡坡变缓坡或缓坡改陡坡。等高线间距的疏密表示着地形的陡缓。在设计时,如果高差 $h$ 不变,可用改变等高线间距 $L$ 来减缓或增加地形的坡度。

②平垫沟谷。在园林建设过程中,有些沟谷地段需垫平。平垫这类场地的设计,可以把平直的设计等高线和拟平垫部分的同值等高线连接。其连接点就是不挖不填的点,也叫"零点",这些相邻点的连线,叫做"零点线",也就是垫土的范围。如果平垫工程不需按某一指定坡度进行,则设计时只需将拟平垫的范围在图上大致框出,再以平直的同值等高线连接原地形等高线即可,如前述做法。如要将沟谷部分依指定的坡度平整成场地时,则所设计的设计等高线应互相平行,间距相等。

③削平山脊。将山脊铲平的设计方法和平垫沟谷的方法相同,只是设计等高线所切割的原地形等高线方向正好相反。

④平整场地。园林中的场地包括铺装的广场,建筑地坪及各种文体活动场地和较平缓的种植地段,如草坪、较宽的种植带等。非铺装场地对坡度要求不那么严格,目的是垫洼平凸,将坡度理顺,而地表坡度则任其自然起伏,排水通畅即可。铺装地面的坡度则要求严格,各种场地因其使用功能不同对坡度的要求也各异。通常为了排水,最小坡度应大于5%,一般集散广场坡度为1%～7%,足球场3%～4%,篮球场2%～5%,排球场2%～5%,这类场地的排水坡可以是沿长轴的两面坡或沿横轴的两面坡,也可以设计成四面坡,这取决于周围环境条件。一般铺装场地都采用规则的坡面。

⑤园路设计等高线的计算和绘制。园路的平面位置,纵、横坡度,转折点的位置及标高经设计确定后,便可按坡度公式确定设计等高线在图面上的位置、间距等,并处理好它与周围地形的竖向关系。

## 2)断面法

断面法是用许多断面表示原有地形和设计地形的状况的方法。此法便于计算土方量。应用断面法设计园林用地,首先要有较精确的地形图。

断面的取法可以沿所选定的轴线取设计地段的横断面,断面间距视所要求精度而定,也可以在地形图上绘制方格网,方格边长可依设计精度确定。设计方法是在每一方格角点上,求出原地形标高,再根据设计意图求取该点的设计标高。各角点的原地形标高和设计标高进行比较,求得各点的施工标高,依据施工标高沿方格网的边线绘制出断面图,沿方格网长轴方向绘制的断面图叫纵断面图;沿其短轴方向绘制的断面图叫横断面图。

从断面图上可以了解各方格点上的原地形标高和设计地形标高,这种图纸便于土方量计算,也方便施工。

### 3) 模型法

采用泥土、沙、泡沫等材料制作成缩小的模型的方法。此方法表现直观形象,具体。但制作费工费时,投资较多,且大的模型不便搬动。如需保存,还需要专门的放置场所。

## 2.2.3　竖向设计和土方工程量

竖向设计是否合理,不仅影响着整个公园的景观和建成后的使用管理,而且直接影响着土方工程量,和公园的基建费用息息相关。一项好的竖向设计应该是既能充分体现设计意图,又能使土方工程量最少的设计。影响土方工程量的因素很多,大致有以下几方面:

①整个园基的竖向设计是否遵循"因地制宜"这一至关重要的原则。公园地形设计应顺应自然,充分利用原地形,宜山则山,宜水则水。《园冶》说:"高阜可培,低方宜挖。"其意就是要因高堆山,就低凿水。能因势利导地安排内容,设置景点,必要之处也可进行一些改造。这样做可以减少土方工程量,从而节约工力,降低基建费用。

②园林建筑和地形的结合情况。园林建筑、地坪的处理方式,以及建筑和其周围环境的联系,直接影响着土方工程,从图2.3看,(a)的土方工程量最大,(c)其次,而(d)又次之,(b)最少。可见园林中的建筑如能紧密结合地形,建筑体型或组合能随形就势,就可以少动土方。北海公园的亩鉴室、醋古堂,颐和园的画中游等都是建筑和地形结合的佳例。

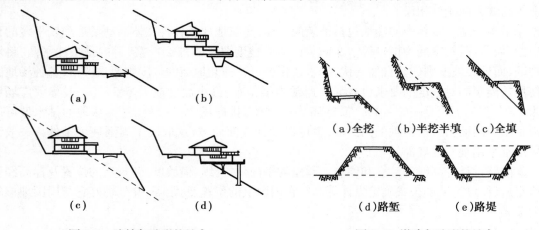

图2.3　建筑与地形的结合　　　　图2.4　道路与地形的结合

③园路选线对土方工程量的影响。园路路基一般有几种类型,在山坡上修筑路基,大致有

3 种情况:(a)全挖式;(b)半挖半填式;(c)全填式。(图2.4)在沟谷低洼的潮湿地段或桥头引道等处道路的路基需修成路堤。道路通过山口或陡峭地形时,为了减少道路坡度,路基往往做成路堑。

④多做小地形,少做或不做大规模的挖湖堆山。杭州植物园分类区小地形处理,就是这方面的佳例(图2.5)。

⑤缩短土方调配运距,减少小搬运。前者是设计时可以解决的问题,即在绘制土方调配图时,要考虑周全,将调配运距缩到最短;而后者则属于施工管理问题,往往由于运输道路不好或施工现场管理混乱等原因,卸土不到位,甚至卸错地方而造成的。

⑥管道布线和埋深合理,重力流管要避免逆坡埋管。

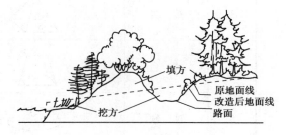

图2.5　用降低路面标高的方法丰富地形

# 2.3　土方工程量计算

第2章微课(3)　第2章微课(4)

土方量计算一般是根据附有原地形等高线的设计地形图来进行的,但通过计算,有时反过来又可以修订设计图中不合理之处,使图纸更臻完善。另外土方量计算所得资料又是基本建设投资预算和施工组织设计等项目的重要依据。所以土方量的计算在园林设计工作中,是必不可少的。土方量的计算工作,根据要求精确程度,可分为估算和计算。在规划阶段,土方量的计算无需过分精细,只做毛估即可。而在作施工图时,土方工程量则要求比较精确。

计算土方体积的方法很多,常用的大致可归纳为3类:用求体积公式估算、断面法、方格网法。

## 2.3.1　用求体积的公式进行估算

在建园过程中,不管是原地形或设计地形,经常会见到一些类似锥体、棱台等几何形体的地形单体。这些地形单体的体积可用与其相近的几何体体积公式来计算(表2.1)。此法简便,但精度较差,多用于估算。

表2.1　几何体体积计算公式

| 序　号 | 几何体名称 | 几何体形状 | 体　积 |
|---|---|---|---|
| 1 | 圆　锥 |  | $V = \dfrac{1}{3}\pi r^2 h$ |
| 2 | 圆　台 |  | $V = \dfrac{1}{3}\pi h (r_1^2 + r_2^2 + r_1 r_2)$ |

续表

| 序　号 | 几何体名称 | 几何体形状 | 体　积 |
|--------|------------|------------|--------|
| 3 | 棱　锥 | | $V = \dfrac{1}{3}S \cdot h$ |
| 4 | 棱　台 | | $V = \dfrac{1}{3}h(S_1 + S_2 + \sqrt{S_1 S_2})$ |
| 5 | 球　缺 | | $V = \dfrac{\pi h}{6}(h^2 + 3r^2)$ |
| $V$—体积　$r$—半径　$S$—底面积 $h$—高　$r_1, r_2$—分别为上、下底半径　$S_1, S_2$—上、下底面积 | | | |

## 2.3.2　断面法

断面法是以一组等距(或不等距)的互相平行的截面将拟计算的地块、地形单体(如山、溪涧、池、岛等)和土方工程(如堤、沟渠、路堑、路槽等)分截成"段"。分别计算这些"段"的体积。再将各段体积累加,以求得该计算对象的总土方量。

其计算公式如下:

$$V = \frac{S_1 + S_2}{2} \times L$$

当 $S_1 = S_2$ 时,

$$V = S \times L$$

此法计算精度取决于截取断面的数量,多则精,少则粗。

断面法根据其取断面的方向不同可分为垂直断面法、水平断面法(或等高面法)及与水平面成一定角度的成角断面法。园林工程建设中常采用前两种方法,这里详细介绍这两种方法。

### 1) 垂直断面法

此法适用于带状地形单体或土方工程(如带状山体、水体、沟、堤、路堑、路槽等)的土方量计算(图 2.6)。

在 $S_1$ 和 $S_2$ 的面积相差较大或两相邻断面之间的距离大于 50 cm 时,计算的结果误差较大,遇上述情况,可改用以下公式运算:

$$V = \frac{L}{6}(S_1 + S_2 + 4S_0)$$

式中　$S_0$——中间断面面积。

$S_0$ 的面积有两种求法:

$$S_0 = \frac{1}{4}(S_1 + S_2 + 2\sqrt{S_1 + S_2})$$

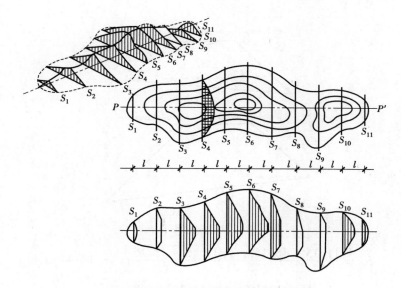

**图 2.6　带状土山垂直断面法**

① 用求棱台中截面面积公式。

② 用 $S_1$ 及 $S_2$ 各相应边的算术平均值求 $S_0$ 的面积（图 2.7）。

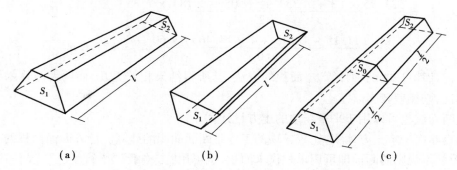

（a）　　　　　　　　　（b）　　　　　　　　　（c）

**图 2.7　土堤截面**

【**例**】　设有一土堤，计算段两端断面呈梯形，各边数如图 2.8 所示。二断面之间的距离为 60 m，试比较用算术平均法和拟棱台公式计算所得结果。

先求 $S_1$、$S_2$ 面积：

$$S_1 = \frac{\left[1.85 \times (3 + 67) + (2.5 - 1.85) \times 6.7\right]}{2} \text{m}^2 = 11.15 \text{ m}^2$$

$$S_2 = \frac{\left[2.5 \times (3 + 8) + (3.6 - 2.5) \times 8\right]}{2} \text{m}^2 = 18.15 \text{ m}^2$$

① 用算术平均法求土堤土方量。

$$V = \frac{S_1 + S_2}{2} \times L$$

$$V = \left(\frac{11.15 + 18.15}{2} \times 60\right) \text{m}^3 = 879 \text{ m}^3$$

② 用拟棱台公式求土堤土方量。

a. 用求棱台中截面面积公式求截面面积。

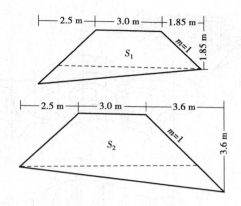

图2.8　截面尺寸

$$S_0 = \frac{11.15 + 18.15 + 2\sqrt{11.15 + 18.15}}{4}\text{m}^2 = 14.44 \text{ m}^2$$

$$V = \frac{(11.15 + 18.15 + 4 \times 14.44) \times 60}{6}\text{m}^3 = 870.6 \text{ m}^3$$

b. 用 $S_1$ 及 $S_2$ 各对应边的算术平均值求取 $S_0$。

$$S_0 = \frac{\left[21.75 \times (3 + 7.35) + (3.05 - 2.18) \times 7.35\right]}{2}\text{m}^2 = 14.465 \text{ m}^2$$

$$V = \frac{(11.15 + 18.15 + 4 \times 14.465) \times 60}{6}\text{m}^3 = 871.6 \text{ m}^3$$

由上述计算可知,两种计算 $S_0$ 面积的方法,其所得结果相差无几,而两者与算术平均法所得结果相比,则相差较多。

垂直断面法也可以用于平整场地的土方量计算。

用垂直断面法求土方体积,比较繁琐的工作是断面面积的计算。计算断面面积的方法多种多样,对形状不规则的断面即可用求积仪求面积,也可用"方格纸""平行线法"或"割补法"等方法进行计算,但这些方法也费时间,目前还可利用计算机求截面面积,较为方便。

### 2)等高面法(水平断面法)

等高面法是沿等高线取断面,等高距即为两相邻断面的高,计算方法同垂直断面法。

其计算公式如下:

$$V = \frac{S_1 + S_2}{2} \times h + \frac{S_2 + S_3}{2} \times h + \cdots + \frac{S_{n-1} + S_n}{2} \times h + \frac{S_n}{3}$$

式中　$V$——土方体积,$\text{m}^3$;

　　　$S$——断面面积,$\text{m}^2$;

　　　$h$——等高距,$\text{m}$。

等高面法最适于大面积的自然山水地形的土方计算。我国园林素尚自然,园林中山水布局讲究,地形的设计要求因地制宜,充分利用原地形,以节约工力。同时为了造景又要使地形起伏多变。总之,挖湖堆山的工程是在原有的崎岖不平的地面上进行的。所以计算土方量时必须考虑到原有地形的影响,这也是自然山水园土方计算较繁杂的原因。由于园林设计图纸上的原地形和设计地形均用等高线表示,因而采用等高面法进行计算最为便当。

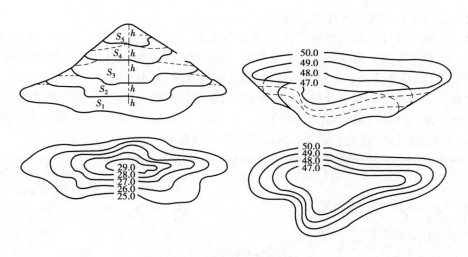

图2.9　水平断面法图示

### 2.3.3　方格网法

方格网法是把平整场地的设计工作和土方量计算工作结合在一起进行的。园林中有多种用途的地坪,缓坡地需要整平。平整场地就是将原来高低不平,比较破碎的地形按设计要求整理为平坦的或具有一定坡度的场地,这时用方格网法计算土方量较为精确。

其方法是:第一,在附有等高线的施工现场地形图上做方格网来控制施工场地,方格边长数值取决于所要求的计算精度和地形变化的复杂程度。园林中一般采用20～40 m;第二,在地形图上用插入法求出各角点的原地形标高,注记在方格网的角点的右下;第三,根据设计意图,确定各角点的设计标高,注记在角点的右上;第四,比较原地形标高和设计标高,求得施工标高,注记在角点的左上;第五,根据施工标高,计算零点的位置,确定挖填方范围;第六,根据公式,计算土方量。

## 2.4　土方工程实例

前面已经提到,园林用地的竖向设计是园林总体设计的重要组成部分。它包含的内容很多,而其中又以地形设计最为重要,以下介绍几项地形设计佳例。

### 2.4.1　杭州植物园山水园

山水园面积约4 hm$^2$,位于玉泉山东北麓,是杭州植物园的一个局部,与"玉泉观鱼"景点浑然一体,地形自然多变,山明水秀(图2.10)。

在建园前,这里是一处山洼地,洼处有几块不同高程的稻田,两侧为坡地,坡地上有排水谷涧和少量裸岩。玉泉泉水流入洼地,出谷而去。

　　山水园的地形设计本着因地制宜,顺应自然的原则,将山洼处高低不等的几块稻田整理成两个大小不等的上下湖。两湖之间以半岛分隔。这样处理不如将其拉成一个湖面开阔,但却使岸坡贴近水面,同时也减少了土方工程量,增加水面的层次,且由于两湖间有落差,水声潺潺,水景自然多趣。湖周地形基本上是利用原有坡地,局部略加整理,山间小道适当降低路面,余土培于道路两侧坡地以增加局部地形的起伏变化。水园有二溪涧:一道玉泉;一通山涧。溪涧处理甚好,这两条溪涧把园中湖面和四周坡地建筑有机结合起来。

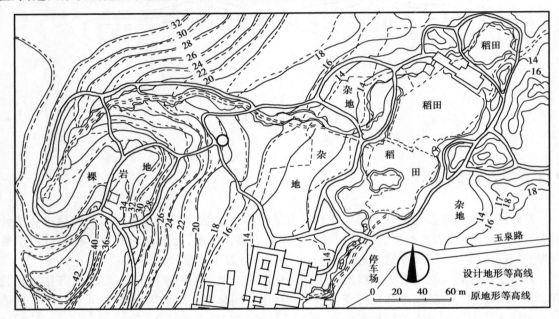

图 2.10　杭州植物园山水园地形设计

## 2.4.2　上海天山公园

　　早期的天山公园,南面是个大湖面,后因被体育部门占用,湖面被填平改作操场。湖上大桥大半被埋在土中。20 世纪 80 年代初,公园复归园林部门管理。在公园进行复建设计时,设计者本着既要改变现状,使地形符合造景和游人休息的功能要求,又不大动土方的基本设想,在原大桥南面挖一个作为荷花池的小水面,并使淹没土中的大桥显露出来,与荷花池南面相接的陆地则被削成了一处由南向北约成 5°倾斜的缓坡草地,草地缓缓伸向荷花池。地形自然和谐,水体和草地相连,扩大了空间感,将削坡的土方筑于坡顶及两侧,形成岗阜地形,适当分隔了空间,挖填土方基本上就地平衡。

## 2.4.3 土方工程量计算

某公园为了满足游人游园活动的需要,拟将这块地平整为三坡向两面坡的"T"字形广场,要求广场具有 1.5% 的纵坡和 2% 横坡,土方就地平衡,试求其设计标高并计算其土方量(图2.11)。

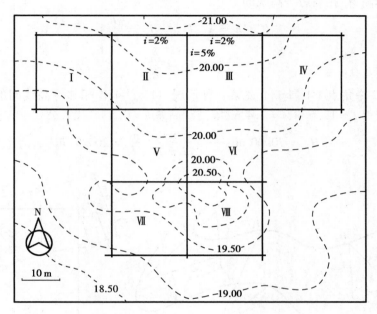

**图2.11 某广场的方格控制网**

### 1)绘制方格网

按正南北方向(或根据场地具体情况决定)做边长为 20 m 的方格控制网,将各方格角点测设到地面上,同时根据测量角点的地面标高并将标高值标记在图纸上,这就是该点的原地形标高(一般是在方格角点的右下方,标注原地形标高,在右上方标注设计标高,左下方标注施工的原地形标高,左上方标注该角点编号)。如果有较精确的地形图,可用插入法在图上直接求得各角点的原地形标高,插入法求标高的方法如下:

设 $H_x$ 为欲求角点的原地面高程,过此点作相邻两等高线间最小距离 $L$,则

$$H_x = H_a \pm \frac{x \cdot h}{L}$$

式中   $H_a$——位于低边等高线的高程;

      $x$——角点至低边的距离;

      $h$——等高差。

用插入法求某地面高程通常会有 3 种情况:

①待求点标高 $H_x$ 在二等高线之间:

$$H_x : h = x : L \qquad H_x = \frac{xh}{L}$$

$$H_x = H_a + \frac{xh}{L}$$

②待求点标高 $H_x$ 在低边等高线的下方：

$$H_x : h = x : L \qquad H_x = \frac{xh}{L}$$

$$H_x = H_a - \frac{xh}{L}$$

③待求点标高 $H_x$ 在高边等高线的上方：

$$H_x : h = x : L \qquad H_x = \frac{xh}{L}$$

$$H_x = H_a - \frac{xh}{L}$$

实例图 2.12 中角点 1-1 属于上述第一种情况，过点 1-1 作相邻等高线间的距离最短的线段。用比例尺量得 $L = 12.6$ m，$x = 7.4$ m，等高线高差 $h = 0.5$ m，代入公式

$$H_x = 20.00 \text{ m} + \frac{7.4 \text{ m} \times 0.5 \text{ m}}{12.6 \text{ m}} = 20.29 \text{ m}$$

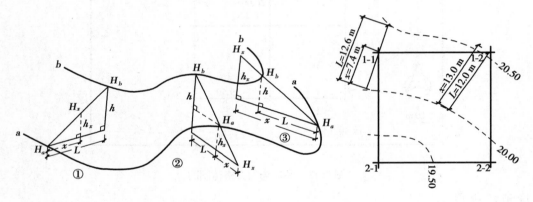

**图 2.12　插入法求任意点高程**

依次将其余各角点高程求出，并标记在图上，如图 2.13 所示。

### 2)求设计标高

在土方工程中平整就是把一块高低不平的地面在保证土方平衡的前提下，挖高垫低，使地面水平，这个水平地面的高程是平整标高。设计中通常根据规划的需要确定某一个点的高程作为该点的设计高程。

场地中其他点的高程可根据坡度公式用已知点设计高程计算，如图 2.13 所示。

### 3)求施工标高

$$施工标高 = 原地形标高 - 设计标高$$

得数" + "者为挖方；" - "者为填方，如图 2.13 所示。

### 4)求零点线

所谓零点线是指不挖不填的点，零点的连线就是零点线，它是挖方区和填方区的分界线，因而零点线成为土方计算的重要依据之一。

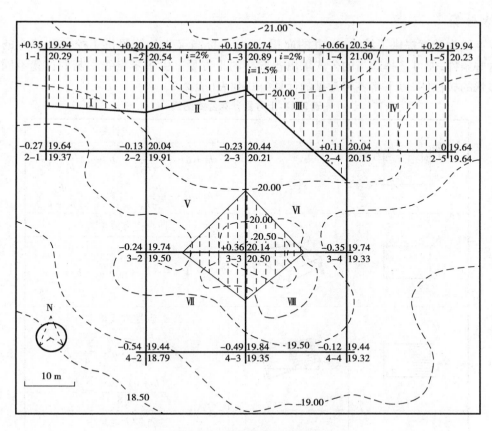

**图 2.13 某广场的土方计算**

在相邻二角点之间,如施工标高值一为" + ",一为" - ",则它们之间必有零点存在,其位置可用下式求得:

$$x = \frac{h_1}{h_1 + h_2} \times a$$

式中　$x$——零点距 $h_1$ 一端的水平距离,m;

$h_1$,$h_2$——方格相邻二角点的施工标高绝对值,m;

$a$——方格边长,m。

例题中,以方格 I 的点 1-1 和 2-1 为例,求其零点,1-1 点施工标高为 + 0.35 m,2-1 点的施工标高为 - 0.27 m,取绝对值代入公式:

$$h_1 = 0.35 \text{ m} \qquad h_2 = 0.27 \text{ m} \qquad a = 20 \text{ m}$$

$$x = \frac{0.35}{0.35 + 0.27} \times 20 \text{ m} = 11.3 \text{ m}$$

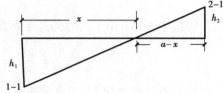

零点位于距点"1-1"11.3 m 处(或距点"2-1"8.7 m 处),同法求出其余零点,并依地形特点将各零点连接成零点线,按零点线将挖方区和填方区分开,以便计算其土方量,如图 2.14 所示。

**图 2.14 零点计算示意图**

## 5）土方计算

零点线为计算提供了填方、挖方的面积，而施工标高又为计算提供了挖方和填方的高度。依据这些条件，便可选择适当的公式求出各方格的土方量。由于零点线切割的位置不同，形成各种形状的棱柱体，以下将各种常见的计算公式列表（表2.2）。

**表 2.2 土方量计算公式图式**

| | | 零点线计算 |
|---|---|---|
| | | $b_1 = a \cdot \dfrac{h_1}{h_1 + h_3}$　　$b_2 = a \cdot \dfrac{h_3}{h_3 + h_1}$<br><br>$c_1 = a \cdot \dfrac{h_2}{h_2 + h_4}$　　$c_2 = a \cdot \dfrac{h_4}{h_4 + h_2}$ |
| | | 四点挖方或填方 |
| | | $V = \dfrac{a^2}{4}(h_1 + h_2 + h_3 + h_4)$ |
| | | 二点挖方或填方 |
| | | $V = \dfrac{b + c}{2} \cdot a \cdot \dfrac{\sum h}{4}$<br><br>$= \dfrac{(b + c) \cdot a \cdot \sum h}{8}$ |
| | | 三点挖方或填方 |
| | | $V = \left( a^2 - \dfrac{b \cdot c}{2} \right) \cdot \dfrac{\sum h}{5}$ |
| | | 一点挖方或填方 |
| | | $V = \dfrac{1}{2} \cdot b \cdot c \dfrac{\sum h}{3}$<br><br>$= \dfrac{b \cdot c \cdot \sum h}{6}$ |

在例题中方格Ⅳ4个角点的施工标高全为"＋"号，是挖方，用下面公式计算：

$$V_{\mathrm{Ⅳ}} = \frac{a^2 \times \sum h}{4} = \frac{400}{4} \times (0.66 + 0.29 + 0.11 + 0)\,\mathrm{m}^3 = 106\ \mathrm{m}^3$$

方格Ⅰ中二点为挖方，二点为填方，用下面公式计算，则

$$+ V_{\mathrm{Ⅰ}} = \frac{a(b + c) \times \sum h}{8}$$

其中

$$a = 20\ \mathrm{m} \qquad b = 11.25\ \mathrm{m} \qquad c = 12.25\ \mathrm{m}$$

$$\Delta h = \frac{\sum h}{4} = \frac{0.55 \text{ m}}{4}$$

所以

$$+ V_{\mathrm{I}} = \frac{20(11.25 + 12.35) \times 0.55}{8} \text{m}^3 = 32.3 \text{ m}^3$$

$$- V_{\mathrm{I}} = \frac{20(8.75 + 7.75) \times 0.4}{8} \text{m}^3 = 16.5 \text{ m}^3$$

同法可将其余各个方格的土方量逐一求出,并将计算结果逐项填入土方计算表。

### 6)绘制土方平衡表及土方调配图

土方平衡表和土方调配图是土方施工中必不可少的图纸资料,是编制施工组织设计的重要依据。从土方平衡表中我们可以看清楚各调配区的进出土量、调拨关系和土方平衡情况。在调配图上则能更清楚地看到各区的土方盈缺情况,土方的调拨方向、数量及距离(图2.15)。

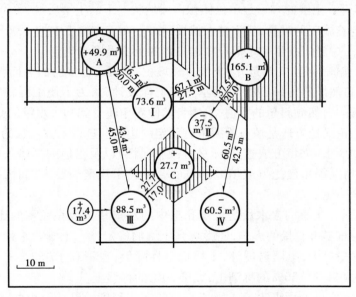

**图2.15　土方平衡表和土方调配图**

# 2.5　土方施工

## 2.5.1　土方施工的基本知识

任何园林建筑物、构筑物、道路及广场等工程的修建,都要在地面做一定的基础,挖掘基坑、路槽等,以及园林中地形的利用、改造或创造,如挖湖堆山、平整场地都要依靠动土方来完成。土方工程量,一般来说,在园林建设中是一项大工程,而且在建园中又是先行的项目。它完成的速度和质量,直接影响着后继工程,所以它和整个建设工程的进度关系密切。土方工程的投资和工程量一般都很大。有的大工程施工期很长,如上海植物园,由于地势过低,需要普遍垫高,挖湖堆山,动土量近百万方,施工期从 1974—1980 年,断断续续前后达 6~7 年之久。由此可见,土方工程在城市建设和园林建设工程中都占有重要地位。为了使工程能多快好省地完成,必须做好土方工程的设计和施工的安排工作。

### 1) 土方工程的种类及其施工要求

土方工程根据其使用期限和施工要求,可分为永久性和临时性两种,但不论是永久性还是临时性的土方工程,都要求具有足够的稳定性和密实度,使工程质量和艺术造型都符合原设计的要求。同时,在施工中还要遵守有关的技术规范和原设计的各项要求,以保证工程的稳定和持久。

### 2) 土壤的工程性质及工程分类

土壤的工程性质与土方工程的稳定性、施工方法、工程量及工程投资有很大关系,也涉及工程设计、施工技术和施工组织的安排。因此,要研究并掌握土壤的一些性质,以下是土壤的几种主要的工程性质:

(1) 土壤的容重    土壤的容重是单位体积内天然状况下的土壤质量,单位为 $kg/m^3$,土壤容重的大小直接影响着施工的难易,容重越大挖掘越难。在土方施工中把土壤分为松土、半坚土、坚土等类,所以施工中施工技术和定额应根据具体的土壤类别来制定。

(2) 土壤的自然倾斜角(安息角)    土壤自然堆积,经沉落稳定后的表面与地平面所形成的夹角,就是土壤的自然倾斜角,以度(°)表示。在工程设计时,为了使工程稳定,其边坡坡度数值应参考相应土壤的自然倾斜角的数值,土壤自然倾斜角还受到其含水量的影响。

土方工程中不论是挖方还是填方都要求有稳定的边坡。进行土方工程的设计和施工时,应该结合工程本身的要求(如填方或挖方,永久性或临时性)以及当地的具体条件(如土壤的种类及分层情况、压力情况等),使挖方或填方的坡度合乎技术规范的要求,如情况在规范之外,则需进行实地测试来决定。

(3) 土壤含水量    土壤的含水量是土壤孔隙中的水重和土壤颗粒重的比值。土壤含水的多少对土方施工的难易有直接的影响,还影响到土壤的稳定性。土壤含水量过小,土质过于坚实,不易挖掘;含水量过大,土壤易泥泞,土壤稳定性降低,也不利于施工。一般土壤含水量在 5% 以内的称干土,在 5%~30% 的称潮土,大于 30% 的称湿土。

(4) 土壤相对密实度    用来表示土壤填筑后的密实程度。设计要求的密实度可以采用人力夯实或机械夯实。一般采用机械压实,其密实度可达 95%,人力夯实在 87% 左右。大面积填方,如堆山等,通常不加夯压,而是借土壤的自重慢慢沉落,久而久之也可达到一定的密实度。

(5) 土壤的可松性    土壤的可松性是土壤经挖掘后,其原有紧密结构遭到破坏,土体松散而使体积增加的性质。这一性质与土方工程的挖土和填土量的计算以及运输等都有很大关系。

## 2.5.2    土方施工准备工作

在园林工程建设施工中,由于土方工程是一项比较艰巨的工作,所以准备工作和组织工作不仅应该先行,而且要做到周全仔细,否则因为场地大或施工点分散,容易造成窝工,甚至返工而影响工效。准备工作主要包括清理场地、排水、定点放线 3 个步骤:

(1) 清理场地    在施工地范围内,凡有碍工程的开展或影响工程稳定的地面物或地下物都应该清理,例如不需要保留的树木,废旧建筑物或地下构筑物等。

①伐除树木,凡土方开挖深度大于 50 cm,或填方高度较小的土方施工,现场及排水沟中的树木必须连根拔除,清理树墩。直径在 50 cm 以上的大树应慎之又慎,凡能保留者尽量设法保留。因为老树大树,特别难得。

②建筑物和地下构筑物的拆除,应根据其结构特点进行工作,并遵照《建筑工程安全技术规范》的规定进行操作。

③如果施工场地内的地面下或水下发现有管线通过或其他异常物体时,应事先请有关部门协同查清,未查清前,不可动工,以免发生危险或造成其他损失。

(2)排水 场地积水不仅不便于施工,而且也影响工程质量,因此在施工之前,应设法将施工场地范围内的积水或过高的地下水排走。

①排除地面积水。在施工之前,根据施工区地形特点,在场地周围挖好排水沟(在山地施工为防山洪,在山坡上应做截洪沟),使场地内排水通畅,而且场外的水也不致流入。

②地下水的排除。排除地下水方法很多,但多采用明沟将水引至集水井,并用水泵排出。一般按排水面积和地下水位的高低来安排排水系统,先定出主干渠和集水井的位置,再定支渠的位置和数目。土壤的含水量大的、要求排水迅速的,支渠分布应密些,其间距约 1.5 m;反之可疏些。

在挖湖施工中应先挖排水沟,排水沟应深于水体挖深。沟可一次挖掘到底,也可以依施工情况分层下挖,采用哪种方式可根据出土方向决定。

(3)定点放线 在清场之后,为了确定施工范围及挖土或填土的标高,应按设计图纸的要求,用测量仪器在施工现场进行定点放线工作。这一步工作很重要,为使施工充分表达设计意图,测设时应尽量精确。

①平整场地的放线。用经纬仪将图纸上的方格测设到地面上,并在每个交点处立桩木,边界上的桩木依图纸要求设置。

桩木的规格及标记方法:侧面平滑,下端削尖,以便打入土中,桩上应表示出桩号(施工图上方格网的编号)和施工标高(挖土用"+",填土用"-")。

②自然地形的放线。挖湖堆山,首先确定堆山或挖湖的边界线,但将这样的自然地形放到地面上去是较难的。特别是在缺乏永久性地面物的空旷地上,在这种情况下应先在施工图上画方格网,再把方格网放大到地面上,而后将设计地形等高线和方格网的交点——标到地面上并打桩,桩木上也要标明桩号及施工标高。堆山时由于土层不断升高,桩木可能被土埋没,所以桩的长度应大于每层的标高,不同层可用不同颜色标志,以便识别。另一种方法是分层放线、分层设置标高桩,这种方法适用于较高的山体。

挖湖工程的放线工作和山体的放线基本相同,但由于水体挖深一般较一致,而且池底常年隐没在水下,放线可以粗放些,但水体底部应尽可能整平,不留土墩,这对养鱼、捕鱼有利。岸线和岸坡的定点放线应该准确,这不仅因为它是水上部分而影响造景,而且和水体岸坡的稳定有很大关系。为了精确施工,可以用边坡样板来控制边坡坡度。

开挖沟槽时,用打桩放线的方法,在施工中桩木容易被移动甚至被破坏,从而影响了校核工作。所以,应使用龙门板。龙门板的构造简单,使用也很方便。每隔 30~100 m 设龙门板一块,其间距视沟渠纵坡的变化情况而定。板上应标明沟渠中心线位置,沟上口、沟底的宽度等。板上还要设坡度板,用坡度板来控制沟渠纵坡。

## 2.5.3　土方施工技术环节

土方施工包括挖、运、填、压4个技术环节。

其施工方法可采用人力施工，也可用机械化或半机械化施工。这要根据场地条件、工程量和当地施工条件决定。在规模较大、土方集中的工程中，采用机械化施工较经济；但对工程量不大、施工点较分散的工程或因受场地限制、不便采用机械施工的地段，应该用人力施工或半机械化施工，以下按上述4个内容做简单介绍：

### 1）土方的施工

（1）人力施工　施工工具主要是锹、镐、钢钎等。人力施工不但要组织好劳动力，而且要注意安全和保证工程质量。在挖土方时施工者要有足够的工作面，一般平均每人应有 $4 \sim 6 \ m^2$，附近不得有重物及易塌落物，随时注意观察土质情况，要有合理的边坡。必须垂直下挖者，松软土深度不得超过 $0.7 \ m$，中等密度者不超过 $1.25 \ m$，坚硬土不超过 $2 \ m$，超过以上数值的需要设支撑板。挖方时工人不得在土壁下向里挖土，以防坍塌。而在坡上或坡顶施工者，要注意坡下情况，不得向坡下滚落重物。施工过程中注意保护基桩、龙门板和标高桩。

（2）机械施工　主要施工机械有推土机、挖土机等。在园林施工中推土机应用较广泛。例如，在挖掘水体时，以推土机推挖，将土推至水体四周，再行运走或堆置地形，最后岸坡用人工修整。

用推土机挖湖堆山，效率高，但应注意以下几个方面：

①推土机手应会识图并了解施工对象的情况。在动工之前应向推土机手介绍拟施工地段的地形情况及设计地形的特点，最好结合模型讲解，使之一目了然。另外，施工前还要了解实地定点放线情况，如桩位、施工标高等。这样施工起来司机心中有数，施工时就能得心应手地按照设计意图去塑造地形。这样对提高施工效率大有好处。这一步工作做得好，在修饰山体或水体时便可以省去许多劳力和物力。

②注意保护表土。在挖湖堆山时，先用推土机将施工地段的表层熟土（耕作层）推到施工场地外围，待地形整理停当，再把表土铺回来，这样做虽然比较麻烦，但对公园的植物生长却有很大好处。有条件之处都应该这样做。

③桩点和施工放线要明显。因为推土机施工进进退退，其活动范围较大，施工地面高低不平，加上进车或退车时司机视线存在某些死角，所以桩木和施工放线容易受破坏。为了解决这一问题：

第一，应加高桩木的高度，桩木上可做醒目标志，如挂小彩旗或在木桩上涂明亮的颜色，以引起施工人员的注意；

第二，施工期间，施工人员应经常到现场，随时随地用测量仪器检查桩点和放线情况，掌握全局，以免挖错（或堆错）位置。

### 2）土方的运输

一般竖向设计都力求土方就地平衡，以减少土方的搬运量。土方运输是较艰巨的劳动，人工运土一般都是短途的小搬运。车运人挑，这在有些局部或小型施工中还经常采用。

运输距离较长的,最好使用机械或半机械化运输。不论是哪种运输方式,运输路线的组织都很重要,卸土地点要明确,施工人员随时指点,避免混乱和窝工。如果使用外来土围地堆山,运土车辆应设专人指挥,卸土的位置要准确,乱堆乱卸必然会给下一步施工增加许多不必要的小搬运,造成人力物力的浪费。

**3)土方的填筑**

填土应该满足工程的质量要求,土壤的质量要根据填方的用途和要求加以选择,在绿化地段土壤应满足种植植物的要求,而作为建筑用地的土壤则以要求将来地基的稳定为原则。利用外来土壤围土堆山,对土质应该先验定后放行,劣土及受污染的土壤不应放入园内,以免将来影响植物的生长和危害游人的健康。

大面积填方应该分层填筑,一般每层 20~50 cm,有条件的应层层压实。在斜坡上填土的,为防止新填土滑落,应先把土坡挖成台阶状,然后再填方,这样可以保证新填土方的稳定。

推土或挑土堆山,土方的运输路线和下卸地点,应以设计的山头为中心并结合来土方向进行安排,一般以环形为宜。车辆或人挑满载上山,土卸在路两侧,空载的车(人)沿路线继续前行下山,车(人)不走回头路,不交叉穿行,所以不会顶流拥挤。如果土源有几个来向,运土路线可根据设计地形特点安排几个小环路,各小环路以人流车辆不相互干扰为安排原则。

**4)土方的压实**

人力夯压可用夯、碾等工具;机器碾压可用碾压机或用拖拉机带动的铁碾碾压。小型的夯压机械有内燃夯、蛙式夯等。为保证土壤的压实质量,土壤应该具有最佳含水率。如土壤过分干燥,需先洒水使其湿润后再行压实。在压实工作中应该注意以下几点:

①压实工作必须分层进行。
②压实工作要注意均匀。
③压实松土时夯压工具应先轻后重。
④压实工作应自边缘开始逐渐向中间收拢。否则,边缘土方外挤易引起塌落。

土方工程,施工面较宽,工程量大,施工组织工作很重要,大规模的工程应根据施工力量和条件决定,工程可全面铺开,也可以分区分期进行。施工现场要有人指挥调度,各项工作要有专人负责,以确保工程按期高质量地完成。

## 2.5.4  土方施工工艺

**1)场地平整**

场地平整的施工关键是测量,随干随测,最终测量要做好书面记录。实地测点标识,作为检查、交验的依据。在填方时应选用符合要求的土料,边坡施工应按填土压实标准进行水平分层回填压实。平整场地后,表面逐点检查,检查点的间距不宜大于 20 m。平整区域的坡度与设计相差不应超过 0.1%,排水沟坡度与设计要求相差不超过 0.05%,设计无要求时,向排水沟方向做不小于 2% 的坡度。

场地平整中常会发生一些质量问题,对于这些施工质量问题我们应该采取相应措施进行预防:

（1）场地积水

①平整前，对整个场地进行系统设计，本着先地下后地上的原则，做好排水设施，使整个场地水流畅通。

②填土应认真分层回填碾压，相对密实度不低于85%。

（2）填方边坡塌方

①根据填方高度、土的种类和工程重要性按设计规定放坡，当填方高度在10 m内，宜采用1∶1.5，高度超过10 m，可做成折线形，上部为1∶1.5，下部采用1∶1.75。

②土料应符合要求，对不良土质可随即进行坡面防护，保证边缘部位的压实质量，对要求边坡整平拍实的，可以宽填0.2 m。

③在边坡上下部做好排水沟，避免在影响边坡稳定的范围内积水。

（3）填方出现橡皮土　橡皮土是填土受夯打（碾压）后，基土发生颤动，受夯打（碾压）处下陷，四周鼓起，这种土使地基承载力降低，变形加大，长时间不能稳定。

主要预防措施有：

①避免在含水量过大的腐殖土、泥炭土、黏土、亚黏土等厚状土上进行回填。

②控制含水量，尽量使其在最优含水量范围内，即使其手握成团，落地即散。

③填土区设置排水沟，以排除地表水。

（4）回填土密实度达不到要求

①土料不符合要求时，应挖出换土回填或掺入石灰、碎石等压（夯）实回填材料。

②对含水量过大的回填土，可采取翻松、晾晒、风干或均匀掺入干土等方法。

③使用大功率压实机械辗压。

## 2）基坑开挖

开挖基坑关键在于保护边坡，控制坑底标高和宽度，防止坑内积水。实地施工中，具体应注意以下几方面：

（1）保护边坡

①土质均匀，且地下水位低于基坑底面标高，挖方深度不超过下列规定时，可不放坡、不加支撑：对于密实、中等密实的砂土和碎石类土为1 m；硬塑、可塑的轻亚黏土及亚黏土为1.25 m；硬塑、可塑的黏土为1.5 m；坚硬的黏土为2 m。

②土质均匀，且地下水位低于基坑底面标高，挖土深度在5 m以内的，不加支撑。定额规定：高∶宽为1∶0.33，放坡起点1.5 m。实际施工可如表2.3所示。

表2.3　基坑土类与坡度关系

| 土的类别 | 中密砂土 | 中密碎石类土 | 黏　土 | 老黄土 |
|---|---|---|---|---|
| 坡度（高、度） | 1∶1 | 1∶（0.5～0.75） | 1∶（0.33～0.67） | 1∶0.10 |

（2）基坑底部开挖宽度　基坑底部开挖宽度除基础的宽度外，还必须加上工作面的宽度，不同基础的工作面宽度如表2.4所示。

表2.4　不同基础的工作面宽度

| 基础材料 | 砖基础 | 毛石、条石基础 | 砼基础支模 | 基础垂直面做防水 |
|---|---|---|---|---|
| 工作面宽度/mm | 200 | 150 | 300 | 800 |

在原有建筑物邻近挖土时,如深度超过原建筑物基础底标高,其挖土坑边与原基础边缘的距离必须大于两坑底高差的 1～2 倍,并对边坡采取保护措施。机械挖土应在基底标高以上保留 10 cm 左右并用人工挖平清底。在挖至基坑底时,应会同建设、监理、质安、设计、勘察单位验槽。

(3)基坑排水、降水

①浅基础或水量不大的基坑,在基坑底做成一定的排水坡度,在基坑边一侧、两侧或四周设排水沟,在四角或每 30～40 m 设一个长 70～80 cm 的集水井。排水沟和集水井应在基础轮廓线以外,排水沟底宽不小于 0.3 m,坡度为 0.1%～0.5%,排水沟底应比挖土面低 30～50 cm,集水井底比排水沟低 0.5～1.0 m,渗入基坑内的地下水经排水沟汇集于集水井内,用水泵排出坑外。

②较大的地下构筑物或深基础,在地下水位以下的含水层施工时,一般采用大开口挖土,明沟排水方法。常会遇到大量地下水涌水或较严重的流沙现象,不但使基坑无法控制和保护,还会造成大量水土流失,影响邻近建筑物的安全,遇此情况一般需用人工降低地下水位。

③人工降低地下水位,常用井点排水方法。它是沿基坑的四周或一侧埋入深入坑底的井点滤水管或管井,与总管连接抽水,使地下水低于基坑底,以便在无水状态下挖土,不但可以防止流沙现象或增加边坡稳定,而且便于施工。

(4)质量通病的预防与消除

①基坑超挖。防治:基坑开挖应严格控制基底的标高,标桩间的距离宜≤3 m,如超挖,用碎石或低标号混凝土填补。

②基坑泡水。预防:基坑周围应设排水沟,采用合理的降水方案,但必须得到建设单位和监理单位签字认可;通过排水、晾晒后夯实即可消除。

③滑坡。预防:保持边坡有足够的坡度,尽可能避免在坡顶有过多的静、动载。

### 3)填土

填土的施工首先是清理场地,应将基底表面上的树根、垃圾等杂物都清除干净。

然后,进行土质的检验,检验回填土的质量有无杂物,是否符合规定,以及回填土的含水量是否在控制的范围内。如含水量偏高,可采用翻松、晾晒或均匀掺入干土等措施;如含水量偏低,可采用预先洒水润湿等措施。确保土料符合要求。

之后,进行分层铺土且分层夯打,每层铺土的厚度应根据土质、密实度要求和机具性能确定。碾压时,轮(夯)迹应相互搭接,防止漏压或漏夯。

最后,检验密实度和修整找平验收。

填土施工应注意以下问题:

①严格控制回填土选用的土料和土的最佳含水率。

②填方必须分层铺土压实。

③不许在含水率过大的腐殖土、亚黏土、泥炭土、淤泥等原状土上填方。

④填方前应对基底的橡皮土进行处理,处理方法是:

a. 翻晒、晾干后进行夯实;

b. 将橡皮土挖除,换上干性土或回填级配砂石;

c. 用干土、生石灰粉、碎石等吸水性强的材料掺入橡皮土中,吸收土中的水分,减少土的含水率。

## 4）安全施工

施工过程中,施工安全是工程管理中的一个重要内容,是施工人员正常进行施工的保证,是工程质量和工程进度的保证。在施工中要注意以下几点:

①挖土方应由上而下分层进行,禁止采用挖空底脚的方法。人工挖基坑槽时,应根据土壤性质、湿度及挖掘深度等因素,设置安全边线或土壁支撑,在沟、坑侧边堆积泥土、材料,距离坑边至少80 cm,高度不超过1.5 m,对边坡和支撑应随时检查。

②土壁支撑宜选用松木和杉木,不宜采用质脆的杂木。

③发现支撑变形应及时加固,加固办法是打紧受力较小部分的木楔或增加立木及横撑木等。如换支撑时,应先加新撑,后拆旧撑。拆除垂直支撑时,应按立木或直衬板分段逐步进行,拆除下一段并经回填夯实后再拆上一段。拆除支撑时应由工程技术人员在场指导。

④开挖基础、基坑。深度超过1.5 m,不加支撑时,应按土质和深度放坡。不放坡时应采取支撑措施。

⑤基坑开挖时,两个操作间距应大于2.5 m,挖土方不得在巨石的边坡下或贴近未加固的危楼基脚下进行。

⑥土坡的保护:重物距坑槽边的安全距离如表2.5所示。

表2.5　重物距坑槽边的安全距离

| 重物名称 | 与槽边距离/m | 说　　明 |
|---|---|---|
| 载重汽车 | ≥3 | |
| 塔式起重机及振动大机械 | ≥4 | |
| 土方存放 | ≥1 | 堆土高度≤1.5 m |

工期较长的工程,可用装土草袋或钉铝丝网抹水泥砂浆保护坡度的稳定。

⑦上下坑沟应先挖好阶梯,铺设防滑物或支撑靠梯。禁止踩踏支撑上、下。

⑧机械吊运泥土时,应检查工具,吊绳是否牢靠。吊钩下不能有人。卸土堆应尽量离开坑边,以免造成塌方。

⑨大量土方回填,必须根据砖墙等结构坚固程度,确定回填时间、数量。

⑩当采用自卸车运土方时,其道路宽度不少于下列规定:

a.单车道和循环车道宽度3.5 m;

b.双车道宽度7 m;

c.单车道会车处宽度不小于7 m,长度不小于10 m;

d.载重汽车的弯道半径,一般不小于15 m,特殊情况不小于10 m。

⑪工地上的沟坑应设有防护,跨过沟槽的道路应有渡桥,渡桥应有牢固的桥板和扶手拉杆,夜间有灯火照明。

⑫使用机械挖土前,应先发出信号,在挖土机推杆旋转范围内,不许进行其他工作。挖掘机装土时,汽车驾驶员必须离开驾驶室,车上不得有人装土。

⑬推土机推土时,禁止驶至边坡或山坡边缘,以防下滑翻车。推土机上坡推土的最大坡度为25°,下坡时不能超过35°。

# 复习思考题

1. 名词解释：

　等高线　　　土壤容重　　　自然倾斜角　　　土壤含水量

2. 比较竖向设计的3种方法的优劣。

3. 影响土方工程量的因素有哪些？

4. 叙述方格网法计算土方工程量的步骤。

5. 在土方施工中，如何处理基坑泡水和基坑超挖以及橡皮土等质量问题？

# 3 园林给排水工程

**本章导读** 水是人们生活中不可缺少的物质,园林作为休闲、娱乐、游览的场所,给排水工程是必不可少的设施,同时完善的给排水工程对园林保护和发展具有重要意义。本章详细介绍了喷灌系统和排水系统的工作原理和工程施工。学习本章的目的是了解给水的基本知识,掌握喷灌的设计程序、方法及给排水施工的基本知识。

## 3.1 园林给水工程

第3章微课(1)　第3章微课(2)

### 3.1.1 概　述

园林绿地是游人休憩游览的场所,同时又是园林植物较集中的地方。由于游人活动的需要、植物养护管理及造景用水的需要等,园林中不但用水量很大,而且对水质和水压都有较高的要求。

给排水是园林工程中重要组成部分,园林用水根据其用途可分为以下几类:

**1)生活用水**

生活用水指人们日常用水,如办公室、餐厅、内部食堂、茶室、小卖部、消毒饮水器及卫生设备等的用水。生活用水对水质要求很高,直接关系到身体健康,其水质标准应符合《生活饮用水标准》(GB 5749—85)的要求。

**2)养护用水**

养护用水包括植物灌溉、动物笼舍的冲洗及夏季广场园路的喷洒用水等,这类用水对水质的要求不高。

**3)造景用水**

各种水体(溪涧、湖泊、池沼、瀑布、跌水、喷泉等)的用水。

**4)消防用水**

按国家建筑规范规定,所有建筑都应单独设消防给水系统。

**5）游乐用水**

一些游乐项目,如"碰碰船""戏水池"、休闲娱乐的游泳池等,平时都要用大量的水,而且要求水质比较好。

## 3.1.2　园林给水的特点

园林给水具有以下特点:
①生活用水较少,其他用水较多。
②园林中用水点较分散。
③由于用水点分布于起伏的地形上,高程变化大。
④水质可根据不同用途分别处理。
⑤用水高峰时间可以错开。

## 3.1.3　水源与水质

园林给水工程的首要任务是要按照水质标准来合理地确定水源和取水方式。

**1）水源**

对园林来说,可用的水源有:地表水、地下水。

(1)地表水　包括江、河、湖和浅井中的水,这些水由于长期暴露于地面上,容易受到污染。有的甚至受到各种污染源的污染,水质较差,必须经过净化和严格消毒,才可作为生活用水。

(2)地下水　包括泉水,以及从深井中取用的水。由于其水源不易受污染,水质较好。一般情况下除做必要的消毒外,不必再净化。

**2）水质**

园林用水的水质要求,可因其用途不同分别处理。养护用水只要无害于动植物,不污染环境即可。但生活用水(特别是饮用水)则必须经过严格净化消毒,水质须符合国家颁布的《地表水环境质量标准》(GB 3838—88)。

## 3.1.4　公园给水管网的布置

公园给水管网的布置除了要了解园内用水的特点外,公园四周的给水情况也很重要,它往往影响管网的布置方式。一般市区小公园的给水可由一点引入。但对较大型的公园,特别是地形较复杂的公园,为了节约管材,减少水头损失,有条件的最好多点引入。

**1）设计管网的准备工作**

①收集平面图、竖向设计图、水文地质等资料。
②调查公园的水源、用水量及用水规律。

③了解公园中各种建筑对水的需求。

### 2) 给水管网的布置原则

①管网必须分布在整个用水区域内,并保证水质、水压、水量满足要求。

②保证供水安全可靠,当个别管线发生故障时,停水范围最小。

③布置管网应最短距离,降低造价。

④布置管线时应考虑景观效果。

### 3) 给水管网的基本布置形式和要点

(1)给水管网基本布置形式

①树枝式管网。管网由干管和支管组成,布置犹如树枝,从树干到树梢越来越细,如图3.1(a)所示,这种布置方式较简单,省管材。布线形式就像树干分权分枝,它适合于用水点较分散的情况,对分期发展的公园有利。但树枝式管网供水的保证率较差,一旦管网出现问题或须维修时,影响用水的范围较大。

②环状管网。环状管网是把供水管网闭合成环,使管网供水能互相调剂。当管网中的某一管段出现故障,也不致影响供水,从而提高了供水的可靠性。但这种布置形式较费管材且投资较大,如图3.1(b)所示。

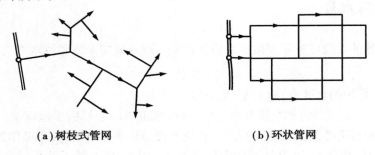

(a)树枝式管网　　　　　　　　(b)环状管网

**图3.1　给水管网基本布置形式**

(2)管网的布置要点

①干管应靠近主要供水点。

②干管应靠近调节设施(如高位水池或水塔)。

③在保证不受冻的情况下,干管宜随地形起伏敷设,避开复杂地形和难于施工的地段,以减少土石方工程量。

④干管应尽量埋设于绿地下,避免穿越或设于建筑物和园路下。

⑤按规定和其他管道保持一定距离。

### 4) 管网布置的一般规定

(1)管道埋深　冰冻地区,管道应埋设于冰冻线以下40 cm处。不冻或轻冻地区,覆土深度也不应小于70 cm。当然管道也不宜埋得过深,埋得过深则工程造价高。但也不宜过浅,否则管道易遭破坏。

(2)阀门及消防栓　给水管网的交点叫做节点,在节点上设有阀门等附件,为了检修管道方便,节点处应设阀门井。

阀门除安装在支管和干管的连接处外,为便于检修养护,要求每隔500 m直线距离设一个阀门井。

配水管上安装有消防栓,按规定其间距通常为 120 m,且其位置距建筑不得少于 5 m,为了便于消防车补给水,离车行道不大于 2 m。

(3)管道材料的选择

①钢管:钢管可分为焊接钢管和无缝钢管,而焊接钢管又分为镀锌钢管和黑铁管,室内饮用给水用镀锌钢管。用钢管施工造价高,工期长,但耐久性好。

②铸铁管:分为灰铸铁管和球墨铸铁管。灰铸铁管耐久性好,但质脆,不耐弯折和振动,内壁光滑度较差;球墨铸铁管抗压、抗震强度较大,具有一定的弹性,施工采用承插式,用胶圈密封,施工较方便,但造价高于灰铸铁管。

③钢筋混凝土管:钢筋混凝土管分为普通钢筋混凝土管和预应力钢筒混凝土管。这一类管材多用于输水量大的园林。普通混凝土管材由于质脆、质量大,在防渗和密封上都不好处理,现多做排水管使用。而预应力钢筒混凝土管是由钢筒和预应力钢筋混凝土管复合制成的,具有较好的抗震、耐腐、耐渗等特点,输水量大的园林常使用这种管材。

④塑料管:塑料管的种类比较多,常用的有 PVC、PE、PPR 管等,这些管材均具有表面光滑、耐腐蚀、连接方便等特点,是小管径(200 mm 以内)输水较理想的管材,生活用水主要选择 PE 管和 PPR 管,PVC 管主要用于喷灌。

# 3.2 喷灌系统的设计

在当今园林绿地中,实现灌溉用水的管道化和自动化很有必要,而园林喷灌系统正是自动化供水的一种常用设施。城市中,由于绿地、草坪逐渐增多,绿化灌溉工作量已越来越大,在有条件的地方,很有必要采用喷灌系统来解决绿化植物的供水问题。

采用喷灌系统对植物进行灌溉,能够在不破坏土壤通透性和土壤结构的条件下,保证均匀地湿润土壤;能湿润地表空气层,使地表空气清爽;还能够节约大量的灌溉用水。比普通浇灌节约水量 40% ~60%。喷灌的最大优点在于它能使灌水工作机械化,显著提高了灌水的工效。

喷灌系统的设计,主要是解决用水量和水压方面的问题。至于供水的水质,要求可以稍低一些,只要水质对绿化植物没有危害即可。

## 3.2.1 喷灌系统的组成

①供水部分:水源、泵房、水泵动力机械。
②输水部分:干管、支管、立管、阀门、弯头、三通活节等。
③喷洒部分:喷头。
④自动控制设备:控制器、电磁阀、过滤器、加压泵等。

## 3.2.2 喷灌形式

依喷灌方式,喷灌系统可分为移动式、半固定式和固定式 3 类。

1) **移动式喷灌系统**

这种系统要求灌溉区有天然水源(池塘、河流等),其动力(电动机或汽油发动机)、水泵、管道和喷头等是可以移动的。由于管道等设备不必埋入地下,所以节省投资,机动性强,但移动不方便、易损坏苗木、管理劳动强度大。适用于水网地区的园林绿地、苗圃和花圃的灌溉。

2) **半固定式喷灌系统**

这种系统的泵站和干管固定,支管及喷头可移动,优缺点介于上述二者之间。使用于大型花圃或苗圃。

3) **固定式喷灌系统**

这种系统有固定的泵站,供水的干管、支管均埋于地下,喷头固定于竖管上,也可临时安装。还有一种较先进的固定喷头(地埋喷头或称草坪喷头),喷头不工作时,缩入套管或检查井中,使用时打开阀门,借助水压力把喷头顶升到一定高度进行喷洒。喷灌完毕,关上阀门,喷头便自动缩入管中或检查井中。这种喷头便于管理,不妨碍地面活动,不影响景观,多用于高尔夫球场,有条件的园林也可使用。

固定式喷灌系统的设备费用较高,但操作方便,节约劳力,便于实现自动化和遥控操作。适用于需要经常灌溉和灌溉期较长的草坪、大型花坛、花圃、庭院绿地等。

以上3种喷灌形式可根据灌溉地的情况酌情采用。

## 3.2.3　固定式喷灌系统设计

1) **喷灌系统规划的任务**

根据园林绿地系统的实际情况,从造景和培育园林苗木出发,对喷灌系统合理布局。

2) **设计所依据的基本资料**

(1)地形图　比例尺为1/1 000～1/500的地形图,灌溉区面积、位置、地势情况。

(2)气象资料　包括气温、雨量、湿度、风向、风速等,其中尤以风对喷灌影响最大。

(3)土壤资料　包括土壤的质地、持水能力、吸水能力和土层厚度等,主要用以确定灌溉制度和允许喷灌强度。

(4)植被情况　包括植被(或作物)的种类、种植面积、耗水量、根系深度等。

(5)水源条件　指灌溉区水的来源(自来水或天然水源)。

(6)动力　有柴油机、电动机、潜水泵。

3) **喷洒方式和喷头组合形式**

喷头的喷洒方式有圆形喷洒和扇形喷洒两种。一般在管道式喷灌系统中,除了位于地块边缘的喷头采用扇形喷洒,其余均采用圆形喷洒。

喷头的组合形式(也叫布置形式),是指各喷头相对位置的安排。在喷头射程相同的情况下,不同的布置形式,其支管和喷头的间距也不同。表3.1列出了常用的几种喷头组合形式及其有效控制面积和适用范围。

表 3.1　常用喷头组合形式及其有效控制范围

| 序　号 | 喷头组合图形 | 喷洒方式 | 喷头间距($L$),支管间距($b$)与喷头射程($R$)的关系 | 有效控制面积 | 适用性 |
|---|---|---|---|---|---|
| A | 　正方形 | 全　圆 | $L = b = 1.42R$ | $S = 2R^2$ | 在风向改变频繁的地方效果较好 |
| B | 　正三角形 | 全　圆 | $L = 1.73R$　　$b = 1.5R$ | $S = 2.6R^2$ | 在无风的情况下喷灌的均匀度最好 |
| C | 　矩形 | 扇　形 | $L = R$　　$b = 1.73R$ | $S = 1.73R^2$ | 较 A,B 节省管道 |
| D | 　等腰三角形 | 扇　形 | $L = R$　　$b = 1.87R$ | $S = 1.865R^2$ | 同 C |

风对喷灌有很大影响,在不同风速条件下,喷头组合间距如何选择最合理,是喷灌系统设计中一个尚待研究的课题。在实际工作中可参照美国"Rainbird"公司建议的喷头组合间距值,见表 3.2。

表 3.2　风速与喷头组合间距值

| 平均风速/(m·s⁻¹) | 喷头间距 $L$ | 支管间距 $b$ | 平均风速/(m·s⁻¹) | 喷头间距 $L$ | 支管间距 $b$ |
|---|---|---|---|---|---|
| <3.0 | $0.8R$ | $1.3R$ | 4.5 ~ 5.5 | $0.6R$ | $R$ |
| 3.0 ~ 4.5 | $0.8R$ | $1.2R$ | >5.5 | 不宜喷灌 | — |

#### 4) 管道布置及管径的确定

（1）管线定位　首先对喷灌地进行勘查，根据水源和喷灌地的具体情况、用水量和用水特点，确定主干管的位置，支管一般与干管垂直。

当喷头选定后，根据喷头的覆盖半径、喷洒方式，利用表 3.1 和表 3.2 中相应的公式，计算喷头间距（$L$）和支管间距（$b$），从而确定支管在图中的位置。距边缘最近的一条支管距边缘的间距为喷头的覆盖半径。

（2）管径的确定

①立管直径。立管即为支管与喷头的连接段。现在有的喷灌系统的立管已缩入地下。它的管径确定以喷头上的标注为准，并且每个立管上均应设一阀门，用以调节水量和水压。

②支管直径。将支管上的所有喷头流量相加，计算支管的总流量，根据支管流量和管道经济流速两项指标查水力计算表，确定管径。经济流速 $v$ 可按下列经验数值采用：

$$小管径 D_g \quad 100 \sim 400 \text{ mm}$$

$$v 取 \quad 0.6 \sim 10 \text{ m/s}$$

$$大管径 D_g \quad >400 \text{ mm}$$

$$v 取 \quad 1.0 \sim 1.4 \text{ m/s}$$

③干管的管径。干管总流量为喷灌区内干管供水范围内的所有喷头流量之和。根据干管的总流量和经济流速，查水力计算表求得干管管径。

#### 5) 喷灌系统水力计算

喷灌系统的水力计算与给水系统相仿，通过计算可确定流量和配套动力。管道内水压力通常以"kg/cm²"或"水柱高度"表示。水力学上将水柱高度称为"水头"。水在水管中流动，水和管壁发生摩擦，克服这种摩擦力而消耗的势能就叫水头损失。水头损失包括沿程水头损失和局部水头损失。

（1）总压力计算　通过多年园林设计及工程施工经验和园林给水的特点，在计算喷灌系统压力时，首先找出供水最不利点。所谓最不利点，指远离泵房、地面标高较高处。只要最不利点满足压力要求，则其他各点均能满足要求。通过对可能的最不利点的压力计算，选取所需压力最大的一点为最不利点。

压力的计算表达式为：

$$H = H_1 + H_2 + H_3 + H_4$$

式中　$H$——不利点需要的压力，即系统的总压力，$mH_2O$；

　　　$H_1$——不利点的地面高程与供水点地面高程之差，其值可正可负可为零，m。利用地形图计算或实际测量；

　　　$H_2$——管道（包括主管道和支管道）总损失，包括沿程损失和局部水头损失，$mH_2O$，用公式计算；

　　　$H_3$——立管高度，m，一般为 1.2 m 左右；

　　　$H_4$——喷头的工作压力，$mH_2O$，标注在喷头产品说明书上。

（2）管道水力计算

①主管道的水力计算：

a. 根据选定的管道材质，查粗糙系数表 3.3，得管材的粗糙度系数 $n$；

b.根据粗糙度系数和管径,查单位管长阻力系数,由表3.4,查得管道的沿程阻力系数 $s_{of}$ ($s^2/m^6$);

c.计算沿程阻力 $H_f$:

$$H_f = S_{of}LQ^2$$

式中　$H_f$——管道沿程水头损失,$mH_2O$;

$S_{of}$——沿程阻力系数,$s^2/m^6$,查表3.4得;

$L$——管道长度,m;

$Q$——流量,$m^3/s$。

d.求管道的水头损失 $H_2$:

局部水头损失,对生产用水一般按沿程损失的20%计算。

$$H_2 = 0.20H_f$$

②支管水头损失计算:

支管压力与干管压力计算的前几步相同。支管由于多孔喷水,从首端到末端对水的阻力会逐渐减小,需将计算的支管水头损失乘以一个系数,即得支管水头损失值。人们将这个系数称为"多孔系数",这种计算方法叫多孔系数法。多孔系数是假定喷头各孔口流量相同,依孔口数目求得的一个折算系数 $F$,有

$$H'_f = H_f \cdot F$$

式中　$H'_f$——支管沿程水头损失,$mH_2O$;

$F$——折算系数,查表3.5得;

$H_f$——未乘折算系数前的管道沿程水头损失,$mH_2O$。

将干管的水头损失与支管的水头损失求和即为管道总的水头损失($H_2$)。

表3.3　各种管材的粗糙系数 $n$ 值

| 管道种类 | $n$ |
|---|---|
| 各种光滑的塑料管(如 PVC、PE 管等) | 0.008 |
| 玻璃管 | 0.009 |
| 石棉水泥管,新钢管,新的铸造很好的铁管 | 0.012 |
| 铝合金管,镀锌钢管,锦塑软管,涂釉缸瓦管 | 0.013 |
| 使用多年的旧钢管、旧铸铁管,离心浇注的混凝土管 | 0.014 |
| 普通混凝土管 | 0.015 |

表3.4　单位管长沿程阻力系数 $S_{of}$ 值($s^2/m^6$)

| 管内径 $d/mm$ | 粗糙系数 $n$ | | | | | | | |
|---|---|---|---|---|---|---|---|---|
| | 0.008 | 0.009 | 0.010 | 0.011 | 0.012 | 0.013 | 0.014 | 0.015 |
| 25 | 227 940 | 288 200 | 355 900 | 431 000 | 512 500 | 602 500 | 697 500 | 774 000 |
| 40 | 183 850 | 232 700 | 28 700 | 34 800 | 41 400 | 48 600 | 562 500 | 64 600 |
| 50 | 5 600 | 7 060 | 8 710 | 10 550 | 12 600 | 147 500 | 171 200 | 19 590 |
| 75 | 658 | 824.8 | 1 015 | 1 221 | 1 480 | 1 738 | 2 015 | 2 270 |
| 80 | 470 | 591 | 729 | 884 | 1 057 | 1 240 | 1 440 | 1 638 |

续表

| 管内径 d/mm | 粗糙系数 n | | | | | | | |
|---|---|---|---|---|---|---|---|---|
| | 0.008 | 0.009 | 0.010 | 0.011 | 0.012 | 0.013 | 0.014 | 0.015 |
| 100 | 140 | 179 | 221 | 268 | 315 | 370 | 429 | 479 |
| 125 | 43.0 | 54.1 | 66.8 | 80.9 | 96.8 | 113.6 | 131.8 | 150.0 |
| 150 | 16.3 | 20.3 | 25.3 | 30.7 | 36.7 | 43 | 49.9 | 56.9 |
| 200 | 3.46 | 4.38 | 5.41 | 6.55 | 7.80 | 9.15 | 10.60 | 12.15 |
| 250 | 1.06 | 1.33 | 1.645 | 1.99 | 2.39 | 2.80 | 3.26 | 3.70 |
| 300 | 0.404 | 0.505 | 0.623 | 0.755 | 0.908 | 1.066 | 1.237 | 1.400 |
| 350 | 0.178 | 0.228 | 0.282 | 0.341 | 0.400 | 0.470 | 0.545 | 0.634 |
| 400 | 0.088 | 0.110 | 0.135 | 0.163 | 0.197 | 0.232 | 0.269 | 0.304 |
| 450 | 0.046 7 | 0.059 5 | 0.073 5 | 0.089 | 0.105 | 0.123 | 0.143 | 0.165 |
| 500 | 0.026 6 | 0.033 5 | 0.041 1 | 0.049 8 | 0.059 7 | 0.070 1 | 0.081 3 | 0.092 5 |
| 600 | 0.010 05 | 0.012 8 | 0.015 8 | 0.019 1 | 0.022 6 | 0.026 5 | 0.030 8 | 0.035 4 |
| 700 | 0.004 42 | 0.005 59 | 0.006 9 | 0.008 35 | 0.009 93 | 0.011 66 | 0.013 52 | 0.015 5 |
| 800 | 0.002 16 | 0.002 74 | 0.003 38 | 0.004 05 | 0.004 87 | 0.005 72 | 0.006 63 | 0.007 61 |
| 900 | 0.001 15 | 0.001 46 | 0.001 8 | 0.002 18 | 0.002 59 | 0.003 05 | 0.003 54 | 0.004 05 |
| 1 000 | 0.000 66 | 0.000 83 | 0.001 03 | 0.001 24 | 0.001 48 | 0.001 74 | 0.002 02 | 0.002 31 |

表 3.5　多口系数 $F$ 值

| N | 多口系数 $F$ | | | | | |
|---|---|---|---|---|---|---|
| | $X=1$ | | | $X=1/2$ | | |
| | $m=2.0$ | $m=1.90$ | $m=1.875$ | $m=2.0$ | $m=1.90$ | $m=1.875$ |
| 2 | 0.625 | 0.634 | 0.639 | 0.500 | 0.512 | 0.516 |
| 3 | 0.518 | 0.528 | 0.535 | 0.422 | 0.434 | 0.422 |
| 4 | 0.469 | 0.480 | 0.486 | 0.393 | 0.405 | 0.413 |
| 5 | 0.440 | 0.451 | 0.457 | 0.378 | 0.390 | 0.396 |
| 6 | 0.421 | 0.433 | 0.435 | 0.369 | 0.381 | 0.385 |
| 7 | 0.408 | 0.419 | 0.425 | 0.363 | 0.375 | 0.381 |
| 8 | 0.398 | 0.410 | 0.415 | 0.358 | 0.370 | 0.377 |
| 9 | 0.391 | 0.402 | 0.409 | 0.355 | 0.367 | 0.374 |
| 10 | 0.385 | 0.396 | 0.402 | 0.353 | 0.365 | 0.371 |
| 11 | 0.380 | 0.392 | 0.397 | 0.351 | 0.363 | 0.368 |
| 12 | 0.376 | 0.388 | 0.393 | 0.349 | 0.361 | 0.366 |
| 13 | 0.373 | 0.384 | 0.391 | 0.348 | 0.360 | 0.365 |
| 14 | 0.370 | 0.381 | 0.387 | 0.347 | 0.358 | 0.364 |
| 15 | 0.367 | 0.379 | 0.384 | 0.346 | 0.357 | 0.363 |

续表

| N | 多口系数 $F$ | | | | | |
|---|---|---|---|---|---|---|
| | $X = 1$ | | | $X = 1/2$ | | |
| | $m = 2.0$ | $m = 1.90$ | $m = 1.875$ | $m = 2.0$ | $m = 1.90$ | $m = 1.875$ |
| 16 | 0.365 | 0.377 | 0.382 | 0.345 | 0.357 | 0.362 |
| 17 | 0.363 | 0.375 | 0.380 | 0.344 | 0.356 | 0.361 |
| 18 | 0.361 | 0.373 | 0.379 | 0.343 | 0.355 | 0.361 |
| 19 | 0.360 | 0.372 | 0.377 | 0.343 | 0.355 | 0.360 |
| 20 | 0.359 | 0.370 | 0.376 | 0.342 | 0.354 | 0.360 |
| 22 | 0.357 | 0.368 | 0.374 | 0.341 | 0.353 | 0.359 |

注:$m = 2.0$,适用于谢才公式;$m = 1.9$,适用于斯柯贝公式;$m = 1.875$,适用于哈-威公式。

使用表 3.5 时,应先根据第一个喷头至支管进口的距离和喷头间距计算出 $X$,如两距离相等则 $X = 1$,如前者为后者之半则 $X = 1/2$,然后按孔口数(即喷头数)查取相应的 $F$ 值。

【例】　有一长 80 m 的支管,管径为 $DN = 80$ mm(PVC 管),管上装有 7 个喷头,每个喷头流量为 6 m³/h,工作压力为 $P = 300$ kPa,第一个喷头到干管的距离为 10 m,喷头间距为 10 m,立管高度为 1 m,地面高差为 +0.2 m,求这个支管需干管提供多大压力才能满足要求?

**解**

1. 查表 3.3,粗糙度系数为 $n = 0.008$(PVC 管)

2. 查表 3.4,沿程阻力系数 $S_{of} = 470$ s²/m⁶($n = 0.008, DN = 80$ mm)

3. 计算流量 $7 \times 6$ m³/h $= 42$ m³/h $= 0.012$ m³/s

4. $H_f = S_{of} L Q^2 = 470 \times 80 \times 0.012^2$ m $= 5.41$ m

5. 查表 3.5,$m = 2.0$,$x = 10$ m/10 m $= 1$,$N = 7$,查得多孔系数 $F = 0.408$

$H'_f = H_f \cdot F = 5.41 \times 0.408$ mH₂O $= 2.2$ mH₂O

$H_2 = 1.2 H'_f = 1.2 \times 2.2$ mH₂O $= 2.64$ mH₂O

6. 支管所需压力

$H = H_1 + H_2 + H_3 + H_4 = (0.2 + 2.64 + 1 + 300 \times 0.1)$ mH₂O $= 33.84$ mH₂O(1 kPa $= 0.1$ mH₂O)

干管应提供大于 33.84 m 水柱高的压力方能满足要求。

(3)配套动力　泵房或供水部分应提供相应的压力、流量方能满足要求,供水部分应提供略大于计算的流量和压力损失值的 5% ~ 10%。

### 6)喷灌系统设计的要点

①根据水源及灌溉地的实际情况,确定供水部分的位置及主干管的位置,进行合理规划布局。

②先确定适宜的喷头数量 $N$,确定接管直径、工作压力、覆盖半径、流量。

③确定支管位置、间距、布设的喷头位置。

④计算支管及干管流量,再根据经济流速查水力计算表,确定干管和支管管径。

⑤计算最不利点所需的压力。

⑥根据总流量和最不利点的压力确定配套动力。以上是固定式喷灌系统设计的基本知识,喷灌系统的设计较复杂,设计中要考虑的问题很多。例如灌溉地块的形状,地形条件,常年的主要风向风速、水源位置等,这些因素对喷灌系统的布置都会产生影响。在坡地上,干管应尽量沿主坡向布置,使支管沿平行于等高线的方向伸展。这样,干管两侧的水头损失较均匀。支管适当向干管倾斜,在干管的低端应设泄水阀,以便于检修或冬季排空管内存水。管道埋深应距地面 80 cm 以下,以防破坏。喷灌系统的布置和风向关系密切,水的喷洒应该顺主风向。对不同的植被或作物,喷灌时雾化程度的要求也不同。所谓雾化度是用喷头的压力与喷嘴直径的比值($H/d$)来表示。表 3.6 所示是苏联提出的雾化指标。

表 3.6　不同作物对雾化程度的要求

| 作　物 | $H_嘴/d$ | 作　物 | $H_嘴/d$ |
|---|---|---|---|
| 软　草 | 1 500 ~ 1 600 | 各种作物 | 200 ~ 2 200 |
| 成年农作物 | 1 700 ~ 1 800 | 管理精细的植物(苗圃与花卉) | 2 400 ~ 2 600 |

在小规模的喷灌工作中,如宅旁植被、花圃、花带或花坛等有自来水管处需喷灌时,可以临时接管,并在管上安装各种喷头或喷水器进行灌溉。

# 3.3　园林排水工程

公园中为满足游人及管理人员生活的需要,每天都会产生生活污水。此外,由于园林需要利用地形起伏创造环境空间,这样也会导致一些天然降水不能排出。为保持环境,应及时收集和排出这些污水,给游人创造一个良好的环境空间。园林排水工程的主要任务就是排出生活污水和天然降水。

## 3.3.1　概述

### 1)园林排水的种类

(1)生活污水　在园林中生活污水主要指从办公楼、小卖部、餐厅、茶室、公厕等排出的水。生活污水中多含酸、碱、病菌等有害物质,需经过处理后方能排放、灌溉等。

(2)生产废水　生产废水主要指盆栽植物浇水时多浇的水,喷泉池、鱼池等较小的水景池排放的水。这类废水一般也可直接向河流等流动水体排放。

(3)天然降水　天然降水主要指雨水和雪水,降水特点比较集中,流量比较大,可直接排入园林水体和排水系统中。

(4)游乐废水　游乐设施中的水体一般面积不大,积水太久会使水质变坏,所以每隔一定时间就要换水。如冲浪池、戏水池、碰碰船池等,在换水时有废水排出。游乐废水中所含的污染物不算多,可酌情向园林湖池中排放。

**2）排水系统的体制**

对生活污水、生产废水和天然降水所采用的不同排除方式所形成的排水系统,称为排水体制,又称排水制度,可分为合流制和分流制两类。

（1）合流制排水系统　将生活污水、工业废水和雨水混合在一个管渠内排除的系统称为合流制排水系统,分为直排式合流制、截流式合流制和全处理合流制。

（2）分流制排水系统　分流制排水系统是指将生活污水、工业废水和雨水分别在两个或两个以上各自独立的管渠内排除的系统,可分为完全分流制、不完全分流制和半分流制。

## 3.3.2　园林排水的特点

①主要是排除雨水和少量生活污水。

②园林中为满足造景需要,形成山水相依的地形特点,有利于地面水的排除。雨水可排入园林水体当中,充实水体,排蓄结合。

③园林可采用多种方式排水,不同地段可根据其具体情况采用适当的排水方式。

④排水设施可与造景相结合。

⑤排水的同时还要考虑土壤能否吸收到足够的水分,以利植物生长,干旱地区尤应注意保水。

## 3.3.3　地形排水

地形排水主要指排除天然降水。在园林竖向设计时,不但要考虑造景的需要,同时也要考虑园林排水的要求,尽量利用地形将降水排入水体,以降低工程造价。地形排水最突出的问题是产生地表径流,冲刷植被和土壤。在设计时要减缓坡度,控制坡长或采取多坡的形式;在工程措施上采取景石、植被等,增加水的流动力,减少冲刷。

对地形排水出水口的处理办法是:对于一些集中汇集的天然降水,主要是将一定的面积内的天然降水汇集到一起,由明渠等直接注入水体。由于出水口的水量和冲力都比较大,为保护水体的驳岸不受损坏,常采取一些工程措施。驳岸一般用砖砌或混凝土浇筑而成,对于地面与水面高差较大的,可将出水口做成台阶或礓磋状,不但减缓水流速度,还能创造水的音响效果,增加游园情趣。

## 3.3.4　管渠排水

公园绿地应尽可能利用地形排除雨水,但在某些局部如广场、主要建筑周围或难于利用地形排水的局部,可以设置暗管或暗渠排水。生活污水排入城市排水系统,这些管渠可根据分散和直接的原则,分别排入附近水体或城市雨水管,不必做完整的系统。

## 1)雨水管渠的基本知识

①管道的最小覆土深度根据雨水井连接管的坡度、冰冻深度和外部荷载情况决定,雨水管的最小覆土深度不小于 0.7 m。

②最小坡度:

a.雨水管道的最小坡度规定如表 3.7;

b.道路边沟的最小坡度不小于 0.002;

c.梯形明渠的最小坡度不小于 0.000 2。

③最小容许流速:

a.各种管道在自流条件下的最小容许流速不得小于 0.75 m/s;

b.各种明渠不得小于 0.4 m/s(个别地方可酌减)。

表 3.7    雨水管道各种管径的最小坡度

| 管径/mm | 200 | 300 | 350 | 400 |
|---|---|---|---|---|
| 最小坡度 | 0.004 | 0.003 3 | 0.003 | 0.002 |

④最小管径及沟槽尺寸:

a.雨水管最小管径不小于 300 mm,一般雨水口连接管最小管径为 200 mm,最小坡度为 0.01。由于公园绿地的径流中挟带泥沙及枯枝落叶较多,容易堵塞管道,故最小管径限值可适当放大;

b.梯形明渠为了便于维修和排水通畅,渠底宽度不得小于 30 cm;

c.梯形明渠的边坡,用砖石或混凝土块铺砌的一般采用(1:0.75)~(1:1)的边坡。边坡在无铺装情况下,根据其土壤性质可采用表 3.8 的数值。

表 3.8    梯形明渠的边坡

| 明渠土质 | 边坡 | 明渠土质 | 边坡 |
|---|---|---|---|
| 粉砂 | 1:3 ~ 1:3.5 | 砂质黏土和黏土 | 1:1.25 ~ 1:1.5 |
| 松散的细砂、中砂、粗砂 | 1:2 ~ 1:2.5 | 干砌块石 | 1:1.25 ~ 1:1.5 |
| 细实的细砂、中砂、粗砂 | 1:1.5 ~ 1:2.0 | 浆砌块石及浆砌砖 | 1:0.5 ~ 1:1 |
| 黏质砂土 | 1:1.5 ~ 1:2.0 | | |

⑤排水管渠的最大设计流速:

a.管道:金属管为 10 m/s,非金属管为 5 m/s;

b.明渠:水流深度 $h$ 为 0.4~1.0 m 时,可按表 3.9 所示采用。

表 3.9    明渠最大设计流速

| 明渠类别 | 最大设计流速/(m·s$^{-1}$) | 明渠类别 | 最大设计流速/(m·s$^{-1}$) |
|---|---|---|---|
| 粗砂及贫砂质黏土 | 0.8 | 草皮护面 | 1.6 |
| 砂质黏土 | 1.0 | 干砌块石 | 2.0 |
| 黏土 | 1.2 | 浆砌块石及浆砌砖 | 3.0 |
| 石灰岩及中砂岩 | 4.0 | 混凝土 | 4.0 |

**2）常用的管材**

（1）对管材的要求

在选择管材时，应综合考虑技术、经济等方面的因素，降低工程造价。具体有以下几点要求：

①满足强度要求。

②耐水中杂物的冲刷和磨损，能抗腐蚀，避免因污水、雨水及地下水的酸碱腐蚀而破裂。

③防水性能好，能防止污水、雨水及地下水相互渗透。

④内壁光滑，减少阻力。

（2）排水管材

①混凝土管、钢筋混凝土管、预应力钢筋混凝土管。混凝土管和钢筋混凝土管的管口通常为承插式、企口式、平口式。混凝土管多用于普通地段的自流管段，钢筋混凝土管多用于深埋或土质条件不良的地段。为抵抗外力，当直径大于 400 mm 时，通常采用钢筋混凝土管。有压管段可采用钢筋混凝土管和预应力钢筋混凝土管。它们的优点是：取材制造方便，强度高；缺点是：抗酸、碱腐蚀性差，抗渗性较差，管节短（一般一节长 1 m），节点多，施工复杂，在地震烈度大于 8 度的地区及松土、杂土地区不宜敷设，管自重大，搬运施工不便。

②陶土管。普通的陶土管是由塑性黏土制成的，通常规格管径为 200~300 mm，有效长度为 800 mm，耐酸的管径可达 800 mm，管节长一般为 300 mm、500 mm、700 mm、1 000 mm 等几种，适用于排除含酸废水。

陶土管都具有内壁光滑，水流阻力小，不透水性好，耐磨、耐腐蚀等优点，缺点是质脆易碎，抗弯、抗压强度低，不宜敷设于松土或埋深较大的土层中。由于节短，接口多，施工难度和费用都较大。

③金属管。常用的有铸铁管和钢管。由于金属管材造价高，现很少使用，但在高内压、高外压及对抗渗要求较高的管段必须采用金属管。如穿越铁路和河道的倒虹管、靠近给水管道或靠近房屋基础，地震烈度大于 8 度的地段、地下水位高或流沙严重的地段都应采用金属管。

金属管质地坚固、强度高、抗渗、抗震性均较好；且内壁光滑，水流阻力小，每节管的长度大、接头少。但造价高，抗酸碱及地下侵蚀能力较差，在使用时应涂刷耐腐涂料并注意绝缘。

④其他材料排水管。随着新型材料的不断研制，用于排水的管材也日益增多，如玻璃纤维混凝土管、强化塑料管、离心混凝土管、玻璃纤维混凝土管、PVC 管等，这些管材都具有质轻、不渗漏、耐腐蚀，内壁光滑等优点，现在 PVC 波纹管在园林中运用较多。

**3）管道的接口形式**

排水管道的接口形式应根据管道材料、连接形式、排水性质、地下水位和地质条件等确定。排水管道的不透水性和耐久性，在很大程度上取决于敷设管道时接口的质量。管道接口应具有足够的强度，不透水、能抵抗污水和地下水的侵蚀并具有一定的弹性。

（1）接口形式及适用条件　室外排水管道最常用的为混凝土管和钢筋混凝土管。管口的形状有企口、平口、承插口，企口和平口又可直接连接或加套连接。根据接口的弹性，一般为柔性、刚性和半柔性 3 种接口形式。

①柔性接口。柔性接口允许管道纵向轴线交错 3~5 mm 或交错一个较小的角度，而不致引起渗漏。常用的柔性接口有石棉沥青接口、沥青麻布接口、沥青砂浆灌口接口、沥青油膏接

口。柔性接口施工复杂,造价较高。在地震区采用有其独特的优越性。

②刚性接口。刚性接口不允许管道有轴向的交错。但比柔性接口施工简单,造价较低,因此采用较广泛。常用的刚性接口有水泥砂浆抹带接口、钢丝网水泥砂浆抹带接口、膨胀水泥砂浆抹带接口等。刚性接口抗震性能差,用在地基较好、有带形基础的无压管道上。

③半柔性接口。半柔性接口介于上述两种接口形式之间。使用条件与柔性接口类似。

(2)几种常用的接口方法

①水泥砂浆抹带接口。在管的接口处用1:2.5(质量比)水泥砂浆配比抹成半椭圆形或其他形状的砂浆带,带宽120~150 mm,带厚30 mm。抹带前保持管口洁净。一般适用于地基土质较好的雨水管道。企口管、平口管、承插管均可采用这种接口。

②钢丝网水泥砂浆抹带接口。将抹带范围的管外壁凿毛,抹1:2.5(质量比)水泥砂浆一层,厚15 mm,中间采用20号10×10钢丝网一层,两端插入基础混凝土中,上面再抹砂浆一层,厚10 mm,带宽200 mm。适用于地基土质较好的一般污水管道和内压低于0.05 MPa的低压管道接口。

③石棉沥青卷材接口。石棉沥青卷材接口的构造是先将沥青、石棉、细沙按7.5:1:1.5的配合比制成卷材,并将接口处管壁刷净烤干,涂冷底油一层,再刷沥青油浆作黏合剂(厚3~5 mm),包上石棉沥青卷材,外面再涂3 mm厚的沥青砂浆。石棉沥青卷材带宽为150~200 mm。一般适用于无地下水的无压管道。

④沥青麻布接口。沥青麻布接口构造为管口外壁先涂冷底子油一遍,再在接口处涂4道沥青裹3层麻布(或玻璃布),再用8号铅丝绑牢。麻布宽度依次为150 mm、200 mm、250 mm,搭接长均为150 mm。适用于无地下水、地基良好的无压管道。

⑤沥青砂浆灌口接口。沥青砂浆灌口接口的做法为先将管口刷净,用M13水泥砂浆捻缝,刷冷底子油一遍,然后用预制模具定型,再在模具上部开口灌沥青砂浆(一般沥青砂浆配合比为沥青:石棉:沙=3:2:2)。该接口带宽150~200 mm,厚20~25 mm。适用于无地下水、地基无严重不均匀沉陷的无压管道。

⑥石棉水泥接口。石棉水泥接口的做法为先将管口及套环刷净,接口用质量比为1:3的水泥砂浆捻缝,套环接缝处嵌入油麻(宽20 mm),再在两边填实石棉水泥。适用于地基较弱、可能产生不均匀沉陷,且位于地下水位以下的排水管道。

⑦沥青砂浆接口。洗净管口和套环,接口用质量比为1:3的水泥砂浆捻缝,灌沥青砂浆,两端用绑扎绳扎牢填实。适用于地基不均匀地段,或地基经过处理后管道可能产生不均匀沉陷且位于地下水位以下的排水管道。

⑧沥青油膏接口。洗净管口和套环,接口用质量比为1:3的水泥砂浆捻缝,套环接缝处嵌入油麻两道,两边填沥青油膏。沥青油膏配比为石油沥青:重松节油:废机油:石灰棉:滑石粉=100:11.1:44.5:11:90。该接口的适用条件同沥青砂浆灌口接口。

## 4)排水管道基础

(1)排水管道基础的组成及形式　排水管道基础一般由地基、基础和管座3个部分组成。管道的地基与基础要有足够的承载力和可靠的稳定性。否则排水管道可能产生不均匀沉陷,造成管道错口、断裂、渗漏等现象,导致对附近地下水的污染,甚至影响附近建筑物的基础。根据管道的性质、埋深、土壤的性质、荷载情况选择管道基础。常用的形式有:素土基础、灰土基础、砂垫层基础、混凝土枕基和带形基础。

（2）基础选择　　根据地质条件、布置位置、施工条件、地下水位、埋深及承载情况确定排水管基础。

①干燥密实的土层、管道不在车行道下、地下水位低于管底标高，埋深为 0.8 ~ 3.0 m。在几根管道合槽施工时，可用素土或灰土基础，但接口处必须做混凝土枕基。

②岩土和多石地层采用砂垫层基础。砂垫层厚度不宜小于 200 mm，接口处应做混凝土枕基。

③一般土层或各种混凝土层以及车行道下敷设的管道，应根据具体情况，采用90°~180°混凝土带形基础。

④地基松软或不均匀沉降地段，管道基础和地基应采取相应的加固措施，管道接口应采用柔性接口。

（3）常用的管道基础

①砂土基础。包括弧形素土基础、灰土基础及砂垫层基础。

弧形素土基础是在原土基础上挖一弧形管槽（通常采用90°弧形），管道落在弧形管槽里，如图 3.2（a）所示。

灰土基础，即灰土的质量配合比（石灰∶土）为3∶7，基础采用弧形，厚150 mm，弧中心角为60°。

砂垫层基础是在挖好的弧形管槽上，用带棱角的粗砂填 10 ~ 15 cm 厚的砂垫层，如图 3.2（b）所示。

②混凝土枕基。混凝土枕基也称混凝土垫块，是管道接口设置的局部基础，如图 3.3 所示。通常在管道接口下用 C7.5 或 C10 的混凝土做成枕块。

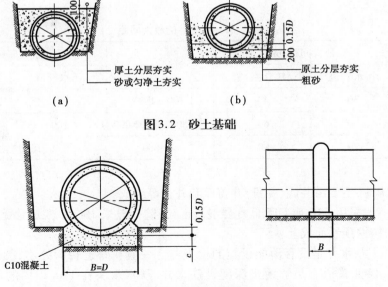

图 3.2　砂土基础

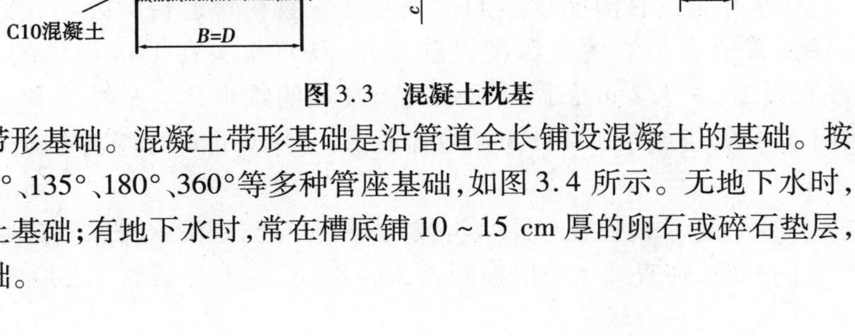

图 3.3　混凝土枕基

③混凝土带形基础。混凝土带形基础是沿管道全长铺设混凝土的基础。按管座的形式不同分为90°、120°、135°、180°、360°等多种管座基础，如图 3.4 所示。无地下水时，可直接在槽底老土上浇混凝土基础；有地下水时，常在槽底铺 10 ~ 15 cm 厚的卵石或碎石垫层，然后再在上面浇筑混凝土基础。

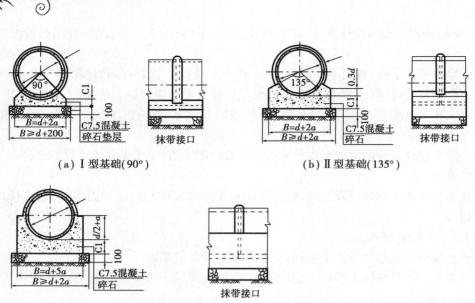

（a）Ⅰ型基础（90°）　　　　　　　　　（b）Ⅱ型基础（135°）

（c）Ⅲ型基础（180°）

**图3.4　混凝土带形基础**

### 5）排水管网附属构筑物

在雨水排水管网中常见的附属构筑物有检查井、跌水井、雨水口和出水口等。

（1）检查井　检查井的功能是便于管道维护人员检查和清理管道。另外它还是管段的连接点。检查井通常设置在管道交汇,方向、坡度和管径改变的地方。井与井之间的最大间距如表3.10所示。

**表3.10　检查井的最大间距**

| 管径/mm | 最大间距/m | | 管径/mm | 最大间距/m | |
|---|---|---|---|---|---|
| | 污水管道 | 雨水（合流）管道 | | 污水管道 | 雨水管道 |
| 200～400 | 30 | 40 | 1 100～1 500 | 90 | 100 |
| 500～700 | 50 | 60 | >1 500,且≤2 000 | 100 | 120 |
| 800～1 000 | 70 | 80 | >2 000 | 可适当加大 | |

检查井的构造,主要由井底、井身、井盖座和井盖等组成。

井底材料一般采用C10或C15低标号混凝土,井壁一般采用砖砌筑或混凝土、钢筋混凝土浇筑,井盖多为铸铁预制而成。

（2）跌水井　跌水井是设有消能设施的检查井。一般在管道转弯处不宜设跌水井。在地形较陡处,为了保证管道有足够覆土深度设跌水井,跌水水头在1 m以内的不做跌水设施,在1～2 m宜做跌水设施,大于2 m必做跌水设施。常用的跌水井有竖管式和溢流堰式两种类型。竖管式适用于直径等于或小于400 mm的管道;大于400 mm的管道中应采用溢流堰式跌水井。

（3）雨水口　雨水口通常设置在道路边沟或地势低洼处,是雨水排水管道收集地面径流的孔道。雨水口设置的间距,在直线上一般控制在30～80 m,它与干管常用200 mm的连接管;其

长度不得超过 25 m。

　　雨水口的设置位置,应能保证迅速有效地收集地面雨水。一般应设在交叉路口、路侧边沟的一定距离处以及设有道路边石的低洼地区,以防止雨水漫过道路或造成道路及低洼地区积水而妨碍交通。雨水口的形式和数量,通常应按汇水面积所产生的径流量和雨水口的泄水能力确定,一般一个平箅(单箅)雨水口可排泄 15 ~ 20 L/s 的地面径流量。雨水口设置时宜低于路面30 ~ 40 mm,在土质地面上宜低于路面 50 ~ 60 mm,道路上雨水口的间距一般为 20 ~ 40 m(视汇水面积大小而定)。在路侧边沟上及路边低洼地点,雨水口的设置间距还要考虑道路的纵坡和路边的高度,同时应根据需要适当增加雨水口的数量。常用雨水口的泄水能力和适用条件如表3.11 所示。

表 3.11　常用雨水口的泄水能力和适用条件

| 名　称 | 泄水能力/(L·s$^{-1}$) | 适用条件 |
|---|---|---|
| 边沟式　雨水口 （单箅） | 20 | 有道牙道路,纵坡平缓 |
| 边沟式　雨水口 （双箅） | 35 | 有道牙道路,纵坡平缓 |
| 联合式　雨水口 （单箅） | 30 | 有道牙道路,箅隙易被树叶堵塞时 |
| 联合式　雨水口 （双箅） | 50 | 有道牙道路,箅隙易被树叶堵塞时 |
| 平箅式雨水口（单箅） | 15 ~ 20 | 有道牙道路,比较低洼处且箅易被树叶堵塞时 |
| 平箅式雨水口（双箅） | 35 | 无道牙道路、广场、地面 |
| 平箅式雨水口（三箅） | 50 | 无道牙道路、广场、地面 |
| 小雨水口(单箅) | 约 10 | 降雨强度较小地区、有道牙道路 |

　　平箅雨水口的构造包括进水箅、井筒和连接管等 3 部分,如图 3.5 所示。

　　进水箅多为铸铁预制,标高与地面持平或稍低于地面。进水箅条方向与进水能力有关,箅条与水流方向平行进水效果好,因此进水箅条常设成纵横交错的形式,如图 3.6 所示,以便排泄从不同方向来的雨水。

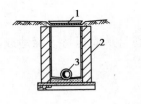

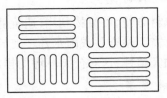

图 3.5　平箅雨水口　　　　　　图 3.6　箅条交错排列的进水箅
　　1—进水箅;2—井筒;3—连接管

　　雨水口的井筒可用砖砌筑或用钢筋混凝土预制,井筒的深度一般不大于 1 m,在高寒地区井筒四周应设级配砂石层,用以缓冲冻胀;在泥沙量较大地区,连接管底部应留有一定的高度,用以沉淀泥沙。

　　雨水口的连接管最小管径为 200 mm,坡度一般为 1%,连接管长度不宜超过 25 m,连接在同一连接管上的雨水口一般不宜超过 3 个。

　　(4)出水口　　出水口是排水管道向水体排放污水、雨水的构筑物。排水管道出水口的设置位置应根据排水水质、下游用水情况、水文及气象条件等因素而定,并且还应征得当地卫生监督机关、环保部门、水体管理部门的同意。如在河渠的桥、涵、闸附近设置,应设在这些构筑物保护区内和游泳池附近,不能影响到下游居民点的卫生和饮用。

雨水排水口不低于平均洪水水位,污水排水口应淹没在水体水面以下。

常用出水口形式和适用条件如表3.12所示。

表3.12　常用出水口形式和适用条件

| 名　称 | 适用条件 |
| --- | --- |
| 一字出水口 | 排出管道与河渠顺接处,岸坡较陡时 |
| 八字出水口 | 排出管道与排入河渠岸坡较平缓时 |
| 门字出水口 | 排出管道与排入河渠岸坡度较陡时 |
| 淹没出水口 | 排出管道末端标高低于正常水位时 |
| 跌水出水口 | 排出管道末端标高高出洪水位较大时 |

园林中的雨水口、检查井和出水口,其外观应该作为园景的一部分来考虑。有的在雨水井的篦子或检查井盖上铸(塑)出各种美丽的图案花纹;有的则采用园林艺术手法,以山石、植物等材料加以点缀。这些做法在园林中已很普遍,效果很好。但是不管采用什么方法进行点缀或伪装,都应以不妨碍这些排水构筑物的功能为前提。

### 3.3.5　暗渠排水

暗渠又叫盲沟,是一种地下排水渠道,用以排除地下水,降低地下水位。在一些要求排水良好的活动场地和地下水位较高的地区,以及作为某些不耐水的植物生长区的一种工程措施,效果较好,如体育场、儿童游戏场等或地下水位过高影响植物种植和开展游园活动的地段,都可以采用暗渠排水。

**1)暗渠排水的优点**

①取材方便,可废物利用,造价低廉。

②不需要检查井或雨水井之类的排水构筑物,地面不留"痕迹",从而保持了绿地或其他活动场地的完整性;这对公园草坪的排水尤其适用。

**2)暗渠的布置**

依地形及地下水的流动方向可做成干渠和支渠相结合的地下排水系统,暗渠渠底纵坡不小于5‰,只要地形等条件许可,纵坡坡度应尽可能取大些,以利地下水的排出。

**3)暗渠埋深和间距**

暗渠的排水量与其埋置深度和间距有关。而暗渠的埋深和间距又取决于土壤的质地。

(1)暗沟的埋置深度

影响埋深的因素有如下几方面:

①植物对水位的要求。例如草坪区的暗渠的深度不小于1 m,不耐水的松柏类乔木,要求地下水距地面不小于1.5 m。

②受不同的植物根系的大小深浅破坏的影响各异。

③土壤质地的影响。土质疏松可浅,重黏土应该深些,见表3.13。

④地面上有无荷载。

⑤在北方冬季严寒地区有冰冻破坏的影响。

暗渠埋置的深度不宜过浅,否则表土中的养分易流失。

（2）支管的设置间距

暗渠支管的数量和排水量与地下水的排除速度有直接的关系。在公园或绿地中如需设暗沟排地下水以降低地下水位,则暗渠的密度可根据表3.13和表3.14选择。

因采用的透水材料多种多样,所以暗渠的类型也多。图3.7所示是排水暗渠的几种构造,可供参考。图3.8所示为我国南方一城市为降低地下水而设置的一段排水暗沟,这种以透水材料和管道相结合的排水暗沟,能较快地将地下水排出。

**表3.13 土壤质地与暗渠的密度**

| 土壤类别 | 埋深/m |
|---|---|
| 砂质土 | 1.2 |
| 壤 土 | 1.4~1.6 |
| 黏 土 | 1.4~1.6 |
| 泥炭土 | 1.7 |

**表3.14 土壤质地与柯派克氏管的管深管距**

| 土壤种类 | 管距/m | 管深/m |
|---|---|---|
| 重黏土 | 8~9 | 1.15~1.30 |
| 致密黏土和泥炭岩黏土 | 9~10 | 1.20~1.35 |
| 砂质或黏壤土 | 10~12 | 1.1~1.6 |
| 致密壤土 | 12~14 | 1.15~1.55 |
| 砂质壤土 | 1.4~1.6 | 1.15~1.55 |
| 多砂壤土或砂质中含腐殖质 | 16~18 | 1.15~1.50 |
| 沙 | 20~24 | |

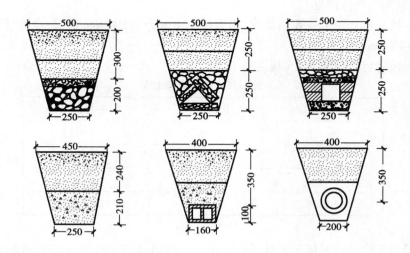

**图3.7 排水暗渠的几种构造**

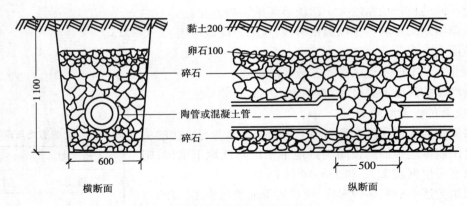

图 3.8　透水暗渠实例

# 3.4　给排水管道的施工

## 3.4.1　管沟放线、挖土和回填

①管沟应按设计图定位放线,并应符合如下要求:

a.图纸会审时,应请设计和建设、监理单位明确管线坐标和标高的基准点;

b.在施工现场,用经纬仪测定管道中心线控制桩,在管道设计标高的变坡点增设标高控制桩;

c.在控制桩处钉龙门线板,龙门线板间距不大于 30 m;

d.龙门线板的宽度应大于沟顶 300 mm,龙门线板顶宜水平,应标志出管线中心,沟顶开挖宽度和标高,并标明挖沟深度。

②管道沟槽底部每侧的工作面宽度,当管径小于或等于 500 mm 时,非金属管道为 400 mm,金属管道为 300 mm。

③管沟边坡度可按照表 3.15 规定施工。

表 3.15　管沟边坡比值

| 土质种类 | 沟深 < 3 m | 沟深为 3 ~ 5 m |
|---|---|---|
| 黏　土 | 1:0.25 | 1:0.33 |
| 亚黏土 | 1:0.33 | 1:0.50 |
| 亚砂土 | 1:0.50 | 1:0.75 |
| 砂卵石 | 1:0.75 | 1:1.00 |

④管道接口工作坑应根据每根管子长度定位。管道接口工作坑可在管道铺设前测定的位置开挖。铸铁管道接口工作坑尺寸应符合表 3.16 的规定。

表 3.16　铸铁管管沟接管口工作坑尺寸/mm

| 管径 $DN$ | $A$ | $B$ | $C$ |
|---|---|---|---|
| 75 ~ 150 | 600 | 200 | 250 |
| 200 ~ 250 | 600 | 200 | 300 |
| 300 ~ 350 | 800 | 250 | 300 |

注:$A + B$ 为管沟宽度,$A$ 为承管在沟中的长度,$B$ 为插管在沟中的长度,$C$ 为管沟深度。

⑤人工开槽挖土、回填土应符合下列规定:

a. 不得影响建筑物、各种管线和其他设施的安全;

b. 不得掩埋消火栓、管道阀门井、雨水井、测量标志以及各种地下管道的井盖,且不得妨碍其正常使用;

c. 挖槽时,堆土高度不宜超过 1.5 m,且距槽口边缘不宜小于 0.8 m。

⑥当挖沟槽发现地下各类设施或文物时,应采取保护措施,并及时通知有关单位处理。

⑦槽底高程允许偏差:土方应为 ±20 mm,石方应为 ±30 mm。超深部分应用沙子夯平。

⑧管沟支撑应根据沟槽的土质,地下水位,开槽断面,荷载条件等因素进行设计。支撑的材料可选用钢材、木材或钢木混合使用。

⑨应经常检查支撑,当发现支撑构件有弯曲、松动、移位或劈裂等迹象时,应及时处理。

⑩水压试验前,除接口处外,管道两侧及管顶以上回填高度不应小于 0.5 m。水压试验完毕并经检查合格后,应及时回填其余部分。

⑪回填土应高出地面 200 mm,并呈拱形。

## 3.4.2　给水管道的铺设及其接口

①铸铁管、球墨铸铁管及管件表面不得有裂纹,不得有妨碍使用的凹凸不平的缺陷。

②切断铸铁管:有钢锯、型材切割机、剁斧、链式断管器 4 种方法。

剁斧方法:剁斧的斧柄应安装牢固,管子断口先用石笔画线,管子断口下垫木方,剁斧顺断口线,用大锤轻剁一周剁出切割线,然后重剁二、三周,至管子被剁断。剁斧断管时,挥大锤的人应用力均匀,避开剁斧正前方,并防止用力过猛而造成不规则断裂。铸铁管断口不平度不得超过 5 mm。

③将油麻扭成辫子,直径约为 1.5 倍接口环向间隙,把麻辫打开占承口的 1/3,不得超过承口水线边缘。当采用铅接口时,应距承口水线里缘 5 mm,环向搭接宜为 50 ~ 100 mm 填打密实,环缝间隙应均匀。

④宜采用 32.5 级水泥,应采用纤维较长、无皮质、清洁、松软、富有韧性的油麻。

⑤铅的纯度不应小于 99%。

⑥柔性接口的橡胶圈质量、性能、细部尺寸,应符合现行国家铸铁管、球墨铸铁管及管件标准中有关橡胶圈的规定。

⑦柔性接口使用的橡胶圈必须逐个进行检查,不得有割裂、破损、气泡、大飞边等缺陷。

⑧柔性橡胶圈子接口时,在插口处涂水以起到润滑的作用。接口前应标出插入深度的记号。

⑨石棉水泥应在填打前拌和,石棉水泥的质量配合比应为石棉30%,水泥70%。水灰比宜小于或等于0.20。拌好的石棉水泥应在初凝前用完。

⑩打灰口时,应将拌好的石棉水泥由承口的下方塞入承口内,分层填打(每层厚度10~15 mm),每层至少打两遍。打灰口时应凿凿相压,打实为止。当灰口凹入承口2~3 mm,深浅一致,表面光滑并呈黑亮色时,可认为灰口已打好。

⑪水泥接口打成后,应及时进行湿养护,时间不少于48 h。

⑫采用铅接口施工时,管口的表面必须干燥、清洁,严禁水滴落入铅锅内,熔铅液表面呈紫红色为宜(500~600 ℃)。灌铅液必须沿注孔一侧灌入,一次灌满,不得断流,脱膜后应立即将铅捻实。表面应平整,凹入承口2~3 mm为宜。

⑬管道沿曲线铺设时,刚性接口转角:管径75~450 mm时不大于2°;柔性橡胶圈接口转角:管径75~600 mm时不大于3°。

⑭管道及管道附件的支墩和锚定(后背)结构位置应平行准确,锚定应牢固。

## 3.4.3　硬聚氯乙烯给水管道安装

### 1)管材及配件的性能

①施工所使用的硬聚氯乙烯给水管管材、管件应分别符合《给水用硬聚氯乙烯管材》(GB/T 1002·1—88)及《给水用硬聚氯乙烯管件》(BG/T 1002·2—88)的要求。如发现有损坏、变形、变质迹象或其存放超过规定期限时,使用前应进行抽样复验。

②管材插口与承口的工作面,必须表面平整,尺寸准确,既要保证安装时容易插入,又要保证接口的密封性能。

③硬聚氯乙烯给水管道上所采用的阀门及管件,其压力等级不应低于管道工作压力的1.5倍。

④当管道采用橡胶圈接口(R—R接口)时,所用的橡胶圈不应有气孔、裂缝、重皮和接缝。

⑤当使用橡胶圈作接口密封材料时,橡胶圈内径与管材插口外径之比宜为0.85~0.9,橡胶圈断面直径压缩率一般采用40%。

### 2)管材及配件的运输及堆放

①硬聚氯乙烯管材及配件在运输、装卸及堆放过程中严禁抛扔或激烈碰撞,应避免阳光暴晒。若存放期较长,则应放置于棚库内,以防变形和老化。

②硬聚氯乙烯管材、配件堆放时,应放平垫实,堆放高度不宜超过1.5 m;承插式管材、配件堆放时,相邻两层管材的承口应相互倒置并让出承口部位,以免承口承受集中荷载。

③管道接口所用的橡胶圈应按下列要求保存:

a.橡胶圈宜保存在室温低于40 ℃的室内,不应长期受日光照射,距一般热源距离不应小于1 m;

b.橡胶圈不能同能溶解橡胶的溶剂(油类、苯等)以及对橡胶有害的酸、碱、盐等物质存放在一起；

c. 橡胶圈在保存及运输过程中，不应使其长期受挤压，以免变形；

d. 当管材出厂时，若配套使用的橡胶圈已放入承口内，可不必取出保存。

### 3）硬聚氯乙烯给水管道的安装

①管道铺设应在沟底标高和管道基础质量检查合格后进行。在铺设管道前要对管材、管件、橡胶圈等重新作一次外观检查，有问题的管材、管件均不得使用。

②管道的一般铺设过程是：管材放入沟槽、接口、部分回填、试压、全部回填。在条件允许、管径不大时，可将2或3根管在地面上接好，再平稳放入沟槽内。

③在沟槽内铺设硬聚氯乙烯给水管道时，如设计未规定采用基础的形式，可将管道铺设在未经扰动的原土上。管道安装后，铺设管道时所用的临时垫块应及时拆除。

④管道不得铺设在冻土上，在铺设管道和管道试压过程中，应防止沟底冻结。

⑤管材在吊运及放入沟时，应采用可靠的软带吊具，平稳下沟，不得与沟壁或沟底激烈碰撞。

⑥在昼夜温差变化较大的地区，应采取防止因温差产生的应力而破坏管道及接口的措施。橡胶圈接口不宜在 -10 ℃以下施工。

⑦在安装法兰接口的阀门和管件时，应采取防止造成外加拉应力的措施。口径大于100 mm的阀门下应设支墩。

⑧管道转弯的三通和弯头处是否设置支墩及支墩的结构形式由设计决定。管道的支墩不应设置在松土上，其后背应紧靠原状土，如无条件，应采取措施保证支墩的稳定；支墩与管道之间应设橡胶垫片，以防止管道破坏。在无设计规定的情况下，管径小于100 mm 的弯头、三通可不设置支墩。

⑨管道在铺设过程中可以有适当的弯曲，但曲率半径不得小于管径的300倍。

⑩在硬聚氯乙烯管道穿墙处，应设预留孔或安装套管，在套管范围内管道不得有接口。硬聚氯乙烯管道与套管间应用非燃烧材料填塞。

⑪管道安装或铺设工程中断时，应用木塞或其他盖堵将管口封闭，防止杂物进入。

⑫硬聚氯乙烯给水管道橡胶圈接口适用于管外径为63～315 mm 的管道连接。

⑬橡胶圈连接应遵守下列规定：

a. 检查管材、管件及橡胶圈质量，并根据作业项目按表3.17准备工具；

**表3.17 各作业项目的施工工具表**

| 作业项目 | 工具种类 |
| --- | --- |
| 锯管及坡口 | 细齿锯或割管机，倒角器或中号板锉、记号笔、量尺 |
| 清理工作面 | 棉纱或干布 |
| 涂润滑剂 | 毛刷、润滑剂 |
| 连接 | 手动葫芦或插入机、绳 |
| 安装检查 | 塞尺 |

b. 清理干净承口内橡胶圈沟槽、插口端工作面及橡胶圈，不得有土或其他杂物；

c. 将橡胶圈正确安装在承口的橡胶圈沟槽区中，不得装反或扭曲，为了安装方便可先用水浸湿胶圈；

d. 橡胶圈连接须在插口端倒角,并应画出插入长度标线,然后再进行连接。最小插入长度应符合表 3.18 的规定。切断管材时,应保证断口平整且垂直于管轴线;

**表 3.18　管子接头最小插入长度**

| 公称外径/mm | 60 | 75 | 90 | 110 | 125 | 140 | 160 | 180 | 200 | 225 | 280 | 315 |
|---|---|---|---|---|---|---|---|---|---|---|---|---|
| 插入长度/mm | 64 | 67 | 90 | 75 | 78 | 81 | 86 | 90 | 94 | 100 | 112 | 113 |

e. 用毛刷将润滑剂均匀地涂在装嵌承口处的橡胶圈和管插口端外表面上,但不得将润滑剂涂到承口的橡胶圈沟槽内。润滑剂可采用 V 型脂肪酸盐,禁止用黄油或其他油类作润滑剂;

f. 将连接管道的插口对准承口,保证插入管段的平直,用手动葫芦或其他拉力机械将管一次插入至标线。若插入阻力过大,切勿强行插入,以防橡胶圈扭曲。

## 3.4.4　阀门及消火栓安装

①安装阀门时阀杆要垂直向上,阀门下的支墩应牢固,管底与井底距离应不小于0.25 m。阀门法兰与井壁的距离,以不影响阀门启闭和法兰螺栓装卸为准,一般应不小于0.25 m。

②地下消火栓应设在混凝土支墩上,消火栓顶部出水口距井盖底面应不大于 0.4 m。

③水表应安装于井底中心,水表前后设置阀门,阀门距井底和井壁均不得小于0.25 m。

## 3.4.5　水压试验及冲洗

①当管道工作压力大于或等于 0.1 MPa 时,应进行强度和严密性试验。

②管道水压试验前,应做好水源引接及排水疏导路线。

③管道灌水应从下游灌入,在管道凸起点应设排气阀。

④后背墙面应平整,并应与管道轴线垂直。

⑤管道水压试验的分段长度不宜大于 1.0 km。水压试验过程中,后背顶撑,管道两端严禁站人。

⑥水压试验时,严禁对管身、接口进行敲打或修补缺陷,遇有缺陷时,应做好标记,卸压后再修补。

⑦水压升至试验压力后,保持恒压 10 min,检查接口,管道无破损及漏水现象时,管道强度试压为合格。管道水压试验的试验压力应符合表 3.19 的规定。

**表 3.19　管道水压试验的试验压力**

| 管道种类 | 工作压力 $P$/MPa | 试验压力/MPa |
|---|---|---|
| 钢　管 | $P$ | $P+0.5$ 且不应小于0.9 |
| 铸铁管及球墨铸铁管 | $\leq 0.5$ | $2P$ |
| | $>0.5$ | $P+0.5$ |

⑧放水冲洗,以流速不小于 1.0 m/s 的冲洗水连续冲洗,直至出口处水的浊度、色度与入水口冲水的浊度、色度相同时为止。冲洗时应保证排水管路畅通安全。

## 3.4.6 排水管道铺设及接口

①向管沟内下管前,应清除沟边的浮土 0.7~1.0 m 宽,沟底必须按设计标高和坡度进行平整,沟底超深时,应回填沙子夯实找平。

②往沟内下管时,管径较小的管子,可用人力将管子立起轻放入沟内。管径较大的管子,可用两个临时锚点。用双绳把管子放入沟内,或用吊车下管。

③管道铺设,应由下游向上游方向施工,承口向着来水方向。

④铺管时,先将管子接口处挖出抹口的操作规程坑。带有承口的管子,应将承口底边放入坑内。

⑤管子找平找正后,管两侧用土挤住固定,防止管子发生滚动移位。

⑥直线铺设混凝土管时,其管口间的纵向间隙,管径小于 600 mm 时为 1~5 mm。混凝土管安装应平直,无突起、突弯现象。沿曲线安装,管径小于 700 mm 时,管口的连接间隙不得大于 5 mm,接口转角不得大于 1.5°。

⑦排水承插混凝土管用水泥砂浆接口时,管子承口内壁及插口外壁均应刷净。用 1:2(质量比)的水泥砂浆填充。应填实承口,环缝应均匀,在承口外抹成 45°角加强灰浆。

⑧排水混凝土管用水泥砂浆抹带或钢丝网水泥砂浆抹带接口时,应刷去管口浆皮,在管外壁抹带连接。抹带及填缝均用 1:2.5 水泥砂浆,钢丝网规格宜为 20#10×10,落入管道内的接口材料应及时清除,抹口或抹带完成后用湿草帘覆盖养护。

## 3.4.7 排水闭水法严密性试验

①非金属排水管,管道接口养护达到要求后,回填前应用闭水法进行严密性试验。

②试验管段应按井距分隔,长度不宜大于 1 km,带井试验。

③管道闭水试验时,试验管段应符合下列要求:

a. 管道及检查井外观质量检查已验收合格;

b. 在管道未回填前进行,且沟槽内无积水;

c. 全部预留孔应封堵,不得渗水;

d. 管道两端堵板承载力经核算大于水压力的合力。除预留进水管外,应封堵坚固,不得渗水。

④试验水头应以上游检查井井口高度为准。

⑤闭水试验各段灌满水后的浸泡时间不应少于 24 h。

⑥管道严密试验时,进行外观检查,不得有漏水现象。其允许渗水量应符合表 3.20 的规定。

表 3.20    无压力管道严密性试验允许渗水量

| 管    材 | 管道内径/mm | 允许渗水量/[m³·(24 h·km)⁻¹] |
|---|---|---|
| 混凝土管<br>钢筋混凝土管 | 200 | 17.60 |
| | 300 | 21.62 |
| | 400 | 25.00 |
| | 500 | 27.95 |
| | 600 | 30.60 |
| | 700 | 33.00 |

# 复习思考题

1. 园林给水工程一般由几部分组成？园林用水分为哪些方面？
2. 管网布置的一般原则是什么？布置形式有哪些？
3. 固定式喷灌设计的步骤和方法有哪些？
4. 管道施工的工作面应如何确定？
5. 安装给排水管时应注意哪些问题？
6. 管道基础常用的形式有哪几种？
7. 管道接口有几种形式？常用的接口方法有几种？
8. 如何做好园林工程排水设计，结合实例进行说明。

# 4 水景工程

**本章导读** 水是园林空间艺术创作的一个重要园林要素,园林景观中有水则活。本章主要介绍驳岸、护坡、人工湖水池、瀑布、叠泉、溪流、喷泉等部分的结构、施工技术和施工中应注意的事项。

水是园林中的灵魂,有了水才能使园林产生更多生气勃勃的景观。"仁者乐山,智者乐水",寄情山水的审美理想和艺术哲理深深地影响着中国园林。水是园林空间艺术创作的一个重要园林要素,由于水具有流动性和可塑性,因此园林中对水的设计实际上是对盛水容器的设计。水池、溪涧、河湖、瀑布、喷泉等都是园林中常见的水景设计形式,它们静中有动,寂中有声,以少胜多渲染着园林气氛。

根据水流的状态可将水景分为静态水景和动态水景两种。静态水景,也称静水,一般指园林中以片状汇聚的水面为景观的水景形式,如湖、池等。其特点是宁静、祥和、明朗。它的作用主要是净化环境、划分空间、丰富环境色彩、增加环境气氛。

动态水景以流动的水体,利用水姿、水色、水声来增强其活力和动感,令人振奋。形式上主要有流水、落水和喷水3种。流水如小河、小溪、涧,多为连续的、有宽窄变化的;带状动态水景如瀑布、跌水等,这种水景立面上必须有落水高差;喷水是水受压后向上喷出的一种水景形式,如喷泉等。

水景工程是城市园林中与理水有关的工程的总称,本章主要介绍驳岸、护坡、人工湖、水池、瀑布、叠泉、溪流、喷泉等部分。

## 4.1 人工湖工程

湖属于静态水体,有天然湖和人工湖之分。前者是自然的水域景观,如著名的南京玄武湖、杭州西湖、广东星湖等。人工湖则是人工依地势就低挖掘而成的水域,沿岸因境设景,自然天成图画,如深圳仙湖和一些现代公园的人工大水面。湖的特点是水面宽阔平静,具有平远开朗之感。此外,湖往往有一定的水深以利于水产。湖岸线和周边天际线较好,还常在湖中利用人工堆土成小岛,用来划分水域空间,使水景层次更为丰富。

### 4.1.1　湖的布置要点

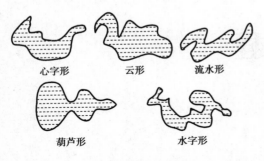

心字形　　云形　　流水形

葫芦形　　水字形

**图4.1　湖岸线平面设计形式**

园林中利用湖体来营造水景,应充分体现湖的水光特色。首先要注意湖岸线的水滨设计,注意湖岸线的"线形艺术",以自然曲线为主,讲究自然流畅,开合相映,如图4.1所示是湖岸线平面设计的几种基本形式;其次要注意湖体水位设计,选择合适的排水设施,如水闸、溢流孔(槽)、排水孔等;再次要注意人工湖的基址选择,应选择壤土、土质细密、土层厚实之地,不宜选择过于黏质或渗透性大的土质地为湖址,如果渗透力较大,必须采取工程措施设置防漏层。

### 4.1.2　人工湖基址对土壤的要求

人工湖平面设计完成后,要对拟挖湖所及的区域进行土壤探测,为施工技术设计做准备。

①黏土、砂质黏土、壤土、土质细密、土层深厚或渗透力小的黏土夹层是最适合挖湖的土壤类型。

②以砾石为主,黏土夹层结构密实的地段,也适宜挖湖。

③砂土、卵石等容易漏水,应尽量避免在其上挖湖。如漏水不严重,要探明下面透水层的位置深浅,采用相应的截水墙或用人工铺垫隔水层等工程措施。

④基土为淤泥或草煤层等松软层,须全部将其挖出。

⑤湖岸立基的土壤必须坚实。黏土虽透水性小,但在湖水到达低水位时,容易开裂,湿时又会形成松软的土层、泥浆,故单纯黏土不能作为湖的驳岸。为实际测量漏水情况,在挖湖前对拟挖湖的基础进行钻探,要求钻孔之间的最大距离不得超过100 m,待土质情况探明后,再决定这一区域是否适合挖湖,以及施工时应采取的工程措施。

### 4.1.3　水面蒸发量的测定和估算

对于较大的人工湖,湖面的蒸发量是非常大的,为了合理设计人工湖的补水量,测定湖面水分蒸发量是很有必要的。目前我国主要采用置 E-601 型蒸发器测定水面的蒸发量,但其测得的数值比水体实际的蒸发量大,因此需采用折减系数,年平均蒸发折减系数一般取 0.75 ~ 0.85。

也可用下面公式估算:

$$E = 0.22(1 + 0.17 W_{200}^{1.5})(e_0 - e_{200})$$

式中　$E$——水面蒸发量,mm;

$e_0$——对应水面温度的空气饱和水汽压,mbar(1 bar $= 10^5$ Pa);

$e_{200}$——水面上空 200 cm 处空气水汽压,mbar(1 bar $= 10^5$ Pa);

$W_{200}$——水面上空 200 cm 处的风速,m/s。

## 4.1.4　人工湖渗漏损失

根据湖面蒸发量及渗漏总量可计算出湖水体积的总减少量,依此可计算最低水位;结合雨季进入湖中雨水的总量,可计算出最高水位;结合湖中给水量,可计算出常水位,这些都是进行人工湖驳岸设计必不可少的数据。

## 4.1.5　人工湖施工要点

①认真分析设计图纸,并按设计图纸确定土方量。

②详细勘查现场,按设计线形定点放线。放线可用石灰、黄沙等材料。打桩时,沿湖池外缘 15~30 cm 打一圈木桩,第一根桩为基准桩,其他桩皆以此为准。基准桩即湖体的池缘高度。桩打好后,注意保护好标志桩、基准桩,并预先准备好开挖方向及土方堆积方法。

③考察基址渗漏状况。好的湖底全年水量损失占水体体积 5%~10%;一般湖底 10%~20%;较差的湖底 20%~40%,以此制订施工方法及工程措施。

④湖体施工时排水尤为重要。如水位过高,施工时可用多台水泵排水,也可通过梯级排水沟排水。由于水位过高会使湖底受地下水的挤压而被抬高,所以必须特别注意地下水的排放。通常用 15 cm 厚的碎石层铺设整个湖底,上面再铺 5~7 cm 厚沙子就足够了。如果这种方法还无法解决,则必须在湖底开挖环状排水沟,并在排水沟底部铺设带孔聚氯乙烯(PVC)管,四周用碎石填塞(图 4.2),会取得较好的排水效果。同时要注意开挖岸线的稳定,必要时用块石或竹木支撑保护,最好做到护坡或驳岸的同步施工。通常对于基址条件较好的湖底不做特殊处理,适当夯实即可,但渗漏性较严重的必须采取工程手段。常见的措施有采用灰土层湖底、塑料薄膜湖底和混凝土湖底等。

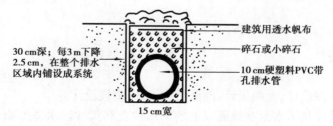

**图 4.2　PVC 排水管铺设示意**

⑤湖底做法应因地制宜。大面积湖底适宜于灰土做法,较小的湖底可以用混凝土做法,用塑料薄膜铺适合湖底渗漏中等的情况。图 4.3 是几种常见的湖底施工方法。

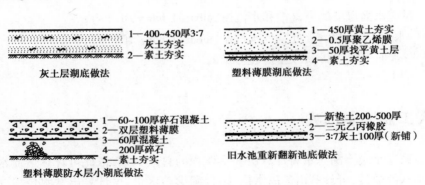

1—400~450厚3:7
灰土夯实
2—素土夯实

灰土层湖底做法

1—450厚黄土夯实
2—0.5厚聚乙烯膜
3—50厚找平黄土层
4—素土夯实

塑料薄膜湖底做法

1—60~100厚碎石混凝土
2—双层塑料薄膜
3—60厚混凝土
4—200厚碎石
5—素土夯实

塑料薄膜防水层小湖底做法

1—新垫土200~500厚
2—三元乙丙橡胶
3—3:7灰土100厚（新铺）

旧水池重新翻新池底做法

**图4.3　简单湖底的做法**

## 4.1.6　湖岸处理

湖岸的稳定性对湖体景观有特殊意义，应予以重视。先根据设计图严格将湖岸线用石灰放出，放线时应保证驳岸（或护坡）的实际宽度，并做好各控制基桩的标注。开挖后要对易崩塌之处用木条、板（竹）等支撑，遇到洞、孔等渗漏性大的地方，要结合施工材料采用抛石、填灰土、三合土等方法处理。如岸壁土质良好，做适当修整后可进行后续施工。

# 4.2　水池工程

## 4.2.1　水池概述

水池在园林中的用途很广泛，可用作广场中心、道路尽端以及和亭、廊、花架等建筑小品组合形成富于变化的各种景观效果。常见的喷水池、观鱼池、海兽池及水生植物种植池等。水池平面形状和规模主要取决于园林总体规划以及详细规划中的观赏与功能要求，水景中水池的形态种类众多，深浅和材料也各不相同。

## 4.2.2　水池设计

水池设计包括平面设计、立面设计、剖面结构设计、管线设计等。

①水池的平面设计显示水池在地面以上的平面位置和尺寸。水池平面可以标注各部分的高程，标注进水口、溢水口、泄水口、喷头、集水坑、种植池等的平面位置以及所取剖面的位置等内容。

②水池的立面设计反映主要朝向立面的高度和变化，水池的深度一般根据水池的景观要求和功能而定。水池池壁顶面与周围的环境要有合适的高程关系，一般以最大限度地满足游人的亲水性要求为原则。池壁顶除了使用天然材料，表现其天然特性外，还可用规整的形式，加工成

平顶或挑伸,或中间折拱或曲拱,或向水池一面倾斜等多种形式。

③水池的剖面设计应从地基至池壁顶注明各层的材料和施工要求。剖面应有足够的代表性,如一个剖面不足以反映时可增加剖面。

④水池的管线设计。水池中的基本管线包括给水管、补水管、泄水管、溢水管等。有时给水与补水管道使用同一根管子。给水管、补水管和泄水管为可控制的管道,以便更有效地控制水的进出。溢水管为自由管道,不加闸阀等控制设备以保证其畅通。对于循环用水的溪流、跌水、瀑布等还包括循环水的管道。对配有喷泉、水下灯光的水池还存在供电系统设计问题(图4.4)。

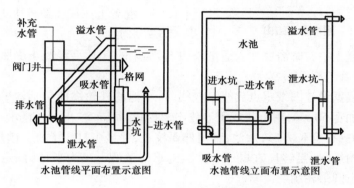

图4.4　水池管线布置示意图

一般水景工程的管线可直接敷设在水池内或直接埋在土中。大型水景工程中,如果管线多而且复杂,应将主要管线布置在专用管沟内。

水池设置溢水管,以维持一定的水位和进行表面排污,保持水面清洁。溢水口应设格栅或格网,以防止较大漂浮物堵塞管道。

水池应设泄水口,以便于清扫、检修和防止停用时水质腐败或结冰,池底都应有不小于0.01的坡度,坡向泄水口或集水坑。水池一般采用重力泄水,也可利用水泵的吸水口兼作泄水。

⑤其他配套设计。在水池中可以布设卵石、汀步、跳水石、跌水台阶、置石、雕塑等景观设施,共同组成景观。对于有跌水的水池,跌水线可以设计成规整或不规整的形式,这是设计时重点强调的地方。池底装饰可利用人工铺砌砂土、砾石或钢筋混凝土池底,再在其上选用池底装饰材料。

## 4.2.3　水池施工技术

目前,园林上人工水池从结构上可以分为刚性结构水池、柔性结构水池、临时简易水池3种,具体可根据功能的需要适当选用。

### 1)刚性水池施工技术

刚性结构水池也称钢筋混凝土水池,池底和池壁均配钢筋,因此寿命长、防漏性好,适用于大部分水池(图4.5)。钢筋混凝土水池的施工过程为:

施工准备→池面开挖→池底施工→浇注混凝土池壁→混凝土抹灰→试水等。

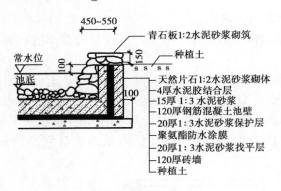

图4.5　刚性水池结构

（1）施工准备

①混凝土配料：基础与池底：水泥1份，细沙2份，粒料4份，所配的混凝土型号为C20；池底与池壁：水泥1份，细沙2份，0.6~2.5 cm粒料3份，所配的混凝土型号为C15；防水层：防水剂3份或其他防水卷材。池底池壁必须采用425号以上普通硅酸盐水泥，水灰比≤0.55，粒料直径不得大于40 mm，吸水率不大于1.5%，混凝土抹灰和砌砖抹灰用325号水泥或425号水泥。

②添加剂：混凝土中有时需要加入适量添加剂，常见的有U型混凝土膨胀剂、加气剂、氯化钙促凝剂、缓凝剂、着色剂等。

③场地放线：根据设计图纸定点放线。放线时，水池的外轮廓应包括池壁厚度。为使施工方便，池外沿各边加宽50 cm，用石灰或黄沙放出起挖线，每隔5~10 m（视水池大小）打一小木桩，并标记清楚。方形（含长方形）水池，直角处要校正，并最少打3个桩。圆形水池，应先定出水池的中心点，再用线绳（足够长）以该点为圆心，水池宽的一半为半径（注意池壁厚度）画圆，石灰标明，即可放出圆形轮廓。

（2）池基开挖　目前挖方方法有人工挖方和人工结合机械挖方，可以根据现场施工条件确定挖方方法。开挖时一定要考虑池底和池壁的厚度。如为下沉式水池，应做好池壁的保护，挖至设计标高后，池底应整平并夯实，再铺上一层碎石、碎砖作为底座。如果池底设置有沉泥池，应结合池底开挖的同时进行施工。

池基挖方会遇到排水问题，工程中常用基坑排水，这是既经济又简易的排水方法。此法是沿池基边挖成临时性排水沟，并每隔一定距离在池基外侧设置集水井，再通过人工或机械抽水排走，以确保施工顺利进行。

（3）池底施工　混凝土池底结构的水池，如其形状比较规整，则50 m内可不做伸缩缝。如其形状变化较大，则在其长度约20 m、断面狭窄处做伸缩缝。一般，池底可根据景观需要，进行色彩上的变化，如贴蓝色的瓷砖等，以增加美感。混凝土池底施工要点如下：

①依不同情况分别加以处理。如基土稍湿而松软时，可在其上铺以厚10 cm的碎石层，并加以夯实，然后浇灌混凝土垫层。

②浇完混凝土垫层隔1~2 d（应视施工时的温度而定），在垫层面测量确定底板中心，然后根据设计尺寸进行放线，定出柱基以及底板的边线，画出钢筋布线，依线绑扎钢筋，接着安装柱基和底板外围的模板。

③在绑扎钢筋时，应详细检查钢筋的直径、间距、位置、搭接长度、上下层钢筋的间距、保护层及埋件的位置和数量，看其是否符合设计要求。上下层钢筋均应用铁撑（铁马凳）加以固定，使之在浇捣过程中不发生变化。如钢筋过水后生锈，应进行除锈处理。

④底板应一次连续浇完，不留施工缝。施工间歇时间不得超过混凝土的初凝时间。如混凝土在运输过程中产生初凝或离析现象，应在现场进行二次搅拌后方可入模浇捣。底板厚度在20 cm以内，可采用平板振动器，20 cm以上则采用插入式振动器。

⑤池壁为现浇混凝土时，底板与池壁连接处的施工缝可留在基础上20 cm处。施工缝可

留成台阶形、凹槽形、加金属止水片或遇水膨胀橡胶带。各种施工缝的优缺点及做法见表 4.1。

表 4.1 各种施工缝的优缺点及做法

| 施工缝种类 | 简 图 | 优 点 | 缺 点 | 做 法 |
|---|---|---|---|---|
| 台阶形 | | 可增加接触面积,使渗水路线延长和受阻,施工简单,接缝表面易清理 | 接触面简单,双面配筋时,不易支模,阻水效果一般 | 支模时,可在外侧安设木方,混凝土终凝后取出 |
| 凹槽形 | | 加大了混凝土的接触面,使渗水路线受更大阻力,提高了防水质量 | 在凹槽内易于积水和存留杂物,清理不净时影响接缝严密性 | 支模时将木方置于池壁中部,混凝土终凝后取出 |
| 加金属止水片 | | 适用于池壁较薄的施工缝,防水效果比较可靠 | 安装困难,且需耗费一定数量的钢材 | 将金属止水片固定在池壁中部,两侧等距 |
| 遇水膨胀橡胶止水带 | | 施工方便,操作简单,橡胶止水带遇水后体积迅速膨胀,将缝隙塞满、挤密 | | 将腻子型橡胶止水带置于已浇筑好的施工缝中部即可 |

(4)水池池壁施工技术 人造水池一般采用垂直形池壁。垂直形的优点是池水降落之后,不至于在池壁淤积泥土,从而使低等水生植物无从寄生,同时易于保持水面洁净。垂直形的池壁,可用砖石或水泥砌筑,以瓷砖、罗马砖等饰面,甚至做成图案加以装饰。

①混凝土浇筑池壁的施工技术。做水泥池壁,尤其是矩形钢筋混凝土[____]应先做模板以固定之,池壁厚 15~25 cm,水泥成分与池底同。目前有无撑及有[____]有撑支模为常用的方法。当矩形池壁较厚时,内外模可在钢筋绑扎完毕后一[____]时操作人员可进入模内振捣,并应用串筒将混凝土灌入,分层浇捣。矩形池壁[____]的止水螺栓头割去。池壁施工要点:

a. 水池施工时所用的水泥标号不宜低于 425 号,水泥品种应优先选[____]水泥,不宜采用火山灰质硅酸盐水泥和粉煤灰硅酸盐水泥。所用石子的最大粒径不[____]于 40 mm,吸水率不大于 1.5%;

b. 池壁混凝土每立方米水泥用量不少于 320 kg,含砂率宜为 35%~40%,灰砂比为(1∶2)~(1∶2.5),水灰比不大于 0.6;

c. 固定模板用的铁丝和螺栓不宜直接穿过池壁。当螺栓或套管必须穿过池壁时,应采取止水措施。常见的止水措施有:螺栓上加焊止水环,止水环应满焊,环数应根据池壁厚度确定;套管上加焊止水环。在混凝土中预埋套管时,管外侧应加焊止水环,管中穿螺栓,拆模后将螺栓取出,套管内用膨胀水泥砂浆封堵;螺栓加堵头。支模时,在螺栓两边加堵头,拆模后,将螺栓沿平凹坑底割去角,用膨胀水泥砂浆封塞严密;

d. 在池壁混凝土浇筑前,应先将施工缝处的混凝土表面凿毛,清除浮粒和杂物,用水冲洗干净,保持湿润,再铺上一层厚 20~25 mm 的水泥砂浆。水泥砂浆所用材料的灰砂比应与混凝土材料的灰砂比相同;

e. 浇筑池壁混凝土时,应连续施工,一次浇筑完毕,不留施工缝;

f. 池壁有密集管群穿过预埋件或钢筋稠密处浇筑混凝土有困难时,可采用相同抗渗等级的细石混凝土浇筑;

g. 池壁混凝土浇筑完后,应立即进行养护,并充分保持湿润,养护时间不得少于 14 昼夜。拆摸时池壁表面温度与周围气温的温差不得超过 15 ℃。

②混凝土砖砌池壁施工技术。用混凝土砖砌造池壁大大简化了混凝土施工的程序。但混凝土砖一般只适用于古典风格或设计规整的池塘。混凝土砖 10 cm 厚,结实耐用,常用于池塘建造。也有大规格的空心砖,但使用空心砖时,中心必须用混凝土浆填塞。有时也用双层空心砖墙中间填混凝土的方法来增加池壁的强度。用混凝土砖砌池壁的一个好处是,池壁可以在池底浇筑完工后的第二天再砌。一定要趁池底混凝土未干时将边缘处拉毛,池底与池壁相交处的钢筋要向上弯伸入池壁,以加强结合部的强度,钢筋伸到混凝土砌块池壁后或池壁中间。由于混凝土砖是预制的,所以池壁四周必须保持绝对的水平。砌混凝土砖时要特别注意保持砂浆厚度均匀。

(5)池壁抹灰施工技术　抹灰在混凝土及砖结构的池塘施工中是一道十分重要的工序。它使池面平滑,不会伤及池鱼。此外,池面光滑也便于清洁工作。

①砖壁抹灰施工要点:

a. 内壁抹灰前 2 d 应将墙面扫清,用水洗刷干净,并用铁皮将所有灰缝刮一下,要求凹进 1~1.5 cm;

b. 应采用 325 号普通水泥配制水泥砂浆,配合比 1:2,必须称量准确,可掺适量防水粉,搅拌均匀;

c. 在抹第一层底层砂浆时,应用铁板用力将砂浆挤入砖缝内,增加砂浆与砖壁的黏结力。底层灰不宜太厚,一般在 5~10 mm。第二层将墙面找平,厚度 5~12 mm。第三层为面层,进行压光,厚度 2~3 mm;

d. 砖壁与钢筋混凝土底板结合处,要特别注意操作,加强转角抹灰厚度,使呈圆角,防止渗漏;

e. 外壁抹灰可采用 1:3 水泥砂浆并用一般操作法。

②钢筋混凝土池壁抹灰要点:

a. 抹灰前将池内壁表面凿毛,不平处铲平,并用水冲洗干净;

b. 抹灰时可在混凝土墙面上刷一遍薄的纯水泥浆,以增加黏结力。其他做法与砖壁抹灰相同。

(6)压顶　规则水池顶上应以砖、石块、石板、大理石或水泥预制板等作压顶。压顶或与地面平,或高出地面。当压顶与地面平时,应注意勿使土壤流入池内,可将池周围地面稍向外倾。有时在适当的位置上,将顶石部分放宽,以便容纳盆钵或其他摆饰。图 4.6 所示是几种常见压顶的做法。

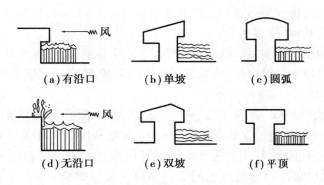

（a）有沿口　　　（b）单坡　　　（c）圆弧

（d）无沿口　　　（e）双坡　　　（f）平顶

**图4.6　水池池壁压顶形式与做法**

（7）刚性水池施工工程质量要求

①砖壁砌筑必须做到横圆竖直,灰浆饱满。不得留踏步式或马牙搓。砖的强度等级不低于MU7.5,砌筑时要挑选,砂浆配合比要称量准确,搅拌均匀。

②钢筋混凝土壁板和壁槽灌缝之前,必须将模板内杂物清除干净,用水将模板湿润。

③池壁模板不论采用无支撑法还是有支撑法,都必须将模板紧固好,防止混凝土浇筑时模板发生变形。

④防渗混凝土可掺用素磺酸钙减水剂。掺用减水剂配制的混凝土,耐油、抗渗性好,而且节约水泥。

⑤由于工艺需要,矩形钢筋混凝土水池长度较长,在底板、池壁上没有伸缩缝。施工中必须将止水钢板或止水胶皮正确固定好,并注意浇注,防止止水钢板、止水胶皮移位。

⑥水池混凝土强度的好坏,养护是重要的一环。底板浇筑完后,在施工池壁时,应注意养护,保持湿润。池壁混凝土浇筑完后,在气温较高或干燥情况下,过早拆模会引起混凝土收缩而产生裂缝。因此,应继续浇水养护,底板、池壁和池壁灌缝的混凝土的养护期应不少于14 d。

（8）试水　试水工作应在水池全部施工完成后方可进行。其目的是检验结构安全度,检查施工质量。试水时应先封闭管道孔。由池顶放水入池,一般分几次进水,根据具体情况,控制每次进水高度。从四周上下进行外观检查,做好记录,如无特殊情况,可持续灌水到储水设计标高,同时要做好沉降观察。

灌水到设计标高后,停1 d,进行外观检查,并做好水面高度标记,连续观察7 d,外表面无渗漏及水位无明显降落方为合格。水池施工中还涉及许多其他工种与分项工程,如假山工程、给排水工程、电气工程、设备安装工程等,可参考其他相关章节或其他相关书籍。

## 2）柔性结构水池施工

近几年,随着新建筑材料的出现,水池的结构出现了柔性结构。实际上水池若只是一味地靠加厚混凝土和加粗加密钢筋网是无济于事的,这只会导致工程造价的增加,尤其是北方水池容易冻害和渗漏,不如用柔性不渗水的材料做水池夹层。目前在工程实践中使用的有玻璃布沥青席水池、三元乙丙橡胶（EPDM）薄膜水池、再生橡胶薄膜水池、油毛毡防水层（二毡三油）水池等。

（1）玻璃布沥青席水池（图4.7）　这种水池施工前得先准备好沥青席。方法是以沥青0号：3号 =2:1调配好,按调配好的沥青30%,石灰石矿粉70%的配比,且分别加热至100 ℃,将矿粉加入沥青锅混合拌匀,把准备好的玻璃纤维布(孔目8 mm×8 mm 或者10 mm×10 mm)放入锅内蘸匀后慢慢拉出,确保黏结在布上的沥青层厚度在 2~3 mm,拉出后立即洒滑石粉,并用机械碾压密实,每块席长 40 m 左右。

施工时,先将水池土基夯实,铺 300 mm 厚 3∶7 灰土保护层,再将沥青席铺在灰土层上,搭接长 5~100 mm,同时用火焰喷灯焊牢,端部用大块石压紧,随即铺一层小碎石。最后在表层散铺一层 150~200 mm 厚卵石即可。

(2)三元乙丙橡胶(EPDM)薄膜水池(图 4.8)　EPDM 薄膜类似丁基橡胶,是一种黑色柔性橡胶膜,厚度为 3~5 mm,能经受温度 -40~80 ℃,扯断强度 >7.35 N/mm²,使用寿命可达 50年,施工方便,自重轻,不漏水,特别适用于大型展览用临时水池和屋顶花园用水池。建造 EP-DM 薄膜水池,要注意衬垫薄膜与池底之间必须铺设一层保护垫层,材料可以是细沙(厚度 >5 cm)、废报纸、旧地毯或合成纤维。薄膜的需要量可视水池面积而定,不过要注意薄膜的宽度必须包括池沿,并保持在 30 cm 以上。铺设时,先在池底混凝土基层上均匀地铺一层 5 cm 厚的沙子,并洒水使沙子湿润,然后在整个池中铺上保护材料,之后就可铺 EPDM 衬垫薄膜了,注意薄膜四周至少多出池边 15 cm。如是屋顶花园水池或临时性水池,可直接在池底铺沙子和保护层,再铺 EPDM 即可。

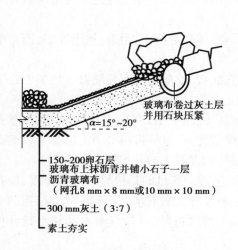

图 4.7　玻璃布沥青席水池

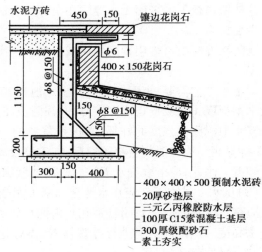

图 4.8　三元乙丙橡胶薄膜水池结构

常见水池做法见图 4.9~图 4.15。

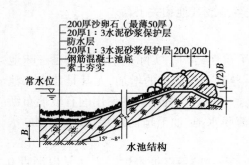

图 4.9　水池做法(一)

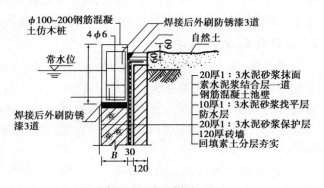

图 4.10　水池做法(二)

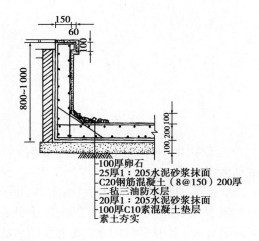

-100厚卵石
-25厚1：205水泥砂浆抹面
-C20钢筋混凝土（8@150）200厚
二毡三油防水层
20厚1：205水泥砂浆抹面
100厚C10素混凝土垫层
素土夯实

图4.11　水池做法（三）

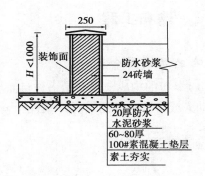

20厚防水
水泥砂浆
60~80厚
100#素混凝土垫层
素土夯实

图4.12　砖水池

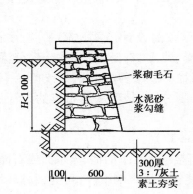

300厚
3：7灰土
素土夯实

图4.13　简易毛石水池

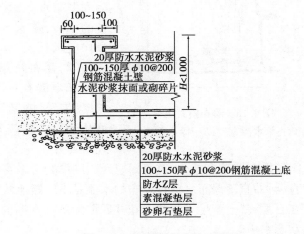

20厚防水水泥砂浆
100~150厚φ10@200
钢筋混凝土壁
水泥砂浆抹面或砌碎片

20厚防水水泥砂浆
100~150厚φ10@200钢筋混凝土底
防水Z层
素混凝垫层
砂卵石垫层

图4.14　钢筋混凝土地上水池

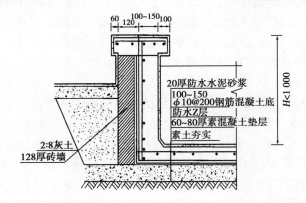

20厚防水水泥砂浆
100~150
φ10@200钢筋混凝土底
防水Z层
60~80厚素混凝土垫层
素土夯实

2:8灰土
128厚砖墙

图4.15　钢筋混凝土地下水泥

# 4.3 瀑布、跌水及溪流工程

## 4.3.1 瀑布工程

### 1) 瀑布的构成和分类

(1) 瀑布的构成　瀑布是一种自然现象,是河床造成陡坎,水从陡坎处滚落下跌时,形成的优美动人或奔腾咆哮的景观,因遥望下垂如布,故称瀑布。

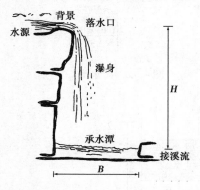

**图 4.16　瀑布模式图**
*B—承水潭宽度；H—瀑身高度*

瀑布一般由背景、上游积聚的水源、落水口、瀑身、承水潭及下流的溪水组成。人工瀑布常以山体上的山石、树木组成浓郁的背景,上游积聚的水(或水泵动力提水)漫至落水口。落水口也称瀑布口,其形状和光滑程度影响到瀑布水态,其水流量是瀑布设计的关键。瀑身是观赏的主体,落水后形成深潭经小溪流出。其模式如图 4.16 所示。

(2) 瀑布的分类　瀑布的设计形式比较多,如在日本园林中就有布瀑、跌瀑、线瀑、直瀑、射瀑、泻瀑、分瀑、双瀑、偏瀑、侧瀑等十几种。瀑布种类的划分依据:一是可从流水的跌落方式来划分,二是可从瀑布口的设计形式来划分。

①按瀑布跌落方式分,有直瀑、分瀑、跌瀑和滑瀑 4 种(图 4.17)。

直瀑:即直落瀑布。这种瀑布的水流是不间断地从高处直接落入其下的池、潭水面或石面。若落在石面,就会产生飞溅的水花并四散洒落。直瀑的落水能够造成声响喧哗,可为园林环境增添动态水声。

分瀑:实际上是瀑布的分流形式,因此又叫分流瀑布。它是由一道瀑布在跌落过程中受到中间物阻挡一分为二,分成两道水流继续跌落。这种瀑布的水声效果也比较好。

跌瀑:也称跌落瀑布,是由很高的瀑布分为几跌,一跌一跌地向下落。跌瀑适宜布置在比较高的陡坡坡地,其水形变化较直瀑、分瀑都大一些,水景效果的变化也多一些,但水声要稍弱一点。

滑瀑:就是滑落瀑布。其水流顺着一个很陡的倾斜坡面向下滑落。斜坡表面所使用的材料质地情况决定着滑瀑的水景形象。斜坡是光滑表面,则滑瀑如一层薄薄的透明纸,在阳光照射下显示出湿润感和水光的闪耀。坡面若是凸起点(或凹陷点)密布的表面,水层在滑落过程中就会激起许多水花,当阳光照射时,就像一面镶满银色珍珠的挂毯。斜坡面上的凸起点(或凹陷点)若做成有规律排列的图形纹样,则所激起的水花也可以形成相应的图形纹样。

②按瀑布口的设计形式来分,有布瀑、带瀑和线瀑 3 种(图 4.17)。

布瀑:瀑布的水像一片又宽又平的布一样飞落而下。瀑布口的形状设计为一条水平直线。

带瀑:从瀑布口落下的水流,组成一排水带整齐地落下。瀑布口设计为宽齿状,齿排列为直线,齿间距全部相等。齿间的小水口宽窄一致,都在一条水平线上。

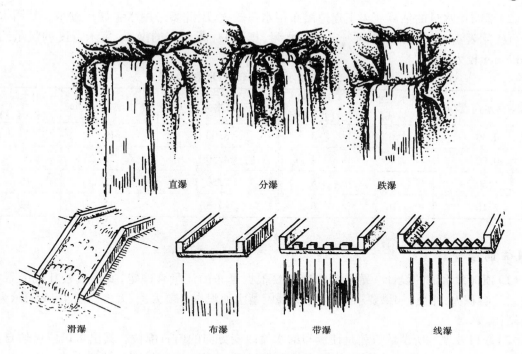

直瀑　　　　　　分瀑　　　　　　　跌瀑

滑瀑　　　　　布瀑　　　　　带瀑　　　　　线瀑

**图 4.17　瀑布的形式**

线瀑:排线状的瀑布水流如同垂落的丝帘,这是线瀑的水景特色。线瀑的瀑布口形状设计为尖齿状。尖齿排列成一条直线,齿间的小水口呈尖底状。从一排尖底状小水口上落下的水,即呈细线形。随着瀑布水量增大,水线也会相应变粗。

## 2)瀑布设计

(1)瀑布的设计要点

①筑造瀑布景观,应师法自然,以自然的瀑布作为造景砌石的参考,来体现自然情趣。

②设计前需先行勘查现场地形,以决定大小、比例及形式,并依此绘制平面图。

③瀑布设计有多种形式,筑造时要考虑水源的大小、景观主题,并依照岩石组合形式的不同进行合理的创新和变化。

④庭园属于平坦地形时,瀑布不要设计得过高,以免看起来不自然。

⑤为节约用水,减少瀑布流水的损失,可装置循环水流系统的水泵(图 4.18),平时只需补充一些因蒸散而损失的水量即可。

⑥应以岩石及植物隐蔽出水口,切忌露出塑胶水管,否则将破坏景观的自然美。

⑦岩石间的固定除用石与石互相咬合外,目前常以水泥强化其安全性,但应尽量以植栽掩饰,以免破坏自然山水的意境。

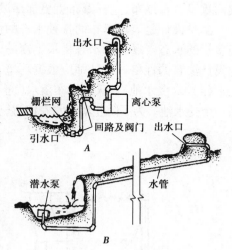

**图 4.18　水泵循环供水瀑布示意图**

（2）瀑布用水量的估算　人工建造瀑布用水量较大,因此多采用水泵循环供水。其用水量标准可参阅表4.2。水源要达到一定的供水量,据经验,高2 m的瀑布,每米宽度的流量约为0.5 m³/min较为适宜。

表4.2　瀑布用水量估算表(每米宽用水量)

| 瀑布落水高度/m | 蓄水池水深/cm | 用水量/(L·s⁻¹) | 瀑布落水高度/m | 蓄水池水深/cm | 用水量/(L·s⁻¹) |
|---|---|---|---|---|---|
| 0.30 | 6 | 3 | 3.00 | 19 | 7 |
| 0.90 | 9 | 4 | 4.50 | 22 | 8 |
| 1.50 | 13 | 5 | 7.50 | 25 | 10 |
| 2.10 | 16 | 6 | >7.50 | 32 | 12 |

### 3）瀑布的营建

（1）顶部蓄水池的设计　蓄水池的容积要根据瀑布的流量来确定,要形成较壮观的景象,就要求其容积大;相反,如果要求瀑布薄如轻纱,蓄水池没有必要太深、太大。图4.19所示为蓄水池结构。

（2）堰口处理　所谓堰口就是使瀑布的水流改变方向的山石部位。其出水口应模仿自然,并以树木及岩石加以隐蔽或装饰,当瀑布的水膜很薄时,能表现出极其生动的水态。

（3）瀑身设计　瀑布水幕的形态也就是瀑身,它是由堰口及堰口以下山石的堆叠形式确定的。例如,堰口处的整形石呈连续的直线,堰口以下的山石在侧面图上的水平长度不超出堰口,此时形成的水幕整齐、平滑,非常壮丽。堰口处的山石虽然在一个水平面上,但水际线的伸出、缩进可以使瀑布形成的景观有层次感。若堰口以下的山石,在水平方向上堰口突出较多,可形成两重或多重瀑布,这样瀑布就更加活泼而有节奏感。如图4.20所示为瀑布不同的水幕形式。

瀑身设计是表现瀑布的各种水态的性格。在城市景观构造中,注重瀑身的变化,可创造多姿多彩的水态。瀑布的水态是很丰富的,设计时应根据瀑布所在环境的具体情况、空间气氛,确定设计瀑布的性格。设计师应根据环境需要灵活运用。

（4）潭(受水池)　天然瀑布落水口下面多为一个深潭。在做瀑布设计时,也应在落水口下面做一个受水池。为了防止落时水花四溅,一般的经验是使受水池的宽度不小于瀑身高度的2/3。

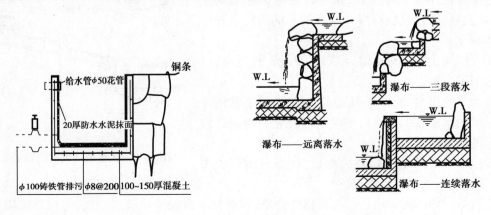

图4.19　蓄水池结构　　　　　　　　　　图4.20　瀑布落水形式

（5）与音响、灯光的结合　利用音响效果渲染气氛,增强水声,产生如波涛翻滚的意境。也可以把彩灯安装在瀑布的对面,晚上就可以呈现出彩色瀑布的奇异景观。如南京北极阁广场瀑布就同时运用了以上两种效果。

## 4.3.2　跌水工程

### 1）跌水的特点

跌水本质上是瀑布的变异,它强调一种规律性的阶梯落水形式,跌水的外形就像一道楼梯。其构筑的方法和前面的瀑布基本一样,只是它所使用的材料更加自然美观,如经过装饰的砖块、混凝土、厚石板、条形石板或铺路石板,目的是要取得规则式设计所严格要求的几何结构。台阶有高有低,层次有多有少,并且构筑物的形式有规则式、自然式及其他形式,故产生了形式不同、水量不同、水声各异的丰富多彩的跌水景观。跌水是善用地形、美化地形的一种理想的水态,具有很广泛的利用价值。

### 2）跌水的形式

跌水的形式有多种,就其落水的水态可分为以下几种形式:

（1）单级式跌水　也称一级跌水。溪流下落时,如果无阶状落差,即为单级跌水。单级跌水由进水口、胸墙、消力池及下游溪流组成。

进水口是水源的出口,应通过某些工程手段使进水口自然化,如配饰山石。胸墙也称跌水墙,它能影响到水态、水声和水韵。胸墙要坚固、自然。消力池即承水池,其作用是减缓水流冲击力,避免下游受到激烈冲刷,消力池底要有一定厚度,一般认为,当流量达到 2 m³/s,墙高大于2 m 时,底厚要求达到 50 cm。对消力池长度也有一定要求,其长度应为跌水高度的1.4倍。连接消力池的溪流应根据环境条件设计。

（2）二级式跌水　即溪流下落时,具有 2 阶落差的跌水。通常上级落差小于下级落差。二级跌水的水流量较单级跌水小,故下级消力池底厚度可适当减小。

（3）多级式跌水　即溪流下落时,具有 3 阶以上落差的跌水,如图 4.21 所示。多级跌水一般水流量较小,因而各级均可设置蓄水池（或消力池）。水池可为规则式,也可为自然式,视环境而定。水池内可点铺卵石,以防水闸海漫功能削弱上一级落水的冲击。有时为了造景需要、渲染环境气氛,可配装彩灯,使整个水景景观盎然有趣。

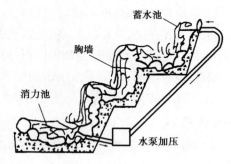

图 4.21　跌水（多级）

（4）悬臂式跌水　悬臂式跌水的特点是其落水口的处理与瀑布落水口泻水石处理极为相似,它是将泻水石突出成悬臂状,使水能泻至池中间,因而使落水更具魅力。

（5）陡坡跌水　陡坡跌水是以陡坡连接高、低渠道的开敞式过水构筑物。园林中多应用于上下水池的过渡。由于坡陡水流较急,需有稳固的基础。

## 4.3.3　溪流工程

水景设计中的溪流形式多种多样,其形态可根据水量、流速、水深、水宽、建材以及沟渠等自身的形式而进行不同的创作设计。

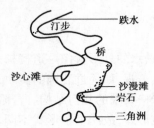

图4.22　小溪平面示意图

日本园林的溪流中,为尽量展示溪流、小河流的自然风格,常设置各种主景石,如隔水石(铺设在水下,以提高水位线)、切水石或破浪石(设置在溪流中,使水产生分流的石头)、河床石(设在水面下,用于观赏的石头)、垫脚石(支撑大石头的石头)、横卧石(压缩溪流宽度而形成隘口、海峡的石头)等。在天然形成的溪流中设置主景石,可更加突出其自然魅力(图4.22)。

布置溪流最好选择有一定坡度的基址,坡度依流势而设计,急流处为3%左右,缓流处为0.5%～1%。普通的溪流,其坡势多为0.5%左右,溪流宽1～2 m,水深5～10 cm。而大型溪流如江户川区的古川亲水公园溪流,长约1 km、宽2～4 m、水深30～50 cm,河床坡度却为0.05%,相当平缓。其平均流量为0.5 $m^3/s$,流速为20 cm/s。一般溪流的坡势应根据建设用地的地势及排水条件等决定。

### 1)溪流设计要点

①明确溪流的功能,如观赏、嬉水、养殖昆虫植物等。依照功能进行溪流水底、防护堤细部、水量、水质、流速设计及调整。

②对游人可能涉入的溪流,其水深应设计在30 cm以下,以防儿童溺水。同时,水底应作防滑处理。另外,对不仅用于儿童嬉水,还可用于游泳的溪流,应安装过滤装置(一般可将瀑布、溪流及水池的循环、过滤装置集中设置)。

③为使庭园更显开阔,可适当加大自然式溪流的宽度,增加曲折,甚至可以采取夸张设计。

④对溪底,可选用大卵石、砾石、水洗砾石、瓷砖、石料等铺砌处理,以美化景观。尽管大卵石、砾石溪底不便清扫,但如适当加入砂石、种植苔藻,会更展现其自然风格,也可减少清扫次数。

⑤栽种石菖蒲、芦苇等水生植物处的水势会有所减弱,应设置尖桩压实植土。

⑥水底与防护堤都应设防水层,防止溪流渗漏。

### 2)溪流施工

(1)施工工艺流程　施工准备→溪道放线→溪槽开挖→溪底施工→溪壁施工→溪道装饰→试水。

(2)施工要点

①施工准备:主要环节是进行现场踏查,熟悉设计图纸,准备施工材料、施工机具、施工人员,对施工现场进行清理平整,接通水电,搭建必要的临时设施等。

②溪道放线:依据已确定的小溪设计图纸。用石灰、黄沙或绳子等在地面上勾画出小溪的轮廓,同时确定小溪循环用水的出水口和承水池间的管线走向。由于溪道宽窄变化多,放线时应加密打桩量,特别是在转弯点。各桩要标注清楚相应的设计高程,变坡点(即设计跌水之处)要做特殊标记。

③溪槽开挖：小溪要按设计要求开挖，最好掘成 U 形坑。因小溪多数较浅，表层土壤较肥沃，要注意将表土堆放好，作为溪涧种植用土。溪道要求有足够的宽度和深度，以便安装散点石。值得注意的是，一般的溪流在落入下一段之前都应有至少增加 10 cm 的水深，故挖溪道时每一段最前面的深度都要深些，以确保小溪的自然。溪道挖好后，必须将溪底基土夯实，溪壁拍实。如果溪底用混凝土结构，先在溪底铺 10～15 cm 厚碎石层作为垫层。

④溪底施工：

a．混凝土结构。在碎石垫层上铺上沙子（中沙或细沙），垫层 2.5～5 cm，盖上防水材料（EPDM、油毡卷材等），然后现浇混凝土（水泥标号、配比参阅水池施工），厚度 10～15 cm（北方地区可适当加厚），其上铺水泥砂浆约 3 cm，然后再铺素水泥浆 2 cm，按设计放入卵石即可。

b．柔性结构。如果小溪较小，水又浅，溪基土质良好，可直接在夯实的溪道上铺一层 2.5～5 cm 厚的沙子，再将衬垫薄膜盖上。衬垫薄膜纵向的搭接长度不得小于 30 cm，留于溪岸的宽度不得小于 20 cm，并用砖、石等重物压紧，最后用水泥砂浆把石块直接粘在衬垫薄膜上。

⑤溪壁施工：溪岸可用大卵石、砾石、瓷砖、石料等铺砌处理。和溪道底一样，溪岸也必须设置防水层，防止溪流渗漏。如果小溪环境开朗，溪面宽、水浅，可将溪岸做成草坪护坡，且坡度尽量平缓。临水处用卵石封边即可。

⑥溪道装饰：为使溪流更自然有趣，可用较少的鹅卵石放在溪床上，这会使水面产生轻柔的涟漪。同时按设计要求进行管网安装，最后点缀少量景石，配以水生植物，饰以小桥、汀步等小品。

⑦试水：试水前应将溪道全面清洁并检查管路的安装情况。而后打开水源，注意观察水流及岸壁，如达到设计要求，说明溪道施工合格。

**3）溪流剖面构造图**

溪流剖面构造如图 4.23、图 4.24 所示。

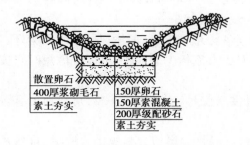

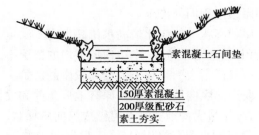

图 4.23　卵石护坡小溪结构图　　　　图 4.24　自然山石草护坡小溪结构图

# 4.4　驳岸与护坡工程

## 4.4.1　驳岸工程

园林驳岸是在园林水体边缘与陆地交界处，为稳定岸壁、保护湖岸不被冲刷或水淹所设置的构筑物。园林驳岸也是园景的组成部分。在古典园林中，驳岸往往用自然山石砌筑，与假山、置石、花木相结合,共同组成园景。驳岸必须结合所在具体环境的艺术风格、地形地貌、地质条件、材料特性、种植特色以及施工方法、经济要求来选择其结构形式,在实用、经济的前提下注意外形的美观,使其与周围景色相协调。

## 1)驳岸设计

(1)破坏驳岸的主要因素  驳岸可分成湖底以下基础部分、常水位以下部分、常水位与最高水位之间的部分和不淹没的部分,不同部分的破坏因素不同。湖底以下驳岸的基础部分的破坏原因包括:

①由于池底地基强度和岸顶荷载不一而造成不均匀的沉陷,使驳岸出现纵向裂缝,甚至局部塌陷。

②在寒冷地区水深不大的情况下,可能由于冰胀而引起基础变形。

③木桩做的桩基因受腐蚀或水底一些动物的破坏而朽烂。

④在地下水位很高的地区会产生浮托力而影响基础的稳定。

常水位以下的部分常年被水淹没,其主要破坏因素是水浸渗。在我国北方寒冷地区则因水渗入驳岸内再冻胀后会使驳岸胀裂。有时会造成驳岸倾斜或位移。常水位以下的岸壁又是排水管道的出口,如安排不当亦会影响驳岸的稳固。

常水位至最高水位这一部分经受周期性的淹没。如果水位变化频繁则对驳岸也造成冲刷腐蚀的破坏。

最高水位以上不淹没的部分主要经受浪激、日晒和风化剥蚀。驳岸顶部则可能因超重荷载或地面水的冲刷受到破坏。另外,由于驳岸下部的破坏也会引起这一部分受到破坏。了解破坏驳岸的主要因素以后,可以结合具体情况采取防止或减少破坏的措施。

(2)驳岸平面位置和岸顶高程的确定   与城市河湖接壤的驳岸,应按照城市规划河道系统规定的平面位置建造。园林内部驳岸则根据设计图纸确定其平面位置。技术设计图上应该以常水位线显示水面位置。整形驳岸,岸顶宽度一般为 30~50 cm,如驳岸有所倾斜则根据倾斜度和岸顶高程向外推求。

岸顶高程一般应比最高水位高出 25 cm 至 1 m。一般情况下,驳岸以贴近水面为好。在水面面积大、地下水位高、岸边地形平坦的情况下,对于人流稀少的地带,可以考虑短时间被洪水淹没以降低由大面积垫土或增高驳岸的造价。

驳岸的纵向坡度应根据原有地形条件和设计要求安排,不必强求平整,可随地形有缓和的起伏,起伏过大的地方甚至可做成纵向阶梯状。

(3)园林驳岸的结构形式   根据驳岸的造型,可以将驳岸划分为规则式驳岸、自然式驳岸和混合式驳岸 3 种。

①规则式驳岸:指用砖、石、混凝土砌筑的比较规整的驳岸,如常见的重力式驳岸、半重力式驳岸和扶壁式驳岸等(图 4.25),园林驳岸以重力式驳岸为主,要求较好的砌筑材料和施工技术。这类驳岸简洁明快,耐冲刷,但缺少变化。

②自然式驳岸:指外观无固定形状或规格的岸坡处理,如常见的假山石驳岸、卵石驳岸、仿树桩驳岸等,这种驳岸自然亲切,景观效果好。

③混合式驳岸:这种驳岸结合了规则式驳岸和自然式驳岸的特点,一般用毛石砌墙,自然山石封顶,园林工程中也较为常用(图 4.26)。

园林驳岸做法如图 4.27~图 4.30 所示。

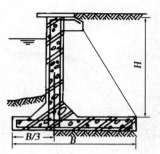

扶壁式驳岸构造要求：
1. 在水平荷载时 $B=0.45H$
   在超重荷载时 $B=0.65H$
   在水平又有道路荷载时
   $B=0.75H$
2. 墙面板、扶壁的厚度
   >2 025底板厚度25

图 4.25 规则式驳岸(扶壁式驳岸)

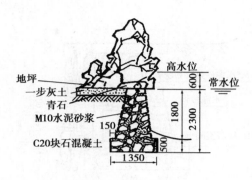

图 4.26 混合式驳岸

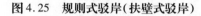

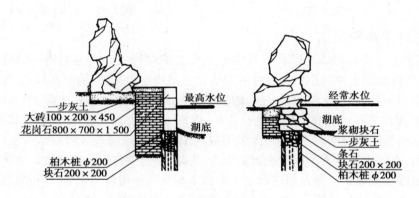

图 4.27 驳岸做法(一)

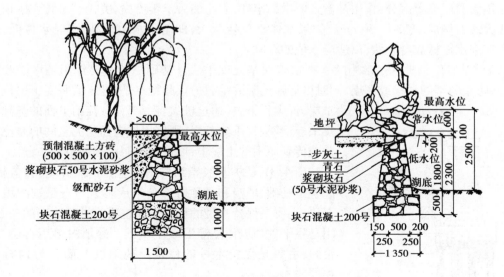

图 4.28 驳岸做法(二)

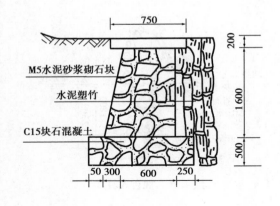

图 4.29　驳岸做法(三)

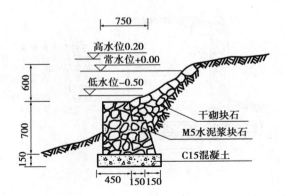

图 4.30　驳岸做法(四)

## 2) 园林常见驳岸结构

(1)砌石驳岸　砌石驳岸是园林工程中最主要的护岸形式。它主要依靠墙身自重来保证岸壁的稳定,抵抗墙后土壤的压力。园林驳岸的常见结构是由基础、墙身和压顶三部分组成。

基础是驳岸承重部分,上部质量经基础传给地基。因此,要求基础坚固,埋入湖底,深度不得小于 50 cm,基础宽度要求在驳岸高度的 0.6 ~ 0.8。如果土质轻松,必须做基础处理。

墙身是基础与压顶之间的主体部分,多用混凝土、毛石、砖砌筑。墙身承受压力最大,主要来自垂直压力、水的水平压力及墙后土壤侧压力,为此,墙身要确保一定厚度。墙体高度根据最高水位和水面浪高来确定。考虑到墙后土压力和地基沉降不均匀变化等,应设置沉降缝。为避免因温差变化而引起墙体破裂,一般每隔 10 ~ 25 m 设一道伸缩缝,缝宽 20 ~ 30 mm。岸顶以贴近水面为好,便于游人接近水面,并显得蓄水丰盈饱满。

压顶为驳岸最上部分,作用是增强驳岸稳定性,阻止墙后土壤流失,美化水岸线。压顶用混凝土或大块石做成,宽 30 ~ 50 cm。如果水体水位变化大,即雨季水位很高、平时水位低,这时可将岸壁迎水面做成台阶状,以适应水位的升降。

(2)桩基驳岸　桩基是常用的一种水工地基处理手法。基础桩的主要作用是增强驳岸的稳定性,防止驳岸的滑移或倒塌,同时可加强土基的承载力。其特点是:基岩或坚实土层位于松土层,桩尖打下去,通过桩尖将上部荷载传给下面的基础或坚实土层;若桩打不到基岩,则借木桩表面与泥土间的摩擦力将荷载传到周围的土层中,以达到控制沉陷的目的。

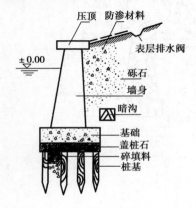

图 4.31　桩基驳岸

图 4.31 是桩基驳岸结构图,它由桩基、碎填料、盖桩石、混凝土基础、墙身和压顶等部分组成。卡当石是桩间填充的石块,主要是保持木桩的稳定。盖桩石为桩顶浆砌的条石,作用是找平桩顶以便浇灌混凝土基础。碎填料多用石块,填于桩间,主要是保持木桩的稳定。基础以上部分与砌石驳岸相同。

桩基的材料有木桩、石桩、灰土桩和混凝土桩、竹桩、板桩等。木桩要求耐腐、耐湿、坚固,如柏木、松木、橡树、榆树、杉木等。桩木的规格取决于驳岸的要求和地基的土质情况,一般直径 10 ~ 15 cm,长 1 ~ 2 m,弯曲度($d/l$)小于 1%。桩木常布置成梅花桩、品字桩或马牙桩。梅花桩一般 5 个/m²。

灰土桩是采用先打孔后填灰土的桩基做法,常配合混凝土用,适用于岸坡水淹频繁而木桩又容易腐蚀的地方。混凝土桩坚固耐久,但投资较大。

竹桩、板桩驳岸是另一种类型的桩基驳岸。驳岸打桩后,基础上部临水面墙身由竹篱(片)或板片镶嵌而成,适用于临时性驳岸。竹篱驳岸造价低廉,取材容易,施工简单,工期短,能使用一定年限,凡盛产竹子,如毛竹、大头竹、勒竹、撑篙竹的地方均可采用。施工时,竹桩、竹篱要涂上一层柏油防腐。竹桩顶端由竹节处截断以防雨水积聚,竹片镶嵌要直顺、紧密、牢固,如图4.32所示。

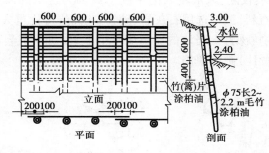

**图 4.32　竹篱驳岸**

### 3) 驳岸施工

驳岸施工前必须放干湖水或分段堵截围堰,逐一排空。现以砌石驳岸说明其施工要点。砌石驳岸施工工艺流程为:放线→挖槽→夯实地基→浇筑混凝土基础→砌筑岸墙→砌筑压顶。

(1)放线　布点放线应依据施工设计图上的常水位线来确定驳岸的平面位置,并在基础两侧各加宽 20 cm 放线。

(2)挖槽　一般采用人工开挖,工程量大时可采用机械挖掘。为了保证施工安全,挖方时要保证足够的工作面,对需要放坡的地段,务必按规定放坡。岸坡的倾斜度可用木制边坡样板校正。

(3)夯实地基　基槽开挖完成后将基槽夯实,遇到松软的土层时,必须铺一层厚 14 ~ 15 cm 灰土(石灰与中性黏土之比为 3∶7)加固。

(4)浇筑基础　采用块石混凝土基础。浇注时要将块石垒紧,不得列置于槽边缘。然后浇筑 M15 或 M20 水泥砂浆,基础厚度为 400 ~ 500 mm,高度常为驳岸高度的 0.6 ~ 0.8 倍。灌浆务必饱满,要渗满石间空隙。北方地区冬季施工时,可在砂浆中加 3% ~ 5% 的 $CaCl_2$ 或 NaCl 用以防冻。

(5)砌筑岸墙　M5 水泥砂浆砌块石,砌缝宽 1 ~ 2 cm,每隔 10 ~ 25 m 设置伸缩缝,缝宽 3 cm,用板条、沥青、石棉绳、橡胶、止水带或塑料等材料填充,填充时最好略低于砌石墙面。缝隙用水泥砂浆勾满。如果驳岸高差变化较大,应做沉降缝,宽 20 mm。另外,也可在岸墙后设置暗沟并填置砂石用来排除墙后积水,保护墙体。

(6)砌筑压顶　压顶宜用大块石(石的大小可视岸顶的设计宽度选择)或预制混凝土板砌筑。砌时顶石要向水中挑出 5 ~ 6 cm,顶面一般高出最高水位 50 cm,必要时亦可贴近水面。

桩基驳岸的施工可参考上述方法。

## 4.4.2　护坡工程

在园林中,自然山地的陡坡、土假山的边坡、园路的边坡和水池岸边的陡坡,有时为顺其自然不做驳岸,而是改用斜坡伸向水中,这就要求能就地取材,采用各种材料做成护坡。护坡主要是防止滑坡,减少水和风浪的冲刷,以保证岸坡的稳定。

### 1)园林护坡的类型和作用

(1)块石护坡　在岸坡较陡、风浪较大的情况下或因为造景的需要,在园林中常使用块石护坡(图4.33)。护坡的石料,最好选用石灰岩、砂岩、花岗岩等比重大、吸水率小的顽石。在寒冷的地区还要考虑石块的抗冻性。石块的比重应不小于2。如火成岩吸水率超过1%或水成岩吸水率超过1.5%(以质量计)则应慎用。

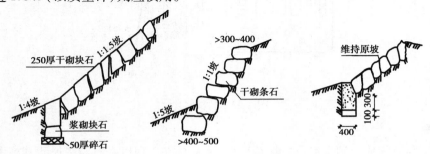

图4.33　块石护坡

(2)园林绿地护坡

①草皮护坡:当岸坡角在自然安息角以内,地形变化在1:20~1:5间起伏,这时可以考虑用草皮护坡,即在坡面种植草皮或草丛,利用土中的草根来固土,使土坡能够保持较大的坡度而不滑坡。

②花坛式护坡:将园林坡地设计为倾斜的图案、文字类模纹花坛或其他花坛形式,既美化了坡地,又起到了护坡的作用。

③石钉护坡:在坡度较大的坡地上,用石钉均匀地钉入坡面,使坡面土壤的密实度增加,抗坍塌的能力也随之增强。

④预制框格护坡:一般是用预制的混凝土框格,覆盖、固定在陡坡坡面,从而固定、保护了坡面,坡面上仍可种草种树。当坡面很高、坡度很大时,采用这种护坡方式比较好。因此,这种护坡最适于较高的道路边坡、水坝边坡、河堤边坡等陡坡。

⑤截水沟护坡:为了防止地表径流直接冲刷坡面,而在坡的上端设置一条小水沟,以阻截、汇集地表水,从而保护坡面。

⑥编柳抛石护坡:采用新截取的柳条十字交叉编织。编柳空格内抛填厚200~400 mm的块石,块石下设厚10~20 cm的砾石层以利于排水和减少土壤流失。柳格平面尺寸为1 m×1 m或0.3 m×0.3 m。厚度为30~50 cm。柳条发芽便成为较坚固的护坡设施。

近年来,随着新型材料的不断应用,用于护坡的成品材料也层出不穷,不论采用哪种形式的护坡,它们最主要的作用基本上都是通过坚固坡面表土的形式,防止或减轻地表径流对坡面的冲刷,使坡地在坡度较大的情况下也不至于坍塌,从而保护了坡地,维持了园林的地形地貌。

### 2)坡面构造设计

各种护坡工程的坡面构造,实际上是比较简单的。它不像挡土墙那样,要考虑泥土对砌体的侧向压力。护坡设计要考虑的只是:如何防止陡坡的滑坡和如何减轻水土流失。根据护坡做法的基本特点,下面将各种护坡方式归入植被护坡、框格护坡和截水沟护坡3种坡面构造类型,并对其设计方法给予简要的说明。

（1）植被护坡的坡面设计　这种护坡的坡面是采用草皮护坡、灌丛护坡或花坛护坡方式所做的坡面,这实际上都是用植被来对坡面进行保护,因此,这3种护坡的坡面构造基本上是一样的。一般而言,植被护坡的坡面构造从上到下的顺序是:植被层、坡面根系表土层和底土层。

①植被层:植被层主要采用草皮护坡方式的,植被层厚15～45 cm;用花坛护坡的,植被层厚25～60 cm;用灌木丛护坡,则灌木层厚45～180 cm。植被层一般不用乔木做护坡植物,因乔木重心较高,有时可因树倒而使坡面坍塌。在设计中,最好选用须根系的植物,其护坡固土作用比较好。

②根系表土层:用草皮护坡与花坛护坡时,坡面保持斜面即可。若坡度太大,达到60°以上时,坡面土壤应先整细并稍稍拍实,然后在表面铺上一层护坡网,最后才撒播草种或栽种草丛、花苗。用灌木护坡,坡面则可先整理成小型阶梯状,以方便栽种树木和积蓄雨水(图4.34)。为了避免地表径流直接冲刷陡坡坡面,还应在坡顶部顺着等高线布置一条截水沟,以拦截雨水。

③底土层:坡面的底土一般应拍打结实,但也可不作任何处理。

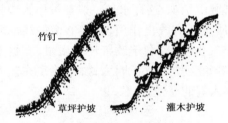

图4.34　植被护坡坡面的两种断面

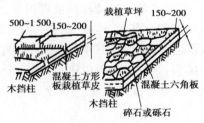

图4.35　预制框格护坡

（2）预制框格护坡的坡面设计　预制框格有用混凝土、塑料、铁件、金属网等材料制作的,其每一个框格单元的设计形状和规格大小都可以有许多变化。框格一般是预制生产的,在边坡施工时再装配成各种简单的图形。用锚和矮桩固定后,再往框格中填满肥沃土壤,土要填得高于框格,并稍稍拍实,以免下雨时流水渗入框格下面,冲刷走框底泥土,使框格悬空。以下是预制混凝土框格的参考形状及规格尺寸举例(图4.35)。

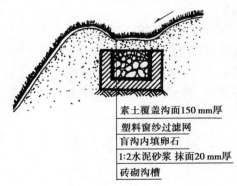

图4.36　截水沟构造图

（3）护坡的截水沟设计　截水沟一般设在坡顶,与等高线平行。沟宽20～45 cm,深20～30 cm,用砖砌成。沟底、沟内壁用1:2水泥砂浆抹面。为了不破坏坡面的美观,可将截水沟设计为盲沟,即在截水沟内填满砾石,砾石层上面覆土种草。从外表看不出坡顶有截水沟,但雨水流到沟边就会下渗,然后从截水沟的两端排出坡外(图4.36)。

园林护坡既是一种土方工程,又是一种绿化工程。在实际的工程建设中,这两方面的工作是紧密联系在一起的。在进行设计之前,应当仔细踏勘坡地现场,核实地形图资料与现状情况,针对不同的矛盾提出不同的工程技术措施。特别是对于坡面绿化工程,要认真调查坡面的朝向、土壤情况、水源供应情况等条件,为科学地选择植物、确定配植方式以及制订绿化施工方法做好技术上的准备。

## 4.5　喷泉工程

喷泉是园林理水的手法之一,它是利用压力使水从孔中喷向空中,再自由落下的一种优秀的造园水景工程,它以壮观的水姿、奔放的水流、多变的水形,深得人们喜爱。近年来,由于技术的进步,出现了多种造型喷泉、构成抽象形体的水雕塑和强调动态的活动喷泉等,大大丰富了喷泉构成水景的艺术效果。在我国,喷泉已成为园林绿化、城市及地区景观的重要组成部分,越来越得到人们的重视和欢迎。

### 4.5.1　喷泉的作用

首先,喷泉可以为园林环境提供动态水景,丰富城市景观,这种水景一般都被作为园林的重要景点来使用。其次,喷泉对其一定范围内的环境质量还有改良作用,它能够增加局部环境中的空气湿度,并增加空气中负氧离子的浓度,减少空气尘埃,有利于改善环境质量,有益于人们的身心健康。再次,它可以陶冶情怀,振奋精神,培养审美情趣。正因为这样,喷泉在艺术上和技术上才能够不断地发展,不断地创新,不断地得到人们的喜爱。

### 4.5.2　喷泉的布置形式

喷泉有很多种类和形式,大体上可以分为如下几类:
①普通装饰性喷泉:由各种普通的水花图案组成的固定喷水型喷泉。
②与雕塑结合的喷泉:喷泉的各种喷水花与雕塑、观赏柱等共同组成景观。
③水雕塑:用人工或机械塑造出各种大型水柱的姿态。
④自控喷泉:一般用各种电子技术,按设计程序来控制水、光、音、色,形成多变奇异的景观。

### 4.5.3　喷泉布置要点

在选择喷泉位置,布置喷水池周围的环境时,要考虑喷泉的主题、形式,要使它们与环境相协调。把喷泉和环境统一考虑,用环境渲染和烘托喷泉,并达到美化环境的目的,也可借助喷泉的艺术联想,创造意境。在一般情况下,喷泉多设于建筑、广场的轴线焦点或端点处,也可以根据环境特点,做一些喷泉水景,自由地装饰室内外的空间。喷泉宜安置在避风的环境中以保持水型。

喷水池的形式有自然式和整形式。喷水的位置可以居于水池中心,组成图案,也可以偏于一侧或自由地布置。要根据喷泉所在地的空间尺度来确定喷水的形式、规模及喷水池的大小比例。

## 4.5.4  喷头与喷泉造型

### 1)常用的喷头种类

喷头是喷泉的主要组成部分,它的作用是把具有一定压力的水变成各种预想的、绚丽的水花,喷射在水池的上空。因此喷头的形式、制造的质量和外观等都对整个喷泉的艺术效果产生重要的影响。

喷头因受水流的摩擦,一般多用耐磨性好,不易锈蚀,又具有一定强度的黄铜或青铜制成。为了节省铜材,近年来亦使用铸造尼龙制造喷头,这种喷头具有耐磨、自润滑性好、加工容易、轻便、成本低等优点。但存在易老化、使用寿命短、零件尺寸不易严格控制等问题。目前,国内外经常使用的喷头式样可以归结为以下几种类型:

(1)单射流喷头  喷泉中应用最广的一种喷头,又称直流喷头,见图4.37(a)。

(2)喷雾喷头  这种喷头内部装有一个螺旋状导流板,使水流做圆周运动,水喷出后,形成细细的弥漫的雾状水流,见图4.37(b)。

(3)环形喷头  喷头的出水口为环形断面,即外实内空,使水形成集中而不分散的环形水柱。它以雄伟、粗犷的气势跃出水面,带给人们奋发向上的气氛。其构造见图4.37(c)。

(4)旋转喷头  它利用压力水由喷嘴喷出时的反作用力或其他动力带动回转器转动,使喷嘴不断地旋转运动,从而丰富了喷水造型,喷出的水花或欢快旋转或飘逸荡漾,形成各种扭曲线形,婀娜多姿。图4.37(d)是这种喷头的构造情况。

(5)扇形喷头  这种喷头的外形很像扁扁的鸭嘴。它能喷出扇形的水膜或喷出像孔雀开屏一样美丽的水花,构造如图4.37(e)所示。

(6)多孔喷头  多孔喷头可以由多个单射流喷嘴组成一个大喷头,也可以由平面、曲面或半球形的带有很多细小孔眼的壳体构成喷头,它们能呈现出造型各异的盛开的水花,如图4.37(f)所示。

(7)变形喷头  通过喷头形状的变化使水花形成多种花式。变形喷头的种类很多,它们共同的特点是在出水口的前面有一个可以调节的、形状各异的反射器,水流通过反射器使水花造型,从而形成各式各样的、均匀的水膜,如牵牛花形、半球形、扶桑花形等,如图4.37(g),(h)所示。

(8)蒲公英形喷头  这种喷头是在圆球形壳体上,装有很多同心放射状喷管,并在每个管头上装有一个半球形变形喷头。因此,它能喷出像蒲公英一样美丽的球形或半球形水花。它可单独使用,也可以几个喷头高低错落地布置使用,显得格外新颖、典雅,如图4.37(i),(j)所示。

(9)吸力喷头  此种喷头是利用压力水喷出时在喷嘴的喷口处附近形成负压区,由于压差的作用,它能把空气和水吸入喷嘴外的环套内,与喷嘴内喷出的水混合后一并喷出。此时,水柱

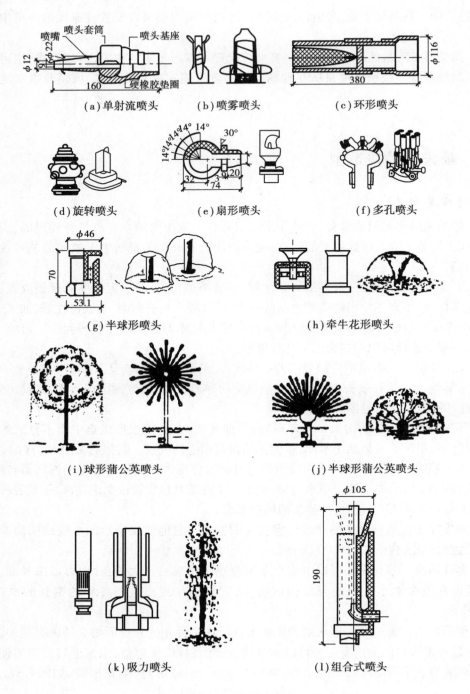

图4.37　喷泉喷头种类

的体积膨大,同时因为混入大量细小的空气泡,形成白色不透明的水柱。它能充分地反射阳光,因此光彩艳丽,夜晚如有彩色灯光照明则更为光彩夺目。吸力喷头又可分为喷水喷头、加气喷头和吸水加气喷头,其形式如图4.37(k)所示。

(10)组合式喷头　由2种或2种以上形体各异的喷嘴,根据水花造型的需要,组合成一个大喷头,叫组合式喷头,它能够形成较复杂的花形,如图 4.37(1)所示。

### 2)喷泉的水形设计

　　喷泉水形是由喷头的种类、组合方式及俯仰角度等几个方面因素共同决定的。喷泉水形的基本构成要素,就是由不同形式喷头喷水所产生的不同水形,即水柱、水带、水线、水幕、水膜、水雾、水花、水泡等。由这些水形按照设计构思进行不同的组合,就可以创造出千变万化的水形设计。

　　水形的组合造型也有很多方式,既可以采用水柱、水线的平行直射、斜射、仰射、俯射,也可以使水线交叉喷射、相对喷射、辐状喷射、旋转喷射,还可以用水线穿过水幕、水膜,用水雾掩藏喷头,用水花点击水面等。从喷泉射流的基本形式来分,水形的组合形式有单射流、集射流、散射流和组合射流 4 种。常见的基本水形如表 4.3 所示。

表 4.3　喷泉中常见的基本水形

| 序　号 | 名　称 | 水　形 | 备　注 |
|---|---|---|---|
| 1 | 单射形 | 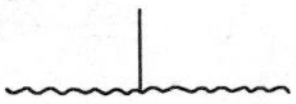 | 单独布置 |
| 2 | 水幕形 | 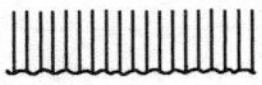 | 布置在圆周上 |
| 3 | 拱顶形 | 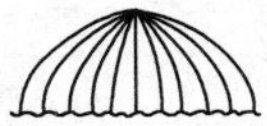 | 布置在圆周上 |
| 4 | 向心形 | 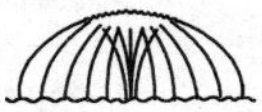 | 布置在圆周上 |
| 5 | 圆柱形 | 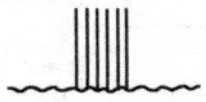 | 布置在圆周上 |
| 6 | 编织形 | | |
| | 向外编织 |  | 布置在圆周上 |
| | 向内编织 | 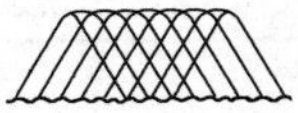 | 布置在圆周上 |
| | 篱笆形 | 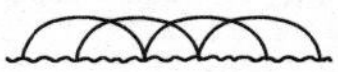 | 布置在圆周或直线上 |
| 7 | 屋顶形 |  | 布置在直线上 |
| 8 | 喇叭形 | 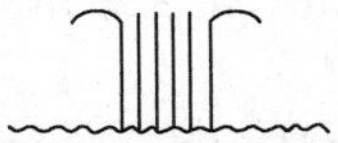 | 布置在圆周上 |

续表

| 序　号 | 名　称 | 水　形 | 备　注 |
|---|---|---|---|
| 9 | 圆弧形 |  | 布置在曲线上 |
| 10 | 蘑菇形 | 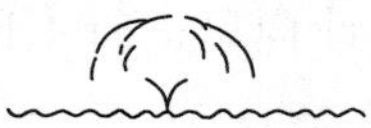 | 单独布置 |
| 11 | 吸力形 |  | 单独布置,此型可分为吸水型、吸气型、吸水吸气型 |
| 12 | 旋转形 | 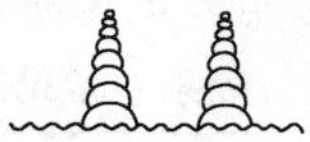 | 单独布置 |
| 13 | 喷雾形 |  | 单独布置 |
| 14 | 洒水形 | 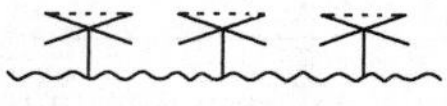 | 布置在曲线上 |
| 15 | 扇　形 | 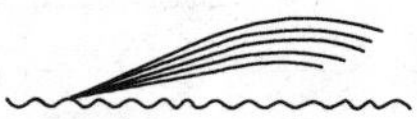 | 单独布置 |
| 16 | 孔雀形 |  | 单独布置 |
| 17 | 多层花形 |  | 单独布置 |
| 18 | 牵牛花形 | 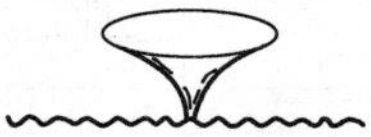 | 单独布置 |
| 19 | 半球形 | 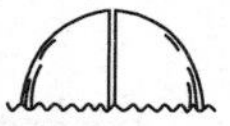 | 单独布置 |
| 20 | 蒲公英形 | 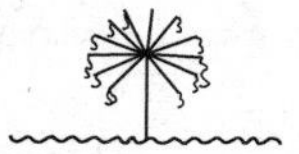 | 单独布置 |

　　表4.3中各种水形除单独使用外,还可以将几种水形根据设计意图自由组合,形成多种美丽的水形图案,如图4.38所示。

**3)现代喷泉类型**

　　随着喷头设计的改进、喷泉机械的创新以及喷泉与电子设备、声光设备等的结合,喷泉的自由化、智能化和声光化都将有更大的发展,将会带来更加美丽、更加奇妙和更加丰富多彩的喷泉水景效果。

　　(1)音乐喷泉　是在程序控制喷泉的基础上加入音乐控制系统,计算机通过对音频及MIDI信号的识别,进行译码和编码,最终将信号输出到控制系统,使喷泉及灯光的变化与音乐保持同步,从而达到喷泉水型、灯光及色彩的变化与音乐情绪的完美结合,使喷泉表演更生动,更加富有内涵。

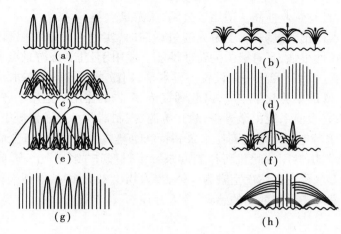

**图 4.38  水形组合**

(2)程控喷泉  将各种水型、灯光,按照预先设定的排列组合进行控制程序的设计,通过计算机运行控制程序发出控制信号,使水型、灯光实现多姿多彩的变化。另外,喷泉在实际制作中还可分为水喷泉、旱喷泉及室内盆景喷泉等。

(3)旱泉  喷泉放置在地下,表面饰以光滑美丽的石材,可铺设成各种图案和造型。水花从地下喷涌而出,在彩灯照射下,地面犹如五颜六色的镜面,将空中飞舞的水花映衬得无比娇艳,使人流连忘返。停喷后,不阻碍交通,可照常行人,非常适合于宾馆、饭店、商场、大厦、街景小区等。

(4)跑泉  尤适合于江、河、湖、海及广场等宽阔的地点。计算机控制数百个喷水点,随音乐的旋律超高速跑动,或瞬间形成排山倒海之势,或形成委婉起伏波浪式,或组成其他的水景,衬托景点的壮观与活力。

(5)室内喷泉  各类喷泉都可采用。控制系统多为程控或实时声控。娱乐场所建议采用实时声控,伴随着优美的旋律,水景与舞蹈、歌声同步变化,相互衬托,使现场的水、声、光、色达到完美的结合,极具表现力。

(6)层流喷泉  又称波光喷泉,采用特殊层流喷头,将水柱从一端连续喷向固定的另一端,中途水流不会扩散,不会溅落。白天,就像透明的玻璃拱柱悬挂在天空,夜晚在灯光照射下,犹如雨后的彩虹,色彩斑斓。适用于在各种场合与其他喷泉相组合。

(7)趣味喷泉

子弹喷泉:在层流喷泉基础上,将水柱从一端断续地喷向另一端,犹如子弹出膛般迅速准确射到固定位置,适用于各种场合,与其他的喷泉相结合使用。

鼠跳泉:一段水柱从一个水池跳跃到另一个水池,可随意启动,当水柱在数个水池之间穿梭跳跃时即构成鼠跳喷泉的特殊情趣。

时钟喷泉:用许多水柱组成数码点阵,随时反映日期、小时、分钟及秒的运行变化,构成独特趣味。

游戏喷泉:一般是旱泉形式,地面设置机关控制水的喷涌或控制音乐,游人在其间不小心碰触到机关,则忽而这里喷出雪松状水花,忽而那里喷出摇摆飞舞的水花,令人防不胜防,可嬉戏性很强。具有较强的营业性能。适合于公园、旅游景点等。

乐谱喷泉:用计算机对每根水柱进行控制,其不同的动态与时间差反映在整体上即构成形如乐谱般起伏变化的图形,也可把 7 个音阶做成踩键,控制系统根据游人所踩旋律及节奏控制水型变化,娱乐性强,具有营业性能。适用于公园、旅游景点等。

喊泉:由密集的水柱排列成坡形,当游人通过话筒时,实时声控系统控制水柱的开与停,从而显示所喊内容,趣味性很强,具有极强的营业性能。适用于公园、旅游景点等。

(8)激光喷泉　配合大型音乐喷泉设置一排水幕,用激光成像系统在水幕上打出色彩斑斓的图形、文字或广告,既渲染美化了空间,又起到宣传、广告的作用。适用于各种公共场合,具有极佳的营业性能。激光表演系统由激光头、激光电源、控制器及水过滤器等组成。

(9)水幕电影　水幕电影是通过高压水泵和特制水幕发生器,将水自上而下,高速喷出,雾化后形成扇形"银幕",由专用放映机将特制的录影带投射在"银幕"上,形成水幕电影。当观众在观看电影时,扇形水幕与自然夜空融为一体,当人物出入画面时,好似人物腾起飞向天空或自天而降,产生一种虚无缥缈和梦幻的感觉,令人神往。

## 4.5.5　喷泉的控制方式

喷泉喷射水量、时间和喷水图样变化的控制,主要有以下 3 种方式:

(1)手阀控制　这是最常见和最简单的控制方式,在喷泉的供水管上安装手控调节阀,用来调节各管段中水的压力和流量,形成固定的水姿形式。

(2)继电器控制　通常用时间继电器按照设计时间程序控制水系、电磁阀、彩色灯等的关闭,从而实现可以自动变换的喷水水姿形式。

(3)音响控制　声控喷泉是利用声音来控制喷泉水型变化的一种自控泉。它一般由以下几部分组成:

①声电转换、放大装置:通常是由电子线路或数字电路、计算机组成。

②执行机构:通常使用电磁阀来执行控制指令。

③动力设备:用水泵提供动力,并产生压力水。

④其他设备:主要有管路、过滤器、喷头等。

声控喷泉的原理是将声音信号转变为电信号,经放大及其他一些处理,推动继电器或其电子式开关,再去控制设在水路上的电磁阀的启闭,从而控制喷头水流的通断。这样,随着声音的起伏,人们可以看到喷水大小、高矮和形态的变化。它能把人们的听觉和视觉结合起来,使喷泉喷射的水花随着音乐优美的旋律而翩翩起舞。

(4)计算机自动控制　计算机通过对音频、视频、光线、电流等信号的识别,进行译码和编码,最终将信号输出到控制系统,使喷泉及灯光的变化与音乐变化保持同步,从而达到喷泉水型、灯光、色彩、视频等与音乐情绪的完美结合,使喷泉表演更生动,更加富有内涵。

## 4.5.6　喷泉的给排水系统

喷泉的水源应为无色、无味、无有害杂质的清洁水。因此,喷泉除用城市自来水作为水源外,也可用地下水,其他像冷却设备和空调系统的废水也可作为喷泉的水源。

## 1）喷泉的给水方式

喷泉的给水方式有下述 4 种（图 4.39）：

（a）小型喷泉供水 （b）小喷泉加压供水 （c）泵房循环供水 （d）潜水泵循环供水 （e）利用高位蓄水池供水

**图 4.39　喷泉的给水方式**

（1）直流式供水（自来水供水）　流量在 2～3 L/s 以内的小型喷泉，可直接由城市自来水供水，使用后的水排入雨水管网。

（2）离心泵循环供水　为了确保水具有必要的、稳定的压力，同时节约用水，减少开支，对于大型喷泉，一般采用循环供水。循环供水的方式可以设水泵房。

（3）潜水泵循环供水　将潜水泵直接放置于喷水池中较隐蔽处或低处，直接抽取池水向喷水管及喷头循环供水。这种供水方式较为常见，一般多适用于小型喷泉。

（4）高位水体供水　在有条件的地方，可以利用高位的天然水塘、河渠、水库等作为水源向喷泉供水，水用过后排放掉。为了确保喷水池的卫生，大型喷泉还可设专用水泵，以供喷水池水的循环，使水池的水不断流动；并在循环管线中设过滤器和消毒设备，以消除水中的杂物、藻类和病菌。

喷水池的水应定期更换。在园林或其他公共绿地中，喷水池的废水可以和绿地喷灌或地面洒水等结合使用，需做水的二次使用处理。

## 2）喷泉管线布置

大型水景工程的管道可布置在专用或共用管沟内，一般水景工程的管道可直接敷设在水池内。为保持各喷头的水压一致，宜采用环状配管或对称配管，并尽量减少水头损失。每个喷头或每组喷头前宜设置调节水压的阀门。对于高射程喷头，喷头前应尽量保持较长的直线管段或设整流器。喷泉给排水系统的构成如图 4.40 所示。

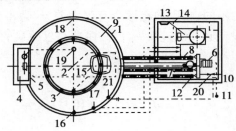

**图 4.40　喷泉工程的给排水系统**

1—喷水池；2—加气喷头；3—装有直射流喷头的环状管；4—高位水池；
5—堰；6—水泵；7—吸水滤网；8—吸水关闭阀；9—低位水池；
10—风控制盘；11—风传感计；12—平衡阀；13—过滤器；
14—泵房；15—阻涡流板；16—除污器；17—真空管线；
18—可调眼球状进水装置；19—溢流排水口；
20—控制水位的补水阀；21—液位控制器

喷泉给排水管网主要由进水管、配水管、补水管、溢流管和泄水管等组成。水池管线布置如图4.41所示。其布置要点是:

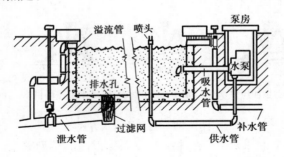

**图4.41　喷泉给排水系统**

①由于喷水池中水的蒸发及在喷射过程中有部分水被风吹走等,造成喷水池内水量损失,因此,在水池中应设补水管。补水管和城市给水管相连接,并在管上设浮球阀或液位继电器,随时补充池内水量的损失,以保持水位稳定。

②为了防止因降雨使池水上涨而设的溢水管,应直接接通雨水管网,并应有不小于3%的坡度。溢水口的设置应尽量隐蔽,在溢水口处应设拦污栅。

③泄水管直通雨水管道系统或与园林湖池、沟渠等连接起来,使喷泉水泄出后作为园林其他水体的补给水。也可供绿地喷灌或地面洒水用,但需另行设计。

④在寒冷地区,为防冻害,所有管道均应有一定坡度,一般不小于2%,以便冬季将管道内的水全部排空。

⑤连接喷头的水管不能有急剧变化,如有变化,必须使管径由大逐渐变小。另外,在喷头前必须有一段适当长度的直管,管长一般不小于喷头直径的20～30倍,以保持射流稳定。

## 4.5.7　喷泉的水力计算及水泵选型

各种喷头因流速、流量的不同,喷出的花形会有很大差异,达不到预定的流速、流量则不能获得设计的效果,因此喷泉设计必须经过水力计算,主要是求喷泉的总流量、扬程和管径。

### 1)总流量 $Q$

(1)单个喷嘴的流量 $q$

$$q = uf(2gH)^{1/2} \times 10^{-3}$$

式中　$q$——喷嘴流量,$m^3/s$;

　　　$u$——流量系数,与喷嘴的形式有关,一般在 0.62～0.94,如蘑菇式喷头:0.8～0.98;雾状喷头:0.9～0.98;牵牛花喷头:0.8～0.9;

　　　$f$——喷嘴出水口断面积,$m^2$;

　　　$g$——重力加速度;

　　　$H$——喷头入口水压,$mH_2O$。

(2)总流量 $Q$　喷泉总流量是指在某一时间同时工作的各个喷头喷出的流量之和的最大值。即

$$Q = q_1 + q_2 + \cdots + q_n$$

式中　$q_1, q_2, \ldots, q_n$——各喷头喷水流量。

选择合适的进水管径($D$):

$$D = 4Q/(\pi v)$$

式中　$D$——管径,mm;

　　　$Q$——总流量,$m^3/s$;

　　　$\pi$——圆周率(3.141 6);

　　　$v$——流速,通常选用 0.5 ~ 0.6 m/s。

另外,也可依据如下公式:

进水管径:　　　　　　　　　　$D \geqslant 800 \times Q^{1/2}$

泄水管管径:　　　　　　　$d = 17.9 \times F^{0.5} \times H^{0.25} \times T^{-0.5}$

式中　$F$——水池面积,$m^2$;

　　　$H$——水池水深,m;

　　　$T$——要求泄水时间,一般选用 4 ~ 8 h,不超过 12 h。

（3）总扬程　水泵的提水高度叫扬程。一般将水泵进、出水池的水位差称为"净扬程",加上水流进出水管的水头损失称为总扬程。即

总扬程 = 净扬程 + 损失扬程

其中损失扬程的计算比较复杂。对一般的喷泉,可以粗略地取净扬程的 10% ~ 30% 作为损失扬程。表 4.4 为损失扬程估算表。

表 4.4　损失扬程估算表

| 净扬程/m | 损失扬程/m |
|---|---|
| ≤5 | 1 |
| 6 ~ 10 | 1 ~ 2 |
| 11 ~ 15 | 2 ~ 3 |
| 16 ~ 20 | 3 ~ 4 |
| 21 ~ 40 | 4 ~ 8 |

## 2) 选择合适的水泵

根据以上所计算的总扬程以及水泵铭牌上的扬程(在一定转速下效率最高时的扬程,一般称为"额定扬程"),选择合适的水泵。

喷泉用水泵以离心泵、潜水泵最为普遍。单级悬壁式离心泵特点是依靠泵内的叶轮旋转所产生的离心力将水吸入并压出,它结构简单,使用方便,扬程选择范围大,应用广泛,常有 IS 型、DB 型。潜水泵使用方便,安装简单,不需要建造泵房,主要型号有 QY 型、QD 型、B 型等。水泵选择要做到"双满足",即流量满足、扬程满足。依据所确定的总流量、总扬程查水泵铭牌即可选定。为此,先要了解水泵的性能,再结合喷泉水力计算结果,最后确定泵型。通过铭牌能基本了解水泵的规格及主要性能。

# 4.5.8　喷泉构筑物

## 1) 喷水池

喷水池是喷泉的重要组成部分。其本身不仅能独立成景,起点缀、装饰、渲染环境的作用,而且能维持正常的水位以保证喷水。因此可以说喷水池是集审美功能与实用功能于一体的人工水景。喷水池的形状、大小应根据周围环境和设计需要而定。形状可以灵活设计,但要求富

有时代感。水池大小要考虑喷高,喷水越高,水池越大,一般水池半径为最大喷高的1～1.3倍,平均池宽可为喷高的3倍。实践中,如用潜水泵供水,吸水池的有效容积不得小于最大一台水泵3 min 的出水量。水池水深应根据潜水泵、喷头、水下灯具等的安装要求确定,其深度不能超过0.7 m,否则,必须设置保护措施。

（1）喷水池常见的结构与构造

①基础:基础是水池的承重部分,由灰土和混凝土层组成。施工时先将基础底部素土夯实,密实度不得低于85%。灰土层厚30 cm(3∶7灰土)。C10混凝土厚10～15 cm。

②防水层:水池工程中,防水工程质量对水池安全使用及其寿命有直接影响,因此,正确选择和合理使用防水材料是保证水池质量的关键。

目前,水池防水材料种类较多。按材料分,主要有沥青类、塑料类、橡胶类、金属类、砂浆、混凝土及有机复合材料等。按施工方法分,有防水卷材、防水涂料、防水嵌缝油膏和防水薄膜等。

水池防水材料的选用,可根据具体要求确定,一般水池用普通防水材料即可。钢筋混凝土水池还可采用抹5层防水砂浆的(水泥中加入防水粉)做法。临时性水池则可将吹塑纸、塑料布、聚苯板组合使用,均有很好的防水效果。

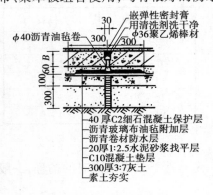

图4.42　变形缝做法

③池底:池底直接承受水的竖向压力,要求坚固耐久。多用现浇钢筋混凝土池底,厚度应大于20 cm,如果水池容积大,要配双层钢筋网。施工时,每隔20 m选择最小断面处设变形缝,变形缝用止水带或沥青麻丝填充。每次施工必须从变形缝开始,不得在中间留施工缝,以防漏水,如图4.42所示。

④池壁:是水池竖向的部分,承受池水的水平压力。池壁一般有砖砌池壁、块石池壁和钢筋混凝土池壁3种,见图4.43。钢筋混凝土池壁厚度一般不超过300 mm,常用150～200 mm,宜配直径8 mm、12 mm 的钢筋,中心距200 mm,C20混凝土现浇,如图4.44所示。

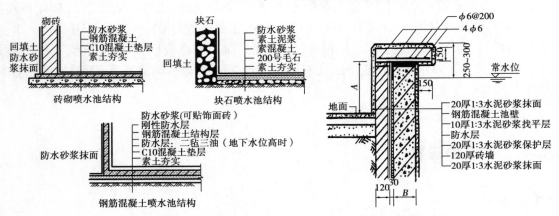

图4.43　喷水池池壁(底)的构造　　　　图4.44　钢筋混凝土池壁做法

⑤压顶:是池壁最上部分,它的作用是保护池壁,防止污水泥沙流入池内。下沉式水池压顶至少要高于地面5～10 cm。池壁高出地面时,压顶的做法见水池压顶做法。

（2）喷水池其他设施　喷水池中还必须配套有供水管、补给水管、泄水管和溢水管等。这些管有时要穿过池底或池壁，这时必须安装止水环，以防漏水。图 4.45 所示是喷水池内管道穿过池壁的常见做法。供水管、补给水管要安装调节阀；泄水管需配单向阀门，防止反向流水污染水池；溢水管不要安装阀门，直接在泄水管单向阀门后与排水管连接。为了利于清淤，在水池的最低处设置沉泥池，也可做成集水坑，如图 4.46 所示。

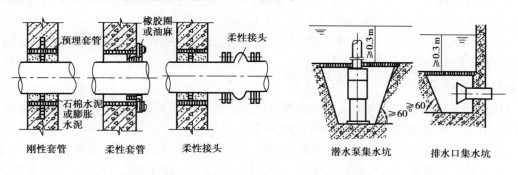

图 4.45　管道穿过池壁的做法       图 4.46　集水坑

喷泉工程中常用的管材有镀锌钢管（白铁管）、不镀锌钢管（黑铁管）、铸铁管及硬聚氯乙烯塑料管等。一般埋地管道管径在 70 mm 以上可以选用铸铁管。屋内工程或小型移动式水景工程可采用塑料管。所有埋地的钢管必须做防腐处理，方法是先将管道表面除锈，刷防锈漆 2 遍（如红丹漆等）。埋于地下的铸铁管，外管一律刷沥青防腐，明露部分可刷红丹漆。

钢管的连接方式有螺纹连接、焊接和法兰连接 3 种。镀锌管必须用螺纹连接，多用于明装管道。焊接一般用于非镀锌钢管，多用于暗装管道。法兰连接一般用在连接阀门、止回阀、水泵、水表等处以及需要经常拆卸检修的管段上。就管径而言，$DN < 100$ mm 时管道用螺纹连接；$DN > 100$ mm 时用法兰连接。

### 2）泵房

泵房是指安装水泵等提水设备的常用构筑物。在喷泉工程中，凡采用清水离心泵循环供水的都要设置泵房。泵房的形式按照泵房与地面的关系分为地上式泵房、地下式泵房和半地下式泵房 3 种。

地上式泵房的特点是泵房建于地面上，多采用砖混结构，其结构简单，造价低，管理方便，但有时会影响喷泉环境景观，实际中最好和管理用房配合使用，适用于中小型喷泉。地下式泵房建于地面之下，园林用得较多，一般采用砖混结构或钢筋混凝土结构，特点是需做特殊的防水处理，有时排水困难，因此造价提高，但不影响喷泉景观。

泵房内安装有电动机、离心泵、供电、电气控制设备及管线系统等。与水泵相连的管道有吸水管和出水管。出水管即喷水池与水泵间的管道，其作用是连接水泵至分水器之间的管道，设置闸阀。为了防止喷水池中的水倒流，需在出水管安装单向阀。分水器的作用是将出水管的压力水合成多个支路，再由供水管送到喷水池中供喷水用。为了调节供水的水量和水压，应在每条供水管上安装闸阀。北方地区，为了防止管道受冻坏，当喷泉停止运行时，必须将供水管内存的水排空。方法是在泵房内供水管最低处设置回水管，接入房内下水池中排除，以截止阀控制。

泵房内应设置地漏，特别注意防止房内地面积水。泵房用电要注意安全。开关箱和控制板的安装要符合规定。泵房内应配备灭火器等灭火设备。

### 3）阀门井

有时在给水管道上要设置给水阀门井,根据给水需要可随时开启和关闭,便于操作。给水阀门井内安装截止阀控制。

（1）给水阀门井　一般为砖砌圆形结构,由井底、井身和井盖组成。井底一般采用 C10 混凝土垫层,井底内径不小于 1.2 m,井壁应逐渐向上收拢,且一侧应为直壁,便于设置铁爬梯。井口圆形,直径 600 mm 或 700 mm。井盖采用成品铸铁井盖。

（2）排水阀门井　用于泄水管和溢水管的交接,泄水管道要安装闸阀,溢水管接于阀后,确保溢水管排水畅通。

### 4）喷泉照明特点

目前,喷泉的配光已成为喷泉设计的重要内容。喷泉照明多为内侧给光,根据灯具的安装位置,可分为水上环境照明和水体照明2种方式。

水上环境照明,灯具多安装于附近的建筑设备上。特点是水面照度分布均匀、色彩均衡、饱满,但往往使人们眼睛直接或通过水面反射间接地看到光源,眼睛会产生眩光。水体照明,灯具置于水中,多隐蔽,多安装于水面以下 5 cm 处,特点是可以欣赏水面波纹,并能随水花的散落映出闪烁的光,但照明范围有限。喷泉配光时,其照射的方向、位置与喷水姿有关(图4.47)。喷泉照明要求比周围环境有更高的亮度,如周围亮度较大时,喷水的先端至少要有 100～200 lx 的光照度;如周围较暗时,需要有 50～100 lx 的光照度。照明用的光源以白炽灯为主,其次可用汞灯或金属卤化物灯。光的色彩以黄、蓝色为佳,特别是水下照明。配光时,还应注意防止多种色彩叠加后得到白色光,造成局部的色彩损失。一般主视面喷头背后的灯色要比观赏者旁边的灯色鲜艳,因而要将黄色等透射较高的彩色灯安装于主视面近游客的一侧,以加强衬托效果。

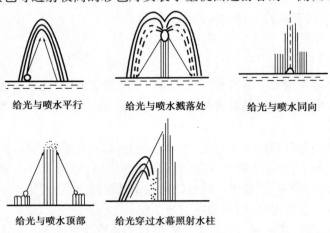

给光与喷水平行　　给光与喷水溅落处　　给光与喷水同向

给光与喷水顶部　　给光穿过水幕照射水柱

图4.47　喷泉给光示意图

喷泉照明线路要采用水下防水电缆,其中一根要接地,且要设置漏电保护装置。照明灯具应密封防水,安装时必须满足施工相关技术规程。电源线要通过护缆塑管(或镀锌管)由池底接到安装灯具的地方,同时在水下安装接线盒,电源线的一端与水下接线盒直接相连,灯具的电缆穿进接线盒的输出孔并加以密封,并保证电缆护套管充满率不超过45%。为避免线路破损漏电,必须经常检查。各灯具要易于清洁,水池应常清扫换水,也可添加除藻剂。操作时要严格遵守先通水浸没灯具、后开灯及先关灯、后断水的操作规程。

# 复习思考题

1. 简述人工湖的施工要点。
2. 简述柔性和刚性水池底的做法。
3. 简述瀑布堰口的处理方法。
4. 简述溪底施工技术。
5. 破坏驳岸的主要因素有哪些?
6. 简述园林护坡的主要类型及作用。

# 5 砌体工程

**本章导读** 在园林建设过程中,砌体工程对景观视觉影响大、施工复杂。通过本章的学习,要求掌握常用砌体的材料;掌握花坛、挡土墙、景门、景墙材料和构造。能进行花坛的设计与施工;能进行挡土墙的设计与施工。

砌体工程涉及的范围很广,各种建筑物和构筑物都有砌体项目,砌体工程包括砌砖和砌石。砖石砌体在园林中被广泛采用,它既是承重构件,围护构件,也是主要的造景元素之一,尤其是砖、石所形成的各种墙体,在分隔空间、改变设施的景观面貌、反映地方乡土景观特征等方面得到广泛而灵活的运用,是园林硬质景观设计中最具表现力的要素之一。砌体工程在园林建设中的应用除了园林建筑的外墙与分隔墙、基础等外,还有许多地方如花坛、水池、挡土墙、构筑物都用到砌体工程。本章主要讲解花坛、园林挡土墙、园林景墙等砌体工程。

## 5.1 花坛砌体工程

花坛在庭院、园林绿地中广为存在,常常成为局部空间环境的构图中心和焦点,对活跃庭院空间环境,点缀环境绿化景观起到十分重要的作用。花坛是指在具有一定几何轮廓的植床内,种植各种不同色彩的观花、观叶与观果的园林植物,从而构成一幅富有鲜艳色彩或华丽纹样的装饰图案,以供观赏之用。花坛作为硬质景观和软质景观的结合体,具有很强的装饰性,可作为主景,也可作为配景。不管花坛作为主景也好,配景也好,花坛与周围的环境,花坛与其构图的其他因素之间的关系,都有对比和调和两个方面。

花坛根据其外部轮廓造型与形式,可分为如下几种形式:独立花坛、组合花坛、立体花坛、异形花坛。花坛在布局上,一般设在道路的交叉口,公共建筑的正前方或园林绿地的入口处,或在广场的中央,即游人视线的交汇处,构成视觉中心。花坛的平、立面造型应根据所在园林空间环境特点、尺度大小、拟栽花木生长习性和观赏特点来定。花坛边缘的砖石砌体叫边缘石。花坛边缘处理方法很多,一般边缘石有磷石、砖、条石以及假山等,也可在花坛边缘种植一圈装饰性植物。边缘石的高度一般为 100~150 mm,最高不超过 300 mm,宽度为 100~150 mm,若兼作座凳则可增至 500 mm,具体视花坛大小而定。

## 5.1.1 常用砌体材料

砌体结构所用材料有烧结普通砖、非烧结硅酸盐砖、黏土空心砖、混凝土空心砖、小型砌块、粉煤灰实心中型砌块、料石、毛石和卵石等。

### 1）烧土制品

烧土制品是常见的建筑材料，包括黏土砖、黏土瓦、建筑陶瓷等。黏土砖主要有烧结普通砖、烧结多孔砖和烧结空心砖。

（1）烧结普通砖　标准尺寸：240 mm × 115 mm × 53 mm，砖的长：宽：厚 = 4：2：1（包括灰缝）。按力学强度分为 MU30、MU25、MU20、MU15、MU10、MU7.5 六个等级，数字越大，表明砖的抗压、抗折性就越好。

烧结普通砖为实心黏土砖，又可分为：

①按生产方法分：手工砖和机制砖。

②按颜色可分：红砖和青砖。一般青砖较红砖结实，耐碱、耐久性好。

（2）烧结多孔砖和烧结空心砖　空心砖的型号：

　　KP2 标准尺寸为 240 mm × 180 mm × 115 mm

　　KM1 标准尺寸为 190 mm × 190 mm × 90 mm

　　KP1 标准尺寸为 240 mm × 115 mm × 90 mm

注意 KM1 型的砖符合建筑模数的优点，但无法与标准砖同时使用，必须生产专门的"配砖"方能解决砖角拐角，丁字接头处的错缝要求；KP1 与 KP2 型则可以与标准砖同时使用。

空心砖的用途：

①多孔砖可以用来砌筑承重墙。

②大孔砖则主要用来砌框架护墙、隔断墙等承自重的墙砖。

（3）普通砖砌筑砖墙的厚度

| | | |
|---|---|---|
| 半砖墙厚 | 115 mm | 通称 12 墙 |
| 3/4 砖墙厚 | 178 mm | 通称 18 墙 |
| 一砖墙厚 | 240 mm | 通称 24 墙 |
| 一砖半墙厚 | 365 mm | 通称 37 墙 |
| 两砖墙厚 | 490 mm | 通称 50 墙 |

砌合方法：一顺一丁、三顺一丁、梅花丁、条砌法等。

砖块排列应遵循：内外搭接，上下错缝的原则，错缝的长度一般不应小于 60 mm，砌时不应使墙体出现连续的通缝，否则将影响墙的强度和稳定性。

### 2）天然石材

凡是采自地壳，经过加工或未经加工的岩石，统称为天然石材。天然石材根据地质成因，可分为岩浆岩（如花岗岩）、沉积岩（如石灰石）和变质岩（如大理岩）3 大类。由于石材脆性大、抗拉强度低、自重大，石结构的抗震性能差，加之岩石的开采加工较困难，价格高等因素，石材已较少作为结构材料了。但石材作为装饰材料，却颇受欢迎。岩石的分类：

（1）岩浆岩　熔融岩浆在地下或喷出地面后冷凝结晶而成的岩浆，如花岗岩、正长石等。

（2）沉积岩　如石灰岩、砂岩等。

（3）变质岩　如大理石、石英石、片麻石。

### 3）砂浆

砂浆＝骨料（砂）＋胶结料（水泥）＋掺和料（石灰膏）＋外加剂（微沫剂、防水剂、抗冻剂）＋水。砂浆的类型：

（1）按用途分　砌筑砂浆、抹面砂浆、防水砂浆、装饰砂浆等。

（2）按胶结材料分　水泥砂浆、混合砂浆、石灰砂浆、防水砂浆、勾缝砂浆。

水泥是一种最重要的建筑材料，它不但能在空气中硬化，还能更好地在水中硬化、保持并继续增长其强度，故属于水硬性胶凝材料。按其性能和用途不同，可分为通用水泥、专用水泥和特性水泥。

### 4）木材

木材与钢材、水泥并称为3大建筑材料。建筑上用的木材常以3种规格供给。即原木、板材和枋材。木材有以下优点：质轻而强度高，弹性和韧性好，保温隔热性好，耐久性好，装饰性佳，并且易于加工。但木材也有缺点，如构造不均匀，胀缩变形大，易腐、易燃、易蛀，天然疵病多等。为了提高木材的耐久性，延长木材的使用年限，常需对木材进行干燥、防腐、防火等处理。此外还应根据用途和树木特性来选择木材。

### 5）钢材及钢筋

钢质量的不断提高，使钢材及其与混凝土复合的钢筋混凝土和预应力混凝土，已成为现代建筑结构的主体材料。在现代建筑工程中，钢等金属材料已由单一的结构材料，向着结构、装饰等多功能方向发展，其品种也由单一发展到多品种、多系列以及与有机或无机材料复合的形式。如铝合金，已成为建筑装修的重要材料。

### 6）混凝土

混凝土是由胶凝材料、骨料及一定比例配合，在适当的温度和湿度下，经一定时间后硬化而成的人造石材。用水泥及砂石材料配制成的混凝土称为普通混凝土。混凝土是用得最多的人造建筑材料和结构材料，但由于混凝土的抗拉强度比抗压强度低得多，所以一般需与钢筋组成复合构件，即钢筋混凝土。为了提高构件的抗裂性，还可制成预应力混凝土。

## 5.1.2　花坛表面装饰材料

花坛的栽植床面一般高出地面十几厘米，边缘石用以固定土壤以防止水土流失和人为践踏。通过装饰材料可以增加花坛的美观。但花坛边缘的形式要简单，色彩要朴素。花坛表面装饰总的原则应同园林的风格与意境相协调，色调上或淡雅、或端庄，在质感上或细腻、或粗犷，与花坛内的花卉植物相得益彰。花坛常用的装饰材料有花坛砌体材料、贴面材料和抹灰材料3大类。

### 1）花坛砌体材料

主要是砖、石块、卵石等，通过选择砖、石的颜色、质感以及砌块的组合变化、砌块之间勾缝的变化,形成美的外观(图5.1和图5.2)。石材表面加工通过留自然荒包、打钻路、扁光、钉麻丁等方式可以得到不同的表面效果。

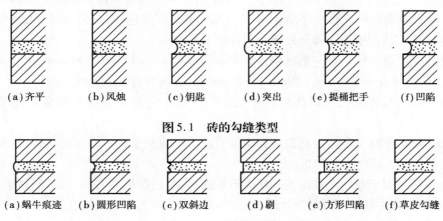

(a)齐平　　(b)风烛　　(c)钥匙　　(d)突出　　(e)提桶把手　　(f)凹陷

图5.1　砖的勾缝类型

(a)蜗牛痕迹　(b)圆形凹陷　(c)双斜边　　(d)刷　　(e)方形凹陷　(f)草皮勾缝

图5.2　石块勾缝装饰

(1)勾缝类型

①齐平:是一种平淡的装饰缝,雨水直接流经墙面,适用于露天的情况。通常用泥刀将多余的砂浆去掉,并用木条或麻袋布打光。

②风蚀:风蚀的坡形剖面有助于排水。其上方2~3 mm的凹陷在每一砖行产生阴影线。有时将垂直勾缝抹平以突出水平线。

③钥匙:是用窄小的弧线工具压印的更深的装饰缝。其阴影线更加美观,但对于露天的场所不适用。

④突出:是将砂浆抹在砖的表面。它将起到很好的保护作用,并伴随着日晒雨淋而形成迷人的乡村式外观。可以选择与砖块的颜色相匹配的砂浆,或用麻布进行打光。

⑤提桶把手:提桶把手的剖面图是曲线形的,利用圆形工具获得,该工具是镀锌桶的把手。提桶把手适度地强调了每块砖的形状,而且能防日晒雨淋。

⑥凹陷:是利用特制的"凹陷"工具将砖块间的砂浆方方正正地按进去,强烈的阴影线夸张地突出了砖线。本方法只适用于非露天的场地。

(2)勾缝装饰

①蜗牛痕迹:使线条纵横交错,使人觉得每一块石头都与相邻的石头相配。当砂浆还是湿的时候,利用工具或小泥刀沿勾缝方向划平行线,使砂浆更光滑、完整。

②圆形凹陷:是利用湿的卵石(或弯曲的管子或塑料水管)在湿砂浆上按入一定深度。这使得每块石头之间形成强烈的阴影线。

③双斜边:利用带尖的泥刀加工砂浆,产生一种类似鸟嘴的效果。

④刷:"刷"是在砂浆完全凝固之前,用坚硬的铁刷将多余的砂浆刷掉。

⑤方形凹陷:如果是正方形或长方形的石块,最好使用方形凹陷。方形凹陷需使用专用工具。

⑥草皮勾缝:利用泥土或草皮取代砂浆,只有在石园或植有绿篱的清水石墙上才适用。要使勾缝中的泥土与墙的泥土相连以保证植物根系的水分供应。

**2）花坛贴面材料**

它是镶贴到表层上的一种装饰材料。花坛贴面材料的种类很多,常用的有饰面砖、花岗石饰面板、水磨石饰面板和青石板等,园林中还常用一些不同颜色、不同大小的卵石来贴面。

（1）饰面砖　适合于花坛饰面的砖主要有以下几种:

①外墙面砖（墙面砖）:其一般规格为200 mm×200 mm×12 mm、150 mm×75 mm×12 mm、75 mm×75 mm×8 mm、108 mm×108 mm×8 mm等,表面分有釉和无釉2种。

②陶瓷锦砖（马赛克）:是以优质瓷土烧制的片状小瓷砖拼成各种图案贴在墙上的饰面材料。

③玻璃锦砖（玻璃马赛克）:是以玻璃烧制而成的小块贴于墙上的饰面材料,有金属透明和乳白色、灰色、蓝色、紫色等多种花色。

（2）饰面板　用于花坛的饰面板有花岗石饰面板,是用花岗岩荒料经锯切、研磨、抛光及切割而成。因加工方法及加工程序的差异,分为下列4种:

①剁斧板:表面粗糙,具有规则的条状斧纹。

②机刨板:表面平整,具有相互平行的刨纹。

③粗磨板:表面光滑、无光。

④磨光板:表面光亮、色泽鲜明、晶体裸露。

不论采用哪一种面板,装饰效果都很好。

（3）青石板　属于水层岩,材质软,较易风化,其材性纹理构造易于劈裂成面积不大的薄片。使用规格一般为长宽300～500 mm不等的矩形块,边缘不要求很直。青石板有暗红、灰、绿、蓝、紫等不同颜色,加上其劈裂后的自然形状,可掺杂使用,形成色彩富有变化而又具有一定自然风格的装饰效果。

（4）水磨石　是用水泥（或其他胶结材料）、石屑、石粉、颜料加水,经过搅拌、成型、养护、研磨等工序所制成,色泽品种较多,表面光滑,美观耐用。

**3）花坛抹灰材料**

一般花坛的抹灰用水泥、石灰砂浆等材料。它虽然施工简单,成本低,但装饰效果差。比较高级的花坛则用水刷石、水磨石、斩假石、干黏石、喷砂、喷涂及彩色抹灰等,这些材料装饰效果较好。对于装饰抹灰所用的材料,主要是起色彩作用的石渣、彩砂、颜料及白水泥等。

（1）彩色石渣　是由大理石、白云石等石材经破碎而成的。用于水刷石、干黏石等,要求颗粒坚硬、洁净,含泥量不超过2%。使用前根据设计要求选择好品种、粒径和色泽,并应进行清洗除去杂质,按不同规格、颜色、品种分类保洁放置。

（2）花岗石石屑　主要用于斩假石面层,平均粒径为2～5 mm,要求洁净,无杂质和泥块。

（3）彩砂　有用天然石屑的,也有烧制成的彩色瓷粒,主要用于外墙喷涂。其颗粒粒径为1～3 mm,要求其彩色稳定性好,颗粒均匀,含泥量不大于2%。

（4）其他材料

①颜料:要求耐碱、耐光晒的矿物颜料。掺量不大于水泥用量的12%,作为配制装饰抹灰色彩的调制材料。

②107胶:为聚乙烯醇缩甲醛。是拌入水泥中增加黏结能力的一种有机类胶黏剂。目的是加强面层与基层的黏结,并提高涂层（面层）的强度及柔韧性,减少开裂。

③有机硅憎水剂:如甲基硅醇钠。它是无色透明液体,主要在装饰抹灰面层完成后,喷于面层之外,可起到憎水、防污作用,从而提高饰面的洁净及耐久性。也可掺入聚合物水泥砂浆进行喷涂、滚涂、弹涂等。该液体应密封存放,并应避免光直射及长期暴露于空气中。

④氯偏磷酸钠:主要用于喷漆、滚涂等调制色浆的分散剂,使颜料能均匀分散和抑制在水泥中游离成分的析出。一般掺量为水泥用量的1%。贮存要用塑料袋封闭,做到防潮和防止结块。

装饰抹灰所用的材料的产地、品种、批号、色泽应力求相同,能做到专材专用。在配合比上要统一计量配料,并达到色泽一致。选定的装饰抹灰面层对其色彩确定后,应对所用材料事先看样订货,并尽可能一次将材料采购齐,以免不同批、矿的来货不同而造成色差。所用材料必须符合国家有关标准,如白水泥的白度、强度、凝结时间,各种颜料、107胶、有机硅憎水剂、氯偏磷酸钠分散剂等都应符合各自的产品标准。总之,有些新产品材料在使用前要详细阅读产品说明书,了解各项指标性能,从而可进行检验及按产品说明要求进行操作使用。

## 5.1.3 花坛施工

把花坛及花坛群从图纸上搬到地面上去,就必须要经过定点放线、砌筑花坛边缘石、表面装饰、填土整地、图案放样、花卉栽植等几道工序。要根据施工复杂程度准备工具,常用工具为皮尺、绳子、木桩、木槌、铁锹、经纬仪等,并按规范要求清理施工现场。

**1)定点放线**

(1)花坛群的定位与定点

①根据设计图和地面坐标系统的对应关系,用测量仪器把花坛群中主花坛中心点坐标测设到地面上。

②把纵横中轴线上的其他中心点的坐标测设下来,将各中心点连线,即在地面上放出花坛群的纵横线。

③依据纵横轴线,量出各处个体花坛的中心点,这样就可把所有花坛的位置在地面上确定下来。

④每一个花坛的中心点上,都要在地上钉一个小木桩作为中心桩。

⑤将各处个体花坛的边线放到地面上。

(2)个体花坛的放线 对个体花坛,只要将其边线放大到地面上就可以了。正方形、长方形、三角形、圆形或扇形的花坛,只要量出边长和半径,都很容易放出其边线来。而椭圆形、正多边形花坛的放线就要复杂一点。

**2)花坛边缘石的砌筑**

花坛工程的主要工序就是砌筑花坛边缘石。

(1)花坛边沿基础处理

①放线完成后,应沿着已有的花坛边线开挖边缘石基槽。

②基槽的开挖宽度应比墙体基础宽100 mm左右,深度根据设计而定,一般在120~200 mm。

③槽底土面要整齐、夯实。

④有松软处要进行加固,不得留下不均匀沉降的隐患。

⑤在砌基础之前,槽底应做一个 30～50 mm 厚的粗砂垫层,作基础施工找平用。

（2）花坛边缘石砌筑施工

①边缘石一般用砖砌筑,高 150～450 mm,其基础和墙体可用 1∶2 水泥砂浆、M2.5 混合砂浆砌 MU7.5 标准砖做成。

②墙砌筑好之后,回填泥土将基础埋上,并夯实泥土。

③再用水泥和粗砂配 1∶2.5 的水泥砂浆,对墙抹面,抹平即可,不要抹光;或按设计要求勾砖缝。

④按照设计,用磨制花岗石片、釉面墙地砖等贴面装饰,或者用彩色水磨石、水刷石、斩假石、喷砂等方法饰面。如果用普通砖砌筑,普通砖墙厚度有半砖、一砖、四分之三砖、一砖半、二砖等,常用砌合方法有一顺一丁、三顺一丁、梅花丁、条砌法等。砖墙的水平灰缝厚度和竖向灰缝宽度一般为 10 mm,但不应小于 8 mm,也不应大于 12 mm。灰缝的砂浆应饱满,水平灰缝的砂浆饱满度不得低于 80%。实心黏土砖用作基础材料,这是园林中作花坛砌体工程常用的基础形式之一。它是属于刚性基础,以宽大的基底逐步收退,台阶式的收到墙身厚度,收退多少应按图纸实施,一般有:等高式大放脚每两皮一收,每次收退 60 mm（1/4 砖长）;间隔式大放脚是两层一收及间一层一收交错进行。如果用毛石块砌筑墙体,其基础采用 C7.5～C10 混凝土,厚60～80 mm,砌筑高度由设计而定,为使毛石墙体整体性强,常用料石压顶或钢筋混凝土现浇,再用 1∶1 水泥砂浆勾缝或用石材本色水泥砂浆勾缝作装饰。

（3）其他装饰构件的处理

①有些花坛边缘还可能设计有金属矮栏花饰,应在边缘石饰面之前安装好。

②矮栏的柱脚要埋入边缘石,用水泥砂浆浇注固定。

③待矮栏花饰安装好后,才进行边缘石的饰面工序。

### 3）花坛种植床整理

（1）翻土、去杂、整理、换土

①在已完成的边缘石圈子内,进行翻土作业。

②一面翻土,一面挑选、清除土中杂物,一般花坛土壤翻挖深度不应小于 250 mm。

③若土质太差,应当将劣质土全清除掉,另换新土填入花坛中。

（2）施基肥　花坛栽种的植物都是需要大量消耗养料的,因此花坛内的土壤必须很肥沃。在花坛填土之前,最好先填进一层肥效较长的有机肥作为基肥,然后才填进栽培土。

（3）填土、整细

①一般的花坛,其中央部分填土应该比较高,边缘部分填土则应低一些。

②单面观赏的花坛,前边填土应低些,后边填土则应高些。

③花坛土面应做成坡度为 5%～10% 的坡面。

④在花坛边缘地带,土面高度填至缘石顶面以下 20～30 mm,以后经过自然沉降,土面即降到比缘石顶面低 70～100 mm 之处,这就是边缘土面的合适高度。

⑤花坛内土面一般要填成弧形面或浅锥形面,单面观赏花坛的上面则要填成平坦土面或是向前倾斜的直坡面。

⑥填土达到要求后,要把上面的土粒整细、耙平,以备植物图案放线,栽种花卉植物。

## 5.2 园林挡土墙的设计与施工

挡土墙被广泛应用于园林环境中,是防止土坡坍塌、承受侧向压力的构筑物,它在园林建筑工程中被广泛地用于房屋地基、堤岸、码头、河池岸壁、路堑边坡、桥梁台座、水榭、假山、地道、地下室等工程中。在山区、丘陵地区的园林中,挡土墙常常是非常重要的地上构筑物,起着十分重要的作用。在地势平坦的园林中,为分割空间、遮挡视线、丰富景观层次,有时会人工砌筑墙体,成为造景功能上的景墙。

### 5.2.1 园林挡土墙的功能

(1)固土护坡,阻挡土层塌落 当由厚土构成的斜坡坡度超过所允许的极限坡度时,土体的平衡即遭到破坏,发生滑坡与坍塌。挡土墙的主要功能是在较高地面与较低地面之间充当阻挡物,以防止陡坡坍塌。

(2)节省占地,扩大用地面积 在一些面积较小的园林局部,当自然地形为斜坡地时,要将其改造成平坦地,以便能在其上修筑房屋。为了获得最大面积的平地,可以将地形设计为两层或几层台地,这时,上下台地之间若以斜坡相连接,则斜坡本身需要占用较多的面积,坡度越缓,所占面积越大。

(3)削弱台地高差 当上下台地地块之间高差过大,下层台地空间受到强烈压抑时,地块之间挡土墙的设计可以化整为零,分作几层台阶形的挡土墙,以缓和台地之间高度变化太强烈的矛盾。

(4)制约空间和空间边界 当挡土墙采用两方甚至三方围合的状态布置时,就可以在所围合之处形成一个半封闭的独立空间。有时,这种半闭合的空间很有用处,能够为园林造景提供具有一定环绕性的良好的外在环境。如西方文艺复兴后期出现的巴洛克式园林的"水剧场"景观,就是在采用幻想式洞窟造型的半环绕式的台地挡土墙前创造出的半闭合喷泉水景空间。

(5)造景作用 由于挡土墙是园林空间的一种竖向界面,在这种界面上进行一些造型造景和艺术装饰,就可以使园林的立面景观更加丰富多彩,进一步增强园林空间的艺术效果。

挡土墙的作用是多方面的,除了上述几种主要功能外,它还可作为园林绿化的一种载体,增加园林绿色空间或作为休息之用。

### 5.2.2 园林挡土墙的材料与类型

#### 1)园林挡土墙的材料

在古代有用麻袋、竹筐取土,或者用铁丝笼装卵石成"石龙",堆叠成庭园假山的陡坡,以取代挡土墙,也有用连排木桩插板做挡土墙的,这些土、铁丝、竹木材料都不耐用,所以现在的挡土墙常用石块、砖、混凝土、钢筋混凝土等硬质材料构成。

（1）石块　不同大小、形状和地区的石块，都可以用于建造挡土墙。石块一般有两种形式：毛石（或天然石块）和料石。无论是毛石或料石用来建造挡土墙都可使用下列两种方法。

①浆砌法：就是将各石块用黏结材料黏合在一起。

②干砌法：就是不用任何黏结材料来修筑挡土墙，此种方法是将各个石块巧妙地镶嵌成一道稳定的砌体，由于重力作用，每块石头相互咬合十分牢固，增加了墙体的稳定性。

（2）黏土砖　黏土砖也是挡土墙的建造材料，它比起石块，能形成平滑、光亮的表面。砖砌挡土墙需用浆砌法。

（3）混凝土和钢筋混凝土　挡土墙的建造材料还有混凝土，既可现场浇筑，又可预制。现场浇筑具有灵活性和可塑性；预制水泥构件则有不同大小、形状、色彩和结构标准。有时为了进一步加固，常在混凝土中加钢筋，成为钢筋混凝土挡土墙，其也可分为现浇和预制两种，外表与混凝土挡土墙相同。

（4）木材　粗壮木材也可以做挡土墙，但须进行加压和防腐处理。用木材做挡土墙，其目的是使墙的立面不要有耀眼和突出的效果，特别能与木结构建筑产生统一感。其缺点是没有其他材料经久耐用，而且还需要定期维护，以防止其受风化和潮湿的侵蚀。木质墙面最易受损害的部位是与土地接触的部分，因此，这一部分应安置在排水良好、干燥的地方，尽量保持干燥。实际工程中应用较少。

### 2）园林挡土墙的类型

挡土墙按照断面结构形式可分为：重力式挡土墙、悬臂式挡土墙、扶垛式挡土墙、桩板式挡土墙、砌块式挡土墙（图5.3）。

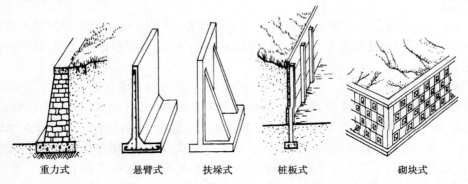

重力式　　悬臂式　　扶垛式　　桩板式　　　砌块式

**图5.3　挡土墙断面结构形式**

（1）重力式挡土墙　这类挡土墙依靠墙体自重取得稳定性，在构筑物的任何部分都不存在拉应力，砌筑材料大多为砖砌体、毛石和不加钢筋的混凝土。用不加钢筋的混凝土时，墙顶宽度至少应为200 mm，以便于混凝土浇筑和捣实。基础宽度则通常为墙高的1/3或1/5。从经济的角度来看，重力墙适用于侧向压力不太大的地方，墙体高度以不超过1.5 m为宜，否则墙体断面增大，将使用大量砖石材料，其经济性反而不如其他的非重力式墙。园林中通常都采用重力式挡土墙。

（2）悬臂式挡土墙　其断面通常作L形或倒T形，墙体材料都是用混凝土。墙高不超过9 m时，都是经济的。3.5 m以下的低矮悬臂墙，可以用标准预制构件或者预制混凝土块加钢筋砌筑而成。根据设计要求，悬臂的脚可以向墙内一侧、墙外一侧或者墙的两侧伸出，构成墙体下的底板。如果墙的底板伸入墙内侧，便处于它所支承的土壤下面，也就利用了上面土壤的压力，使墙体自重增加,可更加稳固墙体。

（3）扶垛式挡土墙　当悬臂式挡土墙设计高度大于 6 m 时,在墙后加设扶垛,连起墙体和墙下底板,扶垛间距为 1/2 ~ 2/3 墙高,但不小于 2.5 m。这种加了扶垛壁的悬臂式挡土墙,即被称为扶垛式挡土墙。扶垛壁在墙后的,称为后扶垛墙;若在墙前设扶垛壁,则叫前扶垛墙。

（4）桩板式挡土墙　预制钢筋混凝土桩,排成一行插入地面,桩后再横向插下钢筋混凝土栏板,栏板相互之间以企口相连接,这就构成了桩板式挡土墙。这种挡土墙的结构体积最小,也容易预制,而且施工方便,占地面积也最小。

（5）砌块式挡土墙　按设计的形状和规格预制混凝土砌块,然后用砌块按一定花式做成挡土墙。砌块一般是实心的,也可做成空心的。但孔径不能太大,否则挡土墙的挡土作用就降低了。这种挡土墙的高度 1.5 m 以下为宜。用空心砌块砌筑的挡土墙,还可以在砌块空穴里充填树胶、营养土,并播种花卉或草籽;待花草长出后,就可形成一道生趣盎然的绿墙或花卉墙。这种与花草种植结合一体的砌块式挡土墙,被称作"生态墙"。

## 5.2.3　园林挡土墙的结构设计

### 1）设计步骤

当土壤的倾斜度超过其自然稳定角时便难以稳固,因此,常常需要建造挡土墙。在对地基状况和土壤剖面进行分析之后,其设计程序如下:

①估计用来抵抗墙体背面材料所需的力。

②确定挡土墙和基础的剖面形式,目的是使结构稳固,不至于倾覆和滑动。

③根据结构的稳定性分析墙体自身。

④检测基础之下所能够承受的最大压力。

⑤设计结构构件。

⑥确定回填处的排水方式。

⑦考虑移动和沉降。

⑧确定墙体的饰面形式(当墙体的高度大于 1 000 mm 时,应向结构专家进行咨询)。

### 2）挡土墙的剖面细部构造

挡土墙的剖面细部构造如图 5.4 所示。

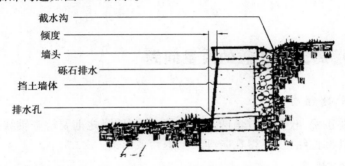

截水沟
倾度
墙头
砾石排水
挡土墙体
排水孔

**图 5.4　典型园林挡土墙的剖面细部构造**

## 5.2.4 挡土墙排水处理

挡土墙后土坡的排水处理对于维持挡土墙的安全意义重大,因此应给予充分重视。常用的排水处理方式有:

(1)地面封闭处理 在土壤渗透性较大而又无特殊使用要求时,可作20~30 cm厚夯实黏土层或种植草皮封闭。还可采用胶泥、混凝土或浆砌毛石封闭。

(2)设地面截水明沟 在地面设置一道或数道平行于挡土墙的明沟,利用明沟纵坡将降水和上坡地面径流排除,减少墙后地面渗水。必要时还要设纵、横向盲沟,力求尽快排除地面水和地下水。

(3)泄水孔

(4)盲沟 在墙体之后的填土之中,用乱毛石做排水盲沟,盲沟宽不小于50 cm。经盲沟截下的地下水,再经墙身的泄水孔排出墙外。

## 5.2.5 挡土墙施工

用干砌法建造一个6 m长、1 m高的块石挡土墙的施工步骤:

第1步:挡土墙地基必须水平、压实。从挡土墙的开始处,挖大约0.6 m宽、6 m长的沟。

第2步:把挖出的土壤堆在一边。如果是渗水良好的黏土,可以在挡土墙做好后重新填充于挡土墙后。否则,就得另外放入土壤或沙子。

第3步:开始放置底层块石之前,用酒精水平仪来检查地面是否平坦。如果地面有坡度,就把沟做成台阶状,并在低的一面另放一层块石。

第4步:开始放置块石。在土坡与块石墙体之间留出大约0.2 m宽的缝;放完一层块石后,用肥沃的土壤填满它们之间的孔隙及后边的空间。如果有水渗流或黏土层的问题,最好在土壤下面砌一个碎石和河沙的排水层。

第5步:继续放置块石,直至需要的高度。块石的放置要注意摆放角度,石块之间互相咬合,墙体要坚固、平稳。一旦全部块石放好后,就往填土的块石上浇水,并压实。然后所有的缝隙均可再加土填满。

## 5.2.6 挡土墙施工应注意的质量问题

### 1)基础墙与上部墙错台

基础砖摞底要正确,收退大放角两边要相等,退到墙身之前要检查轴线和边线是否正确,如偏差较小可在基础部位纠正,不得在防潮层上退台或出沿。

### 2)清水墙游丁走缝

排砖时必须把立缝排匀,砌完一步架高度,每隔2 m间距在砖立楞处用托线板吊直弹线,二步架往上继续吊直弹粉线,由底往上所有七分头的长度应保持一致。

### 3) 灰缝大小不匀

立皮数杆要保证标高一致,盘角时灰缝要掌握均匀,砌砖时小线要拉紧,防止一层线松,一层线紧。舌头灰未刮尽,半头砖集中使用,造成通缝;砖墙错层造成螺丝墙。

# 5.3 景墙的设计与施工

园林中的景墙,不仅起到隔断、围合、标识与划分组织空间的作用,其本身还具有装饰性、观赏性,可美化周围环境,制造空间气氛。

景门、景墙在园林设计中,以其本身优美的形式构成园林中具有欣赏内容的一个独立单元;同时,园林意境的空间构思与创造,往往又具体地通过它们作为空间的分隔、穿插、渗透、陪衬来增加景深变化、扩大空间,使方寸之地能小中见大,并在园林艺术上巧妙地作为取景的画框,随步移景,不断地框取一幅幅独具魅力的园景,或虚或实地遮移视线,成为情趣盎然的造园障景。它们在园林中虽然体量不大,但在造园艺术意境上却是举足轻重的。

## 5.3.1 景墙形式设计

景墙形式繁多,根据其材料和构造的不同,有土墙、石墙(虎皮石墙、彩石墙、乱石墙)、砖墙(清水墙、混水墙、混合墙—上混下清)及瓦、轻钢等。从外观上按造型特征分,又有高矮、曲直、虚实、光洁与粗糙、有檐无檐等,大致可分为平直顶墙、云墙、龙墙、花格墙、花篱墙和影壁墙6种。

## 5.3.2 景墙材料选择

园墙以使用材料区分,主要有砖墙、石墙和混凝土花格围墙(仿石墙)等。

### 1) 砖墙

砖墙有空心的一砖(240 mm 厚)、半砖(120 mm 厚)、空斗墙 3 种。主要通过变化压顶、墙上花窗、粉刷、线脚以及平面立体构成组合来进行造型设计。目前较多的是在钢筋混凝土压顶下安置砖砌图案或钢筋混凝土预制花格,以此为虚,与作为下段的实心砖墙勒脚来组成。压顶、墙身、墙基俗称"三段式"。为了保证墙身的纵向稳定,必须设砖墩。一般砖墩截面尺寸为240 mm×370 mm,墩柱距3 m左右,高度在2.5 m以下。

有时为构图需要,要求墙身通透,便于借景,并减少风的横向推力。有时压顶覆以筒瓦,再通过粉刷、线条和勒角、花窗安排、色彩和花饰、墩柱以及在平立面中的位置变化来创造某种设计意境。一些地方采用磨砖墙、乱石、条石墙,或与花坛组成跌落阶梯式立体绿化花饰墙,令人耳目一新。

## 2）石墙

石墙在园林中容易获得天然的气氛,石材的质感即材料的质地和纹理的选择非常多,给人的感觉也十分丰富,又分为天然的和人工的两类。不同类型的石墙具有不同的性质,花岗石、大理石、砂岩、页岩(虎皮石)等石料浑厚,刚劲粗犷,然而加工后,质地则光滑细密、纹理有致,于晶莹典雅中透出庄重肃穆的风格,尤适用于永久纪念性活动场合;墙面用大理石碎片饰面,可以嵌出种种壁画。直接采用天然石料,则粗涩、朴实、自然,适用于室外庭园及池岸边;卵砾石料光滑、柔和、活泼,有强烈的色彩明暗对比;玻璃马赛克、瓷缸砖墙及镶嵌金属条墙则光洁华丽,质地细腻,有时更有光彩照人、透明轻快之感。用马赛克拼贴图案的墙面实际上属于一种镶嵌壁画,在园林造景中可以塑造出别致的装饰画景。

石墙面还可以利用灰缝宽、窄、凹、凸的不同处理形成不同的格调。一般采用的有凹缝、平缝和凸缝以及干缝等。规整的块石墙可采用干缝处理,即先干摆石块,然后以砂浆灌心;表面比较平整的大块毛石墙通常用凸缝,而乱石墙一般则用凹缝。

## 3）混凝土墙

用混凝土也可塑造各种仿石墙,利用木模板的纹路,在拆模后留于仿石墙面上,朴实自然。若改用泡沫或硬塑料为衬模,在脱模时混凝土表面形成抽象雕塑图案、浮雕等,表现立体美感特强,容易给人留下深刻的印象。

### 5.3.3　景墙施工

园林景墙的施工要求与园林挡土墙类似。

# 复习思考题

1. 常用砌体(花坛)材料有哪些?
2. 简述花坛的施工工艺。
3. 园林挡土墙的功能有哪些?
4. 挡土墙按照断面结构形式分为哪几类?
5. 园林挡土墙的设计和施工要注意哪些问题?
6. 挡土墙的排水方式有哪些?
7. 园林挡土墙有什么作用?

# 6 园路工程

**本章导读** 园路是园林中非常重要的组成部分,本章主要讲述了园路的主要类型、结构、设计和建造技术,并列举了多种铺装类型,同时也阐述了广场铺装所应注意的事项,尤其是各种铺装结构,直观易懂。

## 6.1 园路基本概述

道路的修建在我国有着悠久的历史。根据《诗经·小雅·大东》记载:"周道如砥,其直如矢",说明古代道路笔直、平整。周礼《考工记》中又载:"匠人营国,方九里,旁三门,国中九经九纬,经涂九轨,环涂七轨,野涂五轨……。"这说明都城道路有较好的规划设计,并分等级。从考古和出土的文物来看,古时我国铺地的结构及图案均十分精美。如战国时代的米字纹砖,秦咸阳宫出土的太阳纹铺地砖,西汉遗址中的卵石路面,东汉的席纹铺地,唐代以莲纹为主的各种"宝相纹"铺地,西夏的火焰宝珠纹铺地,明清时的雕砖卵石嵌花路及江南庭园中的各种花街铺地等。在古代园林中铺地多以砖、瓦、卵石、碎石片等组成各种图案,具有雅致、朴素、多变的风格,为我国园林艺术的成就之一。近年来随着旅游事业的发展,已建造了一些使用新材料、新工艺,反映新风貌的路面,如彩色水泥混凝土路面、彩色沥青混凝土路面、透水透气性路面等,为我国园林增添了新的光彩。

### 6.1.1 园路的作用

园路像人体的脉络一样,是贯穿全园的交通网络,是联系各个景区和景点的纽带和风景线,是组成园林景观的造景要素。园路的定向对园林的通风、光照、环境保护有一定的影响。因此无论从实用功能上,还是在美观方面,均对园路的设计有一定的要求。其具体作用如下所述:

#### 1)组织空间、引导游览

在公园中常常是利用地形、建筑、植物或道路把全园分隔成各种不同功能的景区,同时又通过道路,把各个景区联系成一个整体。对中国园林来讲,游览程序的安排是十分重要的。它能将设计者的造景序列传达给游客。中国园林不仅是"形"的创作,而且是由"形"到"神"的一个转化过程。园林不是设计一个个静止的"境界",而是创作一系列运动中的"境界"。游人所获得的是连续印象所带来的综合效果,是由印象的积累在思想情感上所带来的感染力。这正是中国园林的魅力所在。园路正是能起到这个组织园林的观赏程序,向游客展示园林风景画面的作用。它能通过自己的布局和路面铺砌的图案,引导游客按照设计者的意图、路线和角度来游赏景物。从这个意义上讲,园路是游客的导游者。

**2)组织交通**

园路承担游客的集散、疏导,满足园林绿化、建筑维修、养护、管理等的运输工作,以及安全、防火、职工生活、公共餐厅、小卖部等园务工作的运输任务。对于小公园,这些任务可综合考虑。对于大型公园,由于园务工作交通量大,有时可以设置专门的路线和出入口。

**3)构成园景**

园路优美的曲线,丰富多彩的路面铺装,可与周围的山、水、建筑、花草、树木、石景等景物紧密结合,不仅是"因景设路",而且是"因路得景"。所以园路可行、可游,行游统一。

## 6.1.2　园路的基本知识

### 1)园路的基本类型

如图6.1所示,园路一般有3种类型:一是路堑型(a),二是路堤型(b),三是特殊型(c),包括步石、汀步、磴道、攀梯等。

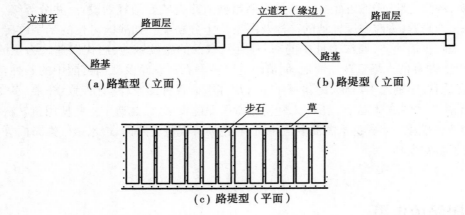

(a)路堑型(立面)　　　(b)路堤型(立面)

(c)路堤型(平面)

**图6.1　园路的基本类型**

### 2)园路的分类

根据划分方法的不同,路面可以有许多不同的分类。按使用材料的不同,可将路面分为:

(1)整体路面　包括水泥混凝土路面、沥青路面和沥青混凝土路面。

(2)块料路面　包括用各种天然块石或各种预制块料铺装的路面。

(3)碎料路面　用各种碎石、瓦片、卵石等组成的路面。

(4)简易路面　由煤屑、三合土等组成的路面,多用于临时性或过渡性园路。

### 3) 园路设计的准备工作

熟悉设计场地及周围的情况,对园路的客观环境进行全面的认识。勘查时应注意以下几点:

①了解基地现场的地形地貌情况,并核对图纸。

②了解基地的土壤、地质、地下水位情况,地表积水情况、原因及范围。

③了解基地内原有建筑物、道路、河池及植物种植的情况,要特别注意保护大树和名贵树木。

④了解地下管线(包括煤气、供电缆、电话、给排水等)的分布情况。

⑤了解园外道路的宽度及公园出入口处园外道路的标高。

# 6.2　园路设计

## 6.2.1　园路平面线形设计

### 1) 园路的平面线形设计

园路的线形设计应与地形、水体、植物、建筑物、铺装场地及其他设施结合,形成完整的风景构图,创造连续展示园林景观的空间或欣赏前方景物的透视线。园路的线形设计应主次分明,组织交通和游览要疏密有致、曲折有序。为了组织风景、延长旅游路线、扩大空间,应使园路在空间上有适当的曲折。较好的设计是根据地形的起伏、周围功能的要求,使主路与水面若即若离,它交叉于各景区之间,沿主路能使游人欣赏到主要的风景。园路的布置应根据需要有疏有密,切忌互相平行。适当的曲线能使人们从紧张的气氛中解放出来获得安适的美感,但曲线不像直线那样易于运用。

在总体规划时已初步确定了园路的位置,但在进行园路技术设计时,应对下列内容进行复核:

①重点风景区的游览大道及大型园林的主干道的路面宽度设计应考虑能通行卡车、大型客车。但在公园内一般不宜超过6 m。

②公园主干道。由于园务交通的需要,应能通行卡车。对重点文物保护区的主要建筑物四周的道路,应能通行消防车,其路面宽度一般为3.5 m。

③游步道宽度一般为1~2.5 m,小径也可小于1 m。由于游览的特殊需要,游步道宽度的上下限均允许灵活些。

④健康步道是近年来最为流行的足底按摩健身方式。通过在卵石路上行走来按摩足底穴位达到健身目的。游人及各种车辆的最小运动宽度见表6.1。

表6.1　游人及各种车辆的最小运动宽度

| 交通种类 | 最小宽度/m | 交通种类 | 最小宽度/m |
|---|---|---|---|
| 单人 | ≥0.75 | 小轿车 | 2.00 |
| 自行车 | 0.6 | 消防车 | 2.06 |

续表

| 交通种类 | 最小宽度/m | 交通种类 | 最小宽度/m |
|---|---|---|---|
| 三轮车 | 1.24 | 卡车 | 2.50 |
| 手扶拖拉机 | 0.85～1.5 | 大轿车 | 2.66 |

**2）平曲线半径的选择**

当道路由一段直线转到另一段直线上去时,其转角的连接部分均采用圆弧形曲线,这种圆弧的半径称为平曲线半径,如图6.2所示。

自然式园路曲折迂回,在平曲线变化时主要由下列因素决定:①园林造景的需要;②当地地形、地物条件的要求;③在通行机动车的地段上,要注意行车安全。在条件困难的个别地段上,在园内可以不考虑行车速度,只要满足汽车本身的最小转弯半径就行。因此,其转弯半径 $R$ 不得小于6 m。

**3）曲线加宽**

汽车在弯道上行驶,由于前后轮的轮迹不同,前轮的转弯半径大,后轮的转弯半径小。因此,弯道内侧的路面要适当加宽,如图6.3所示。

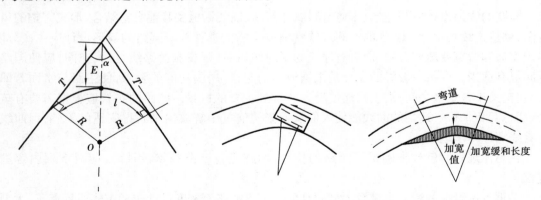

图6.2　平面线图　　　　图6.3　弯道行车后轮轮迹与曲线加宽图

$T$—切线长;$E$—曲线外距;$l$—曲线长;
$\alpha$—路线转折角度;$R$—平曲线半径

## 6.2.2　园路的纵断面设计

**1）园路纵断面设计的要求**

①园路一般根据造景的需要,随地形的变化而起伏变化。

②在满足造园艺术要求的情况下,尽量利用原地形,保证路基的稳定,并减少土方量。

③园路和与其相连的城市道路在高程上应有合理的衔接。

④园路应配合组织园内地面水的排除,并与各种地下管线密切配合,共同达到经济合理的要求。

### 2）园路的纵横坡度

一般路面应有8%以下的纵坡和1%～4%的横坡，以保证路面水的排除。不同材料路面的排水能力不同，因此，各类型路面对纵横坡度的要求也不同，见表6.2。

表6.2  各类型路面纵横坡度

| 园路类型 | 纵坡/% | | | | 横坡/% | |
|---|---|---|---|---|---|---|
| | 最小 | 最大 | | 特殊 | 最小 | 最大 |
| | | 游览大道 | 园路 | | | |
| 水泥混凝土路面 | 3 | 60 | 70 | 100 | 1.5 | 2.5 |
| 沥青混凝土路面 | 3 | 50 | 60 | 100 | 1.5 | 2.5 |
| 块石、炼砖路面 | 4 | 60 | 80 | 110 | 2 | 3 |
| 卵石路面 | 5 | 70 | 80 | 70 | 3 | 4 |
| 粒料路面 | 5 | 60 | 80 | 80 | 2.5 | 3.5 |
| 改善土路面 | 5 | 60 | 60 | 80 | 2.5 | 4 |
| 游步小道 | 3 | | 80 | | 1.5 | 3 |
| 自行车道 | 3 | 30 | | | 1.5 | 2 |
| 广场、停车场 | 3 | 60 | 70 | 100 | 1.5 | 2.5 |
| 特别停车场 | 3 | 60 | 70 | 100 | 0.5 | 1 |

当车行路的纵坡在1%以下时，方可用最大横坡。

在游步道上，道路的起伏可以更大一些，一般在12°以下为舒适的坡度，超过12°时行走较费力。北海公园琼岛陟山桥附近园路纵坡度为11.5°，为了保证主环路通车的顺畅，又能使步行者舒适，他们把主路中间部分做成坡道，两侧做成台阶，使用效果较好。颐和园某处纵坡度为17°，在雨、雪天下坡行走十分危险。一般超过15°应设台阶。北京香山公园香山寺到洪光寺一线，因通汽车需要，局部纵坡在20°以上，这在一般情况下是不允许的。因为在上坡时汽车能以低档爬行上去，但在下坡时，汽车刹车力大大增加，易使制动器发热，造成事故。

### 3）竖曲线

一条道路总是上下起伏的。在起伏转折的地方，由一条圆弧连接。这种圆弧是竖向的，工程上把这样的弧线叫竖曲线，竖曲线应考虑会车安全。

### 4）弯道与超高

当汽车在弯道上行驶时，产生的横向推力叫离心力。这种离心力的大小，与车行速度的平方成正比，与平曲线半径成反比。为了防止车辆向外侧滑移，抵消离心力的作用，就要把路的外侧抬高。在游览性公路设计时，还要考虑路面视距与会车视距，如图6.4所示。

### 5）供残疾人使用的园路在设计时的要求

①路面宽度不宜小于1.2 m，会车路段路面宽度不宜小于2.5 m。

②道路纵坡一般不宜超过4%，且坡道不宜过长，在适当距离应设水平路段，并不应有阶梯。

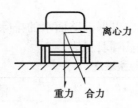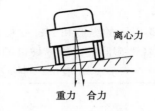

图6.4　弯道超高

③应尽可能减小横坡。

④坡道坡度为 1/20 ~ 1/15 时，其坡长一般不宜超过 9 m；转弯处，应设宽度不小于 1.8 m 的休息平台。

⑤园路一侧为陡坡时，为防止轮椅从边侧滑落，应设 10 cm 以上高度的挡石，并设扶手栏杆。

⑥排水沟箅子等不得突出路面，并注意不得使其卡住轮椅的车轮和盲人的拐杖。

## 6.2.3　园路结构设计

园路一般由面层、路基和附属工程 3 部分组成。

### 1)园路面层的结构

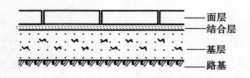

图6.5　路面面层结构图

（1）典型的路面图式　路面面层的结构组合形式是多种多样的。但园路路面层的结构比城市道路简单。其典型的面层图式如图 6.5 所示。

（2）路面各层的作用和设计要求

①面层：是路面最上面的一层，它直接承受人流、车辆和大气因素如烈日、严冬、风、雨、雪等的破坏。如面层选择不好，就会给游人带来"无风三尺土，雨天一脚泥"或反光刺眼等不利影响。因此从工程上来讲，面层设计时要做到使其坚固、平稳、耐磨耗、具有一定的粗糙度、少尘埃，便于清扫。

②基层：一般在土基之上，起承重作用。一方面支承由面层传下来的荷载，另一方面把此荷载传给土基。基层不直接接受车辆和气候因素的作用，对材料的要求比面层低。一般用碎（砾）石、灰土或各种工业废渣等筑成。

③结合层：在采用块料铺筑面层时，在面层和基层之间，为了结合和找平而设置的一层。一般用 3 ~ 5 cm 厚的粗砂、水泥砂浆或白灰砂浆即可。

④垫层：在路基排水不良或有冻胀、翻浆的路线上，为了排水、隔温、防冻的需要，用煤渣土、石灰土等筑成。在园林中可以用加强基层的办法，而不另设此层。

### 2)路基

路基是路面的基础，它不仅为路面提供一个平整的基面，承受路面传下来的荷载，也是保证路面具有一定强度和稳定性的重要条件之一。因此路基对延长路面的使用寿命具有重大意义。

经验认为,如无特殊要求,一般黏土或砂性土开挖后用蛙式夯夯实3遍,就可直接作为路基。对于未压实的下层填土,经过雨季被水浸润后能使其自身沉陷稳定,其体积质量为180 g/cm³可以用于路基。在严寒地区,严重的过湿冻胀土或湿软呈橡皮状土,宜采用1:9或2:8灰土加固路基,其厚度一般为15 cm。

### 3)附属工程

(1)道牙　道牙一般分为立道牙和平道牙2种形式。

道牙安置在路面两侧,在高程上使路面与路肩相衔接,并能保护路面,便于排水。道牙一般用砖、混凝土或花岗岩制成。在园林中也可以用瓦、大卵石等做成,如图6.6所示。

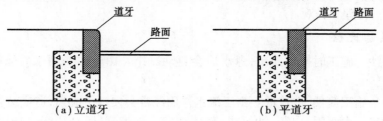

图6.6　道牙

(2)明沟和雨水井　明沟和雨水井是为收集路面雨水而建的构筑物,在园林中常用砖块砌成。

(3)台阶、礓礤、磴道

①台阶。当路面坡度超过12度时,为了便于行走,在不通行车辆的路段上,可设台阶。台阶的宽度与路面相同,每级台阶的高度为12~17 cm,宽度为30~38 cm。一般台阶不宜连续使用,如地形许可,每10~18级后应设一段平坦的地段,使游人有恢复体力的机会。为了防止台阶积水、结冰,每级台阶应有1%~2%的向下的坡度,以利排水。在园林中根据造景的需要,台阶可以用天然山石、预制混凝土做成木纹板、树桩等各种形式,装饰园景。为了夸张山势,造成高耸的感觉,台阶的高度也可增至15 cm以上,以增加趣味。

②礓礤。在坡度较大的地段上,一般纵坡超过15%时,本应设台阶,但为了能通行车辆,将斜面做成锯齿形的坡道,称为礓礤。其形式和尺寸如图6.7所示。

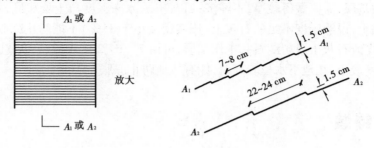

图6.7　礓礤做法

③磴道。在地形陡峭的地段,可结合地形或利用裸露岩石设置磴道。当其纵坡大于60%时,应做防滑处理,并设扶手栏杆等。

(4)种植池　在路边或广场上栽种植物,一般应留种植池,在栽种高大乔木的种植池周围应设保护栅。

**4）园路结构设计中应注意的问题**

（1）就地取材　园路修建的经费，在整个公园建设投资中占有很大的比例。为了节省资金，在园路修建设计时应尽量使用当地材料、建筑废料、工业废渣等。

（2）薄面、强基、稳基土　在设计园路时，往往有对路基的强度重视不够的现象。在公园里我们常看到一条装饰得很好的路面，没有使用多久就变得坎坷不平、破破烂烂了。其主要原因：一是园林地形多经过整理，其基础不够坚实，修路时又没有充分夯实。二是园路的基层强度不够，在车辆通过时路面被压碎。

为了节省水泥石板等建筑材料，降低造价，提高路面质量，应尽量采用薄面、强基、稳基土。使园路结构经济、合理和美观。

**5）几种结合层的比较**

（1）白灰干沙　施工时操作简单，遇水后会自动凝结。由于白灰遇水后体积膨胀，故密实性好。

（2）净干沙　施工简便，造价低。由于流水作用经常会使沙子流失，造成结合层不平整。

（3）混合砂浆　由水泥、白灰、沙组成，整体性好。强度高，黏结力强。适用于铺筑块料路面，但造价较高。

**6）基层的选择**

基层的选择应视路基土壤的情况、气候特点及路面荷载的大小而定，并应尽可能利用当地材料。

①在冰冻不严重、基土坚实、排水良好的地区，在铺筑游步道时，只要把路基稍为平整，就可以铺砖修路。

②灰土基层。它是由一定比例的白灰和黏土拌和后压实而成。它使用较广，具有一定的强度和稳定性，不易透水。后期强度接近刚性物质，在一般情况下使用一步灰土（压实后为15 cm），在交通量较大或地下水位较高的地区，可采用压实后为 20~25 cm 厚的灰土或二步灰土。

③几种隔温材料的比较。在季节性冰冻地区，地下水位较高时，为了防止发生道路翻浆，基层应选用隔温性较好的材料。据研究认为，砂石的含水量少，导温率大，故该结构的冰冻深度大。如用砂石做基层，需要做得较厚，不经济；石灰土的冰冻深度与土壤相同，石灰土结构的冻胀量仅次于亚黏土，说明密度不足的石灰土（压实密度小于85%）不能防止冻胀，压实密度较大时可以防冻；而煤渣石灰土或矿渣石灰土作基层，可用 7∶1∶2 的煤渣、石灰、土混合料，其隔温性较好，冰冻深度最小，在地下水位较高时，能有效地防止冻胀。

# 6.3　园路铺装

## 6.3.1　园林路面风格要求

中国园林在园路面层设计上形成了特有的风格，有下述要求：

**1）寓意性**

中国园林强调"寓情于景"，在面层设计时，有意识地根据不同主题的环境，采用不同的纹样、材料来加强意境。北京故宫的雕砖卵石嵌花甬路,是用精雕的砖、细磨的瓦和经过严格挑选的各色卵石拼成的。路面上铺有以寓言故事、民间剪纸、文房四宝、吉祥用语、花鸟虫鱼等为题材的图案以及《古城会》《战长沙》《三顾茅庐》《凤仪亭》等戏剧场面的图案。

### 2)装饰性

园路既是园景的一部分,就应根据景的需要进行设计,路面或朴素、粗犷;或舒展、自然、古拙、端庄;或明快、活泼、生动。园路以不同的纹样、质感、尺度、色彩,以不同的风格和时代要求来装饰园林。如杭州三潭印月的一段路面,以棕色卵石为底色,以橘黄、黑两色卵石镶边,中间用彩色卵石组成花纹,显得色调古朴,光线柔和。成都人民公园的一条林间小路,在一片苍翠中采用红砖拼花铺路,丰富了林间的色彩。中国自古对园路面层的铺装就很讲究,《园冶》中有:"惟厅堂广厦中铺一概磨砖,如路径盘蹊,长砌多般乱石,中庭或宜叠胜,近砌亦可回文。八角嵌方,选鹅卵石铺成蜀锦""鹅子石,宜铺于不常走处""乱青板石,斗冰裂纹,宜于山堂、水坡、台端、亭际"。又说:"花环窄路偏宜石,堂回空庭须用砖。"

## 6.3.2　现代园路材料的应用

园路材料是园路建设的物质基础,也是表达设计理念的客观载体。我国古代园路铺装材料选用有2种基本方式:一是以对天然材料的利用和简单加工为主的就地取材方式;二是依靠当时工程技术条件研发出满足要求的材料的取材方式。随着园林艺术的发展和科技水平的提高,现代园路铺装材料的运用和发展呈现出一番新面貌。

### 1)对传统材料的扬弃

传统材料是指古代园林中常用的材料,如石材、鹅卵石、青砖等。这些常见材料在现代园林中依然焕发生命力,且应用领域越来越广泛。经过加工处理后不同色彩和质感的花岗岩板材作为铺装材料,能使整个环境显得整洁、优雅。随着时代发展,新材料不断涌现。近年来,陶瓷制品的新品种不断涌现,叫人目不暇接。近年来出现的陶瓷透水砖,由于其铺设的场地能使雨水快速渗透到地下,增加地下水含量,因此在缺水地区应用前景广阔。

混凝土有良好的可塑性和经济实用性等优点,受到使用者的青睐。适用于装饰路面的有彩色混凝土、压印混凝土、混凝土路面砖、彩色混凝土连锁砖、仿毛石砌块等。

### 2)科技含量不断提高

技术水平的不断提高大大增强了材料的景观表现力,使现代园林景观更富生机与活力。

压印混凝土又称"强化路艺系统",是在施工阶段运用彩色强化剂、彩色脱模剂、无色密封剂等3种化学原料对未硬化的混凝土进行固色、配色和表面强化处理后得到的一种混凝土,其强度优于其他材料的路面,甚至优于一般的混凝土路面;其图案、色彩的可选择性强,可以根据需要压印出各种图案,产生美观的视觉效果。

与传统沥青路面不同,表面用树脂粘附荧光玻璃珠的沥青路面,在夜晚既有助于行车安全,也为原本平淡的道路增色不少。

随着科技的进步,园林材料种类不断丰富、应用不断拓展是一种必然趋势。园林建设者在选用材料的过程中,一方面要坚持因地制宜、就地取材的基本原则;另一方面,要有与时俱进的精神,勇于推陈出新,不断探索和尝试新材料的使用和推广。

### 6.3.3 园路铺装应用

#### 1)沙、碎石铺装

施工法:在平整的路基上直接铺设沙粒或碎石的简易施工法(图6.8)。

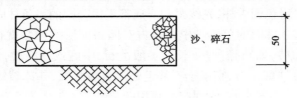

**图6.8 沙、碎石铺装**

色调:呈沙粒或碎石本身的颜色,根据材料可以有较鲜艳的色彩,也可以是较沉稳的色彩,也有各色石粒混合的色彩。

质感:沙粒或碎石的自然铺设,走起来很舒适。

耐久性:作为维持管理的内容,需要定期补充沙粒或碎石,平整路基等。

#### 2)砖铺装

施工法:这是一种一直沿用下来的铺装做法,在欧洲各地都很常见,用细纱填缝的做法较易修补和修改(图6.9)。

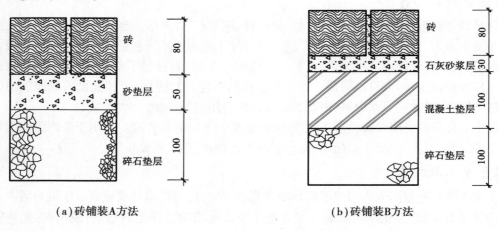

(a)砖铺装A方法                    (b)砖铺装B方法

**图6.9 砖铺装方法**

色调:每块铺装的砖颜色都有微妙的变化,呈现特有的烧制色调。

质感:朴素的烧制肌理,细微变化的表面,具有自然厚重之感。不易打滑,接缝的线形也有呈现图案状的组合。

耐久性:有耐盐碱的效果,寒冷地区等也能使用。但是表面耐冲撞较差,较易出现边角缺损的现象。

其他特征:长久被使用的机砖等都具有各自不同特征的颜色与肌理。

### 3)地砖铺装

施工法:地砖铺装与一般面砖的厚度相同,施工也与一般面砖相同。比砖要坚硬(图6.10)。

色调:与砖的色调相同,有各种不同浓淡的颜色,同时也有丰富变化的色调组合。

质感:与砖几乎相同的素朴烧制肌理,细微的面层变化十分自然。比机砖的接缝更平整。

耐久性:比机砖施工要容易,但要注意伸缩缝的施工要求。

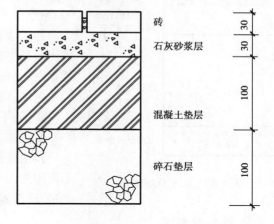

图6.10　地砖铺装

### 4)模板式彩色地砖铺装

施工法:将带砖缝的模板(厚约2 mm)粘贴在基层上,放入材料,并用抹子抹平后,把模板拆掉。材料上使用了丙烯酸类树脂及树脂水泥等,这种铺装也被称为瓷砖状涂刷式树脂饰装(图6.11)。

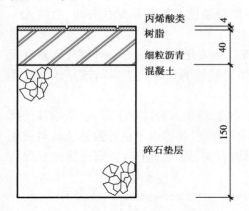

图6.11　模板式彩色地砖铺装

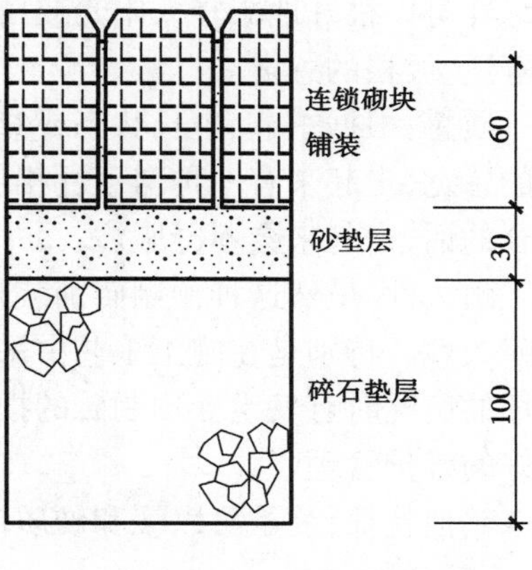

图6.12　连锁砌块铺装

色调:可根据颜料的调配,选择色调。

质感:根据使用材料,其表面质感也呈不同种类,砖缝一般为宽10 mm,深2 mm的凹槽。

耐久性:表面的保护层为2 mm左右,作为涂刷式铺装,其耐久性较强。

其他特征:因为有自由的可变性,在预制模板上可以方便地设计不同的铺砖尺寸的组合。

### 5)连锁砌块铺装

施工法:相对较厚的一种混凝土砌块铺装材料,耐磨耐压。不同的铺装砖之间的组合能够达到很好的效果,能够组合成多种图案(图6.12)。

色调:通过砖块的色彩的变化可以表现出各种各样的色调。

质感:具有混凝土本身特有的质感,又有几何形状复杂的图案组合。表面处理有水刷石或水磨石型,接缝也有直拼型的,走起来稍微有些质硬的感觉。

耐久性:车行道也可使用,具有较强的耐久性。

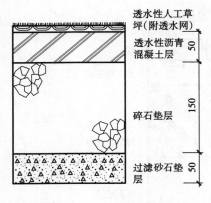

图 6.13　人工草坪铺装

其他特征:被用作停车线标志。

### 6)人工草坪铺装

施工法:指在基层上铺设人工草坪的一种铺装。有时采用与基层粘接或在透水沥青上铺设人工草坪的透水性铺装等做法(图 6.13)。

色调:以绿色系材料为多。

质感:不易打滑,能够感受到材质的柔软性。

耐久性:在交通量较大的地方容易损坏。

其他特征:一般多用在网球场等体育场所,道路或广场上使用的例子不是很多。但因为走起来有一种柔软、舒适之感,期待着将来能开发出耐久性更强的材料。

### 7)嵌草预制砖铺装

施工法:用有种植物空隙的预制砖通过沙石垫层或干灰土粘接层铺设在路基上的一种铺装,在预制砖的空隙中放入砂质种植土,提供草坪生长的条件。在预制砖成型制品上制作空隙,并通过连续的排列使草坪成片。

色调:预制砖的材料有水泥(白色系)、烧制砖(茶、灰色系)等种类。生长在嵌草预制砖中的绿叶可以很好地减轻太阳光或白色系材料的反光,如果与茶色或灰色配在一起,会给人一种舒适、放松的感觉。

质感:根据季节、生长状态或修剪程度等管理状况而发生变化,看上去有一种整齐而富有变化的感觉,走起来有一种与草坪相似的柔软感。但是,如果鞋底的长度及步幅与嵌草预制砖不吻合的话,走起来会不舒服。

耐久性:虽然这种预制砖铺装是按照透水性构造设计的,但是因为排水不良,会影响其使用的耐久性。特别是在施工工艺中采用砂垫层时,因受力不均而引起排水不良导致铺装材料破裂损坏的情况时有发生。预制砖的损坏与踏压、干湿等原因有关,因此施工后特别应该注意保持良好的维护管理。

其他特征:夏季可以缓和硬质铺装的反射光。

### 8)彩色混凝土铺装

施工法:用加入颜料着色的彩色混凝土进行铺装(图 6.14)。

色调:根据颜料来决定色调。

质感:毛刷表面处理或金属抹子等,质感随表面处理方法的不同而改变,走起来有一种坚实之感。

耐久性:与混凝土铺装相同,耐久性较好。

其他特征:与混凝土铺装相同,应设置伸缩接缝。

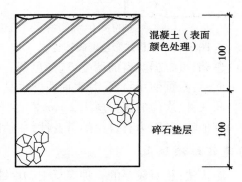

图 6.14　彩色混凝土铺装

### 9)彩色混凝土板铺装

施工法:混凝土平板上做成表面呈面砖型、砖形、圆形等图案的彩色铺装材料。施工时可在路基上铺 30 mm 的砂石找平垫层,并在其上直接铺设彩色混凝土平板。也可采用在灰土与砂混合的石灰砂浆混合层上用连接层固定彩色混凝土平板的施工法(图6.15)。

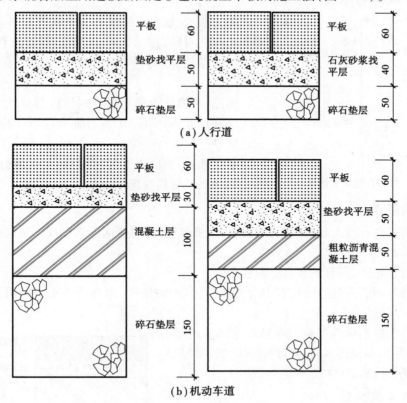

（a）人行道

（b）机动车道

**图 6.15 彩色混凝土板铺装**

色调：使用无机颜料，不易褪色，而且色调丰富。

质感：面层平整，表面由各种石粒组成而呈现丰富的色彩，同时表面做成凹凸的图案或经过不同工艺的加工，不易打滑。

耐久性：有很强的耐压性与耐磨性。

其他特征：除普通的彩色混凝土平板砖外，还有透水性好及能缓和反射光、隔热等其他特性的平板铺装材料。

## 10）水刷石混凝土板铺装

施工法：在混凝土平板的表面贴上天然鹅卵石或石子，在混凝土还未完全硬化时，用水洗刷表面，使其露出卵石或石子，创造出如同大自然中的石质美感。施工法与混凝土彩色平板铺装相同。

色调：完全自然的天然卵石或石子的色调。

质感：因为表面露出卵石或石子，看上去、走上去都有一种凹凸变化的自然之感。

耐久性：施工后经过较长一段时间的使用后，石粒也会出现剥落的现象，而且会从此处不断扩大。如果排水沟的边缘采用这种做法，石粒间的粘接混凝土等较容易被磨损。

其他特征：步行时的感觉十分舒适，但是对于鞋跟较高的步行者来说，走起来也会有一些负面的效果，所以，施工的场所一定要充分考虑。

## 11）水刷石混凝土铺装

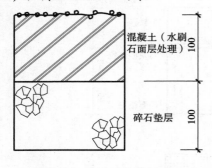

图6.16　水刷石混凝土铺装

施工法：在混凝土还没有完全固化时冲洗其表面，使混凝土内的石粒出露的一种面层处理铺装（图6.16）。

色调：通过使用不同颜色的骨料，使其呈鲜艳或朴素的色调。

质感：可以从表面直接看到骨料的自然质感，随着骨料大小和形状的不同，其表面肌理也不一样。走上去感觉较坚硬。

耐久性：与混凝土铺装相同，耐久性较好。有时也会发生局部面层骨料脱落的现象。

## 12）水磨石板铺装

施工法：用花岗石或大理石等天然石材为主要材料，通过表面处理制成平板，施工工艺与混凝土彩色板相同。

色调：表面有光泽，具有天然石材的色调。

质感：质感与表面石材的质地有很大关系，有绚丽的色泽，也有凹凸不平的面层设计，给人以豪华之感。

耐久性：与混凝土板具有相同的耐久性。

其他特征：因为表面遇水时易打滑，使用的场所需要十分注意。作为室内铺装材料最为适合。

## 13）不规则形石板铺装

施工法：以混凝土为基层，用石灰砂浆粘接不规整石板的铺装工艺。石板的材质多种多样（图6.17）。

色调：比单一的石材有更多的选择余地。同时可以利用不同色调的石板进行配色组合。

质感：根据石板的材质与表面加工程度的不同，石板的质感可以从凹凸细微变化的表面到较为平滑的表面进行自由选择。走起来有一种坚硬感。

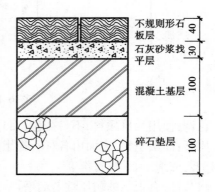

图6.17　不规则形石板铺装

耐久性：耐久性较好，如果用厚2～3 cm的石板，有时会发生部分剥落的现象。

其他特征：如果石板的厚度达到一定程度，可以省略混凝土基层。

## 14）镶拼地面铺装

施工法：以混凝土为基层，用干石灰砂浆粘接小方琢、砾石、卵石、陶瓦片等组合成图案的施工法，如图6.18所示。

色调：根据不同的材料，可以自由选择材料的色彩及配色。

质感：根据材质与设计的图案，可以选择细微凹凸

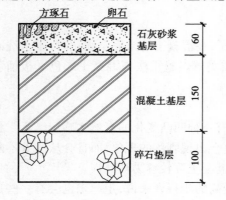

图6.18　镶拼地面铺装

变化的做法,同时也可以选择平滑有光泽的石材铺装。

耐久性:作为步行道的铺装耐久性好,但是也会出现部分石材因长时间使用而局部剥落的现象。

其他特征:中国古典园林比较常用。

## 15)拼埋铺装

施工法:以混凝土为基层,在石灰砂浆或混凝土表面拼埋有一定间距铺装材料的施工法(图6.19)。

色调:根据拼埋的材料,可以自由选择色调与配色。

质感:小石子露出表面,无论是看上去还是走起来都有一种凹凸不平的感觉,凸现自然的氛围。

耐久性:与混凝土铺装类似,耐久性好。如果交通量不大,也可作为车行道。使用的石块等材料较小时,容易发生局部剥落的现象。

其他特征:与混凝土铺装相同,需要设置伸缩缝。

## 16)料石铺装

施工法:以混凝土为基层,用石灰砂浆粘接长方形、正方形等整形石板的铺装工艺。石板的材质多种多样(图6.20)。

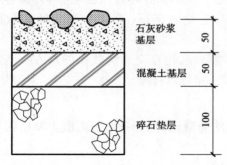

图 6.19 拼埋铺装

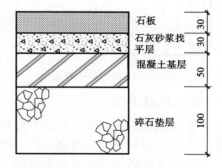

图 6.20 料石铺装

色调:根据石材可以选择各种色彩,同时也可以利用不同色调的石板进行配色的组合。

质感:根据石板的材质与表面加工程度的不同,石板的质感可以从凹凸细微变化的表面到较为平滑的表面间进行自由选择。走起来有一种坚硬感。

耐久性:耐久性较好,如果用厚2~3 cm的石板,有时会发生部分剥落的现象。

其他特征:如果石板的厚度达到一定程度时,混凝土基层被省略的做法十分常见,旧时的铺装采用这种省略方法的情况较多。

## 17)小石块铺装

施工法:以混凝土为基层,用石灰砂浆粘接小方石块或长方石块的铺装工艺。如果石材为花岗岩、砂岩等材料,也有不使用石灰砂浆找平层,而直接将石块自然连接排列进行铺设的施工法(图6.21)。

色调:比单一的石材有更多的选择余地。同时可以利用不同色调的石板进行配色组合。

质感:石材的表面通常呈细微凹凸变化,经长年使用后会逐渐被磨平滑。有时也使用被打磨加工的石材。

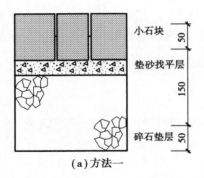
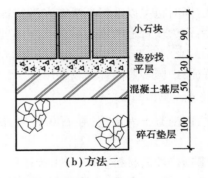

图 6.21　小石块铺装方法

耐久性:它原本是作为行车道的铺装材料,所以是一种坚固的铺装工艺。

## 18) 混砂黏土铺装

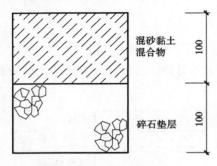

图 6.22　混砂粘土铺装

施工法:用混砂黏土做原料,并与沥青混凝土面层在常温下进行混合铺设压实的工艺。施工法与一般的沥青混凝土相同(图 6.22)。

色调:呈混砂黏土的色调。

质感:混砂黏土粗粒部分可以从面层看到,具有平坦而又细部凹凸变化的特征,走起来有一种柔软的感觉。

耐久性:易被磨损,用在交通量较小的地方。当然增加铺装的厚度后也可以行车。

## 19) 仿石地砖铺装

施工法:仿石地砖是做成仿自然石材表面后烧制成的瓷质地砖的一种,在混凝土基层的基础上,用石灰砂浆粘接仿石地砖的一种施工法。

色调:人造石面砖色彩多种多样,可以自由选择与配色。

质感:与花岗石的肌理很相似,表面做成细微凹凸变化的面砖较多。走起来不易打滑,有坚硬之感。

耐久性:耐久性较好,在交通量不大的地方可以用作车行道的铺装材料。

## 20) 步石铺装

施工法:将一些至少能放下一只脚大小的、上部平整的天然石及其切割品,或者现在的混凝土二次制品,按人的步幅间隔放置。前述的各种砌块(以下称为踏步石)因其自身质量可以稳稳地放置在地上,但为了使其持久耐用,还需将放石块的小坑捣夯紧实,并铺上细砂和土。如果石块间隔较密又呈线状排列,则在做成简单的混凝土基层的基础上用水泥砂浆固定,即可将此称为铺石地面。

色调:天然石呈风化色,加工石一般是岩石本来的颜色。除此之外,用混凝土制成的彩色平板的颜色就更是多种多样了。

质感:天然石呈现自然的质地。加工石呈现切割面、平坦的粗面及粗糙的凿石面。混凝土类铺装材料因打磨、水洗等各种不同的表面整饰工艺而有不同质地呈现出来。

耐久性:自然石材中以花岗岩类为好,且其耐久性主要由石材的厚度决定。对于混凝土类砌块而言,其下置砂石垫层,寒冷地带要考虑冻土突起的危害,如有必要可采用粒状路基。

其他特征:这里谈论的铺装不仅仅是一种行人通道。由砌块图案化相连形成的小路展现在绿草坪上,会让你觉得非常优美自然。所以这种铺装最本质的特征是它的构景作用优良。

## 21) 陶板铺装

施工法:在混凝土基层上用石灰砂浆粘接陶板的一种施工方法。因为膨胀或收缩的变化较大,需要设置伸缩缝(图6.23)。

色调:具有烧制瓷器一般微妙的色彩变化,陶板在铺装材料中也可以称得上有独特色调。

质感:虽然表面较平滑,但是还能看到烧制的素朴肌理,色彩浓暗且厚重。

耐久性:因为是烧制物,耐冲击力差。

其他特征:越前烧等具有地方特色的陶板被广泛地应用。

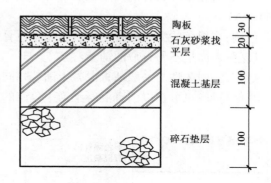

图6.23 陶板铺装

## 22) 瓷质地砖铺装

施工法:以混凝土为基层,并且用石灰砂浆粘接瓷质地砖的一种铺装工艺(图6.24)。

色调:瓷质地砖的色彩多种多样,可以进行自由配色。

质感:瓷质地砖有光泽,表面有细微的变化,可选择的类型多,走起来有一种坚硬的感觉。

耐久性:耐久性较强,在交通量不是很大的地方也可以用作车行道。

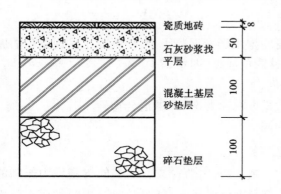

图6.24 瓷质地砖铺装

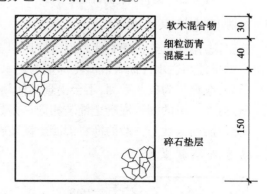

图6.25 软木沥青混凝土铺装

## 23) 软木沥青混凝土铺装

施工法:一种渗入直径为 1~5 mm 的轻型有弹性软木颗粒的沥青混凝土混合物,把它铺平压实的一种工艺。作为基层,需要采用沥青混凝土铺装(图6.25)。

色调:有沥青混凝土的黑色与添加红色颜料后的茶色 2 种颜色,通过表面摩擦,会露出颗粒状的软木。

质感:虽然较平滑,但不易打滑。

耐久性:这是一种沥青混凝土的混合物,轻型有弹性的软木也是不易被腐蚀的材料,相对来说耐久性较好。

其他特征:因为是一种有弹性的铺装,多被使用在散步道、慢跑道、赛马场等处。

## 24)彩色热轧沥青混凝土铺装

施工法:在细粒沥青混凝土表面上均匀散布彩色骨料,并通过机械压实使其坚固的施工法(图6.26)。

色调:在黑色的沥青混凝土中点缀着彩色骨料的色彩。

质感:表面呈不易打滑的铺装。

耐久性:耐久性与一般沥青混凝土铺装相同。

其他特征:也可在以沥青混凝土为主色调的基础上点缀掺入茶红色的骨料。

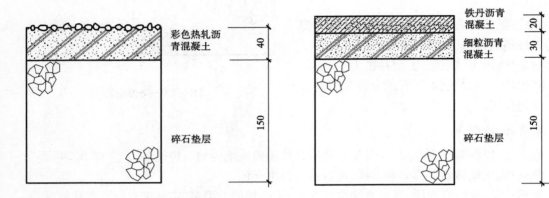

图6.26 彩色热轧沥青混凝          图6.27 铁丹沥青混凝土铺装

## 25)铁丹沥青混凝土铺装

施工法:用无机红色颜料代替通常使用的石粉掺入沥青混凝土中,使混凝土呈现茶色的施工法。如果使用透水性沥青混凝土即成为透水性彩色铺装(图6.27)。

色调:颜色只为茶色系列,不会出现其他颜色。

质感:与一般的沥青混凝土铺装相同。多数最大粒径为5 mm的混合物。

耐久性:耐久性与一般的沥青混凝土铺装相同。

## 26)沥青砌块铺装

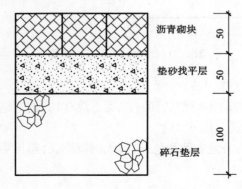

图6.28 沥青砌块铺装

施工法:用沥青或石油类的树脂作为压制的原材料做成形状固定的预制砖,用细砂或水泥砂浆做找平层,用沥青混合物粘贴用在步道桥等场所(图6.28)。

色调:多以沥青色系的黑色及褐色为基本色调。也有掺入颜料做成厚10 mm的彩色面层复合材料,可以有几种可供选择的颜色。

质感:具有浓厚的色调及沥青复合材料的肌理,根据接缝组合的图案,创造出与通常沥青完全不同的细部质感效果,有一种相对柔软之感。

耐久性:步行时有一种弹性感。不易打滑。

其他特征:因为能够吸收步行者的脚步声,所以建筑内部也常被利用。有厚度为 20 ~ 25 mm 的贴面砖型和 40 ~ 50 mm 的平板型两种砌块。

### 27) 透水性高分子混合物铺装

施工法:无色环氧树脂及聚氨酯树脂等高分子材料作为胶合剂与直径为 5 mm 左右的细砂粒混合,用金属抹子铺设透水性面层的工艺(图 6.29)。

色调:与使用原料的色调相同,施工后残留下来的高分子树脂光泽将随时间逐渐消去。

质感:因为是透水性铺装,不会积水,能够体验到一种自然砂粒道路的感觉。

耐久性:在沥青混凝土基层不坚固的情况下,容易产生裂缝。

其他特征:此铺装为一种比较新的工艺做法,十分引人注目。

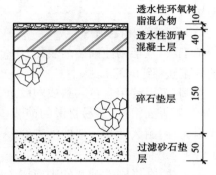

图 6.29　透水性高分子混合铺装

### 28) 聚氨酯材铺装

施工法:聚氨酯树脂着色后,用金属抹子或刷子涂刷在基层上,作为聚氨酯树脂的保护面层,采用 3 mm 左右橡胶颗粒混合物,通过金属抹子或专用铺路机进行铺设的施工法(图 6.30)。

色调:基本上能够自由选择自己希望的色调,但由于黑色橡胶颗粒混合物的摩擦,使其呈黑色调。

质感:通过面层处理,可以做成相对不易打滑的路面。

耐久性:面层的耐久性为 2 ~ 3 年,所以每隔 2 ~ 3 年需要重新喷涂一次。

其他特征:现在运动场、校园内、高尔夫球场的人行道上经常使用这种铺装,有一定弹性,走起来较舒适,并期待成为今后应用最广泛的人行道铺装之一。

### 29) 环氧树脂灰浆铺装

施工法:采用着色的环氧树脂和硅砂的水泥混合物,用金属抹子涂抹在基层上的施工法(图 6.31)。

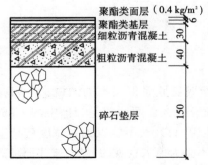

图 6.30　聚氨酯材铺装

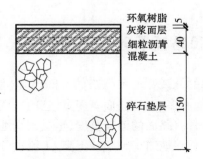

图 6.31　环氧树脂灰浆铺装

色调:环氧树脂的着色相对比较自由,因为有硅砂本色的影响,一般呈白色调。

质感:表面呈粗糙纸状,不容易打滑。

耐久性：虽然耐久性较好，但是在沥青混凝土基层不十分坚固的情况下，较易发生裂缝。

### 30）半刚性铺装

在粗粒沥青间隙中填充了具有柔软性的特殊树脂的水泥塑胶铺装。它可以改善沥青混凝土易流动变形及不耐油性的弱点，同时还可以通过水泥塑胶的着色、打磨等方法，作为彩色铺装来使用。

（1）金刚砂喷装面层

施工法：在半刚性铺装的表面，用金刚砂喷装面层，通过强调材料的质感，达到表现自然之感的施工法（图6.32）。

色调：可以使用彩色颜料或塑胶进行着色。

质感：表面粗糙，不易打滑的铺装。

耐久性：耐久性与一般的沥青混凝土铺装类似，在车辆交通较繁忙的地段也可以使用。

（2）打磨面层

施工法：在半刚性铺装的表面掺入砥石，并对其进行打磨，使铺装表面出现如同水磨石般效果的面层处理施工法（图6.33）。

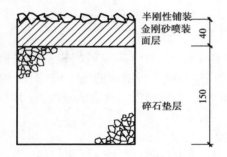

图6.32　金刚砂喷装面层

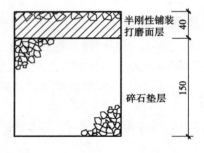

图6.33　打磨面层

色调：通过材料的颜色或塑胶着色来达到希望的色彩。

质感：虽然表面较平滑，但是相对不太容易打滑。

耐久性：耐久性与一般的沥青混凝土铺装相同。

其他特征：也有像表面如同预制板的规则式连缝图案。

## 6.3.4　园路铺装时注意的问题

①园路的铺装宽度和园路的空间尺度，是两个既有联系但又不同的概念。旧城区道路狭窄，街道绿地不多，因此路面有多宽，它的空间也就有多大。而园路是绿地中的一部分，它的空间尺寸既包含有路面的铺装宽度，也受四周地形地貌的影响，不能以铺装宽度代替空间尺度要求。一般园林绿地通车频率并不高，人流也分散，不必为追求景观的气魄、雄伟而随意扩大路面铺砌的范围，以致减少绿地面积，增加工程投资。应该注意园路两侧空间的变化，疏密相间，留有透视线，并有适当缓冲草地，以开阔视野，并借以解决节假日、集会人流的集散问题。园林中最有气魄、最雄伟的是绿色植物景观，而不应该是人工构筑物。

②园路和广场的尺度、分布密度应该是人流密度客观、合理的反映。上述的路宽，是一般情况下的参考值。"路是走出来的"从另一方面说明，人多的地方，如游乐场、入口大门等的尺度和密度应该大一些；而休闲散步区域，相反要小一些，达不到这个要求，绿地就极易损坏。当然，这和园林绿地的性质、风格、地位也有关系。例如，动物园比一般公园园路的尺度、密度要大一些；市区公园园路的尺度、密度比郊区公园的要大一些；中国古典园林由于建筑密集，地面铺装往往也大一些。建筑物和设备的铺装地面，是导游路线的一部分，但它不是园路，是园路的延伸和补充。

③在大型新建绿地，如郊区人工森林公园，因为规模宏大，几千亩至万亩，要分清轻重缓急，逐步建设园路。建园伊始，只要道路能达到生产、运输的要求，例如每隔 200 ~ 500 m，其密度就可以了。随着园林面貌的逐步形成，再建设其他园路和小径、设施，以节约投资。初期建设也以只建园路路基最为合理有利。

## 6.3.5　园路施工

### 1)放线

按路面设计的中线，在地面上每 20 ~ 50 m 放一中心桩，在弯道的曲线上应在曲线头、曲线中和曲线尾各放一中心桩。在各中心桩上写明桩号，再以中心桩为准，根据路面宽度定边桩，最后放出路面的平曲线。一般采用的工具是麻绳和白散灰。

### 2)准备路槽

按设计路面的宽度，每侧放出 20 cm 挖槽，路槽的深度应等于路面的厚度，槽底应有 2% ~ 3% 的横坡度。路槽做好后，在槽底上洒水，使它潮湿，然后用蛙式跳夯夯 2 ~ 3 遍，路槽平整度允许误差不大于 2 cm。

### 3)铺筑基层

根据设计要求准备铺筑的材料，在铺筑时应注意，对于灰土基层，一般实厚为 15 cm，虚铺厚度由于土壤情况不同而为 21 ~ 24 cm。对于炉灰土，虚铺厚度为压实厚度的 160%，即压实为 15 cm，则虚铺厚度应为 24 cm。

### 4)结合层的铺筑

一般用 325 号水泥、白灰、砂混合砂浆或 1：3 白灰沙浆。砂浆摊铺宽度应大于铺装面 5 ~ 10 cm，已拌好的砂浆应当日用完。也可以用 3 ~ 5 cm 厚的粗砂均匀摊铺而成。结合层的选择要根据面层的厚度决定，面层薄，如瓷砖、较薄的大理石片等需要用粘结性好的结合层材料，如水泥砂浆或水泥、白灰、砂混合砂浆；块大而厚重的面层可用粘结性差的结合层材料，如彩色混凝土板和广场砖，可用粗砂作结合层。当然，还要考虑园路的其他因素。

### 5)面层的铺筑

面层铺筑时铺砖应轻轻放平，用橡胶锤敲打稳定，不得损伤砖的边角。如发现结合层不平时应拿起铺砖重新用砂浆找齐，严禁向砖底填塞砂浆或支垫碎砖块等。采用橡胶带做伸缩缝时，应将橡胶带平、正、直、顺紧靠方砖。铺好砖后应沿线检查平整度，发现方砖有移动现象时，应立即修整,最后用干砂掺入1∶10的水泥,拌和均匀将砖缝灌注饱满。并在砖面泼水,使砂灰混合料下沉填实。

铺卵石路一般分预制和现浇两种,现场浇筑方法是先垫75号水泥砂浆厚3 cm,再铺水泥素浆2 cm,待素浆稍凝,即用备好的卵石,一个个插入素浆内,用抹子压实。卵石要扁、圆、长、尖、大小搭配,在铺设前,卵石彻底清洗干净。根据设计要求,将各卵石插出各种花卉、鸟兽图案,然后用清水将石子表面的水泥刷洗干净,第二天可再以水重的30%掺入草酸液体去洗刷表面,则石子颜色将更加鲜明。

铺砖的养生期不得少于3 d。在此期间内应严禁行人、车辆等走动和碰撞。

### 6) 道牙

道牙基础宜与路床同时填挖碾压,以保证有整体的均匀密实度。结合层用1∶3白灰砂浆2 cm。安道牙要平稳牢固,后用100号水泥砂浆勾缝,道牙背后应用白灰土夯实,其宽度为50 cm,厚度为15 cm,密实度在90%以上即可。

## 6.4　广场铺装

世界上许多著名的广场都因其精美的铺装而给人留下深刻的印象。铺装设计虽应突出醒目、新颖,但首先必须与整体环境相匹配,它的形状、颜色、质地都要与所处的环境协调一致,而不是片面追求材料的档次。单从美学上看,质感来自对比,如果没有衬托,再高档的材料也很难发挥出效果。只要通过不同铺装材料的运用,就可划分地面的不同用途,界定不同的空间特征,可标明前进的方向,暗示游览的速度和节奏。同时选择一种价廉物美使用方便的铺装材料,通过图案和色彩的变化,界定空间的范围,能够达到意想不到的效果。如利用混凝土也可创造出许多质感和色彩的搭配,也并无不协调或不够档次的感觉。

广场的铺装施工和材料的应用可以结合前面园路的铺装运用,在此不再重复。但是,在广场设计时要考虑以下因素:

### 1) 整体统一原则

无论是铺装材料的选择还是铺装图案的设计,都应与其他景观要素同时考虑,以便确保铺装地面无论从视觉上还是功能上都被统一在整体之中。随意变化铺装材料和图案只会增加空间凌乱感。

### 2) 安全性

做到铺面无论在干燥或潮湿的条件下都同样防滑,避免游人发生危险。

### 3) 外观

外观包括色彩,尺度和质感。色彩要做到既不暗淡到令人烦闷,又不鲜明到俗不可耐。色彩或质感的变化,只有在反映功能的区别时才可使用。尺度的考虑会影响色彩和质感的选择以及拼缝的设计。路面砌块的大小、色彩和质感等,都要与场地的尺度相匹配。

# 复习思考题

1. 园路在园林中的作用有哪些?
2. 按使用材料的不同,可把园路路面分为几类?
3. 何谓园路的平面线性设计和纵断面设计? 各有何特点? 设计中应考虑哪些问题?
4. 园路的主要结构如何? 有哪些附属工程? 建造时应注意哪些问题?
5. 广场铺装应考虑哪些因素?
6. 你认为在园林景观设计中应如何选择园路的结构和铺装?

# 7 园林假山

第 7 章微课(1)

**本章导读** 作为园林重要组成部分的假山,在漫长的历史进程中不断自我完善。结合现代材料和技术的发展,假山也出现在屋顶花园、室内庭园、城市公园等多种多样的园林空间,表现了其较强的造型能力,因而也是本课程重点内容之一。

## 7.1 现代园林中假山的应用与发展

中国造园历史悠久,源远流长。作为其中重要组成部分的假山,也随着园林的发展而发展,与其具有相同的发展脉络。中国古典园林从萌芽、产生、发展、兴盛,始终沿着自然山水园的道路发展,形成了一个独特而完善的园林体系,具有强烈的民族风格和地方特色,取得了较高的艺术成就。特定的历史条件和自然环境以及古代美学思想的深刻影响,决定了中国自然山水园的形成和发展,也决定了假山成为中国古典园林重要组成部分的地位。传统假山在漫长的历史进程中不断自我完善,达到了艺术的高峰境地,形成了一个博大精深而又源远流长的艺术体系。在现代园林中假山的使用空间也呈现多样化,结合现代材料和技术的发展,假山也出现在屋顶花园、室内庭园、城市公园等多种园林空间,表现了其较强的造型能力。同时假山的塑造也成为创造个性空间的一个重要手段,如创造人工峡谷,为漂流活动提供景观依托;应用于海洋馆创造水下地貌景观,配合游鱼,通过分割空间、塑造地形来丰富水下游览和观赏空间;在现代大型展览温室里,通过假山造景来体现各种热带及亚热带植物生长的原始环境,为各种植物提供展示空间等。在应用于现代园林的过程中,假山产生了一些有别于传统的变化,集中体现在造型、风格、尺度 3 个方面。

假山艺术是一种造型艺术,它靠形象的魅力去感染观赏者,假山造型在应用的过程中不断丰富、创新,出现了许多传统园林中没有过的造型。同时,现代科技工艺也应用于园林造景。如与喷雾技术结合来表现如深山大壑般沐浴雾中的山水。现代制冷技术使人造冰洞成为现实,为假山增添了无限情趣,也再现了自然的冰洞景观的魅力。

传统园林服务于帝王及社会上流贵族和富豪阶层,其服务对象和使用方式决定了传统园林假山规模和尺度。现代城市公园运动拉开了现代园林发展的序幕。面向市民的城市公园通常用地规模较大,空间尺度大。虽然小规模的假山在现代园林中非常广泛地应用,但是为了适应现代园林开敞空间的特点,大尺度夸张造型的山石景观也更多地出现在现代园林之中。

假山的造型、尺度的变化也带来了假山风格的变化。简洁的造型、概括的轮廓、细致自然的纹理以及适宜的尺度与现代园林的风格更加协调。特别是现代园林中的置石,其简洁如抽象雕塑般的造型更能与现代风格的园林空间融为一体。在现代风格的探索中还出现了一种抽象山水。

除造型、尺度、风格外,现代园林假山在意境方面也不同以往。传统的文人园林强调"超然避世",假山的风格协调统一于山水园林的整体风格中,其布局及造型多为幽静、闲适、古雅、淡泊的山水隐居内容服务。而当今社会所需文化的现代化导致了现代艺术的创作成为时代的主潮,假山的风格、意境也不可避免地朝着多元、并存、变化的方向发展,体现现代人要求参与,要求体现自我,追求豪迈、奔放、潇洒的精神气质。

面临现代环境艺术中无限的发展机遇,现代的山石景观展示了它不衰的生命力。在材料、设计手段、施工方法、艺术风格等方面都取得了一些阶段性的成果,但仍处于发展、探索之中。

## 7.2　假山的材料

园林中用于堆山、置石的山石种类繁多,而且产石之所也分布极广。古代有关文献及许多"石谱"著作对山石的产地、形态、色泽、质地做了比较详尽的记载。如宋代的《云林石谱》《宣和石谱》《太湖石志》,明代的《素园石谱》以及《园冶》《长物志》等,还有一些文学作品如白居易的《太湖石记》等。在这些文献中对山石多以产地(如太湖石)、色彩(如青石、黄石)或形象(如象皮石)等来命名,并以文学语言来描述它的特点。现将用于堆山、置石的主要山石种类介绍如下:

### 1) 太湖石

太湖石又称南太湖石,是一种石灰岩的石块,因主产于太湖而得名(图7.1)。其中以洞庭湖西山消夏湾一带出产的最著名。好的太湖石有大小不同、变化丰富的窝或洞,有时窝洞相套,疏密相通,石面上还形成沟缝坳坎,纹理纵横。太湖石在水中和土中皆有所产,尤其是水中所产者,经浪雕水刻,形成玲珑剔透、瘦骨突兀、纤巧秀润的风姿,常被用作特置石峰以体现秀奇险怪之势。

图7.1　太湖石

图7.2　房山石

### 2) 房山石

房山石又称北太湖石,属砾岩,因产于北京房山区而得名(图7.2)。又因其某些方面像太湖石,因此亦称北太湖石。这种石块的表面多有蜂窝状的大小不等的环洞,质地坚硬、有韧性,多产于土中,色为淡黄或略带粉红色,它虽不像南太湖石那样玲珑剔透,但端庄、深厚、典雅,别是一番风采。年久的石块,在空气中经风吹日晒,变为深灰色后更有俊逸、清幽之感。

### 3) 黄石与青石

黄石与青石皆墩状,形体顽夯,见棱见角,节理面近乎垂直。色橙黄者称黄石,色青灰者称青石,系砂岩或变质岩等。与湖石相比,黄石堆成的假山浑厚挺括、雄奇壮观、棱角分明、粗犷而富有力感。所叠之山有如黄子久的画,有所谓鬼斧神工之势(图7.3、图7.4)。

图7.3　黄石

图7.4　青石

### 4) 青云片

青云片是一种灰色的变质岩,具有片状或极薄的层状构造。在园林假山工程中,横纹使用时叫青云片。多用于表现流云式叠山。变质岩还可以竖纹使用如作剑石,假山工程中有青剑、慧剑等。

### 5) 象皮石

象皮石属石灰岩,在我国南北广为分布。石块青灰色,常夹杂着白色细纹,表面有细细的粗糙皱纹,很像大象的皮肤,因之得名。一般没有透、漏、环窝,但整体有变化。

### 6) 灵璧石

石灰岩,产于安徽灵璧县磬山,石产于土中,被赤泥渍满。用铁刀刮洗方显本色。石中灰色,清润,叩之铿锵有声。石面有坳坎变化。可特置几案,亦可掇成小景。灵璧石掇成的山石小品,峥岩透空,多有婉转之势(图7.5)。

### 7) 英德石

英德石属石灰岩,产于广东英德市含光、真阳两地,因此得名。粤北、桂西南亦有之。英德石一般为青灰色,称灰英。亦有白英、黑英、浅绿英等数种,但均罕见。英德石形状瘦骨铮铮,嶙峋剔透,多皱褶的棱角,清奇俏丽。石体多皴皱,少窝洞,质稍润,坚而脆,叩之有声,亦称音石。在园林中多用作山石小景。

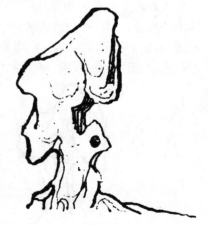

图7.5　灵璧石

### 8) 石笋和剑石

这类山石产地颇广。主要以沉积岩为主,采出后宜直立使用形成山石小景。园林中常见的有:

（1）子母剑或白果笋　　这是一种角砾岩。在青色的细砂岩中，沉积了一些白色的角砾石，因此称子母石。在园林中作剑石用称"子母剑"。又因此石沉积的白色角砾岩很像白果（银杏的果），因此亦称白果笋。

（2）慧剑　　色黑如炭或青灰色，片状形似宝剑，称"慧剑"。

（3）钟乳石笋　　将石灰岩经熔融形成的钟乳石用作石笋以点缀园景。北京故宫御花园中有用这种石笋作特置小品的。

### 9）木化石

地质学上称硅化木（silicified wood）。木化石是古代树木的化石。亿万年前，古代树木被火山灰包埋，因隔绝空气，未及燃烧而整株、整段地保留下来，再由含有硅质、钙质的地下水淋滤、渗透，矿物取代了植物体内的有机物，木头变成了石头。

### 10）菊花石

地质学上称红柱石（andalusite），是一种热变质的矿物。因首先在西班牙的名城安达卢西亚发现，因而得名。其晶体属正交（斜方）晶系的岛状结构硅酸盐，化学组成为 $Al_2SiO_5$。集合体形态多呈放射状，因此俗称菊花石，有很高的观赏性。红柱石加热至 1 300 ℃时变成英来石，是高级耐火材料，亦可作宝石。

以上是古典园林中常用的石品。另外还有黄蜡石、石蛋、石珊瑚等，也用于园林山石小品。总之，我国山石的资源是极其丰富的。

## 7.3　置石和假山布置

第 7 章微课(2)

### 7.3.1　掇山

假山的布置是以造景游览为主要目的，以自然山水为蓝本并加以艺术概括和提炼，以土、石等为材料人工构筑的山。掇山可以是群山，也可以是独山；可以是高广的大山，也可以是小山。

群山、大山多以土筑或土石兼用模仿山林泽野，规模宏大，形态和体量都追求与真山相似。高广的大山，占地广而且工程浩大，一般多出现在皇家园林之中。艮岳寿山即是以土带石模仿凤凰山而精心构筑的完整山系。它有主峰，有侧峰，有余脉，整个山系"岗连阜属，东西相望，前后相续"，是天然山岳的典型化概括。山的局部以石构筑峰、崖、洞、瀑，无论是特置石还是叠石为山，都反映了相当高的艺术水平。

在明清遗存的宫苑中，如避暑山庄的湖洲区和圆明园残存的山形水系还可看到这种岗阜相连、重叠压覆的群山造型。

相比较于高广的大山而言，大部分的假山体量较小，一般叠筑于建筑和围墙或其他类型边界围合的空间之中，多是土石结合，以叠石成景而取胜的假山。有的以山形胜，有的以岩崖胜，有的以溪、谷胜，有的以洞、穴胜。例如北海静心斋中的假山、上海豫园假山及江南大部分私家园林中的假山。全部用石叠成的假山数量也很多，但体形都比较小，如网师园池南的黄石假山。

无论是大山小山、土山石山，在假山历史的发展过程中叠山匠师不断探索，总结了丰富的布局法则和叠石理法，至今仍指导着假山艺术的创作。

## 1）相石与假山之风格

"相"指观察和审度。相石这个术语由堪舆中的相地衍生而来。

山石原料的选择对于假山造景的效果有着直接的影响。相石主要从形态、皴纹、质地和色泽4方面来权衡。自从叠石为山的技巧发展以来，叠山匠师在识石、选石、叠山的实践中，根据山石石性不同，创造出不同的拼叠方法，产生独特艺术风格。例如湖石具有瘦、透、漏、皱的特点，所以湖石叠山多采用环透拼叠技法，外观山形讲究弧形的峦势和曲线，处处体现出湖石的自然属性，假山多洞谷，玲珑秀美。而山石类叠山，如黄石、青石、橡皮石等，因山石墩状、石质坚硬、纹理古拙，堆山强调横平竖直，讲究平中求变，一般用于表现壮美与雄浑之势。

作为掇山的山石和不宜掇山的山石的最大区别在于是否有供观赏的皴纹。《园冶》中有"须先选质，无纹俟后"之说。参与造园的画家或具有绘画修养的叠山家也常模仿绘画中表现各种峰峦山石的皴法来处理叠石的纹理拼接。山有山皴，石有石皴。掇山要求脉络贯通，而皴纹是体现脉络的主要因素。例如，黄石山多作大斧劈皴。赵之壁在《平山堂图志》中说："堂前广庭、列莳梅花、玉兰，假山皆作大斧劈皴，其后楹则为莲壶影。"计成在《园冶·选石》中论黄石山："匪人焉识黄山，小仿云林，大宗子久"（黄子久，江苏常熟人）。扬州个园的冬山，以白色晶莹的宣石堆叠，表现皑皑白雪的景观氛围，颇具匠心。

## 2）总体布局

掇山一般根据创作意图，配合环境，决定山的位置、形状与大小高低及土石比例。正如郑元勋在《园冶·题词》中所说："园有异宜，无成法，不可得而传也。"同样，掇山也是如此。虽然多有叠山名家在论著中论及掇山布形，但对于假山的布局却没有一定之规，多数还是以山水画论的许多布局法则作为参照，指导假山的堆叠。如"先定宾主之位，次定远近之形，然后穿凿景物，摆布高低"（宋·李成《山水诀》）；"布山形，取峦向，分石脉"（荆浩《山水诀》）等阐述了山水布局的思维逻辑。"主峰最宜高耸，客山须是趋奔"；"主山正者客山低，主山侧者客山远。众山拱伏，主山始尊。群峰互盘，祖峰乃厚"（清·笪重光《画筌》）等成为区分山景主次的要法。画论中的三远（平远、深远、高远）构图，也成为假山布局的理论指导。同时，叠山匠师在实践过程中，口授心传，流传下一些布局法则，如"十要、二宜、六忌、四不可"等。计成在《园冶·掇山》篇中也论述了叠山的构图经营手法和禁忌，并指出叠山应做到"有真为假，做假成真"。

## 3）山体局部理法

明清以来的叠山，重视山体局部景观创造。虽然叠山有定法而无定式，然而在局部山景（如崖、洞、涧、谷、崖下山道等）的创造上都逐步形成了一些优秀的程式。

（1）峰　掇山为取得远观山势以及加强山顶环境山林气氛，而有峰峦的创作。人工堆叠的山除大山以建筑来突出高峻之势（如北海白塔、颐和园佛香阁）外，一般多以叠石来表现山峰的挺拔险峻之势。山峰有主次之分，主峰居于显著的位置，次峰无论在高度、体积还是姿态等方面均次于主峰。峰石可由单块石块形成，也可多块叠掇而成。"峰石一块者，……理宜上大下小，立之可观。或峰石两块三块拼缀，亦宜上大下小，似有飞舞势。或数块掇成，亦如前式，须得两三大石封顶"（《园冶·掇山》）。峰石的选用和堆叠必须和整个山形相协调，大小比例恰当。巍峨而陡峭的山形，峰态应尖削，具峻拔之势。以石横纹参差层叠而成的假山，石峰均横向堆叠，有如山水画的卷云皴，这样立峰有如祥云冉冉升起，能取得较好的审美效果。

峰顶峦岭岫的区分是相对而言的，相互之间的界限不是很分明。但峰峦连延，"不可齐，亦不可笔架式,或高或低,随致乱掇,不排比为妙"(《园冶·掇山》)。

(2)崖、岩 叠山而理岩崖,为的是体现陡险峻峭之美,而且石壁的立面上是题诗刻字的最佳处。诗词石刻为绝壁增添了锦绣,为环境增添了诗情。如崖壁上再有枯松倒挂,更给人以奇情险趣的美感。

关于岩崖的理法,早已有成功的经验。计成在《园冶·掇山》中有:"如理悬岩,起脚宜小,渐理渐大,及高,使其后坚能悬。斯理法古来罕有,如悬一石,又悬一石,再之不能也。予以平衡法,将前悬分散后坚,仍以长条堑里石压之、能悬数尺,其状可骇,万无一失。"

(3)洞府 洞,深邃幽暗,具有神秘感或奇异感。岩洞在园林中不仅可以吸引游人探奇、寻幽,还可以起到打破空间的闭锁,产生虚实变化,丰富园林景色,联系景点,延长游览路线,改变游览情趣,扩大游览空间等作用。

山洞的构筑最能体现传统假山合理的山体结构与高超的施工技术。山洞的结构一般有梁柱式和叠涩式两种。发展到清代,出现了戈裕良创造的券拱式山洞,使用钩带法,使山洞顶壁浑然一体,如真山洞壑一般,而且结构合理。扬州个园夏山即是此例。

假山洞的堆叠技术正如《园冶》理洞法中所讲:"起脚如造屋,立几柱着实,掇玲珑如门窗……合凑收顶……斯千古不朽也。"堆山洞时除追求其一般造型艺术效果外,在功能上还要注意洞内的采光不能过亮,过亮则什么都看得清清楚楚,没有了趣味;亦不能过暗,洞内漆黑一片,则令人恐惧而寸步难行。布光时应以光线明暗的变化渲染洞内空间的曲折、幽深,衬托其自然情趣。采光口要防止雨水灌入,采光口还可以和通风口结合。因此,对采光口的位置、大小、朝向、形状、间距等均要精心考虑,创造一种神仙洞府的气氛。洞的结构有多种形式,有单梁式、挑梁式、拱券式等(图7.6、图7.7、图7.8)。

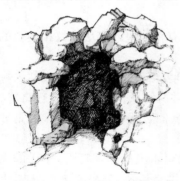  

图7.6 单梁式　　　　　图7.7 挑梁式　　　　　图7.8 拱梁式

精湛的叠山技艺创造了多种山洞形式结构,有单洞和复洞之分;有水平洞、爬山洞之分;有单层洞、多层洞之分;有岸洞、水洞之分等。

(4)谷 山谷是掇山中创作深幽意境的重要手法之一。山谷的创作,使山势婉转曲折,峰回路转,更加引人入胜。

大多数的谷,两崖夹峙,中间是山道或流水,平面呈曲折的窄长形。个园的秋山,在主山中部创造围谷景观而显得别具特色。人在围谷中,四面山景各不相同,而且此处是观赏主峰的极佳场所,空间的围合限定,使得"视距缩短,仰望主峰,雄奇挺拔,突兀惊人"。

凡规模较大的叠石假山,不仅从外部看具有咫尺山林的野趣,而且内部也是谷洞相连;不仅平面上看极尽迂回曲折,而且高程上力求回环错落,从而造成迂回不尽和扑朔迷离的幻觉。

（5）山坡、石矶　山坡是指假山与陆地或水体相接壤的地带,具平坦旷远之美。叠石山山坡一般山石与芳草嘉树相组合,山石大小错落,呈出入起伏的形状,并适当地间以泥土,种植花木藤萝,看似随意的淡、野之美,实则颇具匠心。

石矶一般指水边突出的平缓的岩石。多数与水池相结合的叠石山都有石矶,使崖壁自然过渡到水面,给人以亲和感。

（6）山道　登山之路称山道。山道是山体的一部分,随谷而曲折,随崖而高下,虽刻意而为,却与崖壁、山谷融为一体,创造假山可游、可居之意境。

## 7.3.2　置石

置石是以山石为材料作独立性或附属性的造景布置,主要表现山石的个体美或局部的组合而不具备完整的山形。

园林中常常以较少的山石精心点缀,形成突出的特置石或山石组景。对于用于置石的山石,特别是特置石,对其形态、纹理、色彩等方面要求较高。同时要求有意境、有韵味,给人以遐想,达到独到的艺术效果。

由于石的体态、质量、倾斜度、纹理方向等各不相同,使每块石头具有不同的"力感"——即"势"或"气势"。造"势"对置石非常重要,使山石体现出各自独特的风格。

置石一般有特置、对置、散置、群置、山石器设等。往往要求格局严谨,手法洗练,以达到以简胜繁的效果。

### 1）特置

特置石也称孤赏石,即用一块出类拔萃的山石造景。也有将两块或多块效纹相类似的石头拼掇在一起,形成一个完整的孤赏石的做法。

特置石的自然依据就是自然界中著名的单体巨石。如仙女峰——长江巫峰,在朝云峰和松峦峰间,海拔912 m处,白云缭绕,纤奇秀丽。雨后初晴,常常有淡淡的彩云,缥缈在奇峰之间,就像仙女身披轻柔的纱,忽隐忽现。她超然卓立,又有飘然欲仙之感。有人说冠云峰是仙女峰的姐妹,如翔如舞,亭亭玉立。

自然界中还有许多花岗岩风化后形成的圆形孤石,如福州东山岛的摇摆石、千山的无恨石等。虎丘的白莲池中也有点头石与之类似。据说梁时高僧讲经说法,列坐于人,当时"生公说法,顽石点头"。虎丘白莲池中的点头石即是此意境的体现。

无论是自然界著名的孤立巨石还是园林里的特置石,都有题名、诗刻、历史传说等,以渲染意境,点明特征。

特置石一般是石纹奇异且有很高欣赏价值的天然石,如杭州的绉云峰,上海的玉玲珑,苏州的瑞云峰、冠云峰,北京的青芝岫等。比较理想的特置石每一面观赏性都很强。有的特置石与植物相结合也很美。

（1）特置的要求

①特置石应选择体量大、造型轮廓突出、色彩纹理奇特、颇有动势的山石。

②特置石一般置于相对封闭的小空间,成为局部构图的中心。

③石高与观赏距离一般介于1:2～1:3。例如石高3～6.5 m,则观赏距离为8～18 m。在这

个距离内才能较好地品玩石的体态、质感、线条、纹理等。为使视线集中，造景突出，可使用框景等造景手法，或立石于空间中心使石位于各视线的交点上，或石后有背景衬托。

④特置山石可采用整形的基座，也可以坐落于自然的山石面上，这种自然的基座称"磐"。带有整形基座的山石也称为台景石。台景石一般是石纹奇异，有很高欣赏价值的天然石。有的台景石基座与植物、山石相组合，仿佛大盆景，展示整体之美。

（2）特置峰石的结构　峰石要稳定、耐久，关键在于结构合理。传统立峰一般

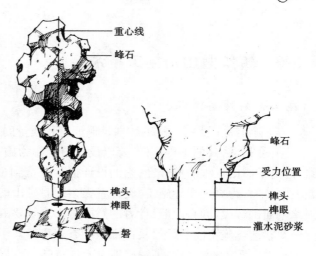

图 7.9　特置峰石的结构

用石榫头固定，《园冶》有"峰石一块者，相形何状，选合峰纹石，令匠凿眼为座……"就是指这种做法。石榫头必须正好在峰石的重心线上，并且榫头周边与基磐接触以受力，榫头只定位，并不受力。安装峰石时，在榫眼中浇灌少量粘合材料即可（图7.9）。

## 2）对置

以两块山石为组合，相互呼应，立于建筑门前两侧或立于道路出入口两侧，称对置。

## 3）散置

即用少数几块大小不等的山石，按照艺术美的规律和法则搭配组合，或置于门侧、廊间、粉壁前，或置于坡脚、池中、岛上，或与其他景物组合造景，创造多种不同的景观。散置山石的经营布置也借鉴画论、讲究置陈、布势，要做到"攒三聚五，散漫理之，有聚有散，若断若续，一脉既毕，余脉又起"。石虽星罗棋布，仍气脉贯穿，有一种韵律之美。

## 4）山石器设

用山石作室内外的家具或器设也是我国园林中的传统做法。李渔在《一家言》中讲："若谓如拳之石，亦需钱买，则此物亦能效用于人。使其斜而可依，则与栏杆并力。使其肩背稍平，可置香炉茗具，则又可代几案。花前月下有此待人，又不妨于露处，则省他物运动之劳，使得久而不坏。名虽石也，而实则器也。"

山石器设一般有以下几种：仙人床、石桌、石凳、石室、石门、石屏、名牌、花台、踏跺（台阶）等。

## 5）角隅理石

角隅理石包括抱角和镶隅。建筑或围墙的墙面多成直角转折，常以山石加以美化。用于外墙角的成环抱之势紧抱墙基的山石，称为抱角。墙内多留有一定空间，以山石点缀，有的还与观赏植物组合，花木扶疏，光影变化，打破了墙角的单调与平滞，这填镶其中的山石称为镶隅。

## 7.3.3　传统假山的施工技术

### 1)施工前的准备工作

（1）制订施工计划　施工计划是保证工程质量的前提,它主要包括以下内容：

①读图。像其他工程一样,要以设计图纸作为施工的依据,熟读图纸是完成施工的必需步骤,但由于假山工程的特殊性,它的设计很难完全到位。一般设计图只能表现山形的大体轮廓或主要剖面,为更好指导施工,设计者大多同时做出模型。又由于石头的奇形怪状而不易掌握,因此全面了解设计内容和设计者的意图是十分重要的。

②察地。施工前必须反复详细地勘查现场。其主要内容为：

a.看土质、地下水位,了解基地土允许承载力,以保证山体的稳定。在假山施工中确定基土承载力主要是凭经验,即根据大量的实践经验,粗略地概括出各种不同条件下承载力的数值,以确定基础处理的方法。

b.看地形、地势、场地大小、交通条件、给排水的情况及植被分布等,以决定采用的施工方法,如施工机具的选择、石料堆放及场地安排等。

c.相石。是指对已购来的假山石,用眼睛详细端详,了解它们的种类、形状、色彩、纹理、大小等,以便根据山体不同部位的造型需要统筹安排,做到心中有数。对于其中形态奇特、巨大、挺拔、玲珑等出色的石块,一定要熟记,以备重点部位使用。相石的过程是对石材使用的总体规划,使石材本身的观赏特性得以充分地发挥。

（2）劳动组织　假山工程是一门造景技艺的工程。我国传统的叠山艺人,多有较高的艺术修养。他们不仅能诗善画,对自然界山水的风貌亦有很深的认识。他们有丰富的施工经验,有的还是叠山世家。一般由他们担任师傅,组成专门的假山工程队,另外还有石工、起重工、泥工、壮工等,人数不多,一般 8～10 人为宜,他们多为一专多能,能相互支持,密切配合。

（3）施工材料与工具准备　除假山石外,还需要准备修筑假山所需的材料,如水泥、黄沙、铁活等,还需要特定的营造假山的工具设备,这些材料和工具设备都需在假山施工前准备就绪。

（4）场地安排

①保证施工工地有足够的作业面,施工地面不得堆放石料及其他物品。

②选好石料摆放地,一般选在作业面附近,石料依施工用石先后有序地排列放置,并将每块石头最具特色的一面朝上,以便施工时认取。石块间应有必要的通道,以便搬运,尽可能避免小搬运。

③交通路线安排。施工期间,山石搬运频繁,必须组织好最佳的运输路线,并保证路面平整。

④保证水、电供应。

（5）工期及工程进度安排。

### 2)施工要点

（1）基础　假山像建筑一样,必须有坚固耐久的基础,假山基础是指它的地下或水下部分。通过基础把假山的质量和荷载传递给地基。在假山工程中,根据地基土质的性质、山体的结构、荷载大小等不同分别选用独立基础、条形基础、整体基础、圈式基础等不同形式的基础。基础不好,不仅会引起山体开裂、倒塌,还会危及游客的生命安全,因此基础必须安全可靠。现将常用基础分别介绍如下:

①灰土基础的施工:

a. 放线:清除地面杂物后便可放线。一般根据设计图纸做方格网控制,或目测放线,并用白灰划出轮廓线;

b. 刨槽:槽深根据设计,一般深 50～60 cm;

c. 拌料:灰土比例为 1:3,泼灰时注意控制水量;

d. 铺料:一般铺料厚度 30 cm,夯实厚 20 cm,基础打平后应距地面 20 cm。通常当假山高 2 m 以上时,做一步灰土,以后山高 1 m,基础增加一步灰土,灰土基础牢固,经数百年亦不松动。

②铺石基础。常用的有两种,即打石钉和铺石,其构造如图 7.10 所示,当土质不好,但堆石不高时使用打石钉;当土质不好,堆石较高时使用铺石基础。一般山高 2 m 时砌毛石厚 40 cm,山高 4 m 时砌毛石厚 50 cm。

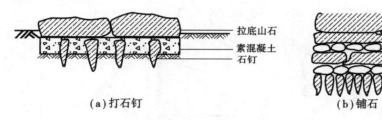

(a)打石钉       (b)铺石

**图 7.10 铺石基础**

③桩基:

a. 条件:当上层土壤松软,下层土壤坚实时使用桩基,在我国古典园林中,桩基多用于临水假山或驳岸。

b. 类型:桩基有两种类型,一种为支撑桩,当软土层不深,将桩直接打到坚土层上的桩。另一种是摩擦桩,当坚土层较深,这时打桩的目的是靠桩与土间的摩擦力起支撑作用。

c. 对桩材的要求:做桩材的木质必须坚实、挺直、其弯曲度不得超过 10%,并只能有一个弯。园林中常用桩材为杉、柏、松、橡、桑、榆等。其中以杉、柏最好。桩径常用 10～15 cm,桩长由地下坚土深度决定,多为 1～2 m。桩的排列方式有:梅花桩(5 个/m²)、丁字桩和马牙桩,其单根承载质量为 15～30 t。其构造如图 7.11 所示。

d. 填充桩(亦称石灰桩)。填充桩是指代替木桩的石灰桩。做法是将钢钎打入地下一定深度后,将其拨出,再将生石灰或生石灰与沙的混合料填入桩孔,捣实而成。石灰桩的作用是当生石灰水解熟化时,体积膨大,使土中孔隙和含水量减少,起到提高土壤承载力,加固地基的作用,这样不仅可以节约木材,又可以避免木桩腐烂。

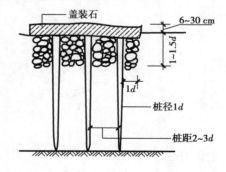

**图 7.11 桩基**

④混凝土基础。近代假山多采用混凝土基础。当山体高大,土质不好或在水中、岸边堆叠山石时使用。这类基础强度高,施工快捷,基础深度依叠石高度而定,一般 30～50 cm,常用混

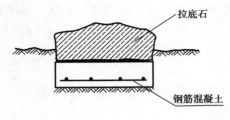

拉底石

钢筋混凝土

**图7.12　钢筋混凝土基础**

凝土标号为C15,配比为水泥:沙:卵石 = 1:2:4。基宽一般各边宽出山体底面30～50 cm,对于山体特别高大的工程,还应做钢筋混凝土基础。

假山无论采用哪种基础,其表面不宜露出地表,最好低于地表20 cm。这样不仅美观又易在山脚种植花草。在浇筑整体基础时,应留出种树的位置,以便树木生长,这就是俗称的"留白"。如在水中叠山,其基础应与池底同时做,必要时做沉降缝,防止池底漏水(图7.12)。

(2)山石的吊运

①结绳。山石吊运一般使用长纤维的黄麻绳或棕绳,它们很结实、柔软。绳的直径通常用20 mm(8股)、25 mm(12股)、30 mm(16股)、40 mm(18股)。其负荷为200～1 500 kg,结绳的方法根据石块的大小、形状和抬运的不同需要而定,要求结扣容易、解扣简便。活扣是靠压紧的,因此愈压愈牢固,并不会滑动。常用的结绳法如图7.13所示。

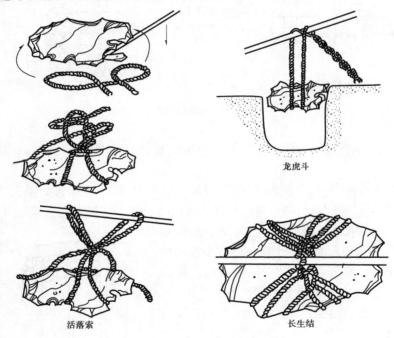

龙虎斗

活落索

长生结

**图7.13　结绳法**

②抬运。

a. 直杆式:有2人抬、4人抬、6人抬、加杆抬等。

b. 架杆式:分4人架、8人架、16人架等。

抬石工应身高相等,听从统一指挥。抬石时应同起同落,否则易压伤一方。石材重100 kg以上时,抬石工应"对脸"前进,以便动作用力协调。如运距较远,"对脸"起杆后应"倒肩",即一方转换方向。倒肩必须严守顺序。系石高度以起杆后石底距地面20 cm为佳。抬石杠棒南方用新毛竹,北方多用黄檀木。单杠负重约200 kg。

③走石。走石多用在施工作业面,当巨大的石块需要找平石面或稍加移动,俗称"走石"。走石用钢撬操作完成,一般钢撬用φ20～40 mm的粗钢打制而成。撬通常有舔撬、叨撬、辗撬等手法,使石块向后、向前或左右移动,如图7.14所示。用撬走石有一定的难度,常需有经验的技工操作。

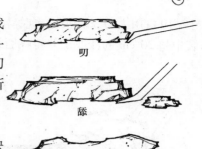

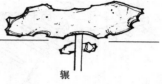

图7.14 撬石手法

④起重:

a. 人工起重:山石施工现场大多场地狭窄,因此小石块的起重,多用人工抬起或挑起。

b. 小秤起重:用两根杆径粗约20 cm的杉篙做成小秤,其主力臂与重力臂的比为7∶3或8∶2。其式样如图7.15所示。

c. 大秤起重:大秤亦用杉篙搭构而成,这种大架秤可放一个或几个秤杆,同时使用,起质量大,其构造如图7.16所示。

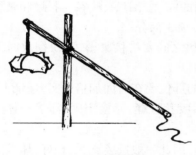

图7.15 小称起重法

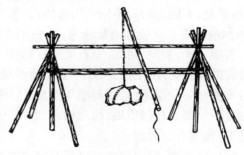

图7.16 大称起重法

d. 三角架吊链起重:一般用长4～8 m,径粗20 cm的三根杉篙组成,杉篙的头尾各用铅丝箍牢,在上端50 cm处用粗30 mm的黄麻绳将三根杉篙按顺序扎牢、拉起,要求底盘成等边三角形,并与地平面成不小于60°夹角,即可系上吊链(俗称神仙葫芦)。并在三根杉篙间横向设"拉木"。拉木应首尾相接,使受力均匀。每层拉木高约1.8 m,如起重需要还可在吃力面加扎"绑杆"或拴好大绳。其做法如图7.17所示,吊起的石块一般应在三角架的底盘范围之内。

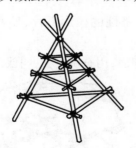

图7.17 三角架吊链起重法

e. 机械起重:一般选用0.5～3 t的汽车吊车较为合适。它可以在直径30 m范围内拖运石块,在直径15 m内起吊石块。

f. 运输:运石最重要的是防止石块破损,特别是对于一块珍贵的石材,则更为重要。常用的运石方法很多,如用水道(船)、冰道、走"旱船"(图7.18);用"小地龙"(铁轮木板车)

（图7.19）；用人力，马力或绞盘等拉运。现代多用汽车运输，如遇好的峰石，为保护石块，最好车装中垫20 cm的沙或土并将峰面朝上置于其上，确保安全。

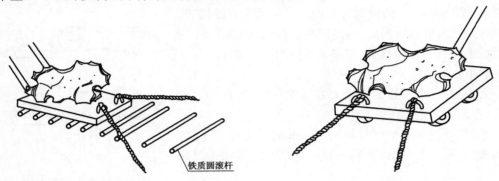

图7.18　走旱船　　　　　　　　　　　　图7.19　小地龙

山体堆叠是假山造型最重要的部分，根据选用石材岩石种类的不同，艺术地再现各自岩石地貌的自然景观，不同地貌有不同的山形体态，如不同的峰、峦、峭壁、峡谷、洞、岫和皱纹……

（3）山体的堆叠　一般堆山常分为：拉底、中层、收顶3部分。

拉底：石块要大、坚硬、耐压，安石要曲折错落，石块之间要搭接紧密，石块摆放时大而平的面朝上，好看的面要朝外，上面要找平，塞垫要平稳。

中层：堆叠时要分层进行，用石要掌握重心，挑出的部位要在后面加倍压实，保证万无一失。全山石材要统一，即要相同质地，纹理相通，色泽一致，咬茬合缝，靠接牢固，浑然一体。又要注意层次、进退，使其有深远感。

收顶：假山的顶部，对山体的气势有着重要的影响，因此一般选姿态、纹理好，体量大的石块作收顶石。根据岩石地貌类型的不同，常用的收顶方式有3种：

①峰顶（又称斧立式）：选竖向纹理好的巨石作峰石，以造成一峰突起的气势，统揽全局。

②峦顶（又称堆秀式）：由单块或数块粗大形好而略有圆状的石块，组成连绵起伏的山头。

③流云顶（又称流云式）：用于横纹取胜的山体，山头之石有如天空行云。

（4）山体的加固与做缝

①加固措施：

a.塞——当安放的石块不稳固时，通常打入质地坚硬的楔形石片，使其垫牢，称"打塞"（图7.20）。

b.戗——为保证立石的稳固，沿石块力的方向的迎面，用石块支撑，叫戗（图7.21）。

图7.20　打塞

图7.21　戗

c.灌筑——每层山石安放稳定后，在其内部缝隙处，一般按1:3:6的水泥:沙:石子的配比灌筑、捣固混凝土，使其与山石结为一体。

d.铁活——假山工程中的铁活主要有铁爬钉、铁吊链、铁过梁、铁扁担等,其式样如图7.22所示。

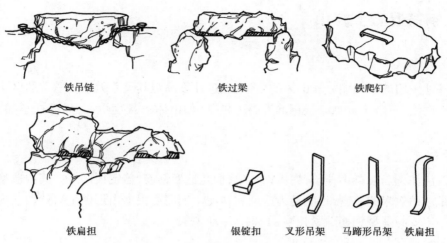

图7.22　铁活

铁制品在自然界中易锈蚀,因此这些铁活都埋于结构内部,而不外露。它们均系加固保护措施,而非受力结构。

②做缝技术:是把已叠好的假山石块间的缝隙,用水泥砂浆填实或修饰。这一工序从某种意义上讲,是对假山的整容。其做法是一般每堆2~3层,做缝一次。做缝前先用清水将石缝冲洗干净,如石块间缝隙较大,应先用小石块进行补形,再随形做缝。做缝时要努力表现岩石的自然纹理,可增加山体的皴纹和真实感。做缝时砂浆的颜色应尽力与山石本身的颜色相统一。做缝的材料相传过去用糯米汁加石灰或桐油加纸筋加石灰,捶打拌和而成或者用明矾水与石灰捣成浆。现代通常用标号C40的水泥加沙,其配比为3:7,如堆高在3 m以上则用标号C50的水泥。做缝的形式根据需要做成粗缝、光缝、细缝、毛缝等,但尽量少露出沙浆的修饰缝。

③堆山时还应预留种植穴,处理好排水,防水土流失。

总之,假山营造除整体山形山势优美,符合"三远变化"之布局外,还要遵循"同质、同色、合纹、接形"之机理,才能营造出"做假成真"的假山。同时,制作假山以石为伍,应特别要注意施工安全,这也是园林工程施工中所要重视的。

# 7.4　塑山、塑石工艺

塑山——是用雕塑艺术的手法,以天然山岩为蓝本,人工塑造的假山或石块。早在百年前,在广东、福建一带,就有传统的灰塑工艺。20世纪60年代塑山、塑石工艺在广州得到了很大的发展,标志着我国假山艺术发展到一个新阶段,创造了很多具有时代感的优秀作品。那些气势磅礴,富有力感的大型山水和巨大奇石与天然岩石相比,它们自重轻,施工灵活,受环境影响较小,可按理想预留种植穴。因此,它为设计创造了广阔的空间。塑山、塑石通常有两种做法:一为钢筋混凝土塑山;一为砖石混凝土塑山,也可以两者混合使用。现在,玻纤维强化塑料、玻纤维强化水泥等新材料也用于假山制造。

## 7.4.1　钢筋混凝土塑山

### 1）基础

根据基地土壤的承载能力和山体的质量,经过计算确定其尺寸大小。通常的做法是根据山体底面的轮廓线,每隔 4 m 做一根钢筋混凝土桩基,如山体形状变化大,局部柱子加密,并在柱间做墙。

### 2）立钢骨架

它包括浇注钢筋混凝土柱子,焊接钢骨架,捆扎造型钢筋,盖钢板网等。其中造型钢筋架和盖钢板网是塑山效果的关键,目的是为造型和挂泥。钢筋要根据山形做出自然凹凸的变化。盖钢板网时一定要与造型钢筋贴紧扎牢,不能有浮动现象。

### 3）面层批塑

先打底,即在钢筋网上抹灰 2 遍,材料配比为水泥＋黄泥＋麻刀,其中水泥:沙为 1:2,黄泥为总质量的 10% ,麻刀适量。水灰比 1:0.4,以后各层不加黄泥和麻刀。砂浆拌和必须均匀,随用随拌,存放时间不宜超过 1 h,初凝后的砂浆不能继续使用。

### 4）表面修饰

主要有两方面的工作:

(1)皱纹和质感　修饰重点在山脚和山体中部。山脚应表现粗犷,有人为破坏、风化的痕迹,并多有植物生长。山腰部分,一般在 1.8 ~ 2.5 m 处,是修饰的重点,追求皱纹的真实,应做出不同的面,强化力感和棱角,以丰富造型。注意层次,色彩逼真。主要手法有印、拉、勒等。山顶一般在 2.5 m 以上,施工时不必做得太细致,可将山顶轮廓线渐收同时色彩变浅,以增加山体的高大和真实感。

(2)着色　可直接用彩色配制,此法简单易行,但色彩呆板。另一种方法是选用不同颜色的矿物颜料加白水泥,再加适量的 107 胶配制而成。颜色要仿真,可以有适当的艺术夸张,色彩要明快,着色要有空气感,如上部着色略浅,纹理凹陷部色彩要深,常用手法有洒、弹、倒、甩,刷的效果一般不好。

(3)光泽　可在石的表面涂过氧树脂或有机硅,重点部位还可打蜡。还应注意青苔和滴水痕的表现,时间久了,还会自然地长出真的青苔。

(4)其他

种植池——种植池的大小应根据植物(含塑山施工现场土球)总质量决定它的大小和配筋,并注意留排水孔。给排水管道最好塑山时预理在混凝土中,做时一定要做防腐处理。在兽舍外塑山时,最好同时做水池,可便于兽舍降温和冲洗,并方便植物供水。

养护——在水泥初凝后开始养护,要用麻袋片、草帘等材料覆盖,避免阳光直射,并每隔 2 ~ 3 h 洒水一次。洒水时要注意轻淋,不能冲射。养护期不少于半个月,在气温低于 5 ℃时应停止洒水养护,采取防冻措施,如遮盖稻草、草帘、草包等。假山内部钢骨架,老掌筋……一切外露的金属均应涂防锈漆,并以后每年涂一次。

## 7.4.2　砖石塑山

首先在拟塑山石土体外缘清除杂草和松散的土体,按设计要求修饰土体,沿土体外开沟做基础,其宽度和深度视基地土质和塑山高度而定。接着沿土体向上砌砖,要求与挡土墙相同,但砌砖时应根据山体造型的需要而变化,如表现山岩的断层、节理和岩石表面的凹凸变化等。再在表面抹水泥砂浆,进行面层修饰,最后着色。

塑山工艺中存在的主要问题:一是由于山的造型、皱纹等的表现要靠施工者手上功夫,因此对师傅的个人修养和技术的要求高;二是水泥砂浆表面易发生龟裂,影响强度和观瞻;三是易褪色。

## 7.4.3　FRP 塑山、塑石

FRP是玻璃纤维强化塑胶(Fiber Glass Reinforced Plastics)的缩写,它是由不饱和聚酯树脂与玻璃纤维结合而成的一种质量轻、质地韧的复合材料。不饱和聚酯树脂由不饱和二元羧酸与一定量的饱和二元羧酸、多元醇缩聚而成。在缩聚反应结束后,趁热加入一定量的乙烯基单体配成黏稠的液体树脂,俗称玻璃钢。下面介绍191#聚酯树脂玻璃钢的胶液配方:

191#聚酯树脂　　　70%

苯乙烯（交联剂）　　30%

然后加入过氧化环乙酮糊(引发剂),占胶液的4%;再加入环烷酸钴溶液（促进剂）,占胶液的1%。

先将树脂与苯乙烯混合,这时不发生反应,只有加入引发剂后产生游离基,才能激发交联固化,其中环烷酸钴溶液促进引发剂的激发,达到加速固化的目的。

玻璃钢成型工艺有以下几种:

### 1)席状层积法

利用树脂液、毡和数层玻璃纤维布,翻模制成。

### 2)喷射法

利用压缩空气将树脂胶液、固化剂(交联剂、引发剂、促进剂)、短切玻纤同时喷射沉积于模具表面,固化成型。通常空压机压力为200～400 kPa,每喷一层用辊筒压实,排除其中气泡,使玻纤渗透胶液,反复喷射直至2～4 mm厚度。并在适当位置做预埋铁,以备组装时固定,最后再敷一层胶底,调配着色可根据需要。喷射时使用的是一种特制的喷枪,在喷枪头上有3个喷嘴,可同时分别喷出树脂液和促进剂。其施工程序如下:

泥模制作—翻制模具—玻璃钢元件制作—运输或现场搬运—基础和钢骨架制作—玻璃钢元件拼装—焊接点防锈处理—修补打磨—表面处理—罩以玻璃钢油漆。

这种工艺的优点在于成型速度快,制品薄、质轻,便于长途运输,可直接在工地施工,拼装速度快,具有良好的整体性。存在的主要问题是树脂液与玻纤的配比不易控制,对操作者的要求高。劳动条件差,树脂溶剂乃易燃品,工厂制作过程中有毒和气味。玻璃钢在室外的强日照下,受紫外线的影响,易导致表面酥化,故其寿命为 20～30 年。但作为一个新生事物,它总会在不断的完善之中发展。

## 7.4.4　GRC 假山造景

GRC 是玻璃纤维强化水泥(Glass Fiber Reinforced Cement)的缩写,它是将抗碱玻璃纤维加入到低碱水泥砂浆中硬化后产生的高强度的复合物。随着时代科技的发展,20 世纪 80 年代在国际上出现了用 GRC 造假山。它使用机械化生产制造假山石元件,使其具有质量轻、强度高、抗老化、耐水湿,易于工厂化生产,施工方法简便、快捷,成本低等特点,是目前理想的人造山石材料。用新工艺制造的山石质感和皴纹都很逼真,它为假山艺术创作提供了更广阔的空间和可靠的物质保证,为假山技艺开创了一条新路,使其达到"虽为人作,宛自天开"的艺术境界。

GRC 假山元件的制作主要有两种方法:一为席状层积式手工生产法;二为喷吹式机械生产法。现就喷吹式工艺简介如下:

模具制作:根据生产"石材"的种类、模具使用的次数和野外工作条件等选择制模的材料。常用模具的材料可分为软模如橡胶模、聚氨酯模、硅模等;硬模如钢模、铝模、GRC 模、FRP 模、石膏模等。制模时应以选择天然岩石皴纹好的部位为本和便于复制操作为条件,脱制模具。

GRC 假山石块的制作:是将低碱水泥与一定规格的抗碱玻璃纤维以二维乱向的方式同时均匀分散地喷射于模具中,凝固成型。作喷射时应随吹射随压实,并在适当的位置预埋铁件。

GRC 的组装:将 GRC"石块"元件按设计图进行假山的组装。焊接牢固、修饰、做缝,使其浑然一体。

表面处理:主要是使"石块"表面具憎水性,产生防水效果并具有真石的润泽感。

## 7.4.5　CFRC 塑石

CFRC 是碳纤维增强混凝土(Carbon Fiber Reinforced Cement or Concrete)的缩写。

20 世纪 70 年代,英国首先制作了聚丙烯腈基(PAN)碳素纤维增强水泥基材料的板材,并应用于建筑,开创了 CFRC 研究和应用的先例。

在所有元素中,碳元素在构成不同结构的能力方面似乎是独一无二的。这使碳纤维具有极高的强度、高阻燃、耐高温、具有非常高的拉伸模量,与金属接触电阻低和良好的电磁屏蔽效应等特点,故能制成智能材料,在航空、航天、电子、机械、化工、医学器材、体育娱乐用品等工业领域中广泛应用。

CFRC 人工岩是把碳纤维搅拌在水泥中,制成的碳纤维增强混凝土,并用于造景工程。CFRC 人工岩与 GRC 人工岩相比较,其抗盐浸蚀、抗水性、抗光照能力等方面均明显优于 GRC,并具抗高温、抗冻融干湿变化等优点。因此其长期强度保持力高,是耐久性优异的水泥基材料。因此适合于河流、港湾等各种自然环境的护岸、护坡。由于其具有的电磁屏蔽功能和可塑性,因此可用于隐蔽工程等,更适用于园林假山造景、彩色路石、浮雕、广告牌等各种景观的再创造。

# 复习思考题

1. 园林假山的材料有哪些?
2. 请举一二例人工塑山的做法。
3. 置石的形式有哪几种?
4. 假山山体局部理法有哪些优秀的做法?
5. 简述假山的营造机理及技术。
6. 一般堆山常分为哪几部分? 施工时应注意哪些问题?

# 8 种植工程

**本章导读** 本章主要讲述了园林施工中园林植物种植中应注意的问题、如何保证树木的成活率以及大树移栽的主要技术、花坛绿化和立体绿化植物的选择和施工中应注意的事项。

绿化是园林建设的主要组成部分。没有绿的环境,就不可能成其为园林。按照建设施工程序,先理山水、改造地形、辟筑道路、铺装场地、营造建筑、构筑工程设施,而后实施绿化。绿化工程就是按照设计要求,植树、栽花、种草并使其成活。

绿化工程的对象是有生命的植物材料,因此,每个园林工作者必须掌握有关植物材料的不同种植季节、植物的生态习性、植物与土壤的相互关系,以及种植成活的其他相关原理与技术,才能按照绿化设计要求进行具体的植物种植与造景。

## 8.1 园林种植工程概述

### 8.1.1 园林种植及其特点

种植,就是人为地栽种植物。人类种植植物的目的,除了依靠植物的栽培成长,取得收获物以外,就是让植物的存在对于人类的影响。前者为农业、林业的目的,后者为风景园林、环境保护的目的。园林种植则是利用植物形成环境和保护环境,构成人类的生活空间。这个空间,小到日常居住场所;大到风景区、自然保护区乃至全部国土范围。

园林种植是利用有生命的植物材料来构成空间,这些材料本身就具有"生物的生命现象"的特点,因此园林种植生长发育就有着明显的季节性,在不同季节栽植其成活率是不一致的。相反,由于它有萌芽、抽梢、展叶、开花、结果、叶色变化、落叶等季节性变化,生长而引起的年复一年的变化以及植物形态、色彩、种类的多样性特征。

## 8.1.2 影响种植成活的因素

影响种植成活的因素很多,但种植时植物枯死的最大原因就是根部不能充分吸收水分来保证植物的正常生理代谢。因此,园林植物根系受伤害的情况和根系再生能力直接影响树木的成活和生长发育。为了保证树木移植成活,在移植时应注意以下几个方面:

①尽量在适宜季节栽植,根的再生能力是靠消耗树干和树冠下部枝叶中储存物质产生的。所以,最好在储存物质多的时期进行种植。种植的成活率,依据根部有无再生力、树体内储存物质的多寡、曾断根否、种植时及种植后的技术措施是否适当等而有高低不同。

②移植前可经过多次断根处理,促使其原土内的须根发达,种植时由于带有充足的根土,就能保证较高的成活率。

③保证移栽树木土球的大小适中。非适宜季节移栽时,土球应适当加大,以保证根系有足够吸水面积;土球包扎要结实,以免运输途中破坏。

④在起苗与栽植的过程中,尽量减少搬运次数,以免破坏土球而影响根系发育。

⑤尽量缩短起苗与栽植的时间,在运输过程中注意保湿,以免植物体内水分过分蒸腾。

⑥进行适当的修剪,大的伤口应用油漆或蜡封口。

## 8.1.3 移植期

(1)春季移植  北方地区由于冬季寒冷干燥,故在春季移植较好,特别是在早春解冻后立即进行移植比较适宜。早春移植,树液刚刚开始流动,枝芽尚未萌发,蒸腾作用微弱,土壤温湿度已能满足根系生长要求,移植后苗木的成活率高。到了气候干燥和刮风的季节或是气温突然上升的时候,由于新栽的树木已经长根成活,已具有抗旱、抗风的能力,可以正常成长。春季移植的具体时间,还应根据树种的发芽时间来安排,发芽早的先移植,晚者后移植。

(2)夏季移植  南方的常绿阔叶树种和北方的常绿针叶树种也可在雨季初进行移植。梅雨季(6—7月)、秋冬季(9—10月)进行移植也可以。

(3)秋冬季移植  在气候比较温暖的地区以秋、初冬季移植比较适宜。这个时期的树木落叶后,对水分的需求量减少,而外界的气温还未显著下降,地温也比较高,树木的地下部分并没有完全休眠,被切断的根系能够尽早愈合,继续生长新根。到了春季,这批新根既能继续生长,又能吸收水分,可以使树木更好地生长。华东地区落叶树的移植,一般在2月中旬至3月下旬,在11月上旬至12月中下旬也可以移植。

由于某些工程的特殊需要,也常常在非植树季节移植树木,这就需要采取特殊处理措施。随着科学技术的发展,大容器育苗和移植机械的推出,使终年移植已成可能。

## 8.1.4 植物对环境的要求

(1)对温度的要求  植物的自然分布和气温有密切的关系,不同的地区,就应选用能适应该区域条件的树种。实践证明：当日平均温度等于或略低于树木生物学最低温度时，种植成活率高。

（2）对光的要求　植物的同化作用，是光反应，所以除二氧化碳和水以外，还需要波长为490～760 nm 的绿色和红色光。一般光合作用的速度，随着光的强度的增加而加强。弱光时，光合作用吸收的二氧化碳和其呼吸作用放出的二氧化碳是同一数值时，这个数值称作光补偿点。植物的种类不同，光补偿点也不同。光补偿点低的植物耐阴，在光线较弱的地方也可以生长。反之，光饱和点高的植物喜阳，在光线强的情况下，光合作用强，反之，光合作用减弱，甚至不能生长发育。

（3）对土壤的要求　土壤是树木生长的基础，它是通过其水分、肥力、空气、温度等来影响植物生长的。适宜植物生长的最佳土壤是：矿物质45%，有机质5%，空气20%，水30%（以上按体积比）。矿物质是由大小不同的土壤颗粒组成的。土壤中的土粒并非一一单独存在着，而是集合在一起，成为块状，最好是构成团粒结构。适宜植物生长的团粒大小为1～5 mm，小于0.01 mm 的孔隙，根毛不能侵入。

土壤水分和土壤的物理组成有密切的关系，对植物生长有很大影响，它是植物从根毛吸收土壤盐分的溶剂，是植物发生光合作用时水分的源泉，同时还能从地表蒸发水分，调节地温。根据土粒和水分的结合力，土壤中的水分可分为吸附水、毛细水、重力水 3 种。其中毛细水可供植物利用。当土壤不能提供根系所需的水分，植物就产生枯萎，当达到永久枯萎点，植物便死亡，因此，在初期枯萎以前，必须开始浇水。

地下水位的高低，对深层土壤的湿度影响很大，种植草类必须在 60 cm 以下，最理想在 100 cm，树木则再深些更好。在水分多的湿地里，则要设置排水设施，使地下水下降到所要求值。

植物在生长过程中所必需的元素有 16 种之多，其中碳、氧、氢来自二氧化碳和水，其余的都是从土壤中吸收的。一般来说，土壤有机质含量高，有利于形成团粒结构，有利于保水保肥和通气。土壤养分对于种植的成活率、种植后植物的生长发育有很大影响。

树木有深根性和浅根性两种。种植深根性的树木有深厚的土壤，在种植大乔木时比小乔木、灌木需要更多的根土，所以种植地要有较大的有效深度。具体可见表8.1。

表 8.1　植物生长所必需的最低限度土层厚度

| 种　别 | 植物生存的最小厚度/cm | 植物培育的最小厚度/cm |
|---|---|---|
| 草类、地被 | 15 | 30 |
| 小灌木 | 30 | 45 |
| 大灌木 | 45 | 60 |
| 浅根性乔木 | 60 | 90 |
| 深根性乔木 | 90 | 150 |

一般的表土，有机质的分解物随同雨水一起慢慢渗入到下层矿物质土壤中去，土色带黑色、肥沃、松软、孔隙多，这样的表土适宜树木的生长发育。在改造地形时，往往是剥去表土，这样不能确保种植树木有良好的生长条件。因而，应保存原有表土，在种植时予以有效利用。此外，有很多种土壤不适宜植物的生长，如重黏土、沙砾土、强酸性土、盐碱土、工矿生产污染土、城市建筑垃圾等。因而如何改善土壤性状，提高土壤肥力，为植物生长创造良好的土壤环境则是一项

重要工作。常用的改良方法有：通过工程措施，如排灌、洗盐、清淤、清筛、筑池等；通过栽培技术措施如深耕、施肥、压砂、客土、修台等方法；通过生长措施，如种抗性强的植物、绿肥植物、养殖微生物等。

# 8.2　乔灌木种植工程

## 8.2.1　种植前的准备

乔灌木种植工程是绿化工程中十分重要的部分，其施工质量，直接影响到景观及绿化效果，因而在施工前需做以下准备。

（1）明确设计意图及施工任务量　在接受施工任务后应通过工程主管部门及设计单位明确以下问题：

①工程范围及任务量：其中包括种植乔灌木的规格和质量要求以及相应的建设工程，如土方、上下水、园路、灯、椅及园林小品等。

②工程的施工期限：包括工程总的进度和完工日期以及每种苗木要求种植完成日期。

③工程投资及设计概（预）算：包括主管部门批准的投资数和设计预算的定额依据。

④设计意图：即绿化的目的、施工完成后所要达到的景观效果。

⑤了解施工地段的地上、地下情况：有关部门对地上建筑物的保留和处理要求等；地下管线特别是要了解地下各种电缆及管线情况，和有关部门配合，以免施工时造成事故。

⑥定点放线的依据：一般以施工现场及附近水准点作定点放线的依据，如条件不具备，可与设计部门协商，确定一些永久性建筑物作为依据。

⑦工程材料来源：其中以苗木的出圃地点、时间、质量为主要内容。

⑧运输情况：行车道路、交通状况及车辆的安排。

（2）编制施工组织计划　在前项要求明确的基础上，还应对施工现场进行调查，主要项目有：施工现场的土质情况，以确定所需的客土量；施工现场的交通状况，各种施工车辆和吊装机械能否顺利出入；施工现场的供水、供电；是否需办理各种拆迁，施工现场附近的生活设施，等等。根据所了解的情况和资料编制施工组织计划，其主要内容有：

a.施工组织领导；

b.施工程序及进度；

c.制订劳动定额；

d.制订工程所需的材料、工具及提供材料工具的进度表；

e.制订机械及运输车辆使用计划及进度表；

f.制订种植工程的技术措施和安全、质量要求；

g.绘出平面图，在图上应标有苗木假植位置、运输路线和灌溉设备等的位置；

h.制定施工预算。

（3）施工现场准备　若施工现场有垃圾、渣土、废墟建筑垃圾等要进行清除，一些有碍施工的市政设施、房屋、树木要进行拆迁和迁移，然后可按照设计图纸进行地形整理，主要使其与四周道路、广场的标高合理衔接，使绿地排水通畅。如果用机械平整土地，则事先应了解是否有地下管线,以免机械施工时造成管线的损坏。

## 8.2.2　定点放线

定点放线即是在现场测出苗木种植位置和株行距。由于树木种植方式各不相同,定点放线的方法也有很多种,常用的有以下3种:

### 1) 自然式配置乔、灌木放线法

(1)坐标定点法　根据植物配置的疏密度先按一定的比例在设计图及现场分别打好方格,在图上用尺量出树木在某方格的纵横坐标尺寸,再按此位置用皮尺确定在现场相应的方格内。

(2)仪器测放　用经纬仪或小平板仪依据地上原有基点或建筑物、道路将树群或孤植树依照设计图上的位置依次定出每株的位置。

(3)目测法　对于设计图上无固定点的绿化种植,如灌木丛、树群等可用上述两种方法划出树群树丛的种植范围,其中每株树木的位置和排列可根据设计要求在所定范围内用目测法进行定点,定点时应注意植株的生态要求并注意自然美观。

定好点后,多采用白灰打点或打桩,标明树种、种植数量(灌木丛树群)、穴径。

### 2) 整形式(行列式)放线法

对于成片整齐式种植或行道树的放线法,可用仪器和皮尺定点放线,定点的方法是先将绿地的边界、园路广场和小建筑物等的平面位置作为依据,量出每株树木的位置,钉上木桩,写明树种名称。

一般行道树的定点是以路牙或道路的中心为依据,可用皮尺、测绳等,按设计的株距,每隔10株钉一木桩作为定位和种植的依据,定点时如遇电杆、管道、涵洞、变压器等障碍物应躲开,不应拘泥于设计的尺寸,而应遵照与障碍物相距的有关规定距离。

### 3) 等距弧线的放线

若树木种植为一弧线,如街道曲线转弯处的行道树,放线时以路牙或中心线为准可从弧的开始到末尾,每隔一定距离分别画出与路牙垂直的直线,在此直线上,按设计要求的树与路牙的距离定点,把这些点连接起来就成为近似道路弧度的弧线,于此线上再按株距要求定出各点来。

## 8.2.3　苗木准备

(1)选苗　苗木的选择,除了根据设计提出对规格和树形的要求外,还要注意选择生长健壮、无病虫害、无机械损伤、树形端正和根系发达的苗木,而且应该是在育苗期内经过移栽,根系集中在树苑的苗木。育苗期中没经过移栽的留床老苗最好不用,其移栽成活率比较低,移栽成活后多年的生长势都很弱,绿化效果不好。做行道树种植的苗木分枝点应不低于2.5 m,由于双层大巴及集装箱运输车辆的增多,城市主干道行道树苗木分枝点应不低于3.5 m。选苗时还应考虑起苗包装运输的方便,苗木选定后,要挂牌或在根基部位划出明显标记,以免挖错。

(2)掘苗前的准备工作　起苗时间最好是在秋天落叶后或冻土前、解冻后,因此时正值苗木休眠期,生理活动微弱,起苗对它们影响不大,起苗时间和种植时间最好能紧密配合,做到随起随栽。为了便于挖掘,起苗前 1~3 d 可适当浇水使泥土松软,对起裸根苗来说也便于多带宿土,少伤根系。

(3)起苗方法 起苗时,要保证苗木根系完整。裸根乔、灌木根系的大小,应根据掘苗现场的株行距及树木高度、干径而定。一般情况下,灌木根系可按灌木高度的 1/3 左右确定。而常绿树带土球种植时,其土球的大小可按树木胸径的 8~10 倍确定,且土球要完整。

起苗的方法常有两种:裸根起苗法及土球起苗。裸根起苗的根系范围可比土球起苗稍大一些,并应尽量多保留较大根系,留些宿土。如掘出后不能及时运走,应埋土假植,并要求埋根的土壤湿润。

掘土球苗木时,土球规模视各地气候及土壤条件不同而各异,一般土球直径为苗木胸径的 8 倍。对于特别难成活的树种或非适宜季节栽植,一定要考虑加大土球;对于在适宜栽植期栽植且易于成活的树种,土球直径可适当小些。土球的高度一般可比宽度少 5~10 cm。土球要削光滑,包装要严,草绳要打紧,土球底部要封严不能漏土。

## 8.2.4 包装运输

落叶乔、灌木在掘苗后装车前应进行粗略修剪,以便于装车运输、减少树木水分的蒸腾和提高移栽成活率。

苗木的装车、运输、卸车、假植等各项工序,都要保证树木的树冠、根系、土球的完好,不应折断树枝、擦伤树皮或损伤根系。

落叶乔木装车时应排列整齐,使根部向前、树梢向后,注意树梢不要拖地。装运灌木可直立装车。凡远距离的裸根苗运送时,常把树木的根部浸入事先调制好的泥浆中,然后取出,用蒲包、稻草、草席等物包装,并在根部衬以青苔或水草,再用苫布或湿草袋盖好根部,以有效地保护根系而不致使树木干燥受损,影响成活。运输过程中,还要经常向树冠部浇水,以免失水过多而影响成活。

装运高度在 2 m 以下的土球苗木,可以立放,2 m 以上的应斜放,土球向前,树干向后,土球应放稳,垫牢挤严。

## 8.2.5 假植

苗木运到现场,如不能及时种植或是栽种后苗木有剩余的,都要进行假植。所谓假植,就是暂时进行的栽植。假植有带土球栽植与裸根栽植两种情况。

(1)带土球苗木假植 假植时,可将苗木的树冠捆扎收缩起来,使每一棵树苗都是土球挨土球,树冠靠树冠,密集地挤在一起;然后,在土球层上面盖一层壤土,填满土球间的缝隙;再对树冠及土球均匀地洒水,使上面湿透,以后仅保持湿润就可以了。或者把带土球的苗木临时性地栽到一块绿化用地上,土球埋入土中 1/3~1/2 深,株距则视苗木假植时间长短和土球、树冠的大小而定。一般土球与土球之间相距 15~30 cm 即可。苗木成行列式栽好后,浇水保持一定湿度即可。

(2)裸根苗木假植　对裸根苗木,一般采取挖沟假植方式。先在地面挖浅沟,沟宽 1.5~2 m、深 40~60 cm;然后将裸根苗木一棵棵紧靠着呈 30°斜栽到沟中,使树梢朝向西边或朝向南边;苗木密集斜栽好以后,在根蔸上分层覆土,使根系间充满土壤;以后,经常对枝叶喷水,保持湿润。不同的苗木假植时,最好按苗木种类、规格分区假植,以方便绿化施工。

假植区的土质不宜太泥泞,地面不能积水,在周围边沿地带要挖沟排水。假植区内要留出起运苗木的通道。在太阳特别强烈的日子里,假植苗木上面应该设置遮光网,减弱光照强度。此外,在假植期还应注意防治病虫害。

## 8.2.6　挖种植穴

在栽苗木之前应以所定的灰点为中心沿四周向下挖穴,种植穴的大小依土球规格及根系情况而定。带土球的种植穴应比土球大 20~30 cm,栽裸根苗的穴应保证根系充分舒展,穴的深度一般比土球高度稍深些(10~20 cm),穴的形状一般为圆形,但必须保证上下口大小一致。

种植穴挖好后,可在穴内填些表土,如果穴内土质差或瓦砾多,则要求清除瓦砾垃圾,最好是换新土。如果种植土太瘠瘦,就要先在穴底垫一层基肥。基肥一定要经过充分腐熟的有机肥,如堆肥、厩肥等。基肥上还应当铺一层壤土,厚度 5 cm 以上。

## 8.2.7　定植

(1)定植前的修剪　在种植前,苗木必须经过修剪,其主要目的是减少水分的散发,保证树势平衡以使树木成活。

修剪时其修剪量依不同树种而有所不同,一般对常绿针叶树及用于植篱的灌木不多剪,只剪去枯病枝、伤枝即可。对于较大的落叶乔木,尤其是生长势较强,容易抽出新枝的树木如杨、柳、槐等可进行强修剪,树冠可剪去 1/2 以上,这样可减轻根系负担,维持树木体内水分平衡,也使得树木栽后稳定,不致招风摇动。对于花灌木及生长较缓慢的树木可进行疏枝,短截去全部叶或部分叶,去除枯病枝、过密枝、交叉枝,对于过长的枝条可剪去 1/3~1/2。

修剪时要注意分枝点的高度。灌木的修剪要保持其自然树形,短截时应保持外低内高。

树木种植之前,还应对根系进行适当修剪,主要是将断根、劈裂根、病虫根和过长的根剪去。修前时剪口应平而光滑,并及时涂抹防腐剂以防过分蒸发、干旱、冻伤及病虫危害。

(2)定植方法　苗木修剪后,即可定植,定植的位置应符合设计要求。

定植裸根乔、灌木的方法是一人用手将树干扶直,放入穴中,另一人将穴边的好土填入。在泥土填入一半时,用手将苗木向上提起,使根茎交接处与地面相平,这样树根不易卷曲,然后将土踏实,继续填入好土,直到与地平或略高于地平为止,并随即将浇水的土堰做好。其围堰的直径应略大于种植穴的直径。堰土要拍压紧实,不能松散。

定植带土球树木时,应注意使穴深与土球高度相符,以免来回搬动土球。填土前要将包扎物去除,以利根系生长,填土时应充分压实,但不要损坏土球。

（3）种植后的养护管理　　种植较大的乔木时,在种植后应设支柱支撑,以防浇水后大风吹倒苗木,如图8.1所示。

种植树木后24 h内必须浇上第一遍水,水要浇透,使泥土充分吸收水分,和树根紧密结合,以利根系发育。并应时常注意树干四周泥土是否下沉或开裂,如有这种情况应及时加土填平踩实。此外,还应进行及时的中耕,扶直歪斜树木,并进行封堰,封堰时要使泥土略高于地面。要注意防寒,其措施应按树木的耐寒性及当地气候而定。

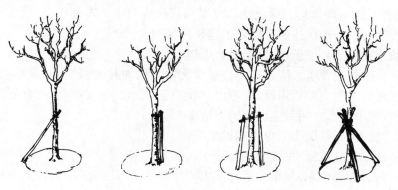

图8.1　支柱的设立方式

# 8.3　大树移植

第8章微课(2)

## 8.3.1　大树移植在城市园林建设中的意义

移植大树,是加速城市绿化进程、迅速展现植物造景效果、短期内改变建筑空间分割状况的一条重要途径。新建的广场、道路、公园、小游园、饭店、宾馆以及一些重点大工厂等,无不考虑采用移植大树的方法,尽快实现绿化美化的目的。

此外,移植大树能充分地挖掘苗源,特别是利用郊区的天然林的树木以及一些闲散地上的大树。同时,为保留建设用地范围内的树木也需要实施大树移植。

## 8.3.2　大树的选择

凡胸径在10 cm以上,高度在4 m以上的树木,园林工程中均可称之为"大树"。但对具体的树种来说,也可有不同的规格。

（1）影响大树移植成活的因素　　大树移植较常规园林苗木成活困难,原因主要有以下几个方面:

①大树年龄大,阶段发育老,细胞的再生能力较弱,挖掘和栽植过程中损伤的根系恢复慢,新根发生能力差。

②由于幼、壮龄树的离心生长的原因,树木的根系扩展范围很大(一般超过树冠水平投影范围),而且扎入土层很深,使有效的吸收根处于深层和树冠投影附近,造成挖掘大树时土球所

带吸收根很少,且根多木栓化严重,凯氏带阻止了水分的吸收,根系的吸收功能明显下降。

③大树形体高大,枝叶的蒸腾面积大,为使其尽早发挥绿化效果和保持其原有优美姿态而多不进行过重截枝。加之根系距树冠距离长,给水分的输送带来一定的困难,因此大树移植后难以尽快建立地上、地下的水分平衡。

④树木大,土球重,起挖、搬运、栽植过程中易造成树皮受损、土球破裂、树枝折断,从而危及大树成活。

(2)树木选择   移植的大树其绿化装饰效果和栽植后的生长发育状况,很大程度上取决于大树的选择是否恰当。一般应按照下列要求选择移植的大树:

①能适应栽植地点的环境条件,做到适地适树。

②形态特征合乎景观要求。应该选择合乎绿化要求的树种,树种不同则形态各异,因而它们在绿化上的用途也不同。如行道树,应考虑选择干直、冠大、分枝点高,有良好的庇荫效果的树种,而庭院观赏树中的孤立树就应讲究树姿造型。

③幼、壮龄大树生长健壮,无病虫害和机械损伤。

④原环境条件要适宜挖掘、吊装和运输操作。

⑤如在森林内选择树木,必须选疏密度不大的林分中,且最近5~10年生长在阳光下的树,则易成活,树形美观、装饰效果佳。应尽量避免挖掘森林内的树木,以免破坏生态环境。

选定的大树,用油漆或绳子在树干胸径处做出明显的标记,以利识别选定的单株和栽植朝向;同时,要建立登记卡,记录树种、高度、干径、分枝点高度、树冠形状和主要观赏面,以便进行分类和确定栽植顺序。

## 8.3.3   大树移植的时间

严格说来,如果掘起的大树带有较大的土块,在移植过程中严格执行操作规程,移植后又注意养护,那么,在任何时间都可以移植大树。但在实际中,最佳移植大树的时间是早春。在春季树木开始发芽而树叶还没有全部长成以前,树木的蒸腾还未达到最旺盛时期,这时候,进行带土球的移植,缩短土球暴露在空间的时间,移植后进行精心的养护管理也能确保大树的存活。

盛夏季节,由于树木的蒸腾量大,此时移植对大树的成活不利,在必要时可采取加大土球,加强修剪、遮阴的措施,尽量减少树木的蒸腾量,也可以成活。但在北方的雨季和南方的梅雨期,由于空气中的湿度较大,因而有利于移植,可带土球移植一些常绿树种。

深秋及冬季,从树木开始落叶到气温不低于-15 ℃这一段时间,也可移植大树。此期间,树木虽处于休眠状态,但是地下部分尚未完全停止活动,故移植时被切断的根系也能在这段时间进行愈合,给来年春季发芽生长创造良好的条件。

## 8.3.4   大树移植前的准备工作

### 1)切根处理

通过切根处理,促进侧须根生长,使大树在移植前即形成大量可带走的吸收根。这是提高

移植成活率的技术关键,同样也可以为施工提供方便条件。常用的切根方法有两种:

(1)多次移植  主要适用于专门培养大树的苗圃。一般在培育期间,速生树种的苗木可在头几年每隔1~2年移植一次,待胸径达6 cm以上时,每隔3~4年再移植一次。而慢生树种待其胸径达3 cm以上时,每隔3~4年移植一次,长到6 cm以上时,则隔5~8年移植一次,这样树苗经过多次移植,大部分的须根都聚生在一定的范围,再移植时,可缩小土球的尺寸和减少对根部的损伤。

(2)缩坨断根法(回根法)  适用于一些野生大树、具有较高的观赏价值或珍稀名贵树木的移植。一般是在移植前1~3年的春季或秋季,以树干为中心,2.5~3倍胸径为半径或以较小于移植时土球尺寸为半径划一个圆或方形。再在相对的两面向外挖30~40 cm宽的沟(其深度则视根系分布而定,一般为50~70 cm),对较粗的根应用锋利的修枝剪或手锯,齐平内壁切断,如遇5 cm以上的粗根,为防大树倒伏,一般不切根而是在土球壁处行环状剥皮并涂抹20~50 mg/kg的生长素(萘乙酸等),促发新根。然后用沃土(最好是沙壤土或壤土)填平,分层踩实,

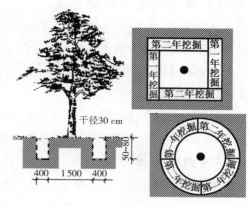

干径30 cm

400  1 500  400

图8.2  树木缩坨断根法

定期浇水,这样便会在沟中长出许多须根。到第二年的春季或秋季再以同样的方法挖掘另外相对的两面。到第3年时,在四周沟中均长满了须根,这时便可移走(图8.2)。挖掘时应从沟的外缘开挖,断根的时间可按各地气候条件有所不同。

图8.3  修剪后的大树

### 2)大树的修剪

为保持树木地下部分与地上部分的水分代谢平衡,减少树冠水分蒸腾,移植前必须对树木进行修剪(图8.3),修剪的方法各地不一,大致有以下几种:

(1)修剪枝叶  这是修剪的主要方式,凡徒长枝、交叉枝、下垂枝、病虫枝、干扰枝、枯枝及过密枝均应剪去。当气温高、湿度低、带根系少时应重剪;而湿度大,根系也大时可适当轻剪。此外,还应考虑到功能要求,如果要求移植后马上起到绿化效果的应轻剪,而没有把握成活的则重剪。在修剪时,还应考虑到树木的绿化效果。如毛白杨作行道树时,就不应砍去主干,否则树梢分叉太多,改变了树木固有的形态,甚至影响其功能。

(2)摘叶  这是细致费工的工作,适用于少量名贵树种,移前为减少蒸腾可摘去部分树叶,种植后即可再萌出树叶。

(3)摘心  此法是为了促进侧枝生长,一般顶芽生长的如杨、白蜡、银杏、柠檬桉等均可用此法促进其侧枝生长,但是如木棉、针叶树种都不宜摘心处理,故应根据树木的生长习性和要求来决定修剪方法。

(4)其他方法  如采用剥芽、摘花摘果、刻伤和环状剥皮等也可控制水分的过分损耗,抑制部分枝条的生理活动。

### 3) 编号定向

编号是当移栽成批的大树时,为使施工有计划地顺利进行,可把移植穴和要移栽的大树均编上一一对应的号码,使其移植时可对号入座,以减少现场混乱及事故。

定向是在树干上标出南北方向,使其在移植时按原方位栽下,以满足它对庇阴及阳光的要求。

### 4) 清理现场及安排运输路线

在起树前,应把树干周围 2 ~ 3 cm 以内的碎石、瓦砾堆、灌木丛及其他障碍物清除干净,并将地面大致整平,为顺利移植大树创造条件。然后按树木移植的先后次序,合理安排运输路线,以使每棵树都能顺利运出。

### 5) 支柱、捆扎

为了防止在挖掘时由于树身不稳、倒伏引起工伤事故及损坏树木,在挖掘前应对需移植的大树加支柱固定。固定用圆木的长度不定,底脚应立在挖掘范围以外,以免妨碍挖掘工作。

### 6) 工具材料的准备

根据不同的包装方法,准备所需的材料。

## 8.3.5　大树移植的方法

当前常用的大树移植挖掘和包装方法主要有以下几种:软材包装移植法、木箱包装移植法、移树机移植法、冻土移植法,下面将软材包装和木箱包装移植法做一简单介绍,其余方法大体相似。

### 1) 软材包装移植法

(1) 土球大小的确定　起掘前,要确定土球直径,对于未经切根处理的大树,可根据树木胸径的大小来确定挖土球的直径和高度。一般来说,土球直径为树木胸径的 7 ~ 10 倍,土球过大,容易散球且会增加运输困难,土球过小,又会伤害过多的根系以影响成活。实施过缩坨断根的大树,所起土球应在断根坨基础上向外放宽 10 ~ 20 cm。

(2) 土球的挖掘　挖掘前,先用草绳将树冠围拢,其松紧程度以不折断树枝又不影响操作为宜,然后铲除树干周围的浮土,以树干为中心,比规定的土球大 3 ~ 5 cm 划一圆,并顺着此圆圈往外挖沟,沟宽 60 ~ 80 cm,深度以到土球所要求的高度为止。

(3) 土球的修整　修整土球要用锋利的铁锹,遇到较粗的树根时,应用锯或剪将根切断,不要用铁锹硬扎,以防土球松散。当土球修整到 1/2 深度时,可逐步向里收底,直到缩小到土球直径的 1/3 为止,然后将土球表面修整平滑,下部修一小平底,土球就算挖好了。

(4) 土球的包装　土球修好后,应立即用草绳打上腰箍,腰箍的宽度一般为 20 cm 左右(图 8.4(a)),然后用蒲包或蒲包片将土球包严并用草绳将腰部捆好,以防蒲包脱落,然后即可打花箍:将双股草绳的一头拴在树干上,然后将草绳绕过土球底部,顺序拉紧捆牢。草绳的间隔在 8 ~ 10 cm,土质不好的,还可以密些。花箍打好后,在土球外面结成网状,最后再在土球的腰部密捆 10 道左右的草绳,并在腰箍上打成花扣,以免草绳脱落。土球打好后,将树推倒,用蒲包将底堵严,用草绳捆好,土球的包装就完成了(图 8.4(b))。

 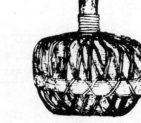

（a）打好腰箍的土球　　　　　　（b）包装好的土球

图8.4　土球包装

在我国南方，一般土质较黏重，故在包装土球时，往往省去蒲包或蒲包片，而直接草绳包装，常用的有橘子包（其包装方法大体如前）、井字包和五角包（图8.5）。

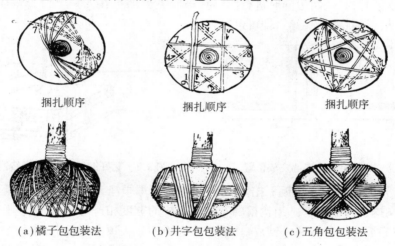

捆扎顺序　　　　　　　捆扎顺序　　　　　　　捆扎顺序

（a）橘子包包装法　　　　（b）井字包包装法　　　　（c）五角包包装法

图8.5　土球的包装方法

## 2）木箱包装移植法

对树木胸径超过15 cm，土球直径超过1.3 m以上的大树，由于土球体积、质量较大，如用软材包装种植，较难保证安全吊运，宜采用木箱包装种植法。这种方法一般用来种植胸径达15～25 cm的大树，少量的用于胸径30 cm以上的，其土台规格可达2.2 m×2.2 m×0.8 m，土方量为3.2 $m^3$。在北京曾成功地种植过个别的大桧柏，其土台规格达到3 m×3 m×1 m，大树移植后，生长良好。

（1）种植前的准备　种植前首先要准备好包装用的板材：箱板、底板和上板（图8.6），掘苗前应将树干四周地表的浮土铲除，然后根据树木的大小决定挖掘土台的规格，一般可按树木胸径的7～10倍作为土台的规格，具体可见表8.2，箱板的高度还可根据移植树种的根系特性加高。

图8.6　箱板图

（2）包装　包装种植前，以树干为中心，以比规定的土台尺寸大10 cm，划一正方形作土台的雏形，从土台往外开沟挖掘，沟宽60～80 cm，以便于人下沟操作。挖到土台深度后，将四壁修理平整，使土台每边较箱板长 5 cm。修整时,注意使土台侧壁中间略突出,以使上完箱板后,箱板能紧贴土台。土台修好后,应立即安装箱板。

表 8.2　土台规格

| 树木胸径/cm | 15 ~ 18 | 18 ~ 24 | 25 ~ 27 | 28 ~ 30 |
|---|---|---|---|---|
| 木箱规格(上边长×高)/m×m | 1.5×0.6 | 1.8×0.7 | 2.0×0.7 | 2.2×0.8 |

安装箱板时是先将箱板沿土台的四壁放好,使每块箱板中心对准树干,箱板上边略低于土台 1 ~ 2 cm 作为吊运时的下沉系数。在安放箱板时,两块箱板的端部在土台的角上要相互错开,可露出土台一部分(图8.7),再用蒲包片将土台角包好,两头压在箱板下。然后在木箱的上下套好两道钢丝绳。每根钢丝绳的两头装好紧线器,两个紧线器要装在两个相反方向的箱板中央带上,以便收紧时受力均匀(图8.8)。

紧线器在收紧时,必须两边同时进行。箱板被收紧后即可在四角上钉上铁皮 8 ~ 10 道,钉好铁皮后,用 3 根杉稿将树支稳后,即可进行掏底。

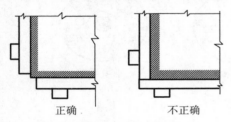

正确　　　不正确

图 8.7　两块箱板的端部安放位置

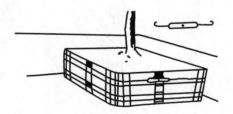

图 8.8　套好钢丝绳、安好紧线器准备收紧

掏底时,首先在沟内沿着箱板下挖 30 cm,将沟土清理干净,用特制的小板镐和小平铲在相对的两边同时掏挖土台的下部。当掏挖的宽度与底板的宽度相符时,在两边装上底板。在上底板前,应预先在底板两端各钉两条铁皮,然后先将底板的一头顶在箱板上,垫好木墩。另一头用油压千斤顶顶起,使底板与土台底部紧贴。钉好铁皮,撤下千斤顶,支好支墩。两边底板钉好后即可继续向内掏底(图8.9)。要注意每次掏挖的宽度应与底板的宽度一致,不可多掏。在上底板前如发现底土有脱落或松动,要用蒲包等物填塞好后再装底板,底板之间的距离一般为 10 ~ 15 cm,如土质疏松,可适当加密。

图 8.9　从两边掏底

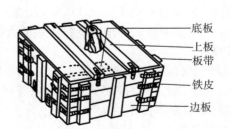

底板
上板
板带
铁皮
边板

图 8.10　木板箱整体包装示意图

底版全部钉好后,即可钉装上板。钉装上板前,土台应满铺一层蒲包片。上板一般两块到 4 块,某方向应与底板垂直交叉,如需多次吊运,上板应钉成井字形,木板箱整体包装示意图(图8.10)。

### 3) 机械移植法

近年来在国内产生一种新型的植树机械,名为树木种植机(Tree Transplanter),又名树铲(Tree spades),主要用来种植带土球的树木,可以连续完成挖种植穴、起树、运输种植等全部种植作业。

树木种植机分自行式和牵引式两类,目前各国大量发展的都为自行式树木种植机,它由车辆底盘和工作装置两大部分组成。车辆底盘一般都是选择现成的汽车、拖拉机或装载机等,稍加改装而成,然后再在上面安装工作装置:包括铲树机构、升降机构、倾斜机构和液压支腿4部分(图8.11)。铲树机构是树木种植机的主要装置,也是其特征所在,它有切出土球和在运移中作为土球的容器以保护土球的作用。树铲能沿铲轨上下移动。当树铲沿铲轨下到底时,铲片曲面正好能包容出一个曲面圆锥体,这也就是土球的形状。起树时通过升降机构导轨将树铲放下,打开树铲框架,将树围合在框架中心,锁紧和调整框架以调节土球直径的大小和压住土球,使土球不致在运输和移植过程中松散。切土动作完成后,把树铲机构连同它所容纳的土球和树一起往上提升,即完成了起树动作。

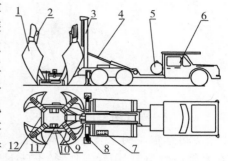

**图8.11　树木移植机结构简图**
1—树铲;2—铲轨;3—升降机构;
4—倾斜机构;5—水箱;6—车辆底盘;
7—液压操纵阀;8—液压支腿

倾斜机构是使门架在把树木提升到一定高度后能倾斜在车架上,以便于运输。液压支腿则在作业时起支承作用,以增加底盘在作业时的稳定性和防止后轮下陷。

树木移植机的主要优点是:

①生产率高,一般能比人工提高5~6倍以上,而成本可下降50%以上,树木径级越大效果越显著。

②成活率高,几乎可达100%。

③可适当延长移植的作业季节,不仅春季而且夏天雨季和秋季移植时成活率也很高,即使冬季在南方也能移植。

④能适应城市的复杂土壤条件,在石块、瓦砾较多的地方作业。

⑤减轻了工人劳动强度,提高了作业的安全性。

目前我国主要发展3种类型移植机,即a.能挖土球直径160 cm的大型机,一般用于城市园林部门移植径级20 cm以下的大树。b.挖土球直径100 cm的中型机,主要用于移植径级12 cm以下的树木,可用于城市园林部门、果园、苗圃等处。c.能挖60 cm土球的小型机,主要用于苗圃、果园、林场、橡胶园等移植径级6 cm左右的大苗。

## 8.3.6　大树的吊运

(1)起吊　大树挖掘包装后,就要装车运输,无论装卸都离不开起吊。因此起吊是其中关键的环节。目前,大树的吊运主要通过起重机吊运和滑车吊运,在起吊的过程中,要注意不能破坏树形、碰破树皮,更不能撞破土球(图8.12和图8.13)。

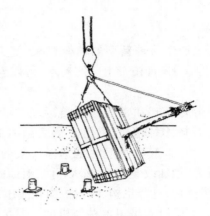

图 8.12　土球吊运　　　　　　　图 8.13　土箱吊运

（2）运输　树木装上汽车时，使树冠向着汽车尾部，土球靠近司机室，树干包上柔软材料放在木架或竹架上，用软绳扎紧，土球下垫一块木衬垫，然后用木板将土球夹住或用绳子将土球缚紧于车厢两侧。通常一辆汽车只装一株树，在运输前，应先进行行车道路的调查，以免中途遇故障无法通过（图 8.14）。

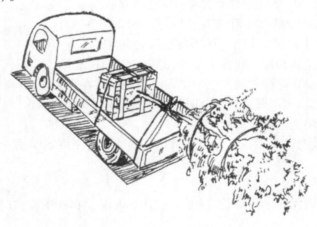

图 8.14　大树运输

## 8.3.7　大树的栽植

### 1）定植的准备工作

在栽植前应首先要进行场地的清理和平整，然后按设计图纸的要求进行定点放线，在挖移植穴时，要注意穴的大小应根据树种及根系情况、土质情况等而有所区别，一般应在四周加大 30~40 cm，深度应比木箱大 20 cm，土穴要求上下一致，穴壁直而光滑，穴底要平整，中间堆一20 cm 高的肥沃土壤土堆。由于城市广场及道路的土质一般均为建筑垃圾、砖瓦石砾，对树木的生长极为不利，因此必须进行换土和适当施肥，以保证大树的成活和有良好的生长条件，换土时用 1:1 的肥沃泥土和黄沙混合均匀施入穴内。

**2）卸车**

树木运到工地后要及时用起重机卸放，一般都卸放在栽植穴旁或直接放入穴内，若暂时不能栽下的则应放置在不妨碍其他工作进行的地方。

卸车时用大钢丝绳从土球下两块垫木中间穿过，两边长度相等，将绳头挂于吊车钩上，为使树干保持平衡可在树干分枝点下方拴一大麻绳，拴绳处可衬垫草，以防擦伤。大麻绳另一端挂在吊车钩上，这样就可把树平衡吊起，土球离开车后，速将汽车开走，然后移动吊杆把土球降至事先选好的位置。

**3）栽植**

将大树轻轻地斜吊放置到早已准备好的种植穴内，撤除缠扎树冠的绳子，并以人工配合机械，将树干立起扶正，初步支撑。树木立起后，要仔细审视树形和环境的关系，转动和调整树冠的方向，使树姿和周围环境相配合，并应尽量地符合原来的朝向。然后，撤除土球外包扎的绳包或箱板，分层填土分层筑实，把土球全埋入地下。在树干周围的地面上，也要做出拦水围堰。最后，要灌一次透水。

**4）移植后的养护管理**

移植大树以后必须进行养护管理，一般采取的措施有：

（1）支撑树干　刚栽上的大树特别容易歪倒，要设立支架，把树牢固地支撑起来确保大树不会歪斜。支撑架桩以正三角形桩最为稳固，上支撑点应在树高的2/3处为宜，并加保护层，以防伤皮。

（2）树干包扎　为了保持树干的湿度，减少树皮蒸腾的水分，要对树干进行包裹。裹干时可用浸湿的草绳从树基往上密密地缠绕树干，一直缠裹到主干顶部。接着，再将调制的黏土泥浆厚厚地糊满草绳子裹着的树干。每天早晚对树冠喷水一次，喷水时只要叶片和草绳湿润即可，不可喷水时间过长或水滴过大，以免水分大量落入土壤，造成土壤过湿而影响根系呼吸。

（3）浇水　栽植后要立即浇一次透水，采取小水慢浇方法，必要时可用木棍插引水洞，边浇边反复插，确保定根水流向根的底部并浇透。以后要经常检查，视土壤干湿情况酌情浇水。

（4）地面处理　在栽后浇完第3次水后，即可撤除浇水土埂，并将土壤堆积到树下成小丘状，以后经常疏松树下土壤，改善土壤的通透性。也可在树干周围种植地被植物，如细叶麦冬、马蹄金、白三叶、红花酢浆草等。

（5）搭棚遮阴　大树移植初期或在高温干燥的季节，要搭遮阴棚来降低大树周围的温度，减少水分的蒸发，或在中午高温时向树冠喷雾。

（6）其他方法　如通过及时病虫害防治、采取各种方法促发新根、抹芽去萌、施肥等措施促进大树的健康生长。

**5）促进大树移植成活的有关措施和注意事项**

大树移植是园林种植施工中难度较大的栽植工程，费工且费用也大，所以确保大树移植成活尤为重要，因此移植过程中必须认真做好每一道环节并设法采取各项有力措施。

①对于需要强度修剪的大树，应尽量在移植前15～30 d进行修剪，并对3～5 cm以上口径的伤口进行保护。这样既可避免移植时树体损伤太重，树势过弱而难以成活，又可防止移植前伤口处萌发大量细嫩枝条。

②树木挖掘时，粗根必须用锋利的手锯或枝剪切断，然后用利刀削平切口，并用0.2%～0.5%

的高锰酸钾涂抹伤口。这样有利于根系伤口的快速愈合并防止愈合前出现腐烂。

③在离种植穴 0.5～1.0 m 处开 1～2 个暗沟或盲沟,沟宽 40～50 cm,沟深要超过种植穴深度。目的在于雨季排走地表径流,降低地下水位,排除种植穴土壤的过多水分。

④大树移植前 1～2 d,用 50 mg/kg 的赤霉素、萘乙酸、吲哚丁酸或 1～2 号 ABT 生根粉溶液喷洒树冠枝叶;或者将这些溶液作为定根水浇灌,有利于大树成活。如果采用裸根移植,更应将根系在上述溶液中浸泡数小时。

⑤秋后及时撤除包扎在树干上的腐烂草绳,然后立即涂刷白涂剂,防止在喷水和包扎的湿润环境下的树皮出现冬季溃烂而使树木第二年死亡。

# 8.4　草坪种植

草坪是园林地表绿化的主要形式,在园林用地平面上的绿化量中,草坪绿化占据了主要的份额。草坪又是园林景观的重要构成部分,常常作为园林色彩构图中最重要的"底色"、基调色而参与造景。在现代园林绿地景观构成中,草坪已经成为不可缺少的一种要素。

草坪建植,是指利用人工的方法建立起草坪地被的综合技术,在园林绿化工程中是必不可少的一项内容,往往在乔灌木种植完成后进行。适合于我国大多数地区种植的常见冷地型草坪草有高羊茅、紫羊茅、翦股颖、早熟禾、黑麦草等,暖地型草坪草有狗牙根、结缕草、野牛草、钝叶草、地毯草、狼尾草等。

## 8.4.1　选择草坪建植的适宜时期

选择合适的时期种植草坪草,可提高草坪草的发芽率,提前发挥绿化效果。不同草种适宜的种植期有所差别,如表 8.3 所示。

表 8.3　草坪播种与种植的适宜期

| 繁殖方法 | 草种类型 | 常见草种 | 适宜种植时期 | | 备注 |
| --- | --- | --- | --- | --- | --- |
| | | | 春 | 秋 | |
| 播种 | 冷地型草坪草 | 高羊茅、翦股颖、早熟禾、黑麦草等 | 5—6 月 | 8 月下旬—9 月 | 秋播好 |
| | 暖地型草坪草 | 狗牙根 | 4—6 月 | 8 月下旬—9 月上旬 | 春播好 |
| 营养体 | 冷地型草坪草 | 翦股颖 | 3 月下旬—5 月 | 8 月下旬—10 月 | 不宜春播 |
| | 暖地型草坪草 | 狗牙根、结缕草等 | 3—6 月上旬 | 8 月下旬—9 月 | 如果水分充足,夏季种植好 |

## 8.4.2　准备草坪基床

草坪基床准备包括基床清理、翻耕、平整、土壤改良和排灌系统安装等技术环节。

**1）场地清理**

要清除草坪基床地上的建筑渣土、重度污染土、各种废弃物及树兜、草根等杂物，使草坪种植地达到"三通一平"要求，即做到水源接通、电源接通、施工道路畅通和草坪地面的初步整平。

**2）耕与平整**

土壤翻耕的深度不得低于 0.3 m，可用犁地或旋耕方式操作，然后再用钉耙把土块打碎。翻耕过程中如发现树根、草根、石砾、碎砖等应随即清除。土壤翻耕最好是在秋季和冬季较为干燥的时期进行，以确保土壤在冷冻作用下自然碎裂，也有利于有机质的分解。

不管是自然起伏草坪还是平坦草坪，土壤翻耕后要确保基床表面平整，平坦地应有 3% 左右的坡度，排除积水。如果土壤厚度不够，需要采取客土补充。

**3）土壤改良**

理想的草坪土壤是结构适中、土层深厚、排水性好、pH 值在 5.5 ~ 6.5。如果土壤不适，需要对表土进行改良。土壤改良一般不宜采用像沙那样的单质，通常使用的是合成的改良剂，如泥炭、锯屑、石灰粉等。对于很松散的沙土，则应掺入适当黏土。

**4）排灌系统安装**

自然缓坡草坪一般采用地表排水，在低凹处可设置排水沟，流向市政排水管或周边河道。地形平坦的草坪，如足球场等，可设置沙槽地面排水系统，一般沟宽 6 cm，深 25 ~ 37.5 cm。

**5）施基肥**

在肥料中，磷肥有助于草坪草根系的生长发育，钾肥有助于草坪草越冬，氮肥有助于叶子的生长。这 3 种元素可做成混合肥或复合肥使用，如每平方米草坪，在建植前可施含量为 5 ~ 10 g 硫酸铵，30 g 过磷酸钙，15 g 硫酸钾混合做基肥。若草坪在春季建植，氮肥施量可适当增大。

## 8.4.3　草坪建植

草坪的建植方法主要有播种法、草皮及植生带铺植法和草茎撒播法、草苗栽种法等。

**1）播种法**

采用播种法培植草坪的工作环节主要有选种、种子处理、确定播种量、进行播种等。在施工中要按照先后顺序分步进行。

（1）选种　草种质量是草坪建植成败的重要影响因素。选购草种时主要应注意种子的纯度和发芽率两个方面。选购的种子应当尽量少含草屑、泥沙等杂质，其纯度应在 90% 以上。种子要新鲜，又要充分成熟的，发芽率必须保证在 50% 以上。

（2）种子处理　为了提高种子质量，降低种子霉变和丧失发芽力的可能性，对选购的种子应当进行处理。种子处理方法有下列 3 种：

①流水冲洗：买来的种子含泥沙杂质较多的时候，可在缓缓流水中进行淘洗，淘净泥沙，冲走枯叶草秆；然后滤掉水分，摊放阴处将种子晾干。这样，可以提高种子的纯度。

②化学药剂处理：主要是用化学药剂溶液对种子进行杀菌消毒处理。杀菌消毒可用普通的低浓度杀菌农药，但用碱水浸泡清洗种子进行杀菌处理要经济简便得多。例如结缕草的种子用 0.5% NaOH 溶液浸泡 48 h，便有很好的杀菌效果。用碱水浸泡种子之后，再用清水稍加漂洗，滤掉水分，摊放晾干即可用于播种。

③机械揉搓：草坪草种多数属于禾本科，其种子的外稃、内稃呈硬壳状包在种子外，播种前一般都要以人工进行揉搓处理，搓掉硬壳，使种子脱粒，并以风簸除掉种壳，提高种子纯度。

（3）播种时间　草坪播种的时间范围比较宽泛，在春季至初夏和秋季都可以进行。在夏季并不最热的其他时候和冬季不是最冷的时候也都可酌情播种，只要播种时的温度与草种需要的发芽温度基本一致就可以。

（4）播种量　草坪的播种量应根据草种类别、种子纯度和发芽率而定，一般为 15～35 g/m²，实际播种量可在每平方米播种 15 g、20 g、25 g、30 g、35 g 这些数据中选用（表 8.4）。播种时种子用量与草坪幼苗生长的关系很密切。一般规律是，种子纯度低和发芽率低的，播种量应多一些；反之则可少一些。需要草坪更早形成较大盖度和绿化效果时，播种量也可多一些。

表 8.4　常见草坪种子的播种量和播种期

| 草　种 | 播种量/(kg·m⁻²) | 播种期 |
|---|---|---|
| 狗芽根 | 0.01～0.015 | 春 |
| 高羊茅 | 0.015～0.025 | 秋 |
| 黑麦草 | 0.02～0.03 | 春和秋 |
| 早熟禾 | 0.01～0.015 | 秋 |
| 翦股颖 | 0.005～0.01 | 秋 |

（5）草坪的混播　混合草坪是采用 2～3 个草种混合播种培植的，在草种之中，必须有 1～2 个主要草种，其他的则为保护草种。主要草种的生长较慢，但绿化效果稳定而长久；保护草种发芽和生长速度快。能很快形成较大的盖度，易于形成草坪早期的绿化效果。例如以多年生黑麦草、高羊茅、紫羊茅按 4∶3∶3 的种子混合比例混播培植的草坪中，是以高羊茅、紫羊茅为主要草种，以多年生黑麦草为保护草种。在草坪培植初期的 2～3 年内，黑麦草迅速生长。很快使草坪出现良好的绿化效果。在黑麦草的保护下，羊茅类草种缓慢发芽。经过 2～3 年生长之后才进入旺盛生长期，呈现稳定而持久的绿化效果，而这时黑麦草生长势渐趋衰弱，最后被羊茅完全取代。

（6）播种方法　草坪的播种方法主要有撒播、条播和喷播等，具体方法如下所述：

①撒播：应在播种前一天对草坪种植地灌透水，使水分完全渗透开后的土壤保持适度的湿润状态，然后才进行播种。播种时，先用细齿钉耙将草坪种植地的表土耙松耙细，再用 2～3 倍稍湿润的河沙与种子充分混合，连沙带种一起进行撒播，这样可使播种更均匀。为使撒播均匀，可按照回纹式或往复式路线进行撒播。如图 8.15（a）所示，即为回纹式撒播路线。按这种路线撒播应从草坪边缘开始，沿着周边撒播一圈之后再进入草坪内部几个圈层的撒播，使撒播路线

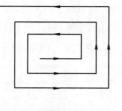
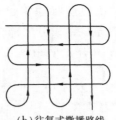

（a）回纹式撒播路线　　　　　　　（b）往复式撒播路线

**图8.15　撒播路线**

呈由外向内的回纹状。

图8.15（b）所示表示往复式撒播路线。播种时，先在一个方向上作来回往复式撒播，使整个草坪都撒播一遍之后，再掉转90°，在另一个方向上往复式撒播直至第二遍撒播完成。

也可先把草坪划分成宽度一致的条幅，称出每一幅的用种量，然后一幅一幅地均匀撒播；每一幅的种子都适当留一点下来，以补足太稀少处。草坪边缘和路边地带，种子撒播可以适当密集一些。草籽均匀撒播后，用细齿钉耙反复轻耙表土使草籽进一步与土壤均匀混合。然后将整个草坪的表土都踩压或轻轻碾压一遍，再采用细孔喷水壶以人工方式进行喷洒浇水；也可用遥控器打开喷灌系统，以喷灌方式对草坪浇一次透水，但要注意不能浇水过多，不能产生地表径流。

②条播：在草坪上按一定间距开浅沟，并在沟中播种草籽的方式就是条播。草坪种植地土面经过整平之后，按沟宽15~20 cm，沟深5~10 cm，沟距15 cm开浅沟，并将沟底土面刮平。然后将混沙的草籽均匀撒入浅沟中，再撒一层细土约1 cm厚，轻轻踩实、碾压，最后浇一次透水。

③喷播：也叫喷浆播种，是用喷浆机将草籽喷洒在坡地土面培植护坡草坪的一种方式。喷播方式特别适于常规播种方式无法进行的陡坡地或岩石坡面。其方法是：首先用掺加有保湿抗蒸发药剂的营养土，与水充分混合成稠度稍大的稀泥浆，再加进准备好的草籽，搅拌至完全均匀；然后再以喷浆机喷洒到岩石陡坡表面，作紧贴状。喷浆播种最好在无雨的阴天或在太阳落山之后进行，要避免喷浆被很快晒干。

### 2）铺设法

是用草皮块直接铺设在草坪种植地土面，能够最快地培植出绿化效果良好的草坪。草坪培植中的铺设法具体可分为全铺法、密铺法、间铺法、点铺法和植生带铺设法等5种方式。

（1）全铺法　即用草皮块不留缝隙地满铺覆盖草坪种植地的一种草坪培植方法。这种方法可以最快地、立竿见影地造出草坪的绿化效果。全铺法既可采用普通的草皮进行铺植，也常采用专门在工厂中生产的植生带（草坪卷）作为铺植材料。植生带是在富含营养物质的一种无纺布上进行播种，并在工厂车间的恒温条件下发芽、出苗而形成的长带状的草皮卷。其出厂规格为：幅宽1 m，每卷长10 m、20 m或25 m；其面积可为：每卷10 m²、20 m²、25 m²等。采用植生带铺植草坪时，在预先整平耙细的种植地土面上，将植生带直接满铺在地面，带与带之间紧贴对齐，不留缝隙。铺好后用细土撒布覆盖约1 cm厚，并稍稍碾压，然后喷水透底即可，如图8.16（a）所示。

（2）密铺法　密铺法是利用规则形状的草皮块按照比较小的间距铺植成草坪的一种方法。其草皮块一般可切成规则的正方形或长方形，每一草块的规格常为30 cm×30 cm或30 cm×40 cm。铺设草皮时，最好在整平整细的草坪土面先居中挂上纵横两道直线，以挂线为准，按3~5 cm的间距整齐地铺设草皮块，如图8.16（b）所示。

（3）间铺法　这种方法是以较大间距铺设草块，或以草块宽度作为铺设间距的草坪铺植方法,如图8.16(c)所示。草块形状通常也是矩形或方形,规格可为 25 cm × 30 cm、30 cm × 40 cm、30 cm × 30 cm。其草块铺设分为铺块式和梅花式两种。铺块式的草块与草块之间采用 20 ~ 30 cm 间距,而梅花式采用的间距更大些,是以草块边长作为铺植间距的。

(a)全铺法　　　　(b)密铺法　　　　(c)"梅花"式间铺法

**图8.16　草坪铺植方式**

(4)点铺法　这是采用小块状草皮以点状栽植铺设草坪的方法。草块大小采用 5 cm × 5 cm,按直线式的矩形栽植,或按直线式的三角形栽植,草块间距3 ~ 5 cm。每一个小草块栽植好后,要踩实,然后再洒水浇灌。

### 3)栽种法

是以直接栽草的方式培植草坪,主要有草苗栽植与草茎栽植两种方法。

(1)草苗栽植　直立型生长的草种可以直接采用单棵草苗栽种的方法。栽植时,将草苗按单株或两三株为一小丛分开,在整平的土面均匀地栽植,株行距 3 cm × 3 cm、3 cm × 4 cm、4 cm × 4 cm、4 cm × 5 cm 或 5 cm × 5 cm。栽植深度以土面盖住根蔸为准。栽好之后可稍作碾压,使根蔸与土壤密切接触,并且立即浇水。

(2)草茎栽植　对狗牙根、结缕草、匍茎翦股颖等具匍匐茎的草种,可采用草茎栽植法。其方法是:首先将草皮撕开拆散,用刀剁成5 ~ 10 cm 长的节段,将草茎节段尽可能均匀地撒播在整平耙细的草坪地面;然后在其上面撒一层厚约2 cm 的细土,再用小碾子滚压一遍;最后喷水浇灌。

## 8.4.4　草坪养护管理

草坪建成之后,必须进行日常管理和养护,才能维持草坪效果至一个比较长的时期。当草坪出现逐渐衰老现象时,也要及时进行复壮或更新。就草坪的日常养护管理来说,主要有浇水、施肥、修剪、除杂草、滚压、打孔、松土等工作。其具体的养护管理技术及工作内容可见下述:

### 1)浇灌

水分管理是草坪养护管理的一个主要工作内容,直接关系到草坪植物群落的生长、发育和草坪的绿化效果。在水分管理方面要掌握好的问题有浇灌方式、浇灌时间和浇灌水量3个方面。

(1)浇灌方式　草坪浇灌主要采取地表漫灌和喷灌两种形式。地表漫灌适宜在地势较低的单坡面地形条件下。灌溉时,将橡胶软水管的管口平放草坪地势最高处,打开阀门进行灌溉。喷灌可采用以地埋式喷头为主的自动喷灌系统,也可采用以旋转喷头为主的普通固定式喷灌系统。

(2)灌水时间　普通固定式喷灌系统的灌水时间安排,分为常规浇灌和年度浇灌两种形式。常规浇灌是采用定期浇灌的方法,在春夏季节为每月3 ~ 6次,秋冬季节为每月1 ~ 3次,冬季严寒有冰冻时应停止浇灌。年度浇灌,则是在每年春季草叶返青之前和秋季草坪枯黄之时各灌水一次。返青前集中灌水一次,可以保证草苗发芽、长叶的水分需要。枯黄时灌透水一次,能使草坪土地和草苗体内都储备一定水分,做好入冬的准备。草坪上安装有自动喷灌系统,则喷水时间由喷灌系统自动控制,不需人为确定。

(3)灌水量 不论地表漫灌、普通喷灌还是自动喷灌,都以土壤湿透、不产生地表径流为标准。因此,土壤干旱时灌水量较大些,土壤稍旱时灌水量就要小一些。

### 2)修剪

草坪管理中第二个最主要的经常性工作就是修剪。修剪可以控制草的生长高度,使草坪外观整齐美观;也能促进草棵多分蘖,使草坪生长更茂密。对草坪修剪工作的主要技术要求如下:

(1)修剪工具 地形变化较大、面积较小的草坪,用两轮的手扶式剪草机修剪;地势平坦、地形变化小、面积比较大的草坪,可用四轮的车式剪草机进行修剪操作。

(2)修剪时间 在草叶长到规定剪留高度的 1.5~2 倍高时,即可进行修剪。草坪的规定剪留高度一般为 5 cm,因此当草长到 8~10 cm 高时,就可以修剪了。

(3)修剪要求 修剪时,剪草机行驶速度不要太快,最好匀速行驶,使草坪各处修剪程度保持一致;同时也要注意不留漏剪的草皮,特别是在草坪边缘、死角、转弯处,都要尽量剪到。观赏要求高的草坪,在边缘部分修剪时,可用草皮切边机进行切边修剪,使草坪边缘线条挺直、清晰、整齐。

### 3)除杂草

杂草也是草坪养护管理的一项常规工作。杂草的生命力往往特别强,草坪上的杂草如不及时除掉,就会严重影响草坪草种的繁衍与生长,最后可能逐步侵占整个草坪。

### 4)滚压

所用草种若是具有匍匐茎的草类,如结缕草、天鹅绒草、匍茎翦股颖、狗牙根等,在适当的时候对草坪进行踩踏、轻压处理,可以使匍匐茎贴近土面,有利于生根发叶,使草坪生长更加茂密。

### 5)施肥

草坪建成一两年之后,原有土壤的肥力水平会逐渐下降,土壤的瘦瘠化将会影响草坪草的旺盛生长。这时应当追施肥料,补充草坪土壤的肥分。草坪施肥主要用化学肥料,如尿素、磷酸二氢钾、过磷酸钙及其他复合型肥料。通常采用撒施和根外追肥两种方式对草坪施肥。

### 6)表施土壤

草坪使用一段时间之后,随着一茬一茬的萌发、修剪、再萌发、再修剪,在贴近地面部分就会留下一个老茎层或枯草层。这个层次的草茎萌发能力大大减弱,常显枯黄的草皮景象,也不太美观。针对这种情况,可以采用表施土壤的方法来增强其萌发能力,减少枯黄现象。

### 7)松土通气

草坪使用时间较长之后,表土变得较为板结、瘦瘠,通气性很差,对草根、草叶的生长影响很大。这时应当进行松土操作,改善土壤的透气性能。

## 8.5 水生植物种植

水生植物,不仅起到调节气候,净化水质,解决园林中蓄水、排水、灌溉和创设多种水上活动的良好条件,而且在园林景观上也能起到重要作用。水生植物的茎、叶、花、果都有观赏价值,种植水生植物可打破水面的平静,为水面增添情趣;可减少水面蒸发,改进水质。水生植物生长迅速,适应性强,栽培粗放,并可提供一定的副产品,如莲藕、慈姑、荸荠等。

## 8.5.1 水生植物种植方法

水生植物应根据不同种类或品种的习性进行种植。在园林施工时,种植水生植物通常有两种方法:

### 1)植床种植

水池建造时,在适宜的水深处用砖或混凝土砌筑成种植床(图8.17),铺上至少15 cm厚的培养土,再将水生植物植入土中。大面积种植可用耐水湿的建筑材料作水生植物种植床,把种植地点围起来,可以控制植物生长。

图8.17 植床种植水生植物        图8.18 容器种植水生植物

### 2)容器种植

容器种植是将水生植物预先种在选好的容器中,再将容器沉入水中。在较小的水域中,这种方法往往更为常用,因为移动容器方便,例如北方冬季须把容器取出来收藏以防严寒;在春季换土、加肥、分株的时候,作业也比较灵活省工。而且,这种方法能保持池水的清澈,清理池底和换水也较方便。

用容器种植水生植物,首先要选好种植器。一般选用瓦缸(图8.18)、木箱、竹篮、柳条筐等,一年之内不致腐烂。选用时应注意装土栽种以后,在水中不致倾倒或被风浪吹翻。一般不用有孔的容器,因为培养土及其肥效很容易流失到水里,甚至污染水质。其次要选好种植土。可用干净的园土细细筛过,去掉土中的小树枝、杂草、枯叶等,尽量避免用塘里的稀泥,以免掺入水生杂草的种子或其他有害生物菌。以此为主要材料,再加入少量粗骨粉及一些缓释性氮肥。再次是安放好容器。不同水生植物对水深要求不同,容器放置的位置也不相同。一般是在水中砌砖石方台,将容器放在方台的顶托上,使其稳妥可靠。另一种方法是用两根耐水的绳索捆住容器,然后将绳索固定在岸边,压在石下。如水位距岸边很近,岸上又有假山石散点,要将绳索隐蔽起来,否则会影响景观效果。

## 8.5.2　种植密度

水生植物种植方法主要有片植、块植和丛植,其中片植与块植一般都需要满种,即竣工验收时要求设计全部覆盖设计的水面(水边地面)。

密度偏大主要出现在植物个体较大的水生植物,如斑茅、芡实、再力花、海寿花、红蓼、千屈菜、蒲苇、大慈姑、薏苡等。如在某施工图苗木表中标注的种植密度:芡实 25 株/m²,芡实一张叶子的直径可达 1.5 ~ 2.0 m,每株的营养面积在 4 m² 以上,如果按照上述设计,密度大了 100 倍。密度太大,不仅浪费苗木,而且由于植株的营养面积过小,种植后恢复时间延长,长势不良,同时形成通风条件差,光照也不好的环境,而导致病虫害发生,严重影响景观。

密度偏稀主要出现在植物个体较小的水生植物。尤其是莎草科、灯芯草科等叶子较小或退化成膜质、主要营养体和观赏部位都为直立茎(或称杆)的水生植物,如灯芯草、旱伞草等。密度偏稀,植物群体的种间竞争处于不利地位,易使杂草繁衍,给养护管理带来很大困难,影响保存率。如不及时采取其他措施,最后往往成为一片荒芜之地。

水生植物从分蘖特性大致可以分成三类:一类是不分蘖,如慈姑;第二类是一年只分蘖一次如玉蝉花、黄菖蒲等鸢尾科植物;第三类是生长期内不断分蘖,如再力花、水葱等。针对这些不同的差别,种植密度可有小范围的调整。不分蘖的和一年只分蘖一次但种植时已过分蘖期的则应种密,对第三类来说,可略为稀一些,但是竣工验收时必须要达到设计密度要求。

下面就常见的水生植物的种植密度建议如下:

(1)沉水植物　苦草 40 ~ 60 株/m²,竹叶眼子菜 3 ~ 4 芽/丛、20 ~ 30 丛/m²,黑藻 10 ~ 15 芽/丛、25 ~ 36 丛/m²,穗状狐尾藻 5 ~ 6 芽/丛、20 ~ 30 丛/m² 等。

(2)浮叶植物　睡莲 1 ~ 2 头/m²,萍蓬草 1 ~ 2 头/m²,荇菜 20 ~ 30 株/m²,芡实 1 株/4 ~ 6 m²,水皮莲 20 ~ 25 株/m²,莼菜 10 ~ 16 株/m²,菱 3 ~ 5 株/m² 等。

(3)浮水植物　水鳖 60 ~ 80 株/m²,大漂 30 ~ 40 株/m²,凤眼莲 30 ~ 40 株/m²,槐叶萍 100 ~ 150 株/m² 等。

(4)挺水植物　再力花 10 芽/丛、1 ~ 2 丛/m²,海寿花 3 ~ 4 芽/丛、9 ~ 12 丛/m²,花叶芦竹 4 ~ 5 芽/丛、12 ~ 16 丛/m²,香蒲 20 ~ 25 株/m²,芦竹 5 ~ 7 芽/丛、6 ~ 9 丛/m²,慈姑 10 ~ 16 株/m²,黄菖蒲 2 ~ 3 芽/丛、20 ~ 25 丛/m²,水葱 15 ~ 20 芽/丛、8 ~ 12 丛/m²,花叶水葱 20 ~ 30 芽/丛、10 ~ 12 丛/m²,千屈菜 16 ~ 25 株/m²,泽泻 16 ~ 25 株/m²,芦苇 16 ~ 20 株/m²,花蔺 3 ~ 5 芽/丛、20 ~ 25 丛/m²,马蔺 5 芽/丛、20 ~ 25 丛/m²,野芋 16 株/m²,紫杆芋 3 ~ 5 芽/丛、4 ~ 9 丛/m² 等。

(5)湿生植物　斑茅 20 ~ 30 芽/丛、1 丛/m²,蒲苇 20 ~ 30 芽/丛、1 丛/m²,砖子苗 3 ~ 5 芽/丛、20 ~ 25 丛/m²,红蓼 2 ~ 4 株/m²,野荞麦 5 ~ 7 芽/丛、6 ~ 10 丛/m²。

## 8.5.3　种植水生植物应注意的事项

①在水体中种植水生植物时,不宜种满一池,使水面看不到倒影,失去扩大空间作用和水面平静感觉;也不要沿岸种满一圈,而应该有疏有密,有断有续。一般在小的水面种植水生植物,

可以占1/3 左右的水面积,留出一定水中空间,产生倒影效果。

②种植水生植物时,种类的选择和搭配要因地制宜,可以是单纯一种,如在较大水面种植荷花等,同时可以结合生产;也可以几种混植,混植时的植物搭配除了要考虑植物生态要求外,在美化效果上要考虑有主次之分,以形成一定的特色,在植物间形体、高矮、姿态、叶形、叶色的特点及花期、花色上能相互对比调和。

③规则式水面上种植水生植物,多用混凝土种植台,按照水的不同深度要求分层设置,也可利用缸来种植,在规则式水面上可将水生植物排成图案,形成水上花坛。

# 8.6 草花种植

一般根据表现主题和植物配置不同,可将草花种植分为花坛式种植、花镜式种植、花台式种植、花丛式种植、花箱式种植、花钵式种植、花篮式种植等几种类型。其中花坛式种植形式较为复杂,内部草花的种植方法具有代表性。

花坛的种类比较多。在不同的园林环境中,往往要采用不同的花坛种类。从设计形式来看,花坛主要有盛花花坛(或叫花丛式花坛)、模纹花坛(包括毛毡花坛、浮雕式花坛等)、标题式花坛(包括文字标语花坛、图徽花坛、肖像花坛等)、立体模型式花坛(包括日晷花坛、时钟花坛及模拟多种立体物象花坛)等4 个基本类型。在同一个花坛群中,也可以有不同类型的若干个体花坛。要把花坛及花坛群搬到地面上去,就必须要经过定点放线、砌筑边缘石、填土整地、图案放样、花卉栽种等几道工序。

## 8.6.1 定点放线

由于花坛外围形状较为复杂,因此多采用网格法和目测法结合进行。根据设计图和地面坐标系统的对应关系,用测量仪器把花坛群中主花坛中心点坐标测设到地面上,再把纵横中轴线上的其他中心点的坐标测设下来,将各中心点连线即在地面上放出了花坛群的纵横轴线。据此可量出各处个体花坛的中心点,最后将各处个体花坛的边线放到地面上就可以了。

## 8.6.2 花坛边缘石砌筑

花坛工程的主要工序就是砌筑边缘石。放线完成后,应沿着已有的花坛边线开挖边缘石基槽:基槽的开挖宽度应比边缘石基础宽10 cm 左右,深度可在12~20 cm。槽底土面要整平、夯实;有松软处要进行加固,不得留下不均匀沉降的隐患。在砌基础之前,槽底还应做一个3~5 cm 厚的粗砂垫层,作基础施工找平用。

边缘石一般是以砖砌筑的矮墙,高15~45 cm。矮墙砌筑好之后,回填泥土将基础埋上,并夯实泥土。最后,按照设计,经水泥砂浆粉刷后用磨制花岗石石片、釉面墙地砖等贴面装饰,或者用彩色水唐石、干粘石米等方法饰面。

有些花坛边缘还可能设计有金属矮栏花饰,应在边缘石饰面之前安装好。矮栏的柱脚要埋入边缘石,用水泥砂浆浇注固定。待矮栏花饰安装好后,才进行边缘石的饰面工序。

## 8.6.3　花坛种植床整理

在花坛建好后,最好先填进一层肥效较长的有机肥作为基肥,然后才填进栽培土。一般的花坛,其中央部分填土应该比较高,边缘部分填土则应低一些。单面观赏的花坛,前边填土应低些,后边填土则应高些。花坛土面应做成坡度为 5% ~ 10% 的坡面。在花坛边缘地带,土面高度应填至边缘石顶面以下 2 ~ 3 cm;以后经过自然沉降,土面即降到比边缘石顶面低 7 ~ 10 cm 之处,这就是边缘土面的合适高度。填土达到要求后,要把上面的土粒整细,耙平,以备栽种花卉植物。

## 8.6.4　花坛图案放样

花坛图案放样要求也比较高。图形放样要准确,位置排列要对称、规则,并且相同图形单元的尺寸规格要一致,图样整齐、协调。因此在放样方法上就主要应采取下述 3 种:

(1)方格网放样法　这种方法适宜于大型、特大型的曲线图案花坛。先在设计图上按比例绘上方格网,然后将方格网相应地放大,在花坛种植床上划出方格网线。之后,再按照设计图样与方格网的对应关系,用河沙将图案纹样的轮廓边线在花坛床面上放出大样。

(2)模板放样法　是用预先制作的花坛图形单元的模板在花坛种植床上放样,这种方法最适用于中小型的曲线图案花坛。

(3)线框模板放样法　这种方法是采用钢筋或粗钢丝来制作线框式的图形单元模板。做线框式的钢筋模板之前,需要在地面先放出花坛单元图形的大样,再按地面大样的轮廓线弯扎钢筋,做成单元图形轮廓的大样模板。

## 8.6.5　花卉的栽植

花坛植物的栽植施工中最重要的是图案纹样的栽植,但也要注意使花苗在植株行距适合其植株冠幅的大小,做到疏密合理、植株分布整齐而均匀。

### 1)种植顺序

在普通的平面花坛内,各种花苗的栽植顺序都应当是:栽种者面向块状花坛的中央、带状花坛的后侧,从花坛中央向周边、从后侧向前缘,倒退着进行栽植操作。这是基本的栽植顺序。在具体栽植花坛内不同的色块、图案、纹样时,还要根据不同的花坛类别,按不同的顺序进行栽植。

(1)盛花花坛　总的顺序是从中央向周边倒退着栽植;但在进行具体的色块或简单图形栽植时,则应先栽色块或图形的轮廓线上的植株,后栽色块、图形内部的填充性植株。轮廓线上植株株距可适当小一点,植株之间要排列成整齐而清晰的线条。填充性植株则按正常株距,疏密均匀地栽满轮廓线以内的区域。

（2）模纹花坛　应先栽花坛内的主导性线条，其次栽植各局部图形、纹样的轮廓线，最后才栽植图形内部。在栽植主导性线条时或图形轮廓线条时，要根据设计的线条宽度，确定采用单行、双行或是多行栽种，并适当减小株行距，使植物线条栽植更紧凑、更密实一些，经过修剪以后即能够更整齐、清晰一些（图 8.19）。

**图 8.19　模纹花坛种植效果**

（3）标题式花坛　这类花坛的种植床一般为前低后高的单斜坡面型，是以文字、图徽为主要造型内容的花坛。栽植施工时。应先栽文字和图标、徽记部分，次栽植物镶边部分，最后栽植作为填底的植物部分。在栽植文字时，植株密度应大一些，也要栽得十分整齐。文字每一笔画的栽植都应从笔画周边轮廓开始，先栽轮廓。再填栽轮廓内的部分。图徽或其他表现一定思想意义的图形的栽植，也要坚持先栽周边轮廓部分，后栽中部填充部分的顺序。所有花坛植物及其图案纹样都栽植完之后，常常还要经过修剪、浇水，才能最终完成花坛施工工作。

### 2）栽植株行距

应按花坛的不同类别、不同种类花苗的实际冠幅大小和生长速度快慢来分别确定不同花苗的栽植株行距。一般草花的栽植株行距可在 15 cm×15 cm～40 cm×45 cm，花坛灌木的株行距可在 30 cm×30 cm～50 cm×60 cm，根据实际花卉种类情况选定。

### 3）栽植深度

花苗的栽植深度一般以根茎部位与种植床土面相平齐为好，但主要还看栽植后植株群体的顶面是否能够平齐，最终应以植物群体顶面相互平齐为准。植物顶面平齐，才显得规则整齐，才能充分展现花卉组成的色块、色带和图案纹样。所以在同种花苗实际栽植过程中，对某些高于一般植株的花苗，就要栽得深一些；而对略为矮些的植株，则要适当壅土，将其栽得高一点。目的都是使同种植物的群体顶面保持一致的高度，形成整齐的植物平面图案。

## 8.6.6　立体模型式花坛施工

立体模型式花坛是用各色植物覆盖在立体骨架表面而做成的植物景观立体形象。这类花坛中常见的造型有：亭、廊、塔等建筑物形象，景墙、长城等构筑物形象，孔雀、大象、熊猫、猴子、龙等动物形象,舟舫、汽车等交通工具形象,花瓶、花篮、宫灯等装饰性器物形象,以及日晷、时钟、日历等计时用具形象等。制作立体模型式花坛的主要工序是立体骨架的造型与制作,其次才是模型表面的植物覆盖性栽植。

(1)立体骨架制作  花坛采用立体模型式做法,其骨架应根据表面植物的两种不同栽植方式而分别采用两种不同的骨架结构类型。两种做法是:用营养袋花苗镶嵌、覆盖骨架表面时,采用全钢材骨架结构;用三色苋等草本植物在骨架上密集栽种并覆盖骨架表面时,则采用钢材泥床骨架结构。

①做全钢材骨架模型:按照设计的立体模型式花坛的造型,用角钢焊接成内部的承重构架,再用8~12 mm直径的钢筋弯扎、焊接成立体花坛的设计形体模型。再用6 mm直径钢筋从纵横两个方向编扎、焊接成方格网片,覆盖整个形体的表面,最后做成立体花坛的全钢材骨架模型。骨架模型表面的钢筋方格网片每一个方格的大小,以一个花苗营养袋能嵌入进去为准。

②做钢材泥床骨架模型:仍按设计的立体造型形象,用角钢焊接成内部的承重构架,然后用8~12 mm直径的钢筋编扎、焊接成立体模型的表面骨架。接下来再用网孔大小为20 mm×20 mm的钢丝网片捆扎、覆盖在骨架表面,基本做成立体模型骨架。为了栽种植物,要先在立体骨架的内表面用玻璃纤维布托起来,再将事先配制好的营养土泥浆涂抹在钢丝网片的两面,将钢丝网夹在其中,使泥浆层厚度达到3~5 cm,并将泥浆抹面层外表面抹平,就做成了钢材泥床骨架模型。

(2)模型表面植物栽植  立体模型式花坛的花卉植物都是栽植在模型表面的,是由不同颜色的植物密集栽种成立体模型表面的彩色线条、色块和图案,因此,模型表面植物的栽植就是立体模型式花坛制作中最重要的一个工作环节。在模型表面栽植植物的基本方法是下述两种:

①营养袋花苗覆盖性栽植:用带有黑色再生塑料营养袋的花苗,如四季海棠、何氏凤仙花或五色草等,按预定的花坛表面色彩图案组合方式,塞入骨架表面钢筋网片的一个个方格中,使其花苗能够密集而均匀地覆盖模型骨架的表面。操作时,要注意调整花苗顶面的高低状况,尽量使花苗群体表面做成平整的坛面;在骨架里面,要用细钢丝捆扎固定每一个营养袋,使之不松动。立体模型骨架表面全部用营养袋花苗覆盖完之后,再对花苗的顶面进行修剪,要剪平剪齐。

②普通花苗密集覆盖栽种:在钢材泥床骨架模型做好之后,按照先栽图案纹样后栽填底植物和自上而下的栽植顺序,将五色草花苗的根部插入骨架表面的泥浆层和钢丝网孔中,使花苗密集栽种、覆盖在立体模型骨架和泥床的表面。栽种时,要注意疏密均匀,高低相平,由不同颜色花苗栽植成的图案、线条要规则工整。立体花坛表面全部栽植完成后,对表面植物进行修剪,使植物顶面平整,线条清晰,图案整齐。立体模型式花坛表面植物及其图案栽植完成并修剪整齐之后,用细孔喷头从上到下地对整个花坛进行喷水,至叶面全部湿润为止。以后的管理工作中,对立体花坛的浇水最好也用喷洒的方式进行。

## 8.6.7　花坛的养护管理

花坛栽植完成后,要注意经常浇水保持土壤湿润,浇水宜在早晚时间中。花苗长到一定高度,出现了杂草时,要进行中耕除草,并剪除黄叶和残花。若发现有病虫滋生,要立即喷药杀除。如花苗有缺株,应及时补栽。对模纹、图样、字形植物,要经常整形修剪,保持整齐的纹样,不使图案杂乱。修剪时,为了不踏坏花卉图案,可利用长条木板凳放入花坛,在长凳上进行操作。对花坛上的多年生植物,每年要施肥 2~3 次;对一般的一两年生草花,可不再施肥;如确有必要,也可以进行根外追肥,方法是将水、尿素、磷酸二氢钾、硼酸按 15 000∶8∶5∶2 的比例配制成营养液,喷洒在花卉叶面上。当大部分花卉都将枯谢时,可按照花坛设计中所作的花卉轮替计划,换种其他花卉。

## 8.7 立体绿化

### 8.7.1 垂直绿化

垂直绿化就是使用藤蔓植物在墙面、阳台、窗台、棚架等处进行绿化。许多藤蔓植物对土壤、气候的要求并不苛刻,而且生长迅速,可以当年见效,因此垂直绿化具有省工、见效快的特点。

**1) 阳台、窗台绿化**

在城市住宅区内,多层与高层建筑逐渐增多,尤其在用地紧张的大城市,住宅的层数不断增多,使住户远离地面,心理上产生与大自然隔离的失落感,渴望借助阳台、窗台的狭小空间创造与自然亲近的"小花园"。

阳台、窗台绿化不仅便于生活,而且增加家庭生活的乐趣,对建筑立面与街景起到装饰美化作用。即使在国外绿化水平相当高的城市,也极为重视这方面的绿化。

(1)阳台绿化 阳台是居住空间的扩大部分,首先要考虑满足住户生活功能的要求,把狭小空间布置成符合使用功能、美化生活的阳台花园。阳台的空间有限,常栽种攀缘或蔓生植物,采用平行垂直绿化或平行水平绿化。

①常见阳台绿化方式。可通过盆栽或种植槽栽植。在阳台内和栏板混凝土扶手上,除摆放盆花外,值得推广的种植方式是与阳台建筑工程同步建造各种类型的种植槽。它可设置在阳台板的周边上和阳台外沿栏杆上。当然,还可结合阳台实心栏板做成花斗槽形,这样既丰富了阳台栏板的造型,又增加了种植花卉的功能。在阳台的栏杆上悬挂各种种植盆,可采用方形、长方形、圆形花盆,近年来各种色彩的硬塑料盆已普遍应用于阳台绿化。悬挂种植盆既能满足种植要求,又能起到装饰作用。

②阳台绿化的植物选择。南阳台和西阳台夏季日晒严重,采用平行垂直绿化较适宜。植物形成绿色帘幕,遮挡着烈日直射,起到隔热降温的作用,使阳台形成清凉舒适的小环境。在朝向较好的阳台,可采用平行水平绿化。为了不影响生活功能要求,根据具体条件选择适合的构图形式和植物材料,如选择落叶观花观果的攀缘植物,不影响室内采光,栽培管理好的可采用观花观果的植物,如金银花、葡萄等。垂直绿化植物牵引方法:

a.用建筑材料做成简易的棚架形式,棚架耐用且本身具有观赏价值,在色彩与形式上较讲究,冬季植物落叶后也可观赏。这种方法适宜攀缘能力较弱的植物。

b.以绳、铁丝等牵引。可按阳台主人的设想牵引。有的从底层庭院向上牵引,也有从楼层向上牵引,将阳台绿化与墙面绿化融为一体,丰富建筑立面的美感。常用的攀缘植物有常春藤、地锦、金银花、葡萄、丝瓜、茑萝等。

阳台绿化除攀缘植物、蔓生植物外,还在花槽中采用一年生或多年生草花:天竺葵、美女樱、金盏花、半枝莲等以及其他低矮木本花卉或盆景。在光线不好的北阳台则可选择耐阴植物如八角金盘、桃叶珊瑚或多年生草本植物绿箩、春芋、龟背竹等植物。

③阳台绿化基质的选择。无论是花盆还是阳台所设的固定式种植槽、池,在种植土的选择上,应采用人工配置的基质为好,这除可以减轻质量外,人工合成的各类种植土含有植物生长所必需的各种营养,可以延长种植土的更换年限。

(2)窗台绿化　窗台似乎是微不足道的可绿化场所,但在国外居住建筑中,对于长期居住在闹市的居民它却是一处丰富住宅建筑环境景观的"乐土"。当人们平视窗外时,可以欣赏到窗台的"小花园",感受到接触自然的乐趣,窗台便成为建筑立面美化的组成部分,也是建筑纵向与横向绿化空间序列的一部分。

①窗台种植池的类型。窗台种植池的类型,根据窗台的型式、大小而定,设置的位置取决于开窗的形式。当窗户为外开式时,种植池可以用金属托座固定在墙上或窗上;当窗户为内开式时,种植池可以在窗两边拉撑臂连接。外开式的窗户,种植池中植物生长的空间不要妨碍窗户的开关。种植池安置在墙上,如果在视平线或视线以下观赏,种植池的托座可安置在池的下方,或托座位置在池后方;如果从下面观看种植池,最好安装有装饰性的托座。最简单的窗台种植是将盆栽植物放置窗台上,盆下用托盘防止漏水。

②窗台种植池的土肥与排水。种植池使用肥沃的混合土肥,以含有机质丰富和保持湿度较好的泥炭为培养土。在植物生长期需要定期供给液体肥料补充养料。

种植池底设有排水孔,使浇水时过剩的水流出。为保证充分排水,可用装有塑料插头的排水孔排出剩余水。在种植池里用金属托盘衬里,这样在重新种植时便于搬动。

③窗台绿化材料与配置方式。可用于窗台绿化的材料较为丰富,有常绿的、落叶的,有多年生的与一二年生的,有木本、草本与藤本的。如木本的小檗、桔类、栀子、胡颓子、欧石南、茉莉、忍冬等;草本的天竺葵、勿忘草、西番莲、费莱、矮牵牛等;常绿藤本的如常春藤;落叶木质藤本的如爬山虎(地锦)、猕猴桃、凌霄等;草藤本的如香豌豆、啤酒花、牵牛、茑萝、文竹等。根据窗台的朝向等自然条件和住户的爱好选择适合的植物种类和品种。有的需要有季节变化,可选择春天开花的球根花卉,如风信子,然后夏秋换成秋海棠、天竺葵、碧冬茄、藿香蓟、半枝莲等,使窗台鲜花络绎不绝,五彩缤纷。这些植物材料也用于阳台绿化。

植物配置方式,有的采用单一种类的栽培方式,用一种植物绿化多层住宅的窗台。有的采用常绿的与落叶的、观叶的与观花的相配置,相映生辉。窗台上种植常春藤、秋海棠、桃叶珊瑚等,形态各异,琳琅满目。有的则用一种藤本或蔓生的花灌木,姿态秀丽,花香袭人。

## 2)墙面绿化

墙面绿化在国外早已应用。早在17世纪,俄国就已将攀缘植物用于亭、廊绿化,后将攀缘植物引向建筑墙面,欧美各国也广泛应用。我国在新中国成立后大量应用,尤其在近10年来,不少城市将墙面绿化列为绿化评比的标准之一。居住区建筑密集,墙面绿化对居住环境质量的改善更为重要。

墙面绿化是垂直绿化的主要绿化形式,是利用具有吸附、缠绕、卷须、钩刺等攀缘特性的植物绿化建筑墙面的绿化形式。

(1)墙面绿化植物材料　墙面绿化植物材料绝大多数为攀缘植物。攀缘植物的种类,按其攀缘方式分为:

①自身缠绕植物:不具有特殊的攀缘器官,而是依靠植株本身的主茎缠绕在其他植物或物体上生长,这种茎称为缠绕茎。其缠绕的方向,有向右旋的,如啤酒花、葎草等;有向左旋的,如紫藤、牵牛花等;还有左右旋、缠绕方向不断变化的植物。

②依附攀缘植物:具有明显的攀缘器官,利用这些攀缘器官把自身固定在支持物上,向上方或侧方生长。常见的攀缘器官有:

a. 卷须:形成卷须的器官不同,有茎(枝)卷须,如葡萄;有叶卷须,如豌豆、铁线莲等。

b. 吸盘:由枝端变态而成的吸附器官,其顶端变成吸盘,如爬山虎。

c. 吸附:根节上长出许多能分泌胶状物质的气生不定根吸附在其他物体上,如常春藤。

d. 倒钩刺:生长植物体表面的向下弯曲的镰刀状逆刺(枝刺或皮刺),将植株体钩附在其他物体上向上攀缘,如藤本月季、葎草等。

③复式攀缘植物:具有两种以上攀缘方式的植物,称为复式攀缘植物,如具有缠绕茎又有攀缘器官的葎草。

(2)墙面绿化种植要素  墙面绿化是一种占地面积少而绿化覆盖面积大的绿化形式,其绿化面积为栽植占地面积的几十倍以上。墙面绿化要根据居住区的自然条件、墙面材料、墙面朝向和建筑高度等选择适宜的植物材料。

①墙面材料。我国住宅建筑常见的墙面材料多为水泥墙面或拉毛、清水砖墙、石灰粉刷墙面及其他涂料墙面等。经实践证明,墙面结构越粗糙越有利于攀缘植物的蔓延与生长,反之,植物的生长与攀缘效果较差。为了使植物能附着墙面,欧美一些国家常用木架、金属丝网等辅助植物攀援在墙面,经人工修剪,将枝条牵引到木架、金属网上,使墙面得到绿化。

②墙面朝向。墙面朝向不同,适宜于采用不同的植物材料。一般来说,朝南、朝东的墙面光照较充足,而朝北和朝西的光照较少,有的住宅墙面之间距离较近,光照不足,因此要根据具体条件选择对光照等生态因子相适合的植物材料。如在朝南墙面,可选择爬山虎、凌霄等;朝北的墙面可选择常春藤、薜荔、扶芳藤等。在不同地区,适于不同朝向墙面的植物材料不完全相同,要因地制宜,选择植物材料。

③墙面高度。攀缘植物的攀缘能力不尽相同,根据墙面高度选择适应的植物种类。高大的多层住宅建筑墙面可选择爬山虎等生长能力强的种类;对低矮的墙面可种植扶芳藤、薜荔、常春藤、络石、凌霄等。

④墙面绿化的种植形式:

a. 地栽。常见的墙面绿化种植多采用地栽。地栽有利于植物生长,便于养护管理。一般沿墙种植,种植带宽 0.5~1 m,土层厚为 0.5 m。种植时,植物根部离墙 15 cm 左右。为了较快地形成绿化效果,种植株距为 0.5~1 m。如果管理得当,当年就可见到效果。

b. 容器种植。在不适宜地栽的条件下,砌种植槽,一般高 0.6 m,宽 0.5 m。根据具体要求决定种植池的尺寸,不到半立方米的土壤即可种植一株爬山虎。容器需留排水孔,种植土壤要求有机质含量高、保水保肥、通气性能好的人造土或培养土。在容器中种植能达到与地栽同样的绿化效果,欧美国家应用容器种植绿化墙面,形式多样。

c. 堆砌花盆。国外应用预制的建筑构件——堆砌花盆。在这种构件中可种植非藤本的各种花卉与观赏植物,使墙面构成五彩缤纷的植物群体。在市场上可以选购到各色各样的构件,砌成有趣的墙体表面,让植物茂密生长构成立体花坛,为建筑开拓新的空间。

随着技术的发展,居住环境质量要求不断提高,这种建筑技术与观赏园艺的有机结合使墙面绿化更受欢迎。

（3）围墙与栏杆绿化　居住区用高矮的围墙、栏杆来组织空间，也是环境设计中的建筑小品，常与绿化相结合，既增加绿化覆盖面积，又使围墙、栏杆更富有生气，扩大绿化空间，使居住区增添生活气氛。有时采用木本或草本攀缘植物附着在围墙和栏杆上，有时采用花卉美化围墙栏杆。

在高低错落、地形起伏变化的居住区，有挡土墙。这些挡土墙与绿化有机结合，使居住环境呈现丰富的自然景色。另外，在一些建筑上，还可通过对女儿墙的绿化来达到美化环境的作用。屋檐女儿墙的绿化多运用于沿街建筑物屋顶外檐处。平屋顶建筑的屋顶，檐口处通常采用挑檐和建女儿墙两种做法。屋顶檐口处建女儿墙是建筑立面艺术造型需要，同时也起到屋顶护身栏杆的安全作用。沿屋顶女儿墙建花池既不破坏屋顶防水层，又不增加屋顶楼板荷载，管理浇水养护均十分方便。同时，既可在楼下观赏垂落的绿色植物，又可在屋顶上观看条形花带。

（4）墙面绿化的养护与管理　墙面绿化的养护管理一般较其他立体绿化形式要简单，因为用于立体绿化的藤本植物大多适应性强，极少病虫害。但在城市中实施墙面绿化后，也不能放任不管。随着绿化养护管理的逐步规范和专业化，墙面绿化的养护工作也日益引起人们重视。从改善植物生长条件、加强水肥管理、修剪、人工牵引和种植保护篱等几项措施着手，全面提高了墙面绿化的养护技术。只有经过良好绿化设计和精心的养护管理才能保持墙面绿化恒久的效果。

①改善植物生长条件。对藤本植物所生长的环境，要加强管理。在土壤中拌入猪粪、锯末和蘑菇肥等有机质，改善贫瘠板结的土壤结构，为植物提供了良好的生长基质。同时，在光滑的墙面上拉铁网或农用塑料网或用锯末、沙、水泥按 2∶3∶5 的比例混合后刷到墙上，以增加墙面的粗糙度，有利于攀缘植物向上攀爬和固定。

②加强水肥管理。在立体墙面上可以安装滴灌系统，一方面保证植物的水分供应，另一方面又提高了墙面的湿润程度而更利于植物的攀爬。同时，通过每年春秋季各施 1 次猪粪、锯末等有机肥，每月薄施复合肥，保证植物有足够的水肥供应。

③修剪。改变传统的修剪技术，采取保枝、摘叶修剪等方法，该方法主要用于那些有硬性枝条的树种，如藤本月季等。适当对下垂枝和弱枝进行修剪，促进植株生长，防止因蔓枝过重过厚而脱落或引发病虫害。

④人工牵引。对于一些攀援能力较弱的藤本植物，应在靠墙处插放小竹片，牵引和按压蔓枝，促使植株尽快往墙上攀援，也可以避免基部叶片稀疏，横向分枝少的缺点。

⑤种植保护篱。在垂直绿化中人为干扰常常成为阻碍藤本植物正常生长乃至成活的主要因素之一。种植槽外可以栽植杜鹃篱、迎春、连翘、剑麻等植物，既防止人行践踏和干扰破坏，又解决藤本植物下部光秃不够美观的缺点。

## 8.7.2　屋顶绿化

屋顶绿化，也称为屋顶花园。其历史可追溯到两千五百多年前世界七大奇观之一的空中花园。到了现代，随着建筑工程技术的进步，新型建筑材料和施工技术的发展，在屋顶上建筑花园已经是轻而易举的工程。自 20 世纪 50 年代以来，英国、美国、日本等许多国家建造了屋顶花园,近二三十年来更为普遍。首先出现于公共建筑的屋顶花园,也逐渐应用于居住建筑中。某些高档的集合式住宅出现了空中花园,即一幢楼里每隔几层便设置一处花园,满足使用者的需求。花园面积越来越大,与建筑的功能和外观要求结合得更加紧密,建筑形式也是丰富多彩。

绿化的屋顶不仅增加了绿化面积,而且使屋顶密封性好,能防止紫外线照射,使屋顶具有降温、绿化的效果,同时还可以防止火灾发生。因此屋顶绿化,是开拓城市绿化空间、美化城市、调节城市气候、提高城市环境质量、改善城市生态环境的重要途径之一。

### 1)屋顶绿化需要考虑的因素

设计一个建筑的屋顶花园需要考虑很多特殊因素,主要包括:

(1)通道    通道是从地面到屋顶的临时路,尤其是在建造阶段和建成后的养护期间,这条路尤为重要。

(2)防渗和屋顶的承载    它们是屋顶绿化首要解决的问题。首先要考虑已建成的屋顶的荷载是否适合建造屋顶花园或是否可以经过改进,在原有的基础上加建屋顶花园;其次,在屋顶绿化施工时做好防渗。

(3)给排水    屋顶必须有给水管道和快速有效的排水层和雨水沟槽,这样就可以防止暴雨带来的大量雨水。冬季屋顶堆积冰雪的质量必须保证不超过屋顶结构体系的承载范围。

(4)种植基质    屋顶上的种植基质必须具有以下特征:轻质,有较好的耐久性、渗透性、通透性、蓄水性和易于植物根系生长,而且有慢速且持久的灌溉用水。

(5)特色    一个有特色的设计必须保证屋顶花园的美观及结构的完整性。

(6)安全性    优先考虑防火逃生需要,而且在屋顶景观设计中必须确保逃生出口处的逃生梯没有障碍。屋顶边缘也必须设置围护栏,以确保使用者的安全。

### 2)屋顶绿化设计要点

规划、设计屋顶绿化时,应注意以下几个问题:

(1)栽培基质    使用具有保水性和轻质化特点的加入改土材料的改土(相对质量为1.1~1.3)或人工轻质土壤(相对质量为0.7左右)。荷载条件差的现状建筑作屋顶绿化,可利用人工轻质土壤实现。

(2)浇灌设施    在人工轻质土壤中,有一种依赖自然降水的非灌溉型土壤,它可以贮存更多雨水并供给植物吸收。如为方便养护和节能,可尽量选用此类土壤。一般屋顶绿化、灌溉采用滴灌或微喷灌式等既节能又经济的灌溉设备,并根据需要配以手工浇灌。这样,从开支与养护来讲都非常便利。此外,还有将自动灌溉装置与定时器和土壤水分检测装置联动、管理方便的全自动灌溉装置。一般草坪用移动式喷灌、升降式喷灌较为方便。

(3)雨水排除    排水坡度基本上采用的是在混凝土板上设置1%以上的坡度。环形排水管沟设置两条以上,以避免落叶等堵塞排水管造成漏水。而且环形排水设施上要安装不锈钢的顶盖(挡板),采用便于检修的构造。常用的排水方法有两种,即利用合成树脂透水管和耐压透水层面的普通集水、排水法;全部采用特殊保湿、排水两用面层的全面排水法。其中,特殊保湿、排水两用面层适用于明排水。

(4)防水层的保护    为避免植物根系破坏防水层,一般在防水层或防护混凝土之上铺布一层聚乙烯塑料布(厚0.3 mm)等防止根茎贯通材料,而且应铺至围护部分。

(5)覆盖层    在植栽的基质表面种植地被植物或铺撒约3 cm厚的树皮屑、树皮纤维等覆盖材料,可防止地表土壤干燥、飞散,并抑制杂草生长。

(6)树木支架  如植栽土壤厚度不够或使用人工轻质土壤,一般都使用树木支架。中木配加焊接钢丝网,高木使用带阻力板的固定根体的树木支架。

### 3)屋顶花园屋面面层结构标准层次组合

屋顶花园层面结构由上至下的顺序为:

a. 草坪、花卉、灌木、小乔木等(含人造草皮)人工种植层、灌溉设施、喷头及置石。

b. 栽培基质、排水口及种植穴,管线预留与找坡。

c. 过滤层:防止种植基质内细小材料流失,以致堵塞排水系统。多用玻璃纤维布或粗沙(厚 50 mm)。

d. 排水层:陶料、碎石、砾石、焦渣或轻质骨料厚 100 ~ 200 mm。

e. 防根层:一般和防水层结合起来,使用聚乙烯塑料布防止根的穿透,保护屋面。

f. 防水层:油毡卷材,三元乙丙防水布,防水胶。

g. 保温隔热层:加气混凝土 600 N/m², 蛭石板、珍珠岩板、泡沫混凝土、焦渣。

h. 找平层:与屋面建筑层结合。现浇混凝土楼板或预制空心楼板。

### 4)屋顶绿化方式

要根据屋顶的荷载、载重墙的位置、人流量、周边环境、用途等,确立采用哪种绿化方式最适合。

(1)棚架式  在载重墙上种植藤本植物,如葡萄、猕猴桃等在屋顶做成简易棚架,高度 2 m 左右,藤本植物可沿棚架生长,最后覆盖全部棚架。棚架式绿化的种植土壤可集中在载重墙处,棚架和植物载荷较小,还可以把藤引伸到屋顶以外的空间。为减轻屋顶荷载,可以把棚架立柱都安放在载重墙上,同时也便于屋顶绿化。

(2)地毯式  在全部屋顶或屋顶的绝大部分,种植各类地被植物或小灌木,形成一层"绿化地毯"。地被植物等种植土壤厚度在 20 ~ 30 cm 即可正常生长发育,因此,对屋顶所加载荷较小,一般屋顶结构均可承受。这种绿化形式的绿化覆盖率高,而且生态效益好,特别在高层建筑前低矮裙房屋顶上,采用地毯式的绿化、图案化的地被植物覆盖屋顶,效果更好。

(3)自由式种植  采用有变化的自由式种植地被花卉灌木,自由式种植一般种植面积较大,植物种植从草本至小乔木,种植土壤厚度在 200 ~ 500 mm。采用园林的手法,产生层次丰富、色彩斑斓的效果。

(4)庭院式  就是把地面的庭院绿化建在屋顶上,除种植各种园林植物外,还要建小型亭、台、浅水池、假山、园林小品、园路等,使屋顶空间变化成有山、有水的园林环境。这种方式适用于在较大的屋顶面积上。一般建在高级宾馆、旅游楼房等商业性用房上。

(5)自由摆放  主要用盆栽植物自由摆放在屋顶上达到绿化的目的。此种方式灵活多变。

### 5)屋顶绿化工程设计

(1)荷载  屋顶绿化设计者首先要考虑屋面荷载的大小。屋面荷载的计算应先算出单位面积的荷载,进行结构计算。在花园布局时,尽量把质量大的部分,如小乔木、山石、亭、花架等放置在梁、柱和承重墙等主要承重结构上。为减轻荷载,应尽量采用轻质材料,如轻质种植基质、轻质建筑材料、假山石等。

(2)屋顶的生态条件  屋顶生态因子与地面不同:日照、温度、空气成分、风力等都随着层高的增加而变化。在不同地区,选择适应当地条件的植物材料。

①光照。屋顶相对比地面接收的太阳辐射、光强度要大,光照时间较长,如6层屋顶,冬季光照强度比地面大 300~400 lx,夏季大 500~800 lx,因此促进植物光合作用,对生长有利。

②温度。屋顶处于较高位置,温度应低于地面,但由于屋面日照辐射强,钢筋混凝土等屋面材料经太阳辐射升温快,反射强。夏季白天屋面温度比地面高 3~5 ℃,晚上由于屋面风力大,温度又比地面低 2~3 ℃。屋面温差较大,有利于植物生长。冬季屋顶花园的土温比周围地面园林土温至少高 5 ℃。

③相对湿度。由于屋面地势高,日照充足,温度较高,风大,因此相对湿度比地面低 10%~20%。尤其在夏季,蒸腾作用强,而且建筑材料温度高,水分蒸发快,植物对水分的需求更为重要。

④风力。一般屋面高度为十几米至几十米,风力往往比地面大 1~2 级。处于风口的建筑,屋面风力更大,会使屋面温度、湿度受影响,对高大体量的植物生长不利。

鉴于屋面上述生态因子的实际状况,比地面对植物的生态环境要差得多,因此在选择树种时,选用耐干燥气候、浅根性、低矮健壮、能抗风、有较强耐旱能力、耐移植、生长缓慢的植物。

(3)灌溉与排水　我国屋顶花园基本上由人工灌溉,部分城市已应用自动喷灌系统。在英、美等国家的屋顶花园设有较先进的灌溉系统,配有电子控制设备进行操纵。有的使用低压滴灌系统进行灌溉。为节省水,可将降雨蓄存于地下室水罐内,需水时由泵将水输送到屋顶,分配到各个喷雾器进行灌溉。

(4)覆盖层　所谓的覆盖层,指的是在植物根部铺的防干保湿、保温、抑制杂草生长的护根覆盖物。常用的覆盖层有树皮屑、木屑、树皮纤维、火山沙砾等材料,即可防止土壤流失,又可美化景观。覆盖层的厚度一般为 3 cm 左右。通常草坪或地被植物等整片密铺的无需加覆盖层。

### 6)屋顶绿化的维护与管理

屋顶绿化不同于平地绿化,从设计到施工都必须综合考虑,所有的因素都要计算在屋顶的载荷范围内。维护屋顶绿化的成果关系到屋顶绿化综合效益的发挥,只有合理的设计,再加上正确的管理,才能达到设计的要求,充分发挥屋顶绿化的效益。

(1)屋顶绿化的施工管理　在屋顶绿化或者造园,必须严格按照设计的方案,植物的选择和屋顶的排水、防水都要与屋顶的载荷相一致。在屋顶花园进行平面规划及景点布置时,应根据屋顶的承载构件布置,使附加荷载不超过屋顶结构所能承受的范围,以确保屋顶的安全。

屋顶花园工程施工前,灌水试验必不可少。为确保屋顶不渗(漏)水,施工前,将屋顶全部下水口堵严后,在屋顶放满 100 mm 深的水,待 24 h 后检查屋顶是否漏水,经检查确定屋顶无渗漏后,才能进行屋顶花园施工。

屋顶的排水系统设计除要与原屋顶排水系统保持一致外,还应设法阻止种植物枝叶或泥沙等杂物流入排水管道。大型种植池排水层下的排水管道要与屋顶排水口相配合,使种植池内多余的浇灌水顺畅排出。

(2)屋顶绿化植物的养护管理　屋顶绿化建成后的日常养护管理关系到植物材料在屋顶上能否存活。粗放式绿化屋顶实际上并不需要太多的维护与管理。在其上栽植的植物都比较低矮,不需要剪枝,抗性比较强,适应性也比较强。如果是屋顶花园式的绿化类型,绿化屋顶作为休息、游览场所,种植较多的花卉和其他观赏性植物,需要对植物进行定期浇水、施肥等维护和管理工作。屋顶绿化养护管理的主要工作有:

①浇水和除草。屋顶上因为干燥,高温,光照强,风大,植物的蒸腾量大,失水多,夏季较强的日光还使植物易受到日灼,枝叶焦边或干枯,必须经常浇水或者喷水,产生较高的空气湿度。一般应在上午9时以前浇1次水,下午4时以后再喷1次水,有条件的应在设计施工的时候安装滴灌或喷灌。发现杂草,及时拔除,以免杂草与植物争夺营养和空间,影响花园的美观。

②施肥、修剪。在屋顶上,多年生的植物在较浅的土层中生长,养分较缺乏,施肥是保证植物正常生长的必要手段。目前,应采用长效复合肥或有机肥,但要注意周围的环境卫生,最好用开沟埋施法进行。要及时修剪枯枝、徒长枝,可以保持植物的优美外形,减少养分的消耗,有利于根系的生长。

③补充人造种植土。由于经常浇水和雨水的冲淋,使人造种植土流失,体积日渐减少,导致种植土厚度不足,一段时期后应添加种植土。另外,要注意定期测定种植土的pH值,使其不超过所种植物能忍受的pH范围,超出范围时要施加相应的化学物质予以调节。

④防寒、防风。对易受冻害的植物种类,可用稻草进行包裹防寒,盆栽的搬入温室越冬。屋顶上风力比地面上大,为了防止植物被风吹倒,对较大规格的乔灌木进行特殊的加固处理。

⑤其他管理。浇水可以采用人工浇水或滴灌、喷灌。应当把给水管道埋入基质层中。

除此之外,还要对于屋顶绿化经常进行检查,包括植物的生长情况、排水设施的情况,尤其是检查落水口是否处于良好工作状态,必要时应进行疏通与维修。雕塑和园林小品也要经常地清洗以保持干净,只有这样才可能保持屋顶花园的良好状况。

# 8.7.3　城市桥体绿化

## 1)城市桥体绿化的形式

现代社会中,随着城市化的加剧,城市中人和车辆越来越多,人、车和路的矛盾日渐突出。为解决这个矛盾,交通逐渐向空中发展,各个大城市涌现出了许多高架路、立交桥和过街天桥等,城市形成立体交通新格局,这些高架路和立交桥同高层建筑一样引人注目。这些形体庞大的建筑物如不经绿化,不仅自身丧失了生机,而且显得比较突兀,与周围环境不相协调。因此桥梁的美化离不开绿化,其两侧和引道也需有较大的绿化覆盖率,让桥体融入城市绿色之中。如果城市中所有的过街天桥、立交桥、高架路全部披上绿装,这些建筑将形成城市独特的风景线。

(1)高架路桥体和立交桥体的绿化　高架路桥和立交桥展示给观赏者的是一条条上下穿行、又四处散开的车道,这些车道的形象主要靠车道边缘的栏杆、桥柱来表现,如果在栏杆的位置进行桥体绿化,则在视野中立交桥成了一个立体的绿带。高架路桥和立交桥的绿化设计要求真正能体现一个城市道路绿化上的特色,应结合立交桥的造型和周围环境,进行多元化的绿化设计。

a.高架路桥和立交桥面的绿化主要采用与墙面绿化类似的方法进行绿化;

b.栏杆是桥身最具装饰性的部分,也是观赏者在各种位置上都能看得到的桥体部分,其景观意义很大。对立交桥栏杆进行恰当绿化布置是增强立交桥景观艺术效果的有效手段;

c.桥柱也是人们投以较多关注的构件,它是立交桥底部景观的主要载体;

d.灯柱要考虑到夜间行车的需要,绝大多数的桥体都设置了灯柱,多个高功率的光源组成的玉兰花灯集中照明。其一起导视作用;其二有艺术效果。对以上的灯柱也可以进行绿化布

置,悬挂一些吊盆或用一些藤本植物来攀附其上;

e.桥底在高架路桥和立交桥的绿化中也占有很重要的部分,也是行人较重视的部位。

(2)过街天桥和城市河道上的绿化　这类桥梁都不在自然的土壤之上,桥面通常是通透的,边缘不像立交桥体和高架路是实心的,一般没有预先留出种植植物的地方。因此在绿化的时候采取各种措施增设种植池或者种植槽。

(3)高架路的边坡绿化　桥体的护坡,各地选用的方法千差万别,但最主要的只有5种:栽草、栽灌木、栽乔木、藤本植物覆盖及工程护坡。在绿化设计上应根据当地的实际情况进行设计,最好选择乔、灌、草相结合的方法来对这类护坡进行绿化。护坡的绿化也可以参照墙面绿化的方法。

### 2) 城市桥体绿化环境及植物的选择

①城市桥体绿化环境。立交桥、高架路和立柱绿化立地条件很差,尤其是受光照不足,汽车废气、粉尘污染严重,土壤质地差,水分供应困难以及人为践踏等因素影响。高架路下的立柱主要是光照不足,绿化时选择植物应当充分考虑这些因素。

②在植物选择上,依据立交桥、高架路特殊的生态条件,应选择具有较强抗逆性的植物。首先应以乡土树种、草种为主,主要树种应有较强抗污染能力,以适应高速公路绿地特点。还应选用适应性强并且耐阴植物的种类。例如,针对土层薄的特点,要选耐瘠薄,耐干旱植物;针对立柱和桥底光线条件比较差的特点,在柱体绿化时,首先要求选择耐阴植物。

在立柱绿化中,可以选择五叶地锦、常春藤、常春油麻藤、腺萼南蛇藤、鸡血藤、爬行卫矛等藤本植物,这些植物都具有较强的耐阴能力。另外,五叶地锦抗逆性和速生性也非常好,如养护管理较好,年最大生长量可以达到6~7 m,当年可以爬上柱顶。五叶地锦具有吸盘和卷须双重固定功能,但吸盘没有爬山虎发达,墙面固着力较差。

对于其他的绿化方式,可以采用一些地被植物和盆花。桥侧面绿化的植物选择与墙面绿化的选择基本一致,应该选择抗性强的藤本植物,具体可以参照墙面绿化选择适当植物。

### 3) 桥体绿化的方法

(1)桥体种植　桥侧面的绿化类似于墙面的绿化。桥体绿化植物的种植位置主要是在桥体的下面或者是桥体上。在桥梁和道路建设时,在高架路或者立交桥体的边缘预留狭窄的种植槽,填上种植土,藤本植物可在其中生长,其枝蔓从桥体上垂下,由于枝条自然下垂,基本不需要各种固定方法。

另外的种植部位是在沿桥面或者高架路下面种植藤本植物,在桥体的表面上设置一些辅助设施,钉上钉子或者利用绳子牵引,让植物从下往上攀援生长,这样也可以覆盖整个桥侧面,这类绿化常用一些吸附性的藤本植物,例如爬山虎等。对于那些没有预留种植池的高架桥体或者立交桥体,可以在道路的边缘或者隔离带的边缘设置种植槽。

桥体绿化还可以在桥梁的两侧栏杆基部设置花槽,种上木本或草本攀援植物,如蔷薇、牵牛花或者金银花等,使植物的藤蔓沿栅栏缠绕生长。由于铁栏杆要定期维护,这种绿化方式对铁栏杆不适用,而适用于钢筋混凝土、石桥及其他用水泥建造的桥栅栏。

在桥面两侧栏杆的顶部设计长条形小型花槽,长1 m,深30~50 cm,宽30 cm左右。主要栽种草本花卉和矮生型的木本花卉,如一年或多年生草本花卉、矮生型的小花月季或迎春、云南迎春等中小灌木,这种绿化方式特别适用于钢筋混凝土的桥体。

（2）桥侧面悬挂 一些过街天桥和立交桥，由于桥体的下方是和桥体交叉的硬化道路，所以没有植物生存的土壤，桥下又不能设置种植池，对这类桥梁的绿化可以采取悬挂和摆放的形式。在桥梁的护栏上设置活动种植槽，并把它固定在栏杆上，也可以在护栏的基部设置种植池或者种植槽。在种植池内种植地被植物，在种植槽内种植一些垂枝的植物，让植物的枝条自然下垂。植物材料的选择要考虑种植环境，采用植物的抗性要强。另外也可以采取摆放的方式进行绿化，在天桥的桥面边缘设置固定的槽或者平台，在上面摆设一些盆花。在桥面配置开花植物，要注意避免花色与交通标志的颜色混淆，应以浅色为好，既不刺激驾驶员的眼睛，也可以减轻司机的视觉疲劳。

（3）立体绿化 高架路众多的立柱为桥体垂直绿化提供了许多可以利用的载体。高架路上有各种立柱，如电线杆、路灯灯柱、高架路桥柱，另外立交桥的立柱也在不断增加，它们的绿化已经成为垂直绿化的重要内容之一。绿化效果最好的是边柱、高位桥柱以及车辆较少的地段。从一般意义上讲，吸附类的攀缘植物最适于立柱造景，不少缠绕类植物也可应用。上海的高架路立柱主要选用五叶地锦、常春油麻藤、常春藤等，另外，还可选用木通、南蛇藤、络石、金银花、爬山虎、蝙蝠葛、小叶扶芳藤等耐阴植物。

柱体绿化时，对那些攀援能力强的树种可以任其自由攀援，而对吸附能力不强的藤本植物，可以在立柱上用塑料网和铁质线围起来，让植物沿网自行攀爬。对处于阴暗区的立柱的绿化，可以采取贴植方式，如用 3.5～4 m 以上的女贞或罗汉松。考虑到塑料网的老化问题，为了达到稳定依附目的，可以在立柱顶部和中部各加一道用铁质线编结的宽 30 cm 的网带。铁质线是外包塑料的铁丝，具有较长的使用寿命。

（4）中央隔离带的绿化 在大型桥梁上通常建造有长条形的花坛或花槽，可以在上面栽种园林植物，如黄杨球，还可以间种美人蕉、藤本月季等作为点缀。也有在中央隔离带上设置栏杆的，可以种植藤本植物任其攀援，既可以防止绿化布局呆板，又可以起到隔离带的作用。中央隔离带的主要功能是防止夜间灯光炫目，起到诱导视线以及美化公路环境，提高车辆行驶的安全性和舒适性，缓和道路交通对周围环境的影响以及保护自然环境和沿线居民的生活环境的作用。

中央隔离带的土层一般比较薄，所以绿化时应该采用那些浅根性的植物，同时植物必须具有较强抗旱、耐瘠薄能力。

（5）桥底绿化 立交桥部分桥底部也需要绿化，因光线不足，干旱，所以栽植的植物必须具有较强的耐阴、抗旱、耐瘠薄能力，常用的植物有八角金盘、桃叶珊瑚、各种麦冬等耐阴性植物。

### 4) 桥体绿化的养护与管理

桥体绿化后养护与管理的得当与否，不仅关系到在交通功能能否全面发挥，而且也关系到桥体绿化在美学功能全方位体现。由于桥体绿化大多位于比较特殊的环境条件，尽管采用的一些抗性较强的藤本植物，也应该比较适合桥体的环境，但仍给绿化后的养护与管理带来了一定难度。立交桥的桥面绿化与墙面绿化类似，管理也基本相同，值得注意的是由于植物生长的环境较差，同时关系到交通安全问题，所以要加强桥体绿化后的养护与管理。

（1）水肥分管理 高架路、立交桥具有特殊的小气候环境，主要体现在夏季路面高温和高速行车中所形成的强大风力对植物的影响，使得高架路绿化的植物蒸发量更为增大，自然降水量根本无法满足绿化植物生长的需要，只能依靠人工灌水补足。灌水量因树种、土质、季节以及树木的定植年份和生长状况等的不同而有所不同。一般当土壤的含水量小于田间最大持水量的70%以下时需要灌水。

在桥体绿化植物栽植时,只要施足基肥,正确运用栽植技术、浇足定根水,就可确保较高成活率和幼树正常生长。在桥体绿化中,植物生长的土壤都比较薄,土壤养分有限,当营养缺乏时,会影响植物的正常生长;另外中央分隔带的树种是多年生长在同一地点的,经过长期的生长后肯定会造成土壤营养元素的缺乏。所以要使桥体绿化的植物维持正常的生长,必须定期定量施肥,否则植物会因环境比较恶劣,缺乏养分而不能正常生长,甚至死亡。

(2)修剪　修剪与整形是桥体绿化植物养护与管理中一项不可缺少的技术措施,也是一项技术性很强的管理措施。高架路、立交桥藤本植物的攀附式的绿化,由于植物的生长迅速,藤本植物枝条不免会有些下垂,遮挡影响司机、行人视线,不利于交通安全,所以要约束植物生长的范围,不断地进行枝蔓修剪。对于中央隔离带的植物,通过修剪整形,不仅可以起到美化树形、协调树体比例的作用,而且可以改善树体间的通风透光条件,从而增强树木抗性,充分发挥绿化植物的防眩、诱导视线以及美化公路环境的功能。因此,中央分隔带树木也必须进行细致的修剪,以达到整齐、美观的效果。

(3)病虫害防治　在桥体绿化中,虽然选择的大多数藤本植物或坡面绿化植物的抗性比较强,但在植物生长过程中,也随时会遭到各种病虫害的侵袭,引起树木的枝叶出现畸形、生长受阻甚至干枯死亡的现象,从而影响整个绿化效果。为了使植物能够正常地生长发育,必须对绿化植物的病虫害进行及时的防治。植物的病虫害防治自始至终应贯彻"预防为主,综合防治"的原则,只有这样才能成本低、见效快。

(4)安全检查　桥体绿化要经常检查植物的生长状况,病虫害是否发生,还要经常检查绿化植物固定是否安全牢固,是否遮挡司机的视线,以保证交通安全和行人安全,同时维护绿化的整体效果。

# 复习思考题

1. 一般园林树木栽植施工前需要做的工作有哪些?
2. 什么叫假植?怎样掌握树木假植的方式与方法?
3. 大树移栽应注意哪些问题?你对大树进城有何看法?
4. 对于移栽以后的大树,如何进行养护和管理才能确保成活?
5. 如何才能做好草坪建植前的准备工作?
6. 用铺设法培植草坪的具体方式、方法是怎样的?
7. 怎样进行草坪的养护管理?
8. 怎样对花坛种植床进行整理?花坛植物图案的放样方法如何?
9. 立体模型式花坛的一般施工程序及方法是怎样的?
10. 屋顶绿化应考虑哪些因素?其设计及施工要点有哪些?如何选择植物材料?
11. 桥体绿化有哪几类?应如何选择植物?施工中应注意哪些问题?

# 园林供电与照明

**本章导读** 本章主要介绍了园林供电的基本概念、园林照明和园林照明设计的基本知识及相关技术要求。现代园林照明技术发展很快，新材料、新设备、新技术不断出现，读者要重点了解、全面掌握园林照明和园林照明设计的相关知识和技术要点，以适应当前园林建设发展的需要。

## 9.1 供电的基本知识

### 9.1.1 交流电源

在现代社会中，广泛应用着交流电。电能的产生、输配以及应用几乎都采用交流电。即使在某些场合需要使用直流电，也是通过整流设备将交流电变成直流电而使用。

大小和方向随时间作周期性变化的电压和电流分别称为交流电压和交流电流，统称为交流电。以交流电的形式产生电能或供给电能的设备，称为交流电源，如发电厂的发电机、公园内的配电变压器、配电盘的电源刀闸、室内的电源插座等，都可以看作是用户的交流电源。我国规定电力标准频率为 50 Hz。频率、幅值相同而相位互差 120°的 3 个正弦电动势按照一定的方式连接而成的电源，并接上负载形成的三相电路，就称为三相交流电路。

三相交流电压是由三相发电机产生的（图 9.1）。它主要由电枢和磁极构成。电枢是固定的，亦称为定子，而磁极是转动的，称为转子。在定子槽中放置了 3 个同样的线圈，将三相绕组的起始端分别引出 3 根导线，称为相线（又称火线）。而把发电机的三相绕组的末端联在一起，称为中性点。由中性点引出一根导线称为中线（又称地线），这种由发电机引出四条输电线的供电方式，称为三相四线制供电方式（图 9.2）。

三相四线制供电的特点是可以得到两种不同的电压，一是相电压 $U_\varphi$，一为线电压 $U_l$，在数值上，线电压为相电压的 $\sqrt{3}$ 倍，即：

$$U_l = \sqrt{3}\, U_\varphi$$

在三相低压供电系统中，最常采用的便是"380/220 V 三相四线制供电"，即由这种供电制可以得到三相 380 V 的线电压（多用于三相动力负载），也可以得到单相 220 V 的相电压（多用于单相照明负载及单相用电器），这两种电压供给不同负载的需要。

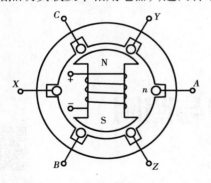

图9.1　三相发电机原理图

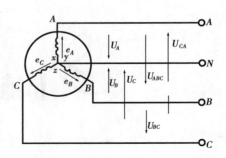

图9.2　三相四线制供电

## 9.1.2　输配电概述

工农业所需用的电能通常都是由发电厂供给的，而大中型发电厂一般都是建在蕴藏能源比较集中的地区，距离用电地区往往是几十千米、几百千米乃至上千千米。

发电厂、电力网和用电设备组成的统一整体称为电力系统。而电力网是电力系统的一部分，它包括变电所、配电所以及各种电压等级的电力线路。其中变、配电所是为了经济输送以及满足用电设备对供电质量的要求，以对发电机的端电压进行多次变换而进行电能接受、变换电压和分配电能的场所。根据任务不同，将低电压变为高电压的场所称为升压变电所，它一般建在发电厂厂区内。而将高电压变换到合适的电压等级的场所则为降压变电所，它一般建在靠近电能用户的中心地点。单纯用来接受和分配电能而不改变电压的场所称为配电所，它一般建在建筑物内部（图9.3）。

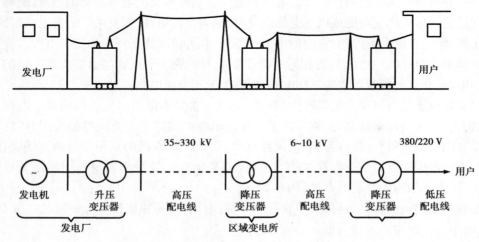

图9.3　从发电厂到用户的输配电过程示意图

根据我国规定，交流电力网的额定电压等级有：220 V、380 V、3 kV、6 kV、10 kV、35 kV、110 kV、220 kV 等。习惯上把 1 kV 及以上的电压称为高压，1 kV 以下的称为低压，但需特别指出的是所谓低压只是相对高压而言,并不说明它对人身没有危险。

在我国的电力系统中,220 kV 以上电压等级都用于大电力系统的主干线,输送距离在几百千米;110 kV 的输送距离在 100 km 左右;35 kV 电压输送距离为 30 km 左右;而 6～10 kV 为 10 km 左右,一般城镇工业与民用用电均由 380/220 V 三相四线制供电。

## 9.1.3 配电变压器

变压器是把交流电压变高或变低的电气设备,其种类多,用途广泛,在此只介绍配电变压器。

我们选用一台变压器时,最主要的是注意它的电压以及容量等参数。

变压器的外壳一般均附有铭牌,上面标有变压器在额定工作状态下的性能指标。在使用变压器时,必须遵照铭牌上的规定。

(1)型号

如

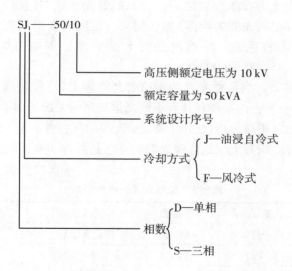

(2)额定容量　变压器在额定使用条件下的输出能力,以视在功率 kVA 计。三相变压器的额定容量按标准规定为若干等级。

(3)额定电压　变压器各绕组在空载时分接头下的额定电压值,以 V 或 kV 表示。一般常用的变压器,其高压侧电压为 6 300 V、10 000 V 等,而低压侧电压为 230 V、400 V 等。

(4)额定电流　表示变压器各绕组在额定负载下的电流值。以 A 表示。在三相变压器中,一般指线电流。

## 9.2 园林照明

园林绿地(公园、小游园等)和工农业生产一样,需要用电。没有电,园林事业也是无法经营管理的。工农业生产以动力用电为主,建筑、街道等多以照明用电为主。而园林绿地用电,既要有动力电(如电动游艺设施、喷水池、喷灌以及电动机具等),又要有照明用电,但一般来说,园林用电中还是照明多于动力。

园林照明除了创造一个明亮的园林环境,满足夜间游园活动、节日庆祝活动以及保卫工作需要等功能要求之外,最重要的一点是园林照明与园景密切相关,它是创造新园林景色的手段之一。近年来国内各地的溶洞浏览、大型冰灯、各式灯会、各种灯光音乐喷泉,国外"会跳舞的喷泉""声与光展览"等均突出地体现了园林用电的特点,并且也充分和巧妙地利用园林照明等创造出各种美丽的景色和意境。

## 9.2.1 照明技术的基本知识

有关光、光谱、光通量、发光强度、照度、亮度等光的物理性能,已在有关课程中讲述,在此仅对以下一些概念作简单介绍。

(1)色温  色温是电光源技术参数之一。光源的发光颜色与温度有关。当光源的发光颜色与黑体(指能吸收全部辐射光能的物体)加热到某一温度所发出的光色相同时的温度,就称为该光源的颜色温度,简称色温。用绝对温度 K 来表示。例如白炽灯的色温为 2 400 ~ 2 900 K;管型氙灯色温为 5 500 ~ 6 000 K。

(2)显色性与显色指数  当某种光源的光照射到物体上时,所显现的色彩不完全一样,有一定的失真度。这种同一颜色的物体在具有不同光谱功率的光源照射下,显出不同的颜色的特性就是光源的显色性,通常用显色指数(Ra)来表示光源的显色性。显色指数越高,颜色失真越小,光源的显色性就越好。国际上规定参照光源的显色指数为 100。常见光源的显色指数如表9.1 所示。

表 9.1  常见光源的显色指数

| 光 源 | 显色指数 | 光 源 | 显色指数 |
|---|---|---|---|
| 白色荧光灯 | 65 | 荧光水银灯 | 44 |
| 日光色荧光灯 | 77 | 金属卤化物灯 | 65 |
| 暖白色荧光灯 | 59 | 高显色金属卤化物灯 | 92 |
| 高显色荧光灯 | 92 | 高压钠灯 | 29 |
| 水银灯 | 23 | 氙灯 | 94 |

## 9.2.2 园林照明的方式和照明质量

### 1)照明方式

进行园林照明设计必须对照明方式有所了解,方能正确规划照明系统。其方式可分成下列3 种:

（1）一般照明　指不考虑局部的特殊需要，为整个被照场所而设置的照明。这种照明方式的一次投资少，照度均匀。

（2）局部照明　指对景区（点）某一局部的照明。当局部地点需要高照度并对照度方向有要求时，宜采用局部照明，但在整个景区（点）不应只设局部照明而无一般照明。

（3）混合照明　由一般照明和局部照明共同组成的照明。在需要较高照度并对照射方向有特殊要求的场合宜采用混合照明。此时，一般照明照度按不低于混合照明总照度 $5\% \sim 10\%$ 选取，且最低不低于 20 lx。

### 2）照明质量

良好的视觉效果不仅是单纯地依靠充足的光通量，还需要有一定的光照质量要求。

（1）合理的照度　照度是决定物体明亮程度的间接指标。在一定范围内，照度增加则视觉能力也相应提高。表9.2 为各类建筑物、道路、庭园等设施一般照明的推荐照度。

**表9.2　各类设施一般照明的推荐照度**

| 照明地点 | 推荐照度/lx | 照明地点 | 推荐照度/lx |
|---|---|---|---|
| 国际比赛足球场 | 1 000 ~ 1 500 | 更衣室、浴室 | 15 ~ 30 |
| 综合性体育正式比赛大厅 | 750 ~ 1 500 | 库房 | 10 ~ 20 |
| 足球场、游泳池、冰球场、羽毛球场、乒乓球场、台球场 | 200 ~ 500 | 厕所、盥洗室、热水间、楼梯间、走道 | 5 ~ 20 |
| 篮球场、排球场、网球场、计算机房 | 150 ~ 300 | 广场 | 5 ~ 15 |
| 绘图室、打字室、字画商店、百货商场、设计室 | 100 ~ 200 | 大型停车场 | 3 ~ 10 |
| 办公室、图书室、阅览室、报告厅、会议室、博展室、展览厅 | 75 ~ 150 | 庭园道路 | 2 ~ 5 |
| 一般性商业建筑（钟表店、银行等）、旅游饭店、酒吧、咖啡厅、舞厅 | 50 ~ 100 | 住宅小区道路 | 0.2 ~ 1 |

（2）照明均匀度　游人置身园林环境中，如果有彼此亮度不相同的表面，当视觉从一个面转到另一个面时，眼睛被迫经过一个适应过程，当适应过程经常反复经历时，就会导致视觉疲劳。在考虑园林照明时，除力图满足景色照明的需要外，还要注意周围环境中的亮度分布应力求均匀。

（3）眩光的限制　眩光是影响照明质量的主要特征。所谓眩光是指由于亮度分布不适当、亮度的变化幅度太大或由于在时间上相继出现的亮度相差过大所造成的观看物体时感觉不适或视力减低的视觉条件。为防止眩光产生，常采用的方法是：

①注意照明灯具的最低悬挂高度。

②力求使照明光源来自适宜的方向。

③使用发光表面面积大、亮度低的灯具。

## 9.2.3 电光源及其应用

### 1)园灯的构造与造型

园灯一般都由灯头、灯杆、灯座、接线控制箱等部分组成。可以使用不同的材料,设计出不同的造型。园灯如果选用合适,能在以山水、花木为主体的自然园景中起到很好的点缀作用。园灯的造型有几何形与自然形之分。选用几何造型可以突出灯具的特征而形成园景的变化;采用自然造型则能与周围景物相和谐而达到园景的统一。但须注意,园灯在夜晚是用来照明的,灯具形象过于突出会使人难以进一步注意其他景观要素。一般以坚固耐用、取换方便、安全性高、形美价廉、能充分发挥照明功效作为选择的基本要求。

### 2)园林中常用的照明光源

无论何种园林灯具,目前一般使用的光源有汞灯、金属卤化物灯、高压钠灯、荧光灯和白炽灯等。

(1)汞灯　其使用寿命较长,容易维修,是目前国内园林使用最为普遍的光源之一。有40~2 000W多种规格。其特点是能使草坪、花木的绿色更加鲜艳。

(2)金属卤化物灯　比普通白炽灯具有更高的色温和亮度,所以发光效率高,显色性好,适用于游人较多的地方。但这种灯没有低功率的规格,其使用受到限制。

(3)高压钠灯　是一种高强放电灯,能耗较低,可用于照度要求较高的地方,如广场、园路、游乐园。但这种灯发出的光线为橘黄色,不能真实反映绿色。

(4)荧光灯　因其价格低、光效高、使用寿命长而被广泛运用于广告灯箱,在规模不大的小庭园内使用也较合适,但不适用于广场和低温条件下。

(5)白炽灯　发出的光线与自然光较为接近,能使红、黄等颜色更为绚丽夺目,可用于庭园照明和投光照明,但使用寿命较短,需经常更换和维修。

园林中常用照明电光源主要技术特性比较及适用场所如表9.3所示。

**表9.3　常用园林照明电光源主要特性及适用场合**

| 光源名称 | 白炽灯（普通照明灯泡） | 卤钨灯 | 荧光灯 | 荧光高压汞灯 | 高压钠灯 | 金属卤化物灯 | 管形氙灯 |
|---|---|---|---|---|---|---|---|
| 额定功率/W | 10~1 000 | 500~2 000 | 6~125 | 50~1 000 | 250~400 | 400~1 000 | 1 500~10 000 |
| 光效/(lm·W$^{-1}$) | 6.5~19 | 19.5~21 | 25~67 | 30~50 | 90~100 | 60~80 | 20~37 |
| 平均寿命/h | 1 000 | 1 500 | 2 000~3 000 | 2 500~5 000 | 3 000 | 2 000 | 500~1 000 |
| 一般显色指数(Ra) | 95~99 | 95~99 | 70~80 | 30~40 | 20~25 | 65~85 | 90~94 |

续表

| 光源名称 | 白炽灯<br>（普通照明灯泡） | 卤钨灯 | 荧光灯 | 荧光高<br>压汞灯 | 高压钠灯 | 金属卤<br>化物灯 | 管形氙灯 |
|---|---|---|---|---|---|---|---|
| 色温/K | 2 700~2 900 | 2 900~<br>3 200 | 2 700~<br>6 500 | 5 500 | 2 000~<br>2 400 | 5 000~<br>6 500 | 5 500~<br>6 000 |
| 功率因数<br>（cos ω） | 1 | 1 | 0.33~0.7 | 0.44~0.67 | 0.44 | 0.4~0.01 | 0.4~0.9 |
| 表面亮度 | 大 | 大 | 小 | 较大 | 较大 | 大 | 大 |
| 频闪效应 | 不明显 | 不明显 | 明显 | 明显 | 明显 | 明显 | 明显 |
| 耐震性能 | 较差 | 差 | 较好 | 好 | 较好 | 好 | 好 |
| 所需附件 | 无 | 无 | 镇流器<br>启辉器 | 镇流器 | 镇流器 | 镇流器<br>触发器 | 镇流器<br>触发器 |
| 适用场所 | 彩色灯泡：可用于建筑物、商店橱窗、展览馆、园林构筑物、孤立树、树丛、喷泉、瀑布等装饰照明。水下灯泡：可用于喷泉、瀑布等处装饰用。聚光灯：舞台照明、公共场所等作强光照明 | 适用于广场、体育场、建筑物等照明 | 一般用于建筑物室内照明 | 广泛用于广场、道路、园路、运动场所等，作大面积室外照明 | 广泛用于道路、园林绿地、广场、车站等处照明 | 主要可用于广场、大型游乐场、体育场照明及调整摄影曝光量等方面 | 有"小太阳"之称，特别适合于作大面积场所的照明，工作稳定，点燃方便 |

## 3）光源选择

园林照明中，一般宜采用白炽灯、荧光灯或其他气体放电光源。但因频闪效应而影响视觉的场合，不宜采用气体放电光源。

振动较大的场所，宜采用荧光高压汞灯或高压钠灯。在有高挂条件又需要大面积照明的场所，宜采用金属卤化物灯、高压钠灯或长弧氙灯。当需要人工照明和天然采光相结合时，应使照明光源与天然光相协调。常选用色温为 4 000~4 500 K 的萤火灯或其他气体放电光源。

同一种物体用不同颜色的光照在上面，在人们视觉上产生的效果是不同的。红、橙、黄、棕色给人以温暖的感觉，人们称之为"暖色光"；而蓝、青、绿、紫色则给人以寒冷的感觉，就称它为"冷色光"。光源发出光的颜色直接与人们的情趣——喜、怒、哀、乐有关，这就是光源的颜色特性。这种用光的颜色特性——"色调"在园林中就显得十分重要，应尽力运用光的"色调"来创造一个优美的或是各种有情趣的主题环境。如白炽灯用在绿地、花坛、花径照明，能加重暖色，使之看上去更鲜艳。喷泉中，用各色白炽灯组成水下灯，和喷泉的水柱一起，在夜色下可形成各种光怪陆离、虚幻缥缈的效果,分外吸引游人。而高压钠灯等所发出的光线穿透能力强,在园林中常用于滨河道路、河湖沿岸等及云雾多的风景区的照明。

可以在视野内的被观察物和背景之间适当造成色调对比,以提高识别能力,但此色调对比不宜过分强烈,以免引起视觉疲劳。我们在选择光源色调时还可考虑以下被照面的照明效果:

①暖色能使人感觉距离近些,而冷色则使人感到距离加大,故暖色是前进色,冷色则是后褪色。

②暖色里的明色有柔软感,冷色里的明色有光滑感;暖色的物体看起来密度大些、重些和坚固些,而冷色则看起来轻一些。在同一色调中,暗色好似重些,明色好似轻些。在狭窄的空间宜选冷色里的明色,以造成宽敞、明亮的感觉。

③一般红色、橙色有兴奋作用,而紫色则有抑制作用。

在使用节日彩灯时应力求环境效果和节能的统一。常见光源色调如表9.4所示。

表9.4　常见光源色调

| 照明光源 | 光源色调 |
| --- | --- |
| 白炽灯、卤钨灯 | 偏红色光 |
| 日光色荧光灯 | 与太阳光相似的白色光 |
| 高压钠灯 | 金黄色、红色成分偏多,蓝色成分不足 |
| 荧光高压汞灯 | 淡蓝—绿色光,缺乏红色成分 |
| 镝灯(金属卤化物灯) | 接近于日光的白色光 |
| 氙灯 | 非常接近日光的白色光 |

### 4)灯具的运用

灯具的作用是固定光源,把光源发出的光通量分配到需要的表面并且防止光源引起的眩光以及保护光源不受外力及外界潮湿气体的影响等。在园林中灯具的选择除考虑到便于安装维护外,更要考虑使灯具的外形和周围园林环境相协调,使灯具能为园林景观增色。

(1)灯具分类　灯具若按结构可分为开启型、闭合型、密封型及防爆型。而灯具按光通量在空间上、下半球的分布情况,又可分为直射型灯具、半直射型灯具、漫射型灯具、半反射型灯具、反射型灯具等。而直射型灯具又可分为广照型、均匀配光型、配照型、深照型和特深照型5种。可详见各种照明手册。

(2)灯具选用　灯具应根据使用环境、条件、场地用途、所需光强、限制眩光等方面进行选择。在满足下述条件下应选用效率高、维护检修方便的灯具。

①在正常环境中,宜选用开启式灯具。

②在潮湿或特别潮湿的场所可选用密闭型防水灯或带防水防尘的密封式灯具。

③可按光强分布特性选择灯具。光强分布特性常用配光曲线表示。如灯具安装高度在6 m及以下时,可采用深照型灯具;安装高度在6~15 m时,可采用直射型灯具;当灯具上方有需要观察的对象时,可采用漫射型灯具;对于大面积的绿地,可采用投光灯等高光强灯具。

各类灯具形式多样,具体可参照有关照明灯具手册。

## 9.2.4　公园、绿地的照明原则

由于环境复杂,用途各异,变化多样,对公园、绿地的室外照明很难予以硬性规定,仅提出以下一般原则供参考:

①不要泛泛设置照明设施,而应结合园林景观的特点,以最能充分体现在灯光下的景观效果为原则来布置照明设施。

②关于灯光的方向和颜色的选择应以能增加树木、灌木和花卉的美观为主要前提。如针叶树只在强光下才反映良好,一般只宜采取暗影处理法;又如,阔叶树种白桦、垂柳、枫树等对泛光照明有良好的反映效果;白炽灯(包括反射型)、卤钨灯能增强红、黄色花卉的色彩,使它们显得更加鲜艳;小型投光器的使用会使局部花卉色彩绚丽夺目;汞灯使树木和草坪的绿色鲜亮等。

③对于水面、水景照明景观的处理,注意如以直射光照在水面上,对水面本身作用不大,但却能反映其附近被灯光所照亮的小桥、树木或园林建筑,呈现出波光粼粼,有一种梦幻似的意境。而瀑布和喷水池却可用照明处理得很美观,不过灯光需透过流水以造成水柱的晶莹剔透、闪闪发光。所以,无论是在喷水的四周,还是在小瀑布注入池塘的地方,均宜将灯具置于水面之下。在水下设置灯具时,应注意使其安装在白天难于发现的深度,但也不能埋得过深,否则会引起光强的减弱。一般安装在水面以下 30~100 cm 为宜。

某些大瀑布采用前照灯光的效果很好,但如果设在远处的投光灯直接照在瀑布上,效果并不理想。潜水灯具的应用效果颇佳,但需特殊的设计。

④对于公园和绿地的主要园路,宜采用低功率的路灯装在 3~5 m 高的灯柱上,柱距 20~40 m 效果较好,也可每柱两灯,需要提高照度时,两灯齐明。也可隔柱设置控制灯的开关来调整照明。也可利用路灯灯柱装以 150 W 的密封光束反光灯来照亮花圃和灌木。

在一些局部的假山、草坪内可设地灯照明,如要在其内设灯杆装设灯具时,其高度应在 2 m 以下。

⑤在设计公园、绿地园路照明灯具时,要注意路旁树木对道路照明的影响,可以适当减少灯间距、加大光源的功率以补偿由于树木遮挡所产生的光损失,也可以根据树型或树木高度的不同,在安装照明灯具时,采用较长的灯柱悬臂,以使灯具突出树缘外或改变灯具的悬挂方式等以弥补光损失。

⑥无论是白天还是晚上,照明设备均需隐蔽在视线之外,最好全部敷设电缆线路。

⑦彩色装饰灯可创造节日气氛,特别是倒映在水中更为美丽,但是这种装饰灯光不易获得一种宁静、安详的气氛,也难以表现出大自然的壮观景象,只能有限度地调剂使用。

## 9.2.5　园林照明设计

园林照明的设计及灯具的选择应在设计之前作一次全面细致的考察,可在白天对周围的环境空间进行仔细观察,以决定何处适宜于灯具的安装,并考虑采用何种照明方式最能突出表现夜景。与其他景观设计一样,园林照明也要兼顾局部和整体的关系。适当位置的灯具布置可以在园中创造出一系列的兴奋点,所以恰到好处的设计可以增加夜晚园林环境的活力;统筹全园的整体设计,则有利于分辨主次、突出重点,使园林的夜景在统一的规划中显现出秩序感和自己的特色。如果能将重点照明、安全照明和装饰照明等有机地结合,可最大限度地减少不必要的灯具,以节省能源和灯具上的花费。而如能与造园设计一并考虑,更可避免因考虑不周而带来的重复施工。

### 1)照明设计的原则

突出园中造型优美的建筑、山石、水景与花木,掩藏园景的缺憾。园林的不同位置对照明的要求具有相当大的差异。为了展示出园内的建筑、雕塑、花木、山石等景物优美的造型,照明方法应因景而异。建筑、峰石、雕塑与花木等的投射灯光应依据需要而使强弱有所变化,以便在夜晚展现各自的风韵;园路两侧的路灯应照度均匀、连续,以满足安全的需要。为了使小空间显得更大,可以只照亮前庭而将后院置于阴影之中;而对大的室外空间,处理的手法正相反,这样会对大空间产生一种亲切感。室外照明应慎重使用光源上的调光器,在大多数采用白炽灯作为光源的园灯上,使用调光器后会使光线偏黄,给被照射的物体蒙上一层黄色。尤其对于植物,会呈现一种病态,失去了原有的生机。彩色滤光器也最好少用,因为经其投射出的光线会产生失真感。当然,天蓝滤光器例外,它能消除白炽灯光中的黄色调,使光线变成令人愉快的蓝白光。小小的滤光器或其他附件竟会使整个景观发生巨大的改变,这是在设计中需要时刻注意的。灯光亮度要根据活动需要以及保证安全而定,过亮或过暗都会给游人带来不适。照明设计时尤其应注意眩光。要确定灯光的照明范围还须考虑灯具的位置,即灯具高度、角度以及光分布,而照明时所形成的阴影大小、明暗要与环境及气氛相协调,以利于用光影来衬托自然,创造一定的场面与气氛。这可在白天对周围空间进行仔细观察,并通过计算校合,以确定最佳的景观照明。

此外,还有安全问题需要考虑。园灯位置不应过于靠近游人活动及车辆通行的地方,以免因碰撞损坏而引起危险。在接近游人的地方若需必要的照明,可以设置地灯、装饰园灯,但不宜选择发热过高的灯具。若无更合适的灯具,则应加装隔热玻璃,或采取其他防护措施。园灯位置还应注意方便安装和维修。为保证安全,灯具线路开关以及灯杆设置都要采取安全措施,以防漏电和雷击,并可抗风、防水及抵御气温变化。寒冷地区的照明工程还应设置整流器,以免受到低温的影响。

### 2)原始资料准备

在进行园林照明设计以前,应具备下列一些原始资料:

①公园、绿地的平面布置图及地形图,必要时应有该公园、绿地中主要建筑物的平面图、立面图和剖面图。

②该公园绿地对电气的要求(设计任务书),特别是一些专用性强的公园绿地照明,应明确提出照度、灯具选择、布置、安装等要求。

③电源的供电情况及进线方位。

### 3)照明设计的步骤

①明确照明对象的功能和照明要求。

②选择照明方式,可根据设计任务书中公园绿地对电气的要求,在不同的场合和地点,选择不同的照明方式。

③光源灯具的选择,主要是根据公园绿地的配光和光色要求、与周围景色配合等来选择光

源和灯具。

④灯具的合理布置。除考虑光源光线的投射方向、照度均匀性等,还应考虑经济、安全和维修方面等。

⑤进行照度计算。

具体照度计算可参考有关照明手册。

# 9.3　园林供电设计

## 9.3.1　园林供电设计内容及程序

园林供电设计与园林规划、园林建筑、给排水等设计紧密相连,因而供电设计应与上述设计密切配合,以构成合理的布局。

**1)园林供电设计的内容**

①确定各种园林设施中的用电量,选择变压器的数量及容量。

②确定电源供给点(或变压器的安装地点)进行供电线路的配置。

③进行配电导线截面的计算。

④绘制电力供电系统图、平面图。

**2)设计程序**

(1)收集有关资料　在进行具体设计以前,应收集以下资料:

①园内各建筑、用电设备、给排水、暖通等平面布置图及主要剖面图,并附有各用电设备的名称、额定容量、额定电压、周围环境(潮湿、灰尘)等。这些是设计的重要基础资料,也是进行负荷计算和选择导线、开关设备以及变压器的依据。

②了解各用电设备及用电点对供电可靠性的要求。

③供电局同意供给的电源容量。

④供电电源的电压、供电方式(架空线或电缆线,专用线或非专用线)、进入公园或绿地的方向及具体位置。

⑤当地电价及电费收取方法。

⑥应向气象、地质部门了解以下资料(表9.5)。

表9.5　气象、地质资料内容及用途

| 资料内容 | 用　途 | 资料内容 | 用　途 |
|---|---|---|---|
| 最高年平均温度 | 选变压器 | 年雷电小时数和雷电日数 | 防雷装置 |
| 平均最热月份平均最高温度 | 选室外裸导线 | 土壤冻结深度 | 接地装置 |
| 最热月平均温度 | 选室内导线 | 土壤电阻率 | 接地装置 |
| 一年中连续3次的最热日昼夜平均温度 | 选空中电缆 | 50年一遇的最高洪水水位 | 变压器安装地点的选择 |
| 土壤中0.7~1.0 m深处一年中最热月平均温度 | 选地下电缆 | 地震烈度 | 防震措施 |

（2）分析研究资料，进行负荷核算　根据所收集到的资料认真分析研究，对用电负荷水平进行测算。

（3）确定电源　根据负荷及电源条件确定供电电源方式与配电变压器（或小型发电机）的容量和位置。

（4）选择优化方案　根据负荷分布情况，拟订几个电网接线方案，经过技术经济比较后，确定最佳方案。

（5）征求意见，调整方案　查考园林供电的有关规定，听取有关部门和专家的意见，兼顾各方利益，调整设计方案。

（6）预算投资　根据最后确定的方案，预算建设资金及材料设备需要量。

（7）编制文件，绘制设计图表。

## 9.3.2　公园用电量的估算

公园绿地用电量分为动力用电和照明用电，即：

$$S_{总} = S_{动} + S_{照}$$

式中　$S_{总}$——公园用电计算总容量；

　　　$S_{动}$——动力设备所需总容量；

　　　$S_{照}$——照明用电总计算容量。

### 1）动力用电估算

公园或绿地的动力用电具有较强的季节性和间歇性，因而在作动力用电估算时应考虑这些因素。其动力用电估算常可用下式进行计算：

$$S_{动} = K_c \frac{\sum P_{动}}{\eta \cos \varphi}$$

式中　$\sum P_{动}$——各动力设备铭牌上额定功率的总和，kW；

　　　$\eta$——动力设备的平均效率，一般可取 0.86；

　　　$\cos \varphi$——各类动力设备的功率因数，一般在 0.6~0.95，计算时可取 0.75；

　　　$K_c$——各类动力设备的需要系数。由于各台设备不一定都同时满负荷运行，因此计算容量时需打一折扣，此系数大小具体可查有关设计手册，估算时可取 $K_c = 0.5$~0.75（一般可取 0.70）。

### 2）照明用电估算

照明设备的容量，在初步设计中可按不同性质建筑物的单位面积照明容量（W/m²）来估计：

$$P = \frac{S \times W}{1\,000}$$

式中　$P$——照明设备容量，kW；

　　　$S$——建筑物平面面积，m²；

　　　$W$——单位容量，W/m²。

其估算方法为:依据工程设计的建筑物的名称,查表9.6或有关手册,得单位建筑面积耗电量,将这些值乘以该建筑物面积,其结果即为该建筑物照明供电估算负荷。

表9.6　单位建筑面积照明容量

| 建筑名称 | 功率指标/($W \cdot m^{-2}$) | 建筑名称 | 功率指标/($W \cdot m^{-2}$) |
|---|---|---|---|
| 一般住宅 | 10～15 | 锅炉房 | 7～9 |
| 高级住宅 | 12～18 | 变配电所 | 8～12 |
| 办公室、会议室 | 10～15 | 水泵房、空压站房 | 6～9 |
| 设计室、打字室 | 12～18 | 材料库 | 4～7 |
| 商店 | 12～15 | 机修车间 | 7.5～9 |
| 餐厅、食堂 | 10～13 | 游泳池 | 50 |
| 图书馆、阅览室 | 8～15 | 警卫照明 | 3～4 |
| 俱乐部(不包括舞台灯光) | 10～13 | 广场、车站 | 0.5～1 |
| 托儿所、幼儿园 | 9～12 | 公园路灯照明 | 3～4 |
| 厕所、浴室、更衣室 | 6～8 | 汽车道 | 4～5 |
| 汽车库 | 7～10 | 人行道 | 2～3 |

将动力用电量和照明总用电量加起来就是该公园绿地的总用电量。

## 9.3.3　公园绿地变压器的选择

在一般情况下,公园内照明供电和动力负荷可共用同一台变压器供电。

应根据公园、绿地的总用电量的估算值和当地高压供电电压值选择变压器的容量和确定变压器高压侧的电压等级。

在确定变压器容量和台数时,要从供电的可靠性和技术经济上的合理性综合考虑,具体可根据以下原则:

①变压器的总额定容量必须大于或等于该变电所的用电设备的总计算负荷,即

$$S_{额} \geqslant S_{选用}$$

式中　$S_{额}$——变压器额定容量,kVA;

$S_{选用}$——实际的估算选用容量,kVA。

②一般园林只选用1～2台变压器,且其单台容量一般不应超过1 000 kVA,以750 kVA为宜。这样可使变压器接近负荷中心。

③当动力和照明共用一台变压器时,若动力严重影响照明质量时,可考虑单独设一照明用变压器。

④在变压器型式方面,如供一般场合使用时,可选用节能型铝芯变压器。

⑤在公园绿地考虑变压器的进出线时,为不破坏景观和确保游人安全,应选用电缆,以直埋方式敷设。

### 9.3.4　供电线路导线截面的选择

公园绿地的供电线路,应尽量选用电缆线。市区内一般的高压供电线路均采用 10 kV 电压级。高压输电线一般采用架空敷设方式,但在园林绿地附近应要求采用直埋电缆敷设方式。

电缆、电线截面选择的合理性直接影响到有色金属的消耗量和线路投资以及供电系统的安全经济运行,因而在一般情况下,可采用铝芯线;在要求较高的场合下,则采用铜芯线。

电缆、导线截面的选择可以按以下原则进行:

①按线路工作电流及导线型号,查导线的允许载流量表,使所选的导线发热不超过线芯所允许的强度,因而可使所选的导线截面的载流量大于或等于工作电流。

即

$$I_{载} \geq KI_{工作}$$

式中　$I_{载}$——导线、电缆按发热条件允许的长期工作电流(A),具体可查有关手册;

$I_{工作}$——线路计算电流,A;

$K$——考虑到空气温度、土壤温度、安装敷设等情况的校正系数。

②所选用导线截面应大于或等于机械强度所允许的最小导线截面。

③验算线路的电压偏移,要求线路末端负载的电压不低于其额定电压的允许偏移值,一般工作场所的照明允许电压偏移相对值是 5%,而道路、广场照明允许电压偏移相对值为 10%,一般动力设备允许电压偏移相对值为 ±5%。

### 9.3.5　公园绿地配电线路的布置

#### 1)确定电源供给点

公园绿地的电力来源,常见的有以下几种:

①就近借用现有变压器,但必须注意该变压器的多余容量是否能满足新增园林绿地中各用电设施的需要,且变压器的安装地点与公园绿地用电中心之间的距离不宜太长。中小型公园绿地的电源供给常采用此法。

②利用附近的高压电力网,向供电局申请安装供电变压器,一般用电量较大(70 ~ 80 kW 以上)的公园绿地最好采用此种方式供电。

③如果公园绿地(特别是风景点、区)离现有电源太远或当地供电能力不足时,可自行设立小发电站或发电机组以满足需要。

一般情况下,当公园绿地独立设置变压器时,需向供电局申请安装变压器。在选择地点时,应尽量靠近高压电源,以减少高压进线的长度。同时,应尽量设在负荷中心或将要发展的负荷中心。表 9.7 为常用电压电力线路的传输功率和传输距离。

表 9.7 常用电压电力线路的传输功率和传输距离

| 额定电压/kV | 线路结构 | 输送功率/kW | 输送距离/km |
|---|---|---|---|
| 0.22 | 架空线 | <50 | <0.15 |
| 0.22 | 电缆线 | <100 | <0.20 |
| 0.38 | 架空线 | <100 | <0.25 |
| 0.38 | 电缆线 | <175 | <0.35 |
| 10 | 架空线 | <3 000 | 15~8 |
| 10 | 电缆线 | <5 000 | 10 |

### 2) 配电线路的布置

公园绿地布置配电线路时,要全面统筹安排考虑,应注意以下原则:经济合理、使用维修方便,不影响园林景观;从供电点到用电点,要尽量取近,走直路,并尽量敷设在道路一侧,但不要影响周围建筑及景色和交通;地势越平坦越好,要尽量避开积水和水淹地区,避开山洪或潮水起落地带;在各具体用电点,要考虑到将来发展的需要,留足接头和插口,尽量经过可能开展活动的地段。因而,对于用电问题,应在公园绿地平面设计时就做出全面安排。

(1)线路敷设形式 线路敷设形式可分为两大类:架空线和地下电缆。架空线工程简单,投资费用少,易于检修,但影响景观,妨碍种植,安全性差。而地下电缆的优缺点恰与架空线相反。目前在公园绿地中都尽量地采用地下电缆,尽管它一次性投资大些,但从长远的观点和发挥园林功能的角度出发,还是经济合理的。架空线仅常用于电源进线侧或在绿地周边不影响园林景观处,而在公园绿地内部一般均采用地下电缆。当然,最终采用什么样的线路敷设形式,应根据具体条件,进行技术经济评估之后才能确定。

(2)线路组成

①对于一些大型公园、游乐场、风景区等,其用电负荷大,常需要独立设置变电所,其主接线可根据其变压器的容量进行选择,具体设计应由电力部门的专业电气人员完成。

②变压器——干线供电系统。

a.在前面电源的确定中已提及,在大型园林及风景区中,常在负荷中心附近设置独立的变压器、变电所,但对于中、小型园林而言,常常不需要设置单独的变压器,而是由附近的变电所、变压器通过低压配电屏直接由一路或几路电缆供给。当低压供电线采用放射式系统时,照明供电线可由低压配电所引出。

b.对于中、小型园林,常在进园电源线的首端设置干线配电板,并配备进线开关、电度表以及各出线支路,以控制全园用电。动力、照明电源一般应单独设回路,仅对于远离电源的单独小型建筑物才考虑照明和动力合用供电线路。

c.在低压配电所的每条回路供电干线上所连接的照明配电箱,一般不超过 3 个。每个用电点(如建筑物)进线处应装刀开关和熔断器。

d.一般园内道路照明可设在警卫室等处进行控制,道路照明除各回路有保护处,灯具也可单独加熔断器进行保护。

e.大型游乐场的一些动力设施应由专门的动力供电系统供电,并有相应的措施保证安全、可靠供电,以保障游人的生命安全。

③照明网络。照明网络一般用380/220 V中性点接地的三相四线制系统,灯用电压220 V。为了便于检修,每回路供电干线上连接的照明配电箱一般不超过3个,室外干线向各建筑物供电时不受此限制。

室内照明支线每一单相回路一般采用不大于15 A的熔断器或自动空气开关保护,对于安装大功率灯泡的回路允许增大到20～30 A。每一个单相回路(包括插座)灯具一般不超过25个,当采用多管荧光灯具时,允许增大到50根灯管。

照明网络零线(中性线)上不允许装设熔断器,但在办公室、生活福利设施及其他环境正常场所,当电气设备无接零要求时,其单相回路零线上宜装设熔断器。

一般配电箱的安装高度为其中心距地1.5 m,若控制照明不是在配电箱内进行,则配电箱的安装高度可提高到2 m以上。其他各种照明开关安装高度宜为1.3～1.5 m。一般室内暗装的插座,安装高度为0.3～0.5 m(安全型)或1.3～1.8 m(普通型);明装插座安装高度为1.3～1.8 m,低于1.3 m时应采用安全插座;潮湿场所的插座,安装高度距地面不应低于1.5 m;儿童活动场所(如住宅、托儿所、幼儿园及小学)的插座,安装高度距地面不应低于1.8 m(安全型插座例外);同一场所安装的插座高度应尽量一致。

# 复习思考题

1. 什么是交流电和交流电源?
2. 根据我国规定,交流电力网的额定电压等级有哪些?
3. 什么叫色温、显色性和显色指数?
4. 常见园林照明方式有哪些?
5. 决定照明质量的因素有哪些?
6. 常用园林照明灯具有哪几类?
7. 如何选用园林照明灯具?
8. 公园、绿地的照明原则有哪些?
9. 园林供电设计的内容有哪些?
10. 如何估算公园、绿地等的用电量?
11. 如何选择公园、绿地变压器?
12. 公园、绿地布置配电线路时,应遵守哪些原则?
13. 对某一公园、绿地进行配电设计。

# 10 园林机械

第10章微课

**本章导读** 本章主要介绍了园林机械的现状、园林机械的类型及组成,园林机械发展趋势,重点介绍了园林工程机械和种植养护工程机械的类型、功能。目的是使读者对当前常用的园林机械有一个整体的、全面的了解,以适应当前园林工程建设发展的需要。

## 10.1 概　述

在园林工程建设发展中,机械化生产及其设备的充分利用是提高生产效率、加快建设进度和提高工程质量的重要手段。目前,在我国园林建设中机械化作业环节还比较薄弱。近年来各地园林工作者创造和引进了多种生产机械和工具,改变了园林建设的面貌。但由于园林事业的飞速发展,园林建设水平的不断提高,目前的机械化程度还不能完全满足园林建设的要求,还需要创造和引进更多更好的机械,使园林建设者从笨重的手工操作中逐步、彻底地解放出来,以适应社会主义园林建设事业的发展。

### 10.1.1 园林机械的类型

园林工程建设的对象和内容众多,目前国内外所使用的园林机械设备品种也是五花八门,品种繁多。

**1)按园林机械功能分类**

(1)园林工程机械　可分为土方工程机械、压实机械、混凝土机械、起重机械、抽水机械等。

(2)种植养护工程机械　可分为种植机械、整形修剪机械、浇灌机械、病虫害防治机械、整地机械等。

**2)按与动力配套的方式分类**

(1)人力式机械　人力式机械是以人力作为动力的机械,如手推式剪草机、手摇式撒播机、手动喷雾器、手推草坪滚等。

(2)机动式机械　机动式机械是以内燃机、电动机等作为动力的机械。有便携式、拖拉机挂接式、自行式和手扶式等型式。

## 10.1.2　园林机械的组成

园林机械种类繁多,结构、性能、用途各异,但不论什么类型的机械,通常都由动力机、传动、执行(工作)机构 3 部分组成,能在控制系统的控制下实现确定运动,完成特定作业。行走式机械还有行走装置和制动装置等。

### 1)动力机

动力机是机器工作的动力部分,其作用是把各种形态的能转变成机械能,使机械运动和做功,如电动机和内燃机等。

目前,我国城市绿化由于面积、环境所限,较多采用机动灵活的小型内燃机为园林机械的动力机。

### 2)传动

传动是指把动力机产生的机械能传送到执行(工作)机构上去的中间装置,也就是说把动力机产生的运动和动力传递到工作机构。

### 3)工作装置

工作装置是指机器上完成不同作业的装置。工作装置所需能量是由动力装置产生并经过传动系统传递的机械能。因为园林机器品种、型号很多,完成作业也不一样,因此,工作装置也是多种多样的。如机械式、气力式和液力式等。

## 10.1.3　我国园林机械的现状与发展趋势

园林机械设备的发展已有近百年的历史。20 世纪早期,西方发达国家已开始在园林绿化的繁重作业中应用机械,那时主要使用起重运输机械和农业机械,如用汽车和起重机运输和装卸物料,用拖拉机和犁等进行种植前的土地整理等。20 世纪 50 年代以后,各种园林专用机械开始纷纷面世,如植树机、草坪修剪机、园林拖拉机等,园林机械开始进入快速发展时期。20 世纪 80 年代以后,在欧美发达国家,随着经济的进一步发展,人民生活水平和住房条件进一步改善,小型园林机械与设备开始进入家庭,并成为家庭的必备机具,特别是草坪机与设备在美国、加拿大等国的中产阶层家庭中已经普及。到 20 世纪末,世界其他各地大部分城市的园林绿化中,从公共绿地到庭院的建设和养护已基本实现了机械化作业。

国内园林机械设备的发展起始于 20 世纪 70 年代后期,20 世纪 90 年代开始进入了快速发展时期,其主要标志是:除了园林机械厂、林业机械厂生产园林机械设备以外,一批实力较强的通用机械厂、机床厂也开始生产不同品种的园林机械,部分小型园林机械已开始出口国外。先进的园林机械设备的进口大幅度上升,美国、德国、瑞典、日本等国的一些大公司的园林机械纷纷进入国内市场,经销国内外园林机械设备的公司大量涌现,规模也日益扩大,并已初步形成了全国经销网络。大型园林绿化工程中机械化作业的比重明显提高,一批机械化施工队伍已经出现,园林机械也开始进入企、事业单位的庭院和住宅小区。但是总的来看:国内园林机械设备的品种还比较单一,性能、质量和制造水平都还比较落后,与国外发达国家相比有很大差距,国内园林机械化作业的比重还很小,与发达国家全面机械化程度相比,差距十分明显。总体上国内目前处于园林机械设备发展的初始阶段。

进入 21 世纪,国内外园林机械设备的发展会进一步加快,我国将会更快更多地实现园林绿化机械化作业,机械化水平则将进一步向更高的层次发展。今后的一段时期里,园林机械设备发展的总趋势是:

①将大力开发园林机械新产品,加速产品的更新换代,使产品进一步向操作自动化、舒适化方向发展。

②积极发展园林机械的一机多用和联合作业机,以提高机器的利用率、作业效率和劳动生产率。

③大力改善园林机械设备的环保性能。21 世纪对园林机械设备在环保方面的要求将越来越严、标准越来越高。

④进一步提高园林机械设备的安全性。包括机械本身的安全性、对操作人员的安全性以及对周围人群的安全性。

# 10.2　园林工程机械

## 10.2.1　土方工程机械

在造园施工中,无论是挖池或堆山或建筑或种植或铺路以及埋砌管道等,都包括数量大又费力的土方工程。因而,采用机械施工,配备各种型号的土方机械,并配合运输和装载机械施工,进行土方的挖、运、填、夯、压实、平整等工作,不但可以使工程达到设计要求、提高质量、缩短工期、降低成本,还可以减轻笨重的体力劳动,多、快、好、省地完成施工任务。

### 1)推土机

推土机是土石方工程施工中的主要机械之一,它由拖拉机与推土工作装置两部分组成。其行走方式有履带式和轮胎式两种。$T_2$-60 型推土机外形和构造如图 10.1 所示。

传动系统主要采用机械传动和液力机械传动,工作装置的操纵方法分液压操纵与机械操纵。推土机具有操纵灵活、运转方便、工作面积小,既可挖土,又可作较短距离(100 m 以内,一般 30~60 m)运送、行驶速度较快、易于转移等特点。适用于场地平整、开沟挖池、堆山筑路、叠堤坝修梯台、回填管沟、推运碎石、松碎硬土及杂土等。根据需要,也可配置多种作业装置,如松土器可以破碎三、四级土壤;除根器,可以拔除直径在 450 mm 以下的树根,并能清除直径在 400~2 500 mm 的石块;除荆器,可以切断直径 300 mm 以下的树木。推土机的工作距离在 50 m 以内时,其经济效益最好。

### 2)铲运机

铲运机在土方工程中主要用来铲土、运土、铺土、平整和卸土等。它本身能综合完成铲、装、运、卸 4 个工序,能控制填土铺撒厚度,并通过自身行驶对卸下的土壤进行初步的压实。铲运机对运行的道路要求较低,适应性强,投入使用准备工作简单,具有操纵灵活、转移方便与行驶速度较快等优点。因此适用范围较广,如筑路、挖湖、堆山、平整场地等均可使用。

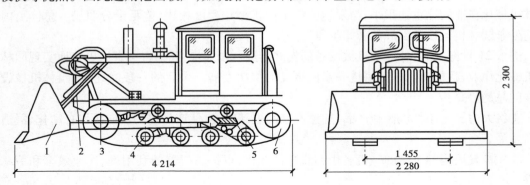

**图 10.1　$T_2$-60 型推土机的外形和构造示意图**

1—推土刀;2—液压油缸;3—引导轮;4—支重轮;5—托带轮;6—驱动轮

铲运机按其行走方式分,有拖式铲运机和自行式铲运机两种;按铲斗的操纵方式区分,有机械操纵(钢丝绳操纵)和液压操纵两种。

拖式铲运机,由履带拖拉机牵引,并使用装在拖拉机上的动力绞盘或液压系统对铲运机进行操纵,目前普遍使用的铲斗容量有 $2.5\ m^3$ 和 $6\ m^3$ 两种。

自行式铲运机由牵引车和铲运斗两部分组成。目前普遍使用的斗容量有 $6\ m^3$ 和 $7\ m^3$ 两种。

### 3)平地机

在土方工程施工中,平地机主要用来平整路面和大型场地,还可以用来铲土、运土、挖沟渠、刮液、拌和砂石、拌和水泥材料等。装有松土器,可用于疏松硬实土壤及清除石块。也可加装推土装置,用以代替推土机的各种作业。

平地机有自行式和拖式之分。自行式平地机工作时依靠自身的动力设备,拖式平地机工作时要由履带式拖拉机牵引。

### 4)液压挖掘装载机

$Dy_4$-55 型液压挖掘装载机是在铁牛-55 型轮式拖拉机上配装各种不同性能的工作装置而成的施工机械。它的最大特点是一机多用,提高机械的使用率。整机结构紧凑,机动灵活操纵方便,各种工作装置易于更换。且这种机械带有反铲、装载、起重、推土、松土等多种工作装置,用以完成中、小型土方开挖,散状材料的装卸、重物吊装、场地平整、小土方回填、松碎硬土等作业,尤其适应园林工程建设的特点和要求。

## 10.2.2　压实机械

在园林工程中,特别是在园路路基、驳岸、水闸、挡土墙、水池、假山等基础的施工过程中,为了使基础达到一定的强度,以保证其稳定,就必须使用各种形式的压实机械把新筑的基础土方进行压实。压实机械类型繁多,有大型压路机和中小型压实机械,现仅介绍几种简单的小型夯土机械——冲击作用式夯土机。

冲击作用式夯土机有内燃式和电动式两种,它们的共同特点是构造简单、体积小、质量轻、操作和维护简便、夯实效果好、生产效率高,可广泛使用于各项园林工程的土壤夯实工作中。特别是在工作场地狭小,无法使用大中型机械的场合,更能发挥其优越性。

### 1)内燃式夯土机

内燃夯土机是根据两冲程内燃机的工作原理制成的一种夯实机械。除具有一般夯实机械的优点外,还能在无电源地区工作。在经常需要短距离变更施工地点的工作场所,更能发挥其独特的优点。

### 2)电动式夯土机

(1)蛙式夯土机   它是我国在开展群众性的技术革命运动中创造的一种独特的夯实机械。它适用于水景、道路、假山、建筑等工程的土方夯实及场地平整,可以对施工中槽宽500 mm以上,长3 m以上的基础、基坑、灰土进行夯实,以及较大面积的土方及一般洒水回填土的夯实工作等。

(2)电动振动式夯土机   它是一种平板自行式振动夯实机械,适用于含水量小于12%的非黏土的各种砂质土壤、砾石及碎石的压实工作,以及建筑工程中的地基、水池的基础及道路工程中铺设小型路面、修补路面及路基等工程的压实工作。它以电动机为动力,经二级三角皮带减速,驱动振动体内的偏心转子高速旋转,产生惯性力使机器发生振动,以达到夯实土壤之目的。

## 10.2.3  混凝土机械

按照混凝土施工工艺的需要,混凝土机械有搅拌机械、输送机械、成型机械3类,这里仅介绍成型机械中的振动器。

(1)外部振动器   外部振动器是在混凝土的外表面施加振动,而使混凝土得到捣实。它可以安装在模板上,作为"附着式"振动器;也可以安装在木质或铁质底板上,作为移动的"平板式"振动器。除可用于振捣混凝土外,还可夯实土壤。由机器所产生的振动作用,使受振的面层密实,提高强度。并可装于各种振动台和其他振动设备上,作为产生振动的机械。

(2)内部振动器   亦称插入式振动器、混凝土振捣棒。它的作用和使用目的与外部振动器相同。浇灌混凝土厚度超过25 cm以上者,应用插入式混凝土振捣棒。

内部振捣器主要由电动机、软轴组件、振动棒体等3部分组成。根据振动棒产生振动方式的不同,振动棒分高频行星式振动器和中频偏心式振动器等类型。

## 10.2.4  起重机械

起重机械在园林工程施工中,用于装卸物料、移植大树、山石堆筑、拔除树根,带上附加设备还可用于挖土、推土、打桩、打夯等。

### 1)汽车起重机

汽车起重机是一种自行式全回转、起重机构安装在通用或特制汽车底盘上的起重机。起重机构所用动力,一般由汽车发动机供给。汽车起重机具有行驶速度高,机动性能好的特点,所以适用范围较广。

### 2)少先起重机

少先起重机,是用人力移动的全回转轻便式单臂起重机。工作时不能变幅,这种起重机在园林施工中可用于规模不大或大中型机械难以到达的施工现场。

常用少先起重机有 0.5 t、0.75 t、1 t 和 1.5 t 等几种。

### 3)卷扬机

卷扬机是以电动机为动力,通过不同传动形式的减速、驱动卷筒运转作垂直和水平运输的一种常见的机械。其特点:构造简易紧凑、易于制造、操作简单、转移方便。在园林工程施工中常配以人字架、拔杆、滑轮等辅助设备,作小型构件的吊装等用。有单筒慢速卷扬机和单筒手摇卷扬机等。

### 4)环链手拉葫芦和电动葫芦

(1)环链手拉葫芦    环链手拉葫芦又称差动滑车、倒链、车筒、葫芦等。它是一种使用简易、携带方便的人力起重机械。适用于起重次数较少,规模不大的工程作业,尤其适用于流动性及无电源、作业面积小的工程施工。

(2)电动葫芦    具有尺寸小、质量轻、结构紧凑、操作方便等特点,所以越来越广泛地代替手动葫芦,用于园林施工的各个方面。

## 10.2.5    抽水机械

工农业生产中常用的抽水机械是水泵,在园林工程中应用也很广泛,用于土方施工、给水、排水、水景、喷泉等,以及园林植物栽培中,灌溉、排涝、施肥、防治病虫害等。

水泵的型号很多,目前园林中使用最多的是离心泵。离心泵的品种也很多,各种类型泵的结构又不相同。如单悬臂式离心泵结构简单、使用维护方便、应用广泛。此类泵的扬程从几米到近 100 m,流量为 4.5 ~ 360 $m^3/h$,口径 3.75 ~ 20 cm。

# 10.3    种植养护工程机械

在园林工程建设中,种植和养护是两个重要的工作环节,也是耗费人力比较多、劳动强度比较大的工作环节,因此,相关园林种植养护工程机械具有重要的作用和意义。

## 10.3.1    种植机械

### 1)挖坑机

挖坑机又叫穴状整地机,主要用于栽植乔灌木、大苗移植时整地挖穴,也可用于挖施肥坑、埋设电杆、设桩等作业(图10.2)。挖坑机的类型按其动力和挂结方式的不同可分为悬挂式挖坑机和手提式挖坑机。

(1)悬挂式挖坑机　悬挂式挖坑机是悬挂在拖拉机上,由拖拉机的动力输出轴通过传动系统驱动钻头进行挖坑作业的挖坑机,包括机架、传动装置、减速箱和钻头等几个主要部分。

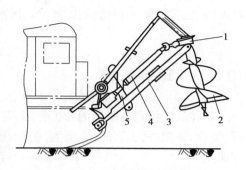

(2)手提式挖坑机　手提式挖坑机主要用于地形复杂的地区植树前的整地或挖坑。

手提式挖坑机是以小型二冲程汽油发动机为动力,其特点是质量轻、马力大、结构紧凑、操作灵便、生产率高。

**图10.2　WD80型悬挂式挖坑机**
1—减速箱;2—钻头;3—机架;
4—传动轴;5—升降油缸

### 2)开沟机

开沟机除用于种植外,还用于开掘排水沟渠和灌溉沟渠,主要类型有铧式和旋转圆盘式两种。

(1)铧式开沟机　铧式开沟机主要由大中型拖拉机牵引,犁铧入土后,土垡经翻土板、两翼板推向两侧,侧压板将沟壁压紧即形成沟道。

(2)旋转圆盘开沟机　旋转圆盘开沟机是由拖拉机的动力输出轴驱动,圆盘旋转抛土开沟。其优点是牵引阻力小、沟形整齐、结构紧凑、效率高(图10.3)。圆盘开沟机有单圆盘式和双圆盘式两种。双圆盘开沟机组行走稳定,工作质量比单圆盘式开沟机好,适于开大沟。旋转开沟机作业速度较慢,需要在拖拉机上安装变速箱减速。

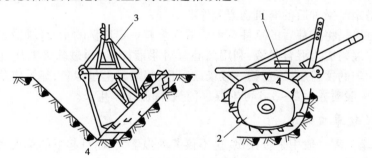

**图10.3　旋转圆盘开沟机**
1—减速箱;2—开沟圆盘;3—悬挂机架;4—切土刀

### 3)树木移植机

树木移植机是用于树木带土移植的机械,可以完成挖穴、起树、运输、栽植、浇水等全部(或部分)作业。该机在大苗出圃及园林树木移植时使用,生产率高,作业成本相对较低,适应性强,应用范围广泛,能减轻工人劳动强度,提高作业安全性。树木移植机有自行式、牵引式和悬挂式等。

①自行式一般以载重汽车为底盘,一般为大型机,可挖土球直径达160 cm。

②牵引式和悬挂式可以选用前翻斗车、轮式拖拉机或自装式集材拖拉机为底盘,一般为中、小型机。中型机可挖土球直径为100 cm(树木径级为10～12 cm),小型机可挖土球直径80 cm

（树木径级一般在 6 cm 左右）。

　　国内外有多种机型,常用的有:2QT-50 型树苗移植机、2ZS-150 型树木移植机、大约翰树木移植机、前置式树木移植机、U 形铲式树木挖掘机等。

## 10.3.2　草坪机械

　　草坪从建植到各阶段的养护管理,需要与之配套的各种功能的草坪机械。如草坪种植、起掘、铺设、施肥、病虫害防治、浇灌、中耕、梳理、修剪、清洁、更新等作业都应有相应的机械设备来完成。

### 1)草坪播种机

　　草坪播种机按播种方法不同有点播机、撒播机两种;按配套动力有人力式、手扶自行式和拖拉机牵引或悬挂式等。一般播种机还可用作肥料施撒或覆沙作业。

　　(1)草坪撒播机　一般是靠星形转盘的离心力将种子或肥料向四周抛撒。主要类型有:肩挎式手摇撒播机、手推式撒播机、手扶自行式撒播机,另外还有一种与拖拉机悬挂的撒播机,它由拖拉机的动力输出轴驱动抛撒器旋转作业。

　　(2)草坪喷播机(喷植机)　利用气力或液力喷播草坪的机械,用于在难以施工的陡坡上建植草坪,如公路两旁山坡植草可防止山体滑坡,也可用于高尔夫球场、运动场及城市大面积草坪的建植。

　　①气力喷播机:适用于无性繁殖的植草作业,通过风机和喷播器将新鲜的碎草茎均匀地喷洒出去,更多的是用于播种后的有机物覆盖作业。

　　②液力喷播机:是将催芽后的草坪草种子混入装有一定比例的水、纤维覆盖物、黏合剂和肥料的容器里,搅拌混匀成为混合浆液,利用离心泵对浆液加压,通过软管输送到喷枪,喷洒到待播地面上,形成均匀的覆盖层,覆盖物一般染成绿色,喷后马上呈绿色,显示出草坪效果,同时易检查喷播效果。一般喷播后 2~3 d 可生根,可有效抑制杂草生长。

### 2)草皮移植机(起草皮机)

　　目前手工移植草坪一般用平板铁锹,这不仅劳动强度大,而且起下的草皮大小不一,厚薄不均,很不规则。机械起草皮使用起草皮机,可将草皮切成一定厚度、宽度和长度的草皮块或草皮卷,可很方便地运到建植地。起草皮机切下的草皮或草毯尺寸统一规范、铺设方便、成坪快、效果好。面积 5 万~50 万 m² 的草圃可选用手扶自行式起草皮机,面积在 50 万 m² 以上的草圃需选用拖拉机牵引或自行式大型起草皮机。

### 3)草坪修剪机

　　草坪修剪机的发展,从最初的人力、手推直至今日的内燃机驱动、电动、液压式、气垫式、电子控制、电脑控制以及太阳能为能源的全自动、低噪声的高智能剪草机。

　　草坪修剪机的类型很多。按配套动力和作业方式分为:手扶推行式、手扶自行式(手扶随行式)、驾乘式(或称坐骑式)、拖拉机式等;按切割器形式分为:旋刀式、滚刀式、往复割刀式和甩刀式等。应根据不同类型草坪的要求和面积大小选用不同类型的草坪修剪机。

**4）草坪打孔机**

　　草坪打孔机是利用打孔刀具按一定的密度和深度对草坪进行打孔作业的专用机械。草坪打孔机可使草根通气、渗水，能改善地表排水，促进草根对地表营养的吸收。切断根茎和刺激匍匐茎新根形成和茎生长也是打孔的重要作用，另外还可在打孔后进行补种。对园林草坪、运动场、高尔夫球场都有必要按时进行打孔通气，高尔夫球场每 7 ~ 14 d 要进行一次。

**5）草坪切边机**

　　用于草坪边界修整，切断蔓延到草坪界限以外的根茎，保持草坪边缘线形的整齐美观。切边机刀片有多种运动形式，如振动切刀、圆盘刀、旋转切刀等。小型的切边机有手扶自行式，大型的有拖拉机挂接式。

## 10.3.3　整形修剪机械

**1）油锯**

　　油锯是以汽油机为动力的链锯，全称为汽油动力链锯。这种设备携带方便，手持使用，当装满油后便可各处作业，主要用来锯除直径大于 8 cm 的立木，是现代机械化伐木的有效工具，在园林生产中不仅可以用来伐木、截树、去掉粗大枝杈，还可以用于树木的整形、修剪。油锯的优点是生产率高，生产成本低，通用性好、移动方便，操作安全。

**2）电链锯**

　　电链锯的动力是电动机，具有质量轻、振动小、噪声弱等优点，是园林树木修剪较理想的工具。但受电力限制，需要有电源或供电机组，一次投资成本高。

**3）割灌机**

　　割灌机是割除灌木、杂草的便携式机械。它具有质量轻、机动性能好、对地形适应性强等优点，适合于山地、坡地。割灌机分为背负式和手持式。背负式又分为侧挂式和后背式两种。割灌机由动力、离合器、传动系统、工作装置、操纵控制系统及背挂部分组成。当在庭院或电源方便的地方时可使用电动割灌机，而在多数场合均使用以二冲程汽油机为动力的割灌机。

**4）绿篱修剪机**

　　绿篱多是由矮小丛生的灌木组成的绿色景观，生长特性各不相同，有的有主干，有的无主干，长势各异，因而必须通过合理修剪才能使之成为理想景观。手工修剪是一种方法，但国内外有多种规格、型号的绿篱修剪机在生产中使用，成为主要的绿篱修剪工具。

　　（1）以电动机为动力的绿篱修剪机　常见有 600HEL 型往复式电动绿篱修剪机、ZDY-1 型回转式电动绿篱修剪机等。

　　（2）以汽油机为动力的绿篱修剪机　规格、型号很多，主要有 LJ₃ 型绿篱修剪机、AM-100E 型软轴绿篱修剪机、双人绿篱修剪机、双边绿篱修剪机、高枝绿篱修剪机等。

**5）立木整枝机**

　　立木整枝在城市建设、园林绿化中占有重要地位，而且是工作量较大的作业，是乔灌木管理中较关键性的技术措施之一，往往在树木高大、人工进行有一定困难和危险时采用。因而，立木整枝机在该作业中的作用尤为重要。立木整枝机有手持背负式和车载式等多种形式（图 10.4）。

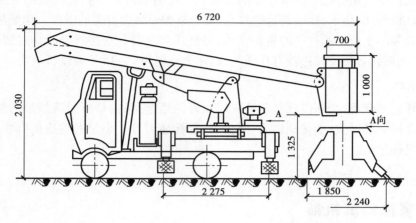

**图 10.4　SJ-12 型高树修剪机外形图**

（1）手持、背负式立木整枝机　一般由发动机、离合器、传动轴、减速装置、操纵控制手柄及工作装置等几部分组成。工作时，手持或肩背（单肩挎或双肩背）整枝机，传动轴一般是套在长的铝合金薄壁硬管中，根据型号不同可以有 1～2 m 长，也有伸缩式的杆，可根据立木高度调整杆的长度。

（2）车载式立木整枝机　在较大型拖拉机上侧置可以伸向高空的液压折叠臂，臂端配有可以往复运动的液压剪，可修剪高度为 6～7 m 的树冠，切断直径为 10 cm 的树枝。其液压折叠臂在需要的时候可以下放到不同高度，甚至放到地面上，可以修剪灌木丛或地面杂草。

（3）自动立木整枝机　日本 SEIREI 公司生产的自动立木整枝机，也称整枝机器人，是一种高科技产品。作业时，人将机器套置在树干上，启动汽油机，在遥控器的控制下机器自动绕树干螺旋式上升，导板锯链式锯切机构贴靠树干锯切树枝，不留枝茬，切痕平整。

这种自动立木整枝机要求树干通直度较高，对树木弯曲度过大、树干有隆起树包、树枝直径超限、树干不圆及在树干上有攀附枝条等的树干则不要使用。

## 10.3.4　浇灌机械

园林浇灌主要是指城市园林绿地、公园、运动场（如足球场、高尔夫球场等）的草坪、园林乔木、灌木、温室、大棚及花卉的浇灌。目前园林浇灌根据不同要求一般采用喷灌和微灌等方式。

### 1）喷灌系统

喷灌系统由水源、水泵及动力、管道系统、喷洒器等组成。

（1）喷灌用水泵　水泵是喷灌系统重要组成部分，为喷灌系统从水源提水并加压。常用水泵有喷灌专用的离心泵、井泵、微型泵、真空泵、电动泵、加压泵等。

（2）喷头　园林喷灌，一般来说可以部分采用农业、林业喷灌喷头。但由于园林灌溉的特殊性，如园林绿地常有游人活动，应较严格控制喷洒范围，不应喷到人行道上，运动场等场所的喷洒设施不应露出地面等，因此，对园林喷灌的喷头应有特殊的要求。如有微压、低压、中压、高压喷头;有旋转式(或称射流式、旋转射流式)、固定式(或称散水式、固定散水式或漫射式)、喷洒孔管喷头等。

(3)管道系统　喷灌管道种类很多,在园林绿地喷灌中,目前常用硬塑料管道埋在地下。将铝合金管、薄壁钢管、塑料软管装上快速接头可作为移动式管道。

为使喷灌系统按轮灌要求进行计划供水并保证安全运行,在管路系统内应设置控制部件和安全保护部件。如各种阀门和专用给水部件、水锤消除器、安全阀、减压阀、空气阀等。

(4)喷灌机　将除水源外的其他部件,如水泵、动力、管道及喷洒等各部件组成一个整体的机械称为喷灌机(或浇灌机),属于机组式(或称移动式)喷洒系统。主要分两大类,即定喷式和行喷式。园林绿地喷灌一般可选用肩担、手推车、担架式、小型绞盘式或专用自行式喷洒车等;对于大型苗圃、草坪草培育基地可选用平移式喷灌机。

### 2)微灌系统

微灌是利用低压管路系统将压力水输送分配到灌水区,通过灌水器以微小的流量湿润植物根部附近土壤的一种局部灌水技术。比较适于温室、花卉和园林灌溉。微灌系统由水源、首部枢纽、输配水管网、灌水器等组成。

(1)微灌系统的首部枢纽　首部枢纽包括水泵、动力机、肥料及化学药品注入设备、过滤设备、压力及流量测量仪器等,必要时可设置防护装置,如空气阀、安全阀或减压阀等。

(2)灌水器　灌水器是微灌系统的执行部件,它的作用是将压力水用滴灌、微喷、渗灌等不同方式均匀而稳定地灌到作物根区附近的土壤上。按结构和出流形式的不同有滴头、滴灌带、微喷头、渗灌管(带)、涌水器等。

(3)微灌管道及管件　微灌系统是通过各种规格的管道和管件(连接件)组成的输配水管网。各种管道和管件在微灌系统中用量很大。要保证正常运行和使用寿命,必须要求各级管道能承受设计的工作压力;抗腐蚀、抗老化能力强;加工精度要达到使用要求,表面应光滑平整;安装连接方便、可靠、不允许漏水。

### 3)自动化灌溉系统

灌溉系统的自动控制,可以精确地控制灌水定额和灌水周期,适时、适量的供水;提高水的利用率、减轻劳动强度和减少运行费用;并可方便灵活地调整灌水计划和灌水制度。自动化灌溉系统分为全自动化和半自动化两类。

全自动化灌溉系统运行时,不需人直接参与控制,而是通过预先编制好的控制程序并根据作物需水参量自动启、闭水泵和阀门,按要求进行轮灌。

半自动化灌溉系统不是按照植物和土壤水分状况及气象状况来控制供水,而是根据设计的灌水周期、灌水定额、灌水量和灌水时间等要求,预先编好程序输入控制器来控制。

## 10.3.5 病虫害防治机械

病虫害防治机械在农业上称为植物保护机械(简称植保机械),园林上也称打药机械。主要类型有:自行式、牵引式、手扶自行式和驾乘式机械等。

### 1)自行式喷雾车

(1)液力喷雾车　液力喷雾车是以液力喷雾法进行喷雾的多功能喷洒车辆,以汽车作为动力和承载体,车上装有给药液加压的药泵、药液箱和喷洒部件等。一般除喷药外还有喷灌、路面洒水、射流冲刷、自流灌溉、应急消防等功能。

(2)气力喷雾车　它是以汽车为动力和承载体的气力喷雾设备。车上除安装加压泵、药液罐、喷洒部件外,还装有轴流式风机。工作时,轴流式风机产生的高速气流将被液泵加压后送至喷嘴喷出的雾滴进一步破碎雾化,并吹送到远方。与液力喷雾车相比,由于风机的参与大大提高了雾化程度和射程,改善了药剂的穿透性和附着性能,使药剂流失量大为降低,提高了药剂的利用率,减小了污染。

### 2)牵引式喷雾机

牵引式喷雾机一般以中型拖拉机为动力牵引作业。

### 3)手扶自行式和驾乘式喷雾机

对比较低矮的乔灌木的喷药可以采用手扶自行或坐骑式喷雾车,这种中、小型喷雾车机动灵活、使用方便,便于在行间穿行喷洒。

### 4)便携式病虫害防治机械

便携式机械由于其质量轻、携带方便、使用维护简单等优点,在温室、花房、小块绿地得到广泛使用。如人力式的手动喷雾器、手摇喷粉机,机动式的背负式喷雾喷粉机、担架式机动喷雾机、背负式或手持式电动喷雾机等。

## 10.3.6　整地机械

### 1)除根机

除根机是以拔、推、掘、铣等方式清除伐根的机械。

(1)拔根机　拔根机有杠杆式液压拔根机、推齿式和钳式拔根机等多种类型。

(2)铣根机　这种除根机是利用旋转铣刀或切刀,将树根铣碎或切碎,撒于地面或运出利用。在已建园林树木种植地上,由于树木枯死或需要改变景观设计,需更换树种,而无法使用大型拖拉机作业,因此使用小型动力式的铣根机是很适宜的。

### 2)犁、耙

铧式犁和圆盘耙一般都是在新建大块园林树木种植地时使用。

(1)铧式犁　铧式犁是最简单的一种整地机械。用铧式犁耕地可改善土壤结构,翻盖杂草、绿肥或厩肥,有利于消灭杂草、病虫害和恢复土壤肥力。铧式犁有牵引犁、半悬挂犁、悬挂犁及双向犁。

(2)圆盘犁　圆盘犁是以球面圆盘或齿状球面圆盘为工作部件的一种整地机械。圆盘犁工作时,圆盘绕本身的轴自由转动并随机架前进。

另外还有一种圆盘整地机械,即圆盘耙。在犁耕作业后,土壤的松碎平整程度还不能满足播种、植苗的要求,需用耙来进一步平整土地。

### 3)旋耕机

旋耕机是以旋转刀片为工作部件的整地机械。工作时,由拖拉机输出传出的动力,经过齿轮箱、侧边传动箱,带动刀片旋转。高速旋转的刀片切削土壤,并将切下的土块向后抛掷,使其与挡板撞击碎裂,因而碎土充分。经旋耕的土地,地面平坦,一次可完成耕耙两项作业,旋耕深度为 15～20 cm。

# 复习思考题

1. 按功能可将园林机械分为哪几类?
2. 园林机械主要由哪几部分组成?
3. 园林工程机械有哪些种类,各有何功能?
4. 种植养护工程机械有哪些种类,各有何功能?
5. 常见草坪机械有哪些种类,各有何功能?
6. 常见整形修剪机械、病虫害防治机械、整地机械各有哪些种类?
7. 介绍当地常见的园林机械种类及其在生产、生活中的应用。
8. 试述我国园林机械的现状和发展趋势。

# 11 园林工程养护

**本章导读** 本章主要介绍了园林工程中水景、假山、园路的维修与管理和园林植物的养护管理。重点介绍了园林植物的养护管理,包括浇水、施肥、病虫害防治、越冬防寒和园林植物补栽等技术措施。目的是使读者了解和掌握园林工程养护管理的内容和方法。

## 11.1 概　述

园林工程的养护管理是指对园林工程的全部施工内容进行养护、维修与管理,使其在使用的过程中符合人们对其安全性、完整性、观赏性等方面的要求。主要包括水景、假山、园路等的维修与管理和园林植物的养护与管理工作。

园林工程的养护管理,是在城市园林绿化建设中占有十分重要的地位并发挥很大作用的一项经常性工作。科学、及时、规范地进行园林工程的养护管理,能有效的延长园林设施的使用寿命,提高园林设施的安全性和观赏效果。根据不同的园林树木的生长发育规律及市政建设与园林景观等的特定要求,科学、及时地对园林绿化树木进行浇水、施肥、中耕除草、病虫害防治和整形修剪等管理技术措施,能很好地保证园林树木的健壮生长,使其能满足人们的需要。

## 11.2 水景、假山、园路等的维修与管理

### 11.2.1 水景、假山、园路等的维修与管理的意义

水景、假山、园路等是构成园林景观的重要部分,也是游人经常光顾的地方。由于自然或人为的一些因素,这些设施在使用的过程中会受到一定的损坏,因此对其进行科学的、定期及时的维修和管理,可方便游人,保证其使用安全、美观。

## 11.2.2  水景、假山、园路等的维修与管理的措施

### 1）科学使用

一些设施或设备都有它的使用规范，在允许的范围内对其进行合理利用是园林工程养护管理的基本原则。如绿地或游园内的道路，对通过的机动车辆要有明确的规定和限制，否则很容易造成路面的损伤。有的假山是禁止游人攀爬的，有的水体是禁止戏水或游泳的。

### 2）定期维修养护

园林内的一些设施，如抽水机械、用于攀登的假山或园路等，要定期地进行维修、检查，并进行保养，使其运转正常，满足使用要求。

### 3）适时更换材料

一些材料或设施都有它的使用寿命，到期要及时进行更换。如水泥制作的水景、假山、园路等，由于水泥的不同标号，要注意它们的使用寿命，到期要更换或拆除，保证使用的安全性。

### 4）做好宣传教育工作

园林公共设施，需要大家共同来维护、管理。要不断提高人们的素质，加强人们的公德意识。施工时按要求，保质保量；使用时要爱护，来共同管理我们的公共设施。

# 11.3  园林植物的养护管理

园林植物栽植后，能否成活、生长良好并尽快发挥园林绿化的效果，在很大程度上取决于养护管理水平的高低。俗话说"三分种，七分养"，即说明养护管理工作的重要性。养护工作主要有浇水施肥、中耕除草、病虫害防治、整形修剪、越冬防寒、植物补栽等。

## 11.3.1  浇水与排水

### 1）浇水

（1）浇水时期  浇水时期主要根据园林植物各个物候期需水特点、当地气候和土壤内水分变化的规律以及树木栽植的时间长短而定。

新栽植的大苗大树，为保证成活和生长，应经常浇水使土壤处于湿润状态，并视情况向枝干喷水。原先定植的树木，根据不同的季节及干旱程度，进行相应的浇水。在春季干旱严重的地区，需浇花前水。夏季需水量大，要多浇水。喜阴湿且叶大而薄的园林树木，耐旱力弱，全年都应注意加强水分的管理。浇水时应按轻重缓急安排顺序，新植树、阔叶树、春花植物优先安排，针叶树及原先定植的树木略缓。

（2）浇水次数  一年中需浇水次数因植物、地区和土质的不同而异。雨水较充沛的东、南

部,在树木生长盛期及秋旱时灌水 2~3 次;在春季干旱、多风少雨的北方,灌水次数要增加。一旦发现土壤水分不足应立即浇水。

（3）浇水方法

①漫灌:群植或片植的树木及草地,当株行距小而地势较平坦时,采用漫灌,但较费水。

②树盘灌溉:于每株树木树冠投影圈内,扒开表土做一圈土埂,埂内灌水至满,待水分慢慢渗入土中后,将土埂扒平复土,或行松土以减少土壤中水分的蒸发。此灌水法,可保证每株树木均匀灌足水分,一般用于行道树、庭荫树、孤植树及分散栽植的花灌木。

③喷灌:在大面积绿地如草坪、花坛或树丛内,安装隐蔽的喷灌系统,既可以湿润土壤又能喷湿树冠,效果好。

④沟灌:在成排防护林及片林中,可于行间挖沟灌溉。

（4）浇水注意事项

①井水、河水、湖水可直接用来进行灌溉,自来水与生活污水等需经相应处理才可利用。

②浇水前先松土,浇水后待水分渗入土壤,土表层稍干时再进行松土保墒。

③夏季浇水在早晚进行,冬季应在中午前后为宜。如有条件可掺薄肥一道灌入,以提高树木的耐旱力。

**2）排水**

树木的生长发育需要大量的水分,但过多的水分却会严重影响树木的生长。我国东南沿海地区位于亚热带北缘,雨量充沛,但下雨不均,夏季常有大暴雨等集中降水过程,同时地下水位较高,所以这些地区的排水措施比抗旱浇水更为重要。

①对于地势较低、地下水位较高的地域,应更换耐湿涝的树种。

②由于很多绿地土壤结构性差、土层坚硬、孔隙小、透水性差、田间持水量大等,因此在降雨量大时排水不畅,造成土壤积水。因此,可采用冬季翻土及增施有机肥料等措施,使土壤变得疏松多孔,增加透水性。

③利用地面一定的坡度,保证暴雨时雨水从地面流入江河、湖海或从下水道内排走,这是大面积绿地,如草坪、花灌木丛常用的排水方法。

④利用沟渠排水时,在地表挖沟或在地下埋设管道,引走低洼处的积水,使其汇集江湖。

## 11.3.2　施肥

为了保持树木的正常生长,必须向土壤补充肥料,即进行施肥。肥料不仅能营养树木,而且还能调节土壤,改善土壤结构,协调土壤中水、肥、气、热,从而有利于树木的生长。

**1）肥料的种类**

肥料的种类很多,按其来源及特征,可以分为有机肥、无机肥等。

（1）有机肥料　有机肥料是指由有机物质组成的肥料。有机肥料中的养分含量虽然不很高,但养分比较全面,除含有氮、磷、钾三要素外,还含有植物生长所需的各种微量元素。常用的有机肥料有:人畜粪便、堆肥、饼肥、禽粪便、腐殖酸类肥料等。

（2）无机肥料　无机肥料所含的营养元素都以无机化合物状态存在,大多由化学工业生产,因此又称化学肥料或矿质肥料。常用的无机肥料有:尿素、过磷酸钙、磷酸二氢钾、硫酸亚铁、硼酸等。

**2)施肥原则**

树木施肥的原则,是"适树适时,薄肥勤施"。

所谓"适树",就是根据不同树种或同一树种的不同生长情况,进行合理施肥。

所谓"适时",就是根据树种不同生长发育时期进行施肥。

所谓"薄肥勤施"就是要控制施肥的浓度与用量,增加施肥的次数。肥料的用量并非愈多愈好,特别是沙质土壤含细土料少,其吸收容量小,保肥能力弱,在施用无机肥过多时,容易造成养分的流失,所以沙土更应薄肥勤施。

**3)施肥时期**

用同一种类、同一数量的肥料,给同一种植物施肥时,因施入的时期不同,收到的效果也不同。只有在植物生长最需要营养物质时施入,才能取得事半功倍的效果。

首先,施肥期应扣紧植物生长的物候期,即根系活动、萌芽抽梢、开花结果和落叶休眠期。在每个物候期即将到来之前,施入当时生长所需要的营养元素,才能使肥效充分发挥作用,树木才能生长良好。

其次,施肥期与树种及其用途有关。园林绿地上栽植的树木种类很多,有观叶、观花、观果及行道树等之分,它们对营养元素的要求在种类上、时期上是不同的。

一年多次抽梢多次开花的植物,如月季、紫薇、白兰等,除休眠期施基肥外,每次开花后应及时补充因抽梢、开花消耗掉的养料,才能保持长期不断的抽梢开花,否则会因消耗太大而开花不良、植株早衰。一般是花后立即施以氮、磷为主的肥料,既促枝叶又促开花。

**4)施肥方法**

(1)基肥　基肥的施用方法主要有环状施肥、放射性施肥、穴施及全面施肥等。

①环状施肥法:简称环施,在树冠投影的外缘,挖30～40 cm 宽、20～50 cm 深的环状沟。沟的深度视树种、树龄及肥料种类等因素而定。此法施肥时,肥料与树的吸收根接近,因而容易被根系吸收,但受肥面积小,同时在挖沟时常会损伤部分根系。

②放射状施肥法:又称辐射状施肥,其方法是以树干为中心,向树冠外缘呈放射状方向挖沟,一般每株树挖5～6条均匀分布的沟,沟深向树干外缘方向由浅而深,挖沟后将肥料均匀撒于沟内后覆土填平。这种方法伤根少,树冠投影范围内的根系都能吸收养分。施肥沟的位置应不断更换,以扩大施肥面积。

③穴状施肥法:又称穴施,在树冠投影范围内,按一定距离进行挖穴。挖穴的数量根据树的大小而定,即大树多挖些,小树少挖些。在一株树周围,近外缘多挖些,近树干少挖些。穴的大小约为30 cm。肥料施入穴中后,覆土填平。这种方法操作比较简单,根系吸收面积大。

④全面施肥法:常结合冬季深耕,将肥料撒入土面,翻土时将肥料拌入土中,这种方法的根系吸收面积大,分布均匀,但肥料中的磷钾肥容易被土壤吸附固定。

(2)追肥　它是对在树木生长发育时期施用的速效肥料。追肥时间及追施肥料的种类,应根据树木的生长规律而定。追肥主要施用速效性肥料,树木追肥可将肥料溶解于水后,喷施于土壤或将肥料进行沟施或穴施。

(3)根外追肥　也叫叶面喷肥,它是将肥料配成溶液后喷洒在树木的枝叶上,营养元素通过气孔和皮孔进入植株体内供树木利用的一种施肥方法。通常在树木出现缺素症或花芽分化和结果时采用。

### 11.3.3　越冬防寒

在冬季降温之前,根据各种树木耐寒能力的强弱,采取适当的方法预防冻害的发生。

**1)加强栽培管理**

在生长期内适时、适量施肥与灌水,促进树木健壮生长,使叶量、叶面积增多,光合效率高,光合产物丰富,使树体内积累较多的营养物质与糖分,增加抗寒力。

**2)灌冻水与春灌**

北方地区冬季严寒,土温低,易冻结,根系易受冻。应在封冻前灌一次透水,称为灌冻水。早春土地解冻后应及时灌春水,降低土温,推迟根系的活动期,延迟花期萌动与开花,免受冻害。

**3)树干保护**

(1)卷干　入冬前用稻草或草绳将不耐寒的树木或新栽植树木的主干包起,卷干高度在1.5 m或至分枝点处。

(2)涂白与喷白　用石灰水加盐或石灰水加石硫合剂,对枝干进行涂白,这样可反射阳光,减少树干对太阳辐射热的吸收,降低树体昼夜温差,避免树干冻裂,还可杀死在树皮内越冬的害虫。

**4)打雪与堆雪**

(1)打雪　多风雪的地区,降大雪之后,堆积在树冠上的雪,在融解时吸收热量,使树体降温,应及时组织人力打落树冠上的积雪,特别是树冠大、枝叶浓密的常绿树、针叶树和竹类等,同时防止发生雪折、雪压、雪倒树木,造成损失。

(2)堆雪　降大雪后,将雪堆积在树根周围,保护土壤,阻止深层冻结,可以防止对根的较大冻害。同时春季融雪后,土壤能充分吸水,增加土壤的含水量,降低土温,推迟根系与萌芽的时期,又可避免晚霜或寒潮的危害。

### 11.3.4　病虫害防治

病虫害防治是保持绿地面貌、保护花木不受有害生物危害的一项十分重要的工作。

**1)虫害的防治**

(1)防治的原则和方法　防治虫害,必须贯彻"预防为主,综合防治"的基本原则。

①栽培技术防治:

a.合理栽植。建设绿地时要选用无虫树,同时注意栽种的密度和树种间的配置。栽植树木不可过密,注意加强通风透光性。栽植和配置树木时要考虑到害虫的食性,尽量避免将同一昆虫喜食的不同树种栽植在一起。

b. 中耕除草。中耕除草可以清除很多害虫的发源地和潜伏场所。一些害虫的幼虫、蛹、卵等生活在浅土层中，可通过中耕让其暴露在地表或直接杀伤。杂草是许多害虫寄生繁殖的潜伏场所，清除杂草可减少虫害的危害。

c. 合理施肥。合理施肥可以使树木生长健壮，从而提高抗虫害能力。施肥不当，如多施氮肥，会使树木的枝叶徒长，抵抗力减弱，加重害虫的危害，所以应增施磷钾肥。未经腐熟的厩肥施用后常易导致蝼蛄等害虫的危害，应待腐熟后施用。

d. 合理修剪。合理的修剪可调整树体营养，增强树势，并改善通风透光条件，可减少病虫的危害。对已枯死和严重受昆虫危害并已成为传播虫源的树木应及时挖除。修剪下来的枝条，也要及时清除。

②生物防治：生物防治是应用某些生物或应用生物代谢产物以防治害虫的一种方法。它不但对人畜无毒、无害，不污染环境，而且对天敌和自然界有益生物无不良影响，有的还具有预防的作用，并能收到较长期的控制效果。生物防治的应用，有捕食性天敌、寄生性天敌、昆虫病原微生物等。

③化学防治：是用化学农药防治树木虫害的一种手段。化学防治可以取得较高的防治效果，并且见效快。但是，化学农药除了直接影响人类健康外，还会使某些害虫产生不同程度的抗药性，害虫的天敌也会同时被杀死，破坏了自然界的生态平衡，造成喷药后害虫更为猖獗。有些农药残留在花木和土壤中污染环境，对人、畜、鱼、鸟的安全造成威胁。所以在虫害防治中化学防治应与其他防治方法相互配合，才能达到理想的效果。

④物理及机械防治：物理及机械防治害虫，是利用简单器械和各种物理因素，如光、热、电、温度、湿度和放射能等防治害虫。常用的方法有：捕杀、摘除和诱集、诱杀等。

（2）常用农药

①B.t 乳剂：又称苏芸金杆菌乳剂，为细菌性微生物农药。属胃毒剂，可破坏害虫的中肠组织，致使害虫因饥饿和败血病而死亡。B.t 乳剂是目前世界上应用量最多的生物农药，可防治180 多种鳞翅目食叶性害虫，如各种刺蛾、夜蛾、天蛾、舟蛾、蝶类等不同虫龄的食叶幼虫，但对毒蛾、灯蛾的防治效果较差。B.t 乳剂对人畜、植物安全，对环境无污染。喷药参考稀释浓度为1:（500~800）倍，可与其他杀虫剂混用，但严禁与杀菌剂混用。

②灭蛾灵悬浮剂：为微生物杀虫剂，具有胃毒作用，杀虫机理主要是利用苏芸金杆菌产生毒素，感染害虫。喷药6~8 h 后，害虫停止取食，2~3 d 后即死亡。能有效地防治刺蛾、螟蛾、尺蛾等多种食叶害虫，对人畜无毒害，对环境无污染，不伤害天敌。喷药参考稀释倍数为1:（800~1 000）倍。

③灭幼脲1 号：又称20%除虫脲悬浮剂。为激素药剂，具有触杀和胃毒作用，兼杀卵作用，无内吸及渗透作用。杀虫机理主要是抑制害虫几丁质合成酶的形成，使幼虫蜕皮时不能形成新表皮，虫体畸形死亡。该药药效高，成本较低，残效期可达一个月左右。不污染环境，耐雨水冲刷，对人畜、鸟类、天敌安全。适用于防治鳞翅目害虫的幼龄幼虫，喷药后3~4 d 药效逐渐增大明显。喷药参考稀释倍数为1:（8 000~10 000）倍。

④7501 杀虫素：又称1%杀虫素乳油、杀虫灵。它是一种杀虫螨的抗生素药剂，杀虫机理是利用阿维菌素产生的毒素杀死害虫。主要用于防治蚜虫、螨、梨网蝽等刺吸式害虫，对抗性强的害虫也有良好效果。低毒，对人畜无害。喷药参考稀释倍数为1:（1 500~2 000）倍。

⑤20%米满悬浮剂：为昆虫蜕皮促进剂，具有触杀和胃毒作用。杀虫机理是加快鳞翅目害虫幼虫产生蜕皮反应，扰乱害虫生长规律。喷药6~8 h后，害虫停止取食，2~3 d内脱水、饥渴死亡。具有高效低毒、无污染、残效期长、耐雨水冲刷的特点。防治对象为鳞翅目食叶性害虫的幼虫，是夜蛾科害虫的专用药剂。喷药参考稀释倍数为1∶（1 500~2 000）倍。

⑥杀灭菊酯：又称速灭杀丁、JS-5602、敌虫菊酯，为合成菊酯，是一种广谱性杀虫剂，以触杀为主，兼有胃毒和拒食作用。常用剂型为20%乳油。喷药参考稀释倍数：防治蚜虫、叶蝉、蓟马为1∶（2 000~3 000）倍；防治鳞翅目食叶害虫为1∶（1 500~2 000）倍。

⑦50%杀螟松乳油：又称杀螟硫磷、速螟松。具有广谱性触杀剂，兼有胃毒、杀卵作用。可有效防治蚜、蚧、叶蝉、盲蝽、潜叶蛾、卷叶蛾、刺蛾、蓑蛾、梨网蝽，并可兼治梨网蝽的卵和有效防治梨圆蚧的若虫。喷药参考稀释倍数为1∶（1 000~2 000）倍。

⑧40%氧化乐果乳油：为高效、广谱、有较强内吸作用的杀虫、杀螨剂，具有触杀和胃毒作用，残效期长，对人畜的毒性高，属高毒性农药。喷药参考稀释倍数：防治蚜虫、叶螨、叶蝉、椿象、蓟马、蚧类及多种食叶性害虫为1∶1 500倍，防治褐软蚧、吹绵蚧、考氏白盾蚧、红蜡蚧为1∶1 000倍。氧化乐果对梅花、碧桃、榆叶梅、无花果、柑橘等易产生药害，使用时不能与碱性农药混用。

### 2）病害的防治

（1）常用杀菌剂

①烯唑醇（12.5%力克菌超微量可湿性粉剂）：防治真菌病害药剂，是高效广谱杀菌剂，具有防护、治疗、铲除真菌等作用。用于防治白粉病、锈病、黑星病、轮纹病、灰霉病、黑斑病、白绢病、立枯病等。喷药参考稀释倍数为1∶（2 000~3 000）倍。

②百菌灵：是一种高效低毒、水溶性、内吸性强的广谱杀菌剂，可用于由真菌引起的多种病害，对防治枯萎病、白粉病、白绢病有特效。使用时要注意现配现用，不能与其他农药混用。喷药参考稀释倍数为1∶（800~1 000）倍。

③40%植物病毒灵可溶粉剂：为生物制剂，是防治植物病毒病的首选药剂，可防治花卉病毒病。使用安全、无毒、无污染。喷药参考稀释倍数为1∶（800~1 000）倍液，每隔7~10 d喷药一次，连续喷3~4次。

④80%大生：广谱性杀菌剂，对多种真菌病害有预防作用，在发病前或发病初期使用，雨前喷药最好，连续使用3~4次效果更佳。它的黏着性很强，能持久保持药效，同时含有植物所需的微量元素锰、锌等离子，能促进植物生长，可用作叶面追肥。喷药参考稀释倍数为1∶（500~800）倍。

⑤62%仙生：三唑类杀菌剂与大生M-45的混配杀菌剂，具有内吸传导性，对黑星病、白粉病具有治疗、铲除和预防等作用，并对其他真菌病有广谱预防等作用。它为混合可湿性粉剂，黏着性强，耐雨水冲刷，可与其他非强碱性农药配使用。喷药参考稀释倍数为1∶600倍，白粉病、黑星病喷1次即可，其他真菌性病7~10 d喷1次，连续喷两次。

⑥75%百菌清可湿性粉剂：又名四氯间苯二腈，为广谱杀菌剂。主要起防护作用，对某些病害有治疗作用。其化学性质稳定，在酸性和碱性条件下不易分解，但不耐强碱，无腐蚀作用，对人畜低毒，可防治白粉病、霜霉病、黑斑病等多种真菌性病害。喷药参考稀释倍数为1∶（600~1 000）倍。它对梅花、玫瑰花、桃、梨易产生药害，使用浓度不宜过大。有的人接触

后皮肤会出红疹,使用时需注意防护。

⑦50%多菌灵粉剂:为高效低毒的广谱内吸必杀菌剂,对植物具有防护和治疗作用。对人畜的毒性低,对植物安全。可防治真菌性叶部病害(如白粉病、黑斑病)和茎腐病。喷药参考稀释倍数为1:(600~1 000)倍;根灌防治根腐病、茎腐病时稀释倍数为1:500倍。

⑧甲基托布津:又名甲基硫菌灵。具内吸防护和治疗作用,对人畜低毒,可防治白粉病、灰霉病、炭疽病、褐斑病、黑斑病等多种真菌病害。喷药参考稀释倍数为:50%可湿性粉剂1:(700~1 000)倍液,70%可湿性粉剂1:(800~1 200)倍液。甲基托布津长期使用会使病菌产生抗药性,应与其他药剂轮换使用,但不得与多菌灵轮换使用,同时不能与含铜药剂混合使用。

⑨粉锈宁:又名三唑酮、百理通,是一种内吸性很强的杀菌剂,具防护和治疗作用。在酸、碱介质中较稳定,粉锈宁用药量低,持效期长,为高效低毒药剂。对白粉病有显著的防治效果,对锈病和叶斑病也有良好的防治效果。喷药参考稀释倍数为:25%可湿性粉剂1:(2 000~3 000)倍液,20%乳油1:(1 000~2 000)倍液。

(2)常见病害与防治

①松柏-梨锈病:由于病害有转株寄主,所以发生在梨树上时称为梨锈病,发生在松柏、塔柏和侧柏上时称这一类植物的锈病,如松柏锈病。防治方法有:a. 在生长蔷薇科树种的5 km范围内不种松柏,防止感染。b. 发病前(3月中下旬)喷洒力克菌1:2 000倍液预防,7~10 d 1次,连续2~3次。

②金叶女贞斑点落叶病:在叶片上散生有直径5 mm左右的圆形斑点,在病斑上有明显的小黑点(分生孢子)。发病后常导致落叶,在雨水多的年份,落叶严重。特别在通风不良、郁闭度高、排水不畅时,发病落叶更为严重,甚至出现开"天窗"的现象。防治方法有:a. 清理场地。修剪后,要将剪下的枝叶及时清除,并随时清除杂草,减少越冬菌丝体,堵住病菌源头。b. 适时修剪。进入雨季后应避免修剪或少做修剪,以降低病菌从伤口入侵的可能性,修剪后应及时喷施杀菌剂防护。c. 在5月下旬至9月每隔10 d左右交替喷1次多菌灵、百菌清、力克菌等药物防治。

③狭叶十大功劳白粉病:发病时叶片具圆形白粉斑,严重时连成一片,叶面上铺满一层白色粉状物,严重影响生长,使叶片变黄卷曲,最终导致叶片早落。发病与栽植密度和环境有关,要注意修剪。防治方法有喷粉锈宁1:(2 000~3 000)倍液,10天喷1次,连续3次。

④月季黑斑病:又称月季褐斑病,为世界性病害。发病时叶片表面出现黑色或深褐色圆斑,常有黄色晕圈包围。病斑周围叶片大面积变黄,并导致落叶,发病严重时整个植株的叶片大部甚至全部脱落。防治方法有:a. 冬季扫除落叶,清除越冬病源。b. 每隔10天喷洒1次大生1:2 000倍液,连续3次。

⑤煤污病:煤污病主要寄生在蚜虫、蚧壳虫、粉虱等排泄的粪便和分泌物上,在这些虫害危害严重时,为煤污菌提供了营养,并迅速发生蔓延。此外,在过于荫蔽、通风不良、透光条件差、湿度大等条件下,更易发生此病。煤污病极为广泛,主要危害叶片,有时也危害嫩枝和花。防治方法有:a. 根本措施是防治蚜虫、蚧壳虫、粉虱等害虫。b. 适当修剪,以增加树冠内部的通风透光条件,增强树势。c. 发病严重时,可喷洒花保乳剂1:(50~100)倍液或煤污净1:200倍液。

⑥竹丛枝病:又称多枝病、扫帚病、雀巢病。被害竹的小枝长出许多细小侧枝,枝上无叶或

有鳞片状小叶。病枝节间短,侧枝丛生成鸟巢状或成团下垂,严重时全部枯死。它是常见的病害。危害刚竹、淡竹、苦竹、毛竹等刚竹属竹种以及短穗竹、麻竹等竹种,以刚竹受害最重。防治方法有:a.加强抚育管理,砍除病竹。b.喷洒早甲基托布津1:(600~800)倍液。

## 11.3.5　园林植物的补栽

在绿地中,新栽的或原有的树木死亡后要及时挖除,以免影响观赏,并在季节适宜的情况下,及早补植。补植的树木,应与死亡树木的粗细、高度相同或相近。在特殊场所栽植的树木,除要求补植的树木粗细与高度相同外,还要求树木的姿态和形状相一致,如种植在河边的树木要求临水横斜,种植在假山上的树木要凌空悬挂等。使补植的树木与环境协调一致。

原来栽植的树木死亡后,要分析死因,然后才能补植,如银杏、广玉兰、雪松等喜高燥、忌水湿的树种,因种植在低湿地而死亡时,必须加土改造地形后才能补植。若不宜加土改造地形,应更换耐水湿的树种。又如香樟、栀子花等树种因黄化病严重而死亡,说明土质碱性较强,一般不宜再种植香樟、栀子花等喜酸植物。如因种植土质太差造成树木死亡的,应换土后再行补植。

# 复习思考题

1. 水景、假山、园路等维修与管理的意义和措施有哪些?
2. 园林植物养护管理的内容有哪些?
3. 如何进行科学合理的浇水、施肥?
4. 树木的越冬防寒有哪些措施?
5. 常见的园林植物病虫害有哪些?
6. 常见园林植物病虫害防治农药有哪些种类?
7. 如何进行园林植物的补栽?
8. 试述园林植物病虫害综合防治方法。

# 12 园林工程招标与投标

**本章导读** 本章作为园林工程施工与管理的重要组成部分,主要介绍园林工程招标投标的一些基本概念,讲述园林工程招标投标的组织、程序和过程,明确园林工程招标投标的目的、含义及园林工程承包合同等,使读者了解园林工程从立项到签订合同的过程,了解园林工程招标投标在园林工程施工与管理中的地位和所起的作用。

## 12.1 概 述

招标投标是指由业主(建设单位)设定标的并编制反映其建设内容与要求的合同文件,用来吸引承包人参与竞争,按照特定程序择优达成交易并签约,按合同实现标的的工程发包与承包交易方式。

工程项目建设实行招标投标是国际通用的、比较成熟的而且科学合理的工程承发包方式。在我国社会主义市场经济条件下推行工程项目招标投标制,对于健全市场竞争机制、促进资源优化配置、提高企业的管理水平及经济效益和保证工期及质量都具有十分重要的意义。为规范招标投标行为,第九届全国人大常委会第十一次会议于 1999 年 8 月 30 日通过了《中华人民共和国招标投标法》,并于 2000 年 1 月 1 日起施行。

## 12.2 工程承包

### 12.2.1 概述

工程项目承包是一种商业行为,是商品经济发展到一定程度的产物。

园林建设工程项目承发包的含义是:建设单位或总承包单位(发包方)采用一定的交易方式,通过合同进行委托生产,园林企业(承包方)按合同规定为建设单位完成某一工程的全部或其中一部分工作,并按预定的价格取得相应报酬,双方在经济上的权利义务关系通过合同加以明确。它是社会主义市场经济条件下园林工程项目实现的主要方式。

园林工程承包的内容是指建设过程中各个阶段的全部工作,主要包括:

(1)项目可行性研究　建设工程项目可行性研究是指对某建设工程项目在做出是否投资的决策之前,首先根据城市规划和城市绿地系统规划的要求,对与园林建设项目相关的技术、经济、社会、环境等所有方面进行调查研究,对项目各种可能的拟建方案认真地进行技术、经济分析论证,研究项目在技术上的先进适用性,在经济上的合理性和建设上的可能性,对项目建成后的经济效益、社会效益、环境效益等进行科学的预测和评价,据此提出该项目是否应该投资建设以及选定最佳投资建设方案等结论性意见,为项目投资决策提供依据。

(2)工程勘察　勘察工作的内容主要包括工程测量、水文地质勘察和工程地质勘察。工程测量的目的是弄清工程建设地点的地形地貌。水文地质勘察目的是弄清水层、水源、水位和水质情况。工程地质勘察的目的是弄清地层土壤、岩层的地质构造及各土层、岩层的物理力学性质。总的目的是为项目的选址、建筑设计和施工提供可靠的科学依据。

勘察又可分为选址勘察、初步勘察和详细勘察。

(3)项目设计　建设项目的设计是为拟建项目的实施在技术和经济方面做出全面安排,是项目进行施工的主要依据。其主要内容包括:

a.项目总体规划设计;

b.项目初步设计;

c.项目施工图设计;

d.项目设计概(预)算。

(4)项目的材料和设备的供应　项目的材料、设备、设施的供应,一般通过招标选择物资供应部门解决。

(5)园林工程施工　园林工程项目施工一般分为施工现场准备工作、项目建筑安装工程和项目绿化工程3大部分。

(6)项目劳务及技术服务　园林工程建设提供劳务是指按照发包单位的要求,为完成园林建设任务提供有组织的劳动力和相关的技术服务。

(7)工程项目的培训　项目培训是指施工过程中及项目建设完成后投入使用时,按发包方要求分期培训合格的管理人员和技术工人。如温室管理、大型游艺设施的使用维护等工作。

(8)工程项目管理　工程项目管理是指对整个建设工程全过程的组织管理工作。

## 12.2.2　工程承包的方式

建设工程的承发包方式,一般采用招标投标方式或直接发包方式来进行。

建设工程的承发包主要采用招标投标交易方式,该方式可以充分利用供求关系、价值规律和竞争机制。只有那些不宜于招标投标的保密工程、特殊专业工程或施工条件特殊的工程,才采用直接发包(即委托)的方式。

## 12.2.3　承包商应具备的条件

建设工程的承发包,必须严格执行市场主体资质管理的规定,对勘察设计单位要进行资格认证,对施工企业要进行资质审查。发包单位或者个人,应当将建设工程发包给具有相应资质的承包单位。承包建设工程的单位(企业),应当持有资质证件,并在资质许可的业务范围内承揽工程。严禁承包单位及从业者出卖、转让、出借、涂改、伪造资格证件的行为。

### 1)承包商及其分类

从事园林工程项目承包经营活动的企业,国际上通称园林工程项目承包商。

(1)园林工程总承包企业　指从事园林工程建设项目全过程承包活动的智力密集型企业。应具备的能力是:工程勘察设计、工程施工管理、材料设备采购、工程技术开发应用及工程建设咨询等。

(2)园林工程施工承包企业　指从事园林工程建设项目施工阶段的承包活动的企业。应具备的能力是:工程施工承包与施工管理。

(3)园林工程项目专项分包企业　指从事园林工程建设项目施工阶段专项分包和承包限额以下小型工程活动的企业。应具备的能力:在园林工程总承包企业和园林施工承包企业的管理下,进行专项园林工程分包,对限额以下的小型园林工程实施承包与施工管理。

### 2)园林工程的企业资质

园林工程企业资质是指园林工程承包商的资格和素质,是园林工程承包经营者必须具备的基本条件。按我国现行规定,将承包商的建设业绩、人员素质、管理水平、资金数量、技术含量等作为主要指标,将不同的园林工程的建设施工企业按其资格和素质划分成2~4个资质等级,并规定了相应的承包工程范围,由国家规定的机构发给资质等级证。资格等级证要根据企业的变化,定期评定及时更换。

## 12.3　工程招标

### 12.3.1　概述

园林工程招标投标是招标投标活动的一种重要类型,同一般工程的招标投标一样,是市场经济条件下进行大宗货物的买卖、建设工程项目的发包以及服务项目的采购与提供时,所采用的一种交易方式,包括招标和投标两方面的内容。

园林工程招标投标的目的是为计划兴建的工程项目选择适当的承包单位并签订合同。其特点是单一的买方(发包方)设定包括功能、质量、期限、价格为主的标的,约请若干卖方(承包方)通过投标报价进行竞争,买方从中选择优胜者并与其达成交易协议,随后按合同实现标的。

### 12.3.2　工程招标应具备的条件

#### 1)建设单位招标应具备的条件

a. 具有法人资格或是依法成立的其他组织;

b. 有与招标园林工程相应的资金及经济、技术管理人员;

　　c. 有组织编制园林工程招标文件的能力；

　　d. 有审查投标园林工程建设单位资质的能力；

　　e. 有组织开标、评标、定标的能力。

　　对如不具备上述 b～e 项条件的园林工程建设单位，必须委托有相应资质的咨询、监理单位代理招标。

### 2) 招标的园林工程建设项目应具备的条件

　　a. 项目概算已经批准；

　　b. 建设项目正式列入国家、部门或地方的年度固定资产投资计划；

　　c. 项目建设用地的征用工作已经完成；

　　d. 有能够满足施工需要的施工图纸和技术资料；

　　e. 项目建设资金和主要材料、设备的来源已经落实；

　　f. 已经建设项目所在地规划部门批准，施工现场已经完成"四通一清"或一并列入施工项目的招标范围。

　　园林工程施工招标可采用项目工程招标、分项工程招标、特殊专业工程招标等方式进行，但不得对分项工程的分部、分项工程进行招标。

## 12.3.3　招标方式和程序

### 1) 招标方式

　　根据《招标投标法》的规定，建设工程项目招标方式分为公开招标和邀请招标两种。只有不属于法律规定而必须招标的项目，才可以采用直接委托方式，如涉及国家安全、国家机密、抢险救灾、低于国家规定必须招标标准的小型工程等。

　　（1）公开招标　公开招标是园林工程项目建设的重要方式。公开招标又称无限竞争性招标，是指由招标人通过报刊、广播、电视等新闻媒体发布建设工程项目招标公告，有意的投标人均可参加资格审查，合格的投标人可购买招标文件参加投标的方式。这种方式主要适用于投资额度大、技术复杂的大型建设工程项目的招标。

　　公开招标的优点：招标单位有较广泛的选择范围，有利于选择可靠的中标人并取得有竞争的报价。公开招标的缺点：由于申请投标人较多，一般要设置资格预审程序，而且评标的工作量也较大，所需招标的时间长、费用高。

　　（2）邀请招标　邀请招标又称有限竞争性招标，是指招标人向预先选择的若干家具备承担招标项目能力、资信良好的潜在投标人发出投标邀请函，将招标工程的概况、工作范围及实施条件等做简要说明，请他们参加投标竞争的招标方式。

　　邀请招标的优点：不仅可节省招标费用，而且能够提高每个投标者的中标几率。邀请招标的缺点：由于限定了竞争范围，把许多可能的竞争者排除在外，被认为不完全符合自由竞争的机会均等的原则，所以邀请招标多在特定条件下采用，一些国家对此也做出了明确的规定：

　　①工程性质特殊，要求有专门经验的技术人员和熟练技工以及专用技术设备，只有少数承包公司能够胜任。

②公开招标费用过多,与工程投资不成比例。

③公开招标未能产生中标单位。

④由于工期紧迫或保密的要求等其他原因,而不宜公开招标。

### 2)招标程序

园林建设工程招标,应遵循下列法定程序进行:

a.招标单位组建一个招标工作机构或者委托有相应资质的咨询、监理单位代理招标;

b.向政府招标投标办事机构提出招标申请;

c.编制招标文件和标底并呈报审批;

d.发布招标公告或发出招标邀请书;

e.投标单位申请投标;

f.对投标单位进行资质审查并将审查结果通知各申请投标者;

g.向合格的招标单位分发招标文件及有关技术资料;

h.组织投标单位踏勘现场并对招标文件进行答疑;

i.建立评标组织,制定评标、定标办法;

j.召开开标会议,审查投标书;

k.组织评标,决定中标单位;

l.向中标单位发出中标通知书;

m.招标单位与中标单位商签承包合同。

## 12.3.4　招标工作机构

### 1)招标工作机构人员组成

(1)决策人　主管部门任命的建设单位负责人或授权代表。

(2)专业技术人员　包括风景园林师、建筑师、结构、设备、工艺等专业工程师和估算师,他们的职责是向决策人提供咨询意见和进行招标的具体事务工作。

(3)一般工作人员。

### 2)我国招标机构的主要形式

①由建设单位的基本建设主管部门或实行建设项目法人责任制的业主单位负责有关招标的全部工作。

②专业咨询机构受建设单位委托,承办招标的技术性和事务性工作,决策仍由建设单位做出。

## 12.3.5　标底和招标文件

### 1)标底

(1)标底及其编制原则　标底是指招标人认可的招标项目的预算价格。它由招标人或招标人委托建设行政主管部门批准的具有相应资格和能力的中介代理机构,依据现行的工程量计算规则和规定的计价方法及要求编制。标底一经审定应密封保存至开标时,所有接触过标底的人员均负有保密责任,不得泄露。标底作为判定投标人的报价是否合理的参数,编制过程中应体现以下原则:

①根据设计图纸及有关资料、招标文件,并参照国家规定的技术、经济标准定额及规范,来确定工程量和编制标底。

②标底价格应由成本、利润、税金组成,一般应控制在批准的总概算(或修正概算)及投资包干的限额内。

③标底价格作为建设单位的期望计划价,应力求与市场的实际变化吻合,要有利于竞争和保证工程质量。

④标底价格应考虑人工、材料、机械台班等价格变动因素,还应包括施工不可预见费、包干费和措施费等。工程要求优良的,还应增加相应费用。

⑤一个工程只能编制一个标底。

(2)标底价格组成和计算方式　标底价格由成本、利润、税金等组成,应考虑人工、材料、机械台班等价格变化因素,还应包括不可预见费、预算包干费、赶工措施费和施工技术费、现场因素费用、保险以及采用固定价格的工程风险费等。计价方式可选用我国现行规定的工料单价和综合单价两种方式。

在建设工程项目施工公开招标中,采用综合单价的计价方式;而在邀请招标中,上述两种计价方式均可采用。

## 2)招标文件

招标文件是项目建设单位向可能的承包商详细阐明项目建设意图的一系列文件的总称,也是投标单位编制投标书的主要客观依据。主要内容包括:

a.工程综合说明。包括工程名称、建设地址、招标项目、占地范围、建筑面积、技术要求、质量标准、现场条件、招标方式、要求开工和竣工时间以及对投标企业的资质等级要求等;

b.必要的设计图纸与技术资料;

c.工程量清单;

d.由银行出具的建设资金证明和工程款的支付方式及预付款的百分比;

e.主要材料(钢材、木材、水泥等)与设备的供应方式,加工订货情况和材料、设备价差的处理方法;

f.特殊工程的施工要求以及采用的技术规范;

g.投标书的编制要求及评标、定标原则;

h.投标、开标、评标、定标等活动的日程安排;

i.建设工程施工合同条件及调整要求;

j.其他需要说明的事项。

招标文件不得要求或者标明特定的生产供应者以及含有倾向或者排斥潜在投标人的其他内容。

## 12.3.6　开标、评标和决标

### 1) 开标

开标应当在招标文件确定的提交投标文件截止时间的同一时间公开进行;开标地点应当为招标文件中预先确定的地点。开标由招标人主持,邀请所有投标人参加。

开标时,由投标人或者其推选的代表检查投标文件的密封情况,也可以由招标人委托的公证机构检查并公证。经确认无误后,由工作人员当众拆封,宣读投标人名称、投标价格和投标文件的其他主要内容。

招标人在招标文件要求提交投标文件的截止时间前收到的所有投标文件,开标时都应当当众予以拆封、宣读。

开标过程应当记录,并存档备查。

### 2) 评标

评标的原则是平等竞争、公正合理。评标由招标人依法组建的评标委员会负责。依法必须进行招标的项目,其评标委员会由招标人的代表和有关技术、经济等方面的专家组成,成员人数为5人以上的单数,其中技术、经济等方面的专家不得少于成员总数的2/3。专家应当从事相关领域工作满8年并具有高级职称或者具有同等专业水平,由招标人从国务院有关部门或者省、自治区、直辖市人民政府有关部门提供的专家名册或者招标代理机构的专家库内的相关专业的专家名单中确定;一般招标项目可以采取随机抽取方式,特殊招标项目可以由招标人直接确定。与投标人有利害关系的人不得进入相关项目的评标委员会;已经进入的应当更换。评标委员会成员的名单在中标结果确定前应当保密。

常用评标方法有:

(1)加权综合评分法　先确定各项评标指标的权数。如报价为40%,工期为15%,质量标准为15%,施工方案为10%,主要材料用量为10%,企业实力和社会信誉为10%,合计100%。

$$WT = \sum_{i=1}^{n} B_i W_i$$

式中　$WT$——每一投标单位的加权综合评分;

$B_i$——第 $i$ 项指标的评分系数;

$W_i$——第 $i$ 项指标的权数。

评分系数可分为两种情况确定:

①定量指标:如报价、工期、主要材料用量,可通过标书数值与标底数值之比值求得。令标底数值为 $B_{i0}$,标书数值为 $B_{it}$,则

$$B_i = B_{i0}/B_{it}$$

②定性指标:如质量标准,施工方案,投标单位实力及社会信誉等指标,由评委确定。评分系数在一定范围内(如0.9~1.1)浮动。

(2)接近标底法　以报价为主要尺度,选报价最接近标底者为中标单位,这种方法比较简单,但要以标底详尽、正确为前提。

(3)加减综合评分法　以报价为主要指标,以标底为评分基数,例如定为50分。合理报价

范围为标底的 ±5%，报价比标底每增减 1% 扣 2 分或加 2 分。超过合理标价范围的上下浮动，每增减 1% 都扣 3 分。其他为辅助指标，满分分别为工期 15 分、质量标准 15 分、施工方案 10 分、实力与社会信誉 10 分。每一投标单位的各项指标分值相加，总分最高者为中标单位。

(4)定性评议法　以报价为主要尺度，其他因素作为定性分析评议。由于这种方法主观随意性大，现已很少应用。

**3）决标**

决标又称定标。评标委员会应当按照招标文件确定的评标标准和方法，对投标文件进行评审和比较。设有标底的，应当参考标底。评标委员会完成评标后，应当向招标人提出书面评标报告，并推荐合格的中标候选人。招标人根据评标委员会提出的书面评标报告和推荐的中标候选人确定中标人。招标人也可以授权评标委员会直接确定中标人。

中标人确定后，招标人应当向中标人发出中标通知书，并同时将中标结果通知所有未中标的投标人。

中标通知书对招标人和中标人具有法律效力。中标通知书发出后，招标人改变中标结果或者中标人放弃中标项目，当事人应当依法承担法律责任。招标人和中标人应当自中标通知书发出之日起 30 日内，按照招标文件和中标人的投标文件订立书面合同。招标人和中标人不得再行订立背离合同实质性内容的其他协议。

# 12.4　投　标

第 12 章微课(3)

## 12.4.1　投标资格审定和投标程序

**1）投标资格审定**

对园林建设工程项目投标人的资质进行审查，在公开招标时一般采用资格预审的形式，在邀请招标时一般采用资格后审的形式。审查的内容涉及资质证书审查、能力审查和经验审查 3 个方面。资格预审能否通过是承包商投标过程中的第一关，主要是对园林施工企业总体能力是否适合招标工程的要求进行审查。资格预审应制定统一表格让申请投标人填报并提交以下有关资料：

a. 企业营业执照和资质证书；

b. 企业简历；

c. 自有资金情况；

d. 全员职工人数，包括技术人员，技术工人数量和平均技术等级，主要技术人员的资质等级证书，企业自有的主要施工机械设备一览表等情况；

e. 近年来曾承建的主要工程及质量情况；

f. 现有主要施工任务，包括在建和尚未开工工程一览表；

g. 投标资格预审表。

**2）投标程序**

投标过程是指从填写资格预审调查表开始，到将正式投标文件送交业主为止所进行的全部工作过程。园林工程投标程序一般为：

    a. 填写资格预审调查表,申报资格预审；

    b. 购买招标文件(当资格预审通过后)；

    c. 组织投标班子；

    d. 进行投标前调查与现场考察；

    e. 确定投标策略；

    f. 编制投标文件；

    g. 递送投标文件。

## 12.4.2  投标准备工作

园林施工企业通过资格预审后,从招标方获取招标文件,就进入投标前的准备工作阶段。

### 1) 分析招标文件

招标文件是投标的主要依据,因此应该仔细地分析研究。研究招标文件,重点应放在投标者须知、合同条件、设计图纸、工程范围以及工程量表上,弄清其特殊要求并核对工程量。

### 2) 现场考察

现场考察是投标前的一个重要环节。考察内容主要包括:工程的性质以及与其他工程之间关系,投标者投标的那一部分工程与其他承包商或分包商之间的关系;工程现场地理位置、地貌、地质、气候、交通、电力、水源等情况,有无障碍物等;现场附近有无住宿条件、料场开采条件、其他加工条件、设备维修条件等;竞争对手及业主情况。

### 3) 投标决策

投标的决策是整个投标过程的指导,它包括是否投标的前期阶段和决定投标后采用什么投标策略、如何投标的后期阶段。

### 4) 编制施工规划

施工规划的编制工作对于投标报价影响很大,施工规划的深度及范围不如中标后编制的施工组织设计。它的主要内容包括:施工方案和施工方法,施工进度计划,施工机械、材料、设备和劳动力计划以及临时生产、生活设施。

### 5) 报价

投标报价计算包括定额分析、单价分析、计算工程成本、确定利润方针、确定报价。

### 6) 编制投标文件

编制投标文件有时也称填写投标书或是编制报价书。投标文件应完全按照招标文件的各项要求编制。一般不能带任何附加条件,否则将导致投标作废。

### 7) 递送投标文件

递送投标文件也称递标。它是指投标商在规定的投标截止日期之前,将准备好的所有投标文件密封递送到招标单位的行为。

### 12.4.3　投标决策与投标策略

#### 1)投标决策

所谓投标决策,包括3方面内容:其一,针对项目招标是投标或是不投标;其二,倘若去投标,决定投标性质;其三,投标中如何采用以长制短、以优胜劣的策略和技巧。投标决策的正确与否,关系到能否中标和中标后的效益;关系到施工企业的发展前景和职工的经济利益。

投标决策可以分为投标决策的前期阶段和投标决策的后期阶段。

投标决策的前期阶段必须在购买投标人资格预审资料前后完成。决策的主要依据是招标广告以及公司对招标工程、业主的情况的了解程度,如果是国际工程,还包括对工程所在国和工程所在地的调研和了解。前期阶段必须对投标与否做出论证。

如果决定投标,即进入投标决策的后期阶段,它是指从申报资格预审至投标报价(封送投标书)前完成的决策研究阶段。主要研究如果投标,投什么性质的标,以及在投标中采取的策略问题。

按性质分类,投标有风险标和保险标;按效益分类,投标有盈利标、保本标和亏损标。

#### 2)投标策略

投标策略是园林施工企业能否中标的关键,也是提高中标效益的基础。投标企业应首先根据企业的内外部情况及建设项目情况做出是否参与投标的决策,然后在以下投标策略中选用合适的。常见投标策略有以下几种:

①做好施工组织设计,采用先进的工艺技术和机械设备;优选各种植物及其他造景材料;合理安排施工进度;选择可靠的分包单位,力求以最快的速度,最大限度地降低工程成本,以技术与管理优势取胜。

②尽量采用新技术、新工艺、新材料、新设备,新施工方案,以降低工程造价,提高施工方案的科学性来赢得投标成功。

③投标报价是能否夺标的重要条件,是投标策略的关键。在保证企业相应利润的前提下,实事求是地以低报价取胜。

④为争取未来优势,宁可目前少盈利或不盈利,以成本报价在招标中获胜,为今后占领市场打下基础。

### 12.4.4　制定施工方案

施工方案是园林施工企业计算投标报价和中标后实施工程的基础,也是招标单位评价投标单位水平的重要依据。其内容主要包括:

a.施工的总体部署和施工场地总平面布置;

b.施工进度计划;

c.主要施工方法;

d.施工机械设备的组织；

e.劳动力的组织；

f.主要材料品种的规格、用量、来源及进场的时间安排；

g.大宗材料和大型机械设备的运输方式；

h.现场水电用量、来源及供水、供电设施；

i.临时设施数量及标准；

j.特殊构件的解决方法。

相对施工组织设计,施工方案只要抓住重点,简明扼要即可。

## 12.4.5  报价

报价是整个投标过程的核心工作,对园林施工企业能否中标及中标后能盈利多少起决定性作用。

### 1)施工投标报价及其组成

施工投标报价是指投标人完成招标项目施工任务的合理费用。一般应包括直接费、间接费、利润和税金、不可预见费等。

(1)直接费  直接费是指在工程施工中直接用于工程实体上的各种费用的总和。由人工费、材料费、设备费、施工机械费、其他直接费和分包项目费用等组成。

(2)间接费  间接费是指组织和管理工程施工以及间接为园林施工生产服务所需的各项费用,主要由施工管理费和其他间接费组成。其他间接费包括临时设施费、远程施工增加费等。

(3)利润和税金  利润是指园林施工企业完成合同施工任务时应获取的利润;税金是指按国家有关部门的规定应计入园林工程造价内的营业税、城市建设维护税及教育附加费。

(4)不可预见费  不可预见费,可由风险因素分析予以确定,一般在投标时可按工程总成本的3% ~5%考虑。

### 2)施工投标报价与工程概(预)算造价的区别

施工投标报价的费用组成与现行概(预)算文件中的费用构成基本一致,但投标报价与工程概(预)算造价是有区别的。工程概(预)算造价必须按照国家有关规定编制,尤其是各种费用的计算,必须按规定的费率进行,不得任意修改;而投标报价则可根据本企业的实际情况进行计算,在概(预)算造价的基础上上下浮动,以体现企业的实际水平。一般情况下,投标报价的上限为招标标底,下限不应低于合理成本。

### 3)施工投标报价方式

施工投标报价方式分为工料单价方式和综合单价方式两种。投标人可根据招标文件的要求,选择其中的一种方式,并根据企业的具体情况确定完成项目施工的合理费用,计算单价,汇总投标总价。

## 12.5　园林工程施工承包合同

### 12.5.1　经济合同

经济合同是指平等民事主体的法人、其他经济组织、个体工商户等相互之间,为实现一定经济目的,明确相互权利义务关系而订立的合同。经济合同除具有一般合同的特征以外,还有自己的特征:

①经济合同对当事人有特定要求。经济合同是从事市场经营活动的平等民事主体之间横向财产、经济关系的法律的表现形式。因此,订立经济合同的当事人应是具有法人资格的社会组织或者是具有生产经营资格的其他经济组织或个人。

②经济合同是当事人之间的经济协议。首先,经济合同的内容是经济性的,经济合同确认的是经济流转过程中的商品货币关系,合同规定的当事人的权利、义务及违约责任都是经济性的。其次,订立经济合同的当事人都有一定的经济目的。合同当事人一方或双方订立经济合同是进行生产经营或完成某种任务的需要,没有任何一方当事人在订立合同时的直接目的是满足自身个人生活消费需要的。

③经济合同是双向有偿合同。经济合同所反映的商品交换关系,是建立在平等互利基础上的,每一方当事人都要为自己所得到的财产或其他经济利益向对方偿付相应的代价,双方当事人的权利义务是对等的,除非法律规定当事人一方享有权利必须履行相应的义务。

### 12.5.2　施工承包合同

园林工程施工合同是指发包人和承包人为完成商定的园林工程施工任务,明确相互权利、义务关系的协议。这一协议所涉及的权利和义务,主要是承包人应完成一定的种植、建筑和安装工程任务,发包人应提供必要的施工条件并支付工程价款。园林工程施工合同是园林工程建设的主要合同,是合同双方进行园林工程建设质量管理、进度管理、费用管理的主要依据。

从合同理论上说,建设工程施工合同是广义的承揽合同的一种,但由于建设工程施工合同在经济活动、社会活动中的重要作用以及在国家管理、合同标的等方面均有别于一般的承揽合同,我国一直将建设工程施工合同列为单独的一类重要合同。考虑到建设工程施工合同毕竟是从承揽合同中分离出来的,《中华人民共和国合同法》规定,建设工程施工合同中没有规定的,适用承揽合同的有关规定。

园林工程施工合同的当事人是发包人和承包人,双方是平等的民事主体。

发包人一方可以是具备法人资格的国家机关、事业单位、国有企业、集体企业、私营企业、经济联合体和社会团体;也可以是合法完备手续取得发包人的资格、承认全部合同文件、能够而且愿意履行合同规定义务(主要是支付工程价款能力)的合同当事人。与发包人合并的单位、兼并发包人的单位、购买发包人合同和接受发包人出让的单位和人员(即发包人的合法继承人),均可成为发包人,从而履行合同规定的义务,享有合同规定的权利。发包人既可以是业主,也可以是取得建设工程项目总承包资格的项目总承包单位。

　　承包人一方应是具备与工程相应资质和法人资格的,并被发包人接受的合同当事人及其合法继承人。但承包人不能将工程转包或出让,如进行分包,应在合同签订前提出并征得发包人同意。承包人应是施工单位。

## 复习思考题

　　1. 园林工程承包的内容有哪些?

　　2. 工程招标应具备的条件是什么?

　　3. 比较公开招标与邀请招标的区别。

　　4. 标底的概念、作用及编制的原则和方法是什么?

　　5. 开标的程序是什么? 评标有哪几种方法? 什么叫决标?

　　6. 投标的程序是什么? 申请投标资格预审要提交哪些资料?

　　7. 投标的准备工作有哪些? 投标策略有哪几种?

　　8. 根据某一园林工程,编制一份招标文件和投标书。

# 13 园林工程概预算

**本章导读** 本章着重论述了园林工程预算的种类、预算定额、园林工程施工图预算的编制、园林工程预算的审查与竣工决算等方面的内容。通过本章的学习使学生基本掌握园林工程预决算方面的知识。

## 13.1 概　述

第 13 章微课(1)

园林建设是国家基本建设项目之一。建设单位、设计单位和施工单位都必须按照基本建设程序进行建设。严格执行预算制度,合理使用资金,充分发挥投资效益,是园林建设的一个重要的环节。

### 13.1.1 园林工程概预算的概念、意义及作用

#### 1)园林工程概预算的概念

园林工程概预算是指在工程建设过程中,根据不同设计阶段的设计文件的具体内容和有关定额、指标及取费标准,预先计算和确定建设项目的全部工程费用的技术经济文件。

#### 2)园林工程概预算的意义

园林工程属于艺术范畴,它不同于一般的工业、民用建筑等工程,由于工程各具特色,风格各异,工艺要求不尽相同,且项目零星,地点分散,工程量小,工作面大,花样繁多,形式各异,又受气候条件的影响较大,因此,不可能用简单、统一的价格对园林产品进行精确的核算,必须根据设计文件的要求和园林产品的特点,对园林工程先从经济上加以计算,以便获得合理的工程造价,保证工程质量。

#### 3)园林工程概预算的作用

园林工程总概预算是指建设项目从筹建到竣工验收的全部费用,认真做好总概预算是关系到贯彻基本建设程序,合理组织施工,按时按质量完成建设任务的重要环节,同时又是对建设工

程进行财政监督、审计的重要依据,因此,做好概预算工作有重要的意义。

①园林工程概预算是确定园林建设工程造价的依据。

②园林工程概预算是建设单位与施工单位进行投标的依据,也是双方签订施工合同办理工程竣工结算的依据。

③园林工程概预算是施工企业组织生产、编制计划、统计工作量和实物量指标的依据。

④园林工程概预算是建设银行拨付工程款或贷款的依据。

⑤园林工程概预算是施工企业考核工程成本的依据。

⑥园林工程概预算是设计单位对设计方案进行技术经济分析比较的依据。

## 13.1.2　园林工程概预算的种类

园林工程概预算按不同的设计阶段和所起的作用及编制依据的不同,一般可分为设计概算、施工图预算和施工预算 3 种。

### 1)设计概算

设计概算是初步设计文件的重要组成部分。它是由设计单位在初步设计阶段,根据初步设计图纸,按照有关工程概算定额(或概算指标)、各项费用定额(或取费标准)等有关资料,预先计算和确定工程费用的文件。

### 2)施工图预算

施工图预算是指施工图设计阶段,当工程设计完成后,在工程开工前,由施工单位根据已批准的施工图纸、单位估价表及各项费用的取费标准等有关资料,预先计算和确定工程造价的文件。

### 3)施工预算

施工预算是施工单位内部编制的一种预算。它是指施工阶段在施工图预算控制下,施工企业根据施工图计算的工程量、施工定额、单位工程组织设计等资料,通过工料分析,预先计算和确定工程所需的人工、材料、机械台班消耗量及其相应费用的文件。施工预算数字,不应突破施工图预算数字。

### 4)竣工决算

工程竣工决算分为施工单位竣工决算和建设单位的竣工决算两种。

施工企业内部的单位工程竣工决算,它是以单位工程为对象,以单位工程竣工结算为依据,核算一个单位工程的预算成本、实际成本和成本降低额,所以又称为单位工程竣工成本决算。它是由施工企业的财会部门进行编制的。通过决算,施工企业内部可以进行实际成本分析,反映经营效果,总结经验教训,以利提高企业经营管理水平。

建设单位竣工决算,是在新建、改建和扩建工程项目竣工验收移交后,由建设单位组织有关部门,以竣工结算等资料为基础编制的,一般是反映建设单位财务支出情况,是整个建设项目从筹建到全部竣工的建设费用的文件。它包括建筑工程费用,安装工程费用,设备、工器具购置费用和其他费用等。

设计概算是在设计初步阶段由设计单位主编的。施工图预算是单位工程开工之前,由施工单位编制。竣工决算是在建设项目或单项工程竣工后,由建设单位(施工单位内部也编制)编制。它们之间的关系是:概算价值不得超过计划任务书的投资额,施工图预算和竣工决算不得超过概算价值。三者都有独立的功能,在工程建设的不同阶段发挥各自的作用。

## 13.1.3  园林工程概预算编制的依据和程序

### 1)园林工程概预算的编制依据

为了提高概预算的准确性,保证概预算的质量,在编制概预算时,主要依据下列技术资料和有关规定:

①施工图纸  是指经过会审的施工图,包括所附的设计说明书、选用的通用图集和标准图集或施工手册、设计变更文件等,它是编制预算的基本资料。

②施工组织设计  也称施工方案,是确定单位工程进度计划、施工方法、主要技术措施、施工现场平面布局和其他有关准备工作的技术文件。在编制工程预算时,某些分部工程应该套用哪些工程细目(子项)的定额,以及相应的工程量是多少,要以施工方案为依据。

③工程概预算定额  是确定工程造价的主要依据,它是由国家或被授权单位统一组织编制和颁发的一种法令性指标,具有极大的权威性。我国目前由建设部统编和颁发的《全国统一仿古建筑及园林工程预算定额》共 4 册,其中第 1 册为《通用项目》,第 2 册为《营造法原作法项目》,第 3 册为《营造法例作法项目》,第 4 册为《园林绿化工程》。由于我国幅员辽阔,各地材料价格差异很大,因此各地将统一定额经过换算后颁发执行。

④材料概预算价格,人工工资标准,施工机械台班费用定额。

⑤园林建设工程管理费及其他费用取费标准。因地区和施工单位企业不同,其取费标准也不同,各省、市地区企业都有各自的取费定额。

⑥建设单位和施工单位签订的合同或协议。

⑦国家及地区颁发的有关文件。

⑧工具书及其他有关手册。

### 2)园林工程概预算的编制程序

编制园林工程概预算的一般步骤和顺序,概括起来如下:

①搜集各种编制依据材料。

②熟悉施工图纸和施工说明书,参加技术交底,解决疑难问题。

③熟悉施工组织设计和现场情况。

④学习并掌握好工程概预算定额及其有关规定。

⑤确定工程项目、计算工程量。

⑥编制工程预算书。

⑦工料分析。

⑧复核、签章及审批。

## 13.2　园林工程概预算定额

### 13.2.1　园林工程概预算的概念、性质和分类

#### 1) 工程定额的概念

所谓定,就是规定;额,就是额度或限额。从广义理解,定额就是规定的额度,即园林工程施工中的标尺或尺度。具体来讲,定额是指在正常的施工条件下,完成某一合格单位产品或完成一定量的工作所需消耗的人力、材料、机械台班和财力的数量标准(或额度)。

#### 2) 工程定额的性质

不同社会制度下的工程定额的性质不同,在我国其性质表现在以下几个方面:

a. 法令性;

b. 科学性与群众性;

c. 可变性与相对稳定性;

d. 针对性;

e. 地域性。

#### 3) 工程定额的分类

在园林工程建设过程中,由于使用对象和目的的不同,因而园林工程定额的种类很多,根据内容、用途和使用范围的不同,可以分为以下几类:

(1) 按生产要素分类　进行物质资料生产所必须具备的 3 要素是:劳动者、劳动对象和劳动手段。为了适应建设工程施工活动的需要,额定可按这 3 个要素编制,即劳动定额、材料消耗定额、机械台班使用定额。

(2) 按编制程序和用途分类　按编制程序和用途分类,可分为 5 种:装饰工程定额、施工定额、预算定额、概算定额和概算指标。

(3) 按编制单位和执行范围分类　按编制单位和执行范围分类时,可分为全国统一定额和地区统一定额、一次性定额、企业定额。

(4) 按专业不同分类　按专业不同划分,可分为建筑工程定额(也称土建工程定额)、建筑安装工程定额、仿古建筑及园林绿化工程定额、公路定额等。

### 13.2.2　园林工程概算定额和指标

#### 1) 概算定额

(1) 概算定额的概念　确定完成合格的单位扩大分项工程或单位扩大结构构件所需消耗的人工、材料和机械台班的数量限额,叫概算定额。概算定额又称作"扩大结构定额"或"综合预算定额"。概算定额是设计单位在初步设计阶段或扩大初步设计阶段确定工程造价,编制设计概算的依据。

(2)概算定额的作用 为了适应建筑业的改革,国家计划委员会、建设银行总行在计标[1985]352 号文件中指出,概算定额和概算指标由省、自治区、直辖市在预算定额基础上组织编制,分别由主管部门审批,报国家计划委员会备案。概算定额的主要作用如下:

a. 概算定额是编制设计概算的主要依据;

b. 概算定额是对设计项目进行技术经济分析与比较的依据;

c. 概算定额是建设工程主要材料计划编制的依据;

d. 概算定额是编制概算指标的依据;

e. 概算定额是控制施工图预算的依据;

f. 概算定额是工程结束后,进行竣工决算的依据。

(3)概算定额的编制依据 概算定额是国家主管机关或授权机关编制的,编制时必须依据:

a. 有关文件;

b. 现行的设计规范和施工文献;

c. 具有代表性的标准设计图纸和其他设计资料;

d. 现行的人工工资标准,材料预算价格,机械台班预算价格及概算定额。

(4)概算定额手册的内容 现行的概算定额手册包括文字说明和定额项目表两部分。

①文字说明部分 文字说明部分有总说明和分章说明。在总说明中,主要阐述概算定额的编制依据、原则、适用范围、目的、编纂形式、注意事项等。分章说明主要阐述本章包括的综合工作内容及工程量计算规则等。

②定额项目表:

a. 定额项目可按工程结构和工程部分划分;

b. 定额项目表是概算定额手册的主要内容,由若干分节定额组成。各节定额由工程内容、定额表及附注说明组成。

### 2)概算指标

(1)概算指标的概念 以每 100 m² 建筑物面积或每 1 000 m³ 建筑物体积(如是构建物,则以座为单位)为对象,确定其所需消耗的活劳动与物化劳动的数量限额,称为概算指标。

(2)概算定额与概算指标的主要区别

①确定各种消耗量指标的对象不同 概算定额是以单位扩大分项工程或单位扩大结构构件为对象,而概算指标则是以整个建筑物(如 100 m² 或 1 000 m³ 建筑物)和构筑物(如座)为对象。因此,概算指标比概算定额更加综合与扩大。

②确定各种消耗量指标的依据不同 概算定额是以现行预算定额为基础,通过计算之后才综合确定出各种消耗量指标,而概算指标中各种消耗量指标的确定,则主要来自各种预算或结算资料。

(3)概算指标的表现形式 概算指标的表现形式分为综合概算指标和单项概算指标两种。

①综合概算指标:是指按工业或民用建筑及其结构类型而制定的概算指标。综合概算指标的概括性较大,其准确性、针对性低于单项指标。

②单项概算指标:指为某种建筑物或构建物而编制的概算指标。单项概算指标的针对性强,故指标对工程结构形式要做介绍。只要工程项目的结构形式及工程内容与单项指标中的工程概况相吻合,编制出的设计概算就比较准确。

## 13.2.3 园林工程预算定额

### 1)预算定额的概念

在正常的施工条件下,完成一定计量单位合格的分项工程或结构构件所需消耗的活劳动与物化劳动(即人工、材料和机械台班)的数量标准,称为预算定额。预算定额是由国家主管机关或被授权单位组织编制并颁发的一种法令性指标,是一项重要的经济法规。定额中的各项指标,反映了国家对完成单位产品基本构造要素(即每一单位分项工程或结构构件)所规定的人工、材料、机械台班等消耗的数量限额。它是一种综合性定额,它不仅考虑了施工定额中未包括的多种因素(如材料在现场内的超运距、人工幅度差的用工等),而且还包括了为完成该分项工程或结构构件的全部工序的内容。

### 2)预算定额的作用

预算定额是工程建设中的一项重要的技术法规,它规定了施工企业和建设单位在完成施工任务时,所允许消耗的人工、材料和机械台班的数量限额,它确定了国家、建设单位和施工企业之间的一种技术经济关系,它在我国建设工程中占有十分重要的地位和作用。

a. 预算定额是编制地区单位估价表的依据;

b. 预算定额是编制园林工程施工图预算,合理确定工程造价的依据;

c. 预算定额是施工企业编制人工、材料、机械台班需要量计划,统计完成工程量,考核工程成本,实行经济核算的依据;

d. 预算定额是建设工程招标、投标中确定标底和标价的主要依据;

e. 预算定额是建设单位和建设银行拨付工程贷款、建设资金贷款和竣工结算的依据;

f. 预算定额是编制概算定额和概算指标的基础资料;

g. 预算定额是施工企业贯彻经济核算,进行经济活动分析的依据;

h. 预算定额是设计部门对设计方案进行技术经济分析的工具。

### 3)预算定额的内容

预算定额由以下3部分组成:

(1)文字说明部分

①总说明:在总说明中,主要阐述预算定额的用途、编制依据、适用范围、定额中已考虑的因素和未考虑的因素、使用中应注意的事项和有关问题的说明。

②分部工程说明:分部工程说明是定额手册的重要组成部分,主要阐述本分部工程所包括的主要项目、编制中有关问题的说明、定额应用时的具体规定和处理方法等。

③分节说明:分节说明是对本节所包含的工程内容及使用的有关说明。

上述文字说明是预算定额正确使用的重要依据和原则,应用前必须仔细阅读,不然就会错套、漏套及重套定额。

(2)定额项目表  定额项目表列出每一单位分项工程中人工、材料、机械台班消耗量及相应的各项费用,它是预算定额的核心内容。定额项目表由分项工程内容,定额计量单位,定额编号,预算单价,人工、材料消耗量及相应的费用,机械费,附注等组成。

（3）附录　附录列在定额手册的最后,其主要内容有建筑机械台班预算价格,材料名称规格表,混凝土、砂浆配合表,门窗五金用量表及钢筋用量参考表等。这些资料供定额换算之用,是定额应用的重要补充资料。

## 13.3　园林工程量计算方法

第 13 章微课(2)

### 13.3.1　园林工程量计算的原则及步骤

#### 1)规格标准的转换和计算

①整理绿化地单位换算成 10 m²,如绿地用地 1 850 m²,换算后为 185(10 m²)。

②起挖或栽植带土球乔木,一般设计规格为胸径,需要换算成土球直径方可计算。如栽植胸径 10 cm 香樟,则土球直径应为 80 cm。

③起挖或栽植裸根乔木,一般计算规格为胸径,可直接套用计算。

④起挖或栽植带土球灌木,一般计算规格为冠径,需要换算成土球直径方可计算。如栽植冠径 1 m 的海桐球,则土球直径为 30 cm。

⑤起挖或栽植散生竹类,一般设计规格为胸径,可直接套用计算。

⑥起挖或栽植丛生竹类,一般设计规格为高度,需要换算成根盘丛径方可计算。如栽植高度 1 m 的竹子,则根盘丛径应为 30 cm。

⑦栽植绿篱,一般设计规格为高度,可直接套用计算。

⑧露地花卉栽植单位需换算成 10 m²。

⑨草皮铺种单位需换算成 10 m²。

⑩栽种水生植物单位需换算成 10 株。

⑪栽种攀缘植物单位需换算成 100 株。

#### 2)工程量计算的一般原则

为了保证工程量计算的准确,通常要遵循以下原则:

（1）计算口径要一致,避免重复和遗漏　计算工程量时,根据施工图列出分项工程的口径(指分项工程包括的工作内容和范围),必须与预算定额中相应的分项工程口径一致。

（2）工程量计算规则要一致,避免错算　工程量计算必须与预算定额中规定的工程量计算规则(或工程量计算方法)相一致,保证计算结果准确。

（3）计量单位要一致　各分项工程量的计量单位,必须与预算定额中相应项目的计量单位一致。

（4）按顺序进行计算　计算工程量时要按照一定的顺序(自定)逐一进行计算,避免漏算和重算。

（5）计算精度要统一　为了计算方便,工程量的计算结果统一要求为:除钢材(以 t 为单位)、木材(以 m³ 为单位)取 3 位小数外,其余项目一般取小数 2 位,以下四舍五入。

### 3）工程量计算步骤

(1) 列出分项工程项目名称　根据施工图纸,并结合施工方案的有关内容,按照一定的计算顺序,逐一列出单位工程施工图预算的分项工程项目名称。所列的分项工程项目名称必须与预算定额中相应项目名称一致。

(2) 列出工程量计算式　分项工程项目名称列出后,根据施工图纸所示的部位、尺寸和数量,按照工程量计算规则(各类工程的工程计量规则,见工程预算定额有关说明),分别列出工程量计算公式。工程量通常采用表格进行计算,形式如表 13.1 所示。

表 13.1　工程量计算表

| 序　号 | 分项工程名称 | 单　位 | 工程数量 | 计算式 |
|---|---|---|---|---|
| | | | | |
| | | | | |
| | | | | |

(3) 调整计量单位　通常计算的工程量都是以米(m)、平方米($m^2$)、立方米($m^3$)等为计算单位,但预算定额中往往以 10 m、10 $m^2$、10 $m^3$、100 $m^2$、100 $m^3$ 等为计算单位,因此还需将计算的工程量单位按预算定额中相应项目规定的计量单位进行换算,使计量单位一致,便于以后的计算。

(4) 套用预算定额进行计算　各项工程量计算完毕经校核后,就可以编制单位工程施工图预算书。

## 13.3.2　一般园林工程的计算方法

### 1）建筑面积

建筑面积是指建筑物各层面积的总和。建筑面积包括使用面积、辅助面积和结构面积。

使用面积是指建筑物各层平面布置中可直接为生产或生活使用的净面积的总和,在民用建筑中居室净面积称为居住面积。辅助面积是指建筑物各层平面布置中为辅助生产或生活所占的净面积的总和。

使用面积与辅助面积的总和称为有效面积。结构面积是指建筑物各层平面布置中的墙体、柱等结构所占面积的总和。

(1) 计算建筑面积的范围　单层建筑物、高低联跨的单层建筑物、多层建筑物、地下室、半地下室及出口、建筑物内的大厅、灯光控制室、建筑物内的隔层、有柱雨篷、封闭式阳台、建筑物墙外有顶盖和柱的走廊、两个建筑物间有顶盖的架空通廊、室外作为主要通道和用于疏散的楼梯、跨越其他建筑物的高架单层建筑物等。

(2) 不计算建筑面积的范围　突出墙面的构件配件和艺术装饰、消防用的爬梯、层高在2.2 m 以内的技术层、没有围护结构的屋顶水箱、牌楼、构筑物等。

**2）土方工程**

土方工程包括平整场地、挖地槽、挖地坑、挖土方、回填土、运土等分项工程。

**3）基础垫层**

基础垫层工程包括素土夯实、基础垫层。基础垫层均以立方米计算,其长度外墙按中心线计算,内墙按垫层净长计算,宽、高按图示尺寸。

**4）砖石工程**

砖石工程包括砌基础与砌体,其他砌体,毛石基础及护坡等。

**5）混凝土及钢筋混凝土工程**

混凝土及钢筋混凝土工程包括现浇、预制、接头灌缝混凝土及混凝土安装、运输等。

**6）木结构工程**

本分部包括门窗制作及安装、木装修、间壁墙、顶棚、地板、屋架等。

**7）地面与屋面工程**

分部工程包括地面、屋面两项工程。地面工程包括垫层、防漏层、整体面层、块料面层。层面工程包括保温层、找平层、卷材屋面及屋面排水等。

**8）装饰工程**

本部分包括抹白灰砂浆等。

**9）金属工程**

包括柱、梁、屋架等项目。

**10）脚手架工程**

## 13.3.3　园林附属小品工程量计算方法

**1）假山工程**

主要包括假山工程量的计算,景石、散点石工程量的计算,堆砌假山工程量的计算,塑假石工程量的计算。

**2）园路及地面工程**

（1）园路工程量的计算　园路工程主要包括:内挖、填土、找平、夯实、整修、弃土等。

（2）路面工程　主要包括:放线、整修路槽、夯实垫层、修平垫层、调浆、铺面层、嵌缝等。

**3）园林小品**

预制或现制水磨石景窗、平板凳、花檐、角花、博古架、飞来椅、木纹板,工作内容包括:制作、安装及拆除模板、制作及绑扎钢筋、制作及浇捣混凝土、砂浆抹平、构件养护、面层磨充及现场安装。

**4）金属动物笼舍**

构件制作、安装、运输,均按设计图纸计算质量;钢材质量的计算,多边形及圆形按矩形计算,不减除孔眼、切肢、切边、切角等的质量。定额中的铁件系指门把、门轴、合页、支座、垫圈等铁活,计算工程量时,不得重复计算。

**5)花窖**

本部分只限于花窖及其他小型相应项目,各单项工程均包括该工作的全部操作过程。主要包括:花窖供热灶工程、砌墙工程和砖墙勾缝工程。

**6)园桥工程**

园桥的毛石基础、条石桥墩的工程量按其体积计算。园桥的桥台、护坡的工程量按不同石料,以其体积计算。园桥的石桥面的工程量按其面积计算。

**7)小型管道及涵洞工程**

本部分只包括园林建筑中的小型排水管道工程。大型下水干管及涵道,执行市政工程中的有关定额。

## 13.3.4 园林绿化工程量计算方法

**1)植树工程**

主要工程内容包括:刨树坑,施肥,修剪,防治病虫害,树木栽植,树木支撑,新树浇水,清理废土,铺设盲管等。

**2)花卉种植与草坪铺栽工程**

每平方米栽植数量:草花 25 株;木本花 5 株;宿根花草本 9 株、木本 5 株。

**3)大树移植工程**

包括大型乔木、大型常绿树移植两部分,每部分又分带土台、装木箱移植两种。

**4)绿化养护管理工程**

(1)有关规定 乔木浇透水 10 次,常绿树木 6 次,花灌木浇透水 13 次,花卉每周浇透水1～2 次。

中耕除草:乔木 3 遍,花灌木 6 遍,常绿树木 2 遍。草坪除草可按草种不同修剪 2～4 次,草坪清除杂草应随时进行。

喷药:乔木、花灌木、花卉 7～10 遍。

打芽及定型修剪:落叶乔木 3 次,常绿树木 2 次,花灌木 1～2 次。

喷水:移植大树适当喷水,常绿类 6—7 月份共喷 124 次,植保用农药化肥随浇水执行。

(2)工程量计算规则 乔灌木以株计算;绿篱以延长米计算;花卉、草坪、地被类以平方米计算。

## 13.4　园林工程施工图预算的编制

编制园林工程施工图预算,就是根据拟建园林工程已批准的施工图纸和既定的施工方法,按照国家或省市颁发的工程量计算规则,分部分项地把拟建工程各工程项目的工程量计算出来;在此基础上,逐项地套用相应的现行预算定额,从而确定其单位价值,累计其全部直接费用;再根据规定的各项费用的取费标准,计算出工程所需的间接费;最后,综合计算出该单位工程的造价和技术经济指标。另外,再根据分项工程量分析材料和人工用量,最后汇总出各种材料和用工总量。

### 13.4.1　园林工程施工图预算费用的组成

#### 1)直接费

施工中直接用在工程上的各项费用总和称为直接费。它是根据施工图纸并结合定额项目的划分,以每个工程项目的工作量乘以该项目的预算定额单价来计算。直接费用包括人工费、材料费、施工机械使用费和其他直接费。

(1)人工费　人工费是指列入预算定额的直接从事工程施工的生产工人开支的各项费用之和。内容包括基本工资、工资性补贴、生产工人辅助工资、职工福利费、生产工人劳动保护费。

(2)材料费　材料费是指施工过程中耗用的构成工程实体的原材料、辅助材料、构配件、零件、半成品的费用和周转使用材料的摊销(或租赁)费用,内容包括材料原价;销售部门手续费;包装费;材料自来源地运至仓库或指定堆放地点的装卸费、运输费及途中损耗费;采购及保管费等。

(3)施工机械使用费　施工机械使用费是指应列入定额的完成园林工程所需消耗的施工机械台班量,按相应机械台班费定额计算的施工机械所发生的费用。

(4)其他直接费　其他直接费是指直接费以外施工过程中发生的其他费用。内容包括冬、雨季施工增加费;夜间施工增加费;二次搬运费;生产工具用具使用费;检验试验费;工程定位复测、工程点交场地清理等费用。

#### 2)间接费

间接费是指园林绿化施工企业为组织施工和进行经营管理以及间接为园林工程生产服务的各项费用之和。按国家现行的有关规定,间接费包括内容如下:

(1)施工管理费　施工管理费是指施工企业为了组织与管理园林工程施工所需要的各项管理费用,以及为企业职工服务等所支出的人力、物力和资金的费用总和。它包括工作人员工资、工作人员工资附加费、工作人员劳动保护费、职工教育经费、办公费、差旅交通费、固定资产使用费、行政工具使用费、利息等其他费用。

(2)其他间接费　其他间接费是指超过施工管理费所包括内容以外的其他费用,包括临时设施费和劳动保险基金。

### 3）利润

差别利润是指职工企业按国家规定,在工程施工中向建设单位收取的利润,是施工企业职工为社会劳动所创造的那部分价值在建设工程造价中的体现。在社会主义市场经济体制下,企业参与市场的竞争,在规定的差别利润率范围内,可自行确定利润水平。

### 4）税金

税金是指由施工企业按国家规定计入建设工程造价内的,由施工企业向税务部门缴纳的营业税、城市建设维护税及教育附加费。

### 5）其他费用

其他费用是指在现行规定内容中没有包括的,但随着国家和地方各种经济政策的推行而在施工中不可避免地发生的费用,如各种材料价格与预算定额的差价、构配件增值税等。

## 13.4.2　园林施工图预算的编制依据及编制程序

### 1）编制依据

(1)施工图纸和设计资料　施工图纸是建设单位、设计单位和施工企业会审的施工图,它表明了工程的具体内容、技术结构特征、建筑构造尺寸、植物种植状况等,是编制施工图预算的重要依据。

(2)施工组织设计或施工方案　工程施工组织设计是在施工图纸会审后,由施工企业直接组织施工的基层单位对实施施工图的方案、进度、资源和平面等做出的设计,简明单位工程施工组织设计也称施工方案。经合同双方批准的施工组织设计是编制施工图预算的主要依据。

(3)现行园林工程预算定额和有关动态调价规定。

(4)工程量计算规则　国家和各地区工程造价管理部门,对各专业工程量计算发布的相应预算工程量计算规则是施工图预算、工程量计算的依据。按照施工图和施工方案计算工程量时,必须按本专业工程量计算规则进行。

(5)工程承包经济合同或协议书　工程承包合同是确定签约方之间经济关系,明确各自权利和义务,具有法律效力,受国家法律保护的一种经济契约。

(6)预算工作手册和有关工具书

### 2）编制程序

编制园林工程施工图预算,就是根据拟建园林工程已批准的施工图纸的施工方法,按照国家或省市颁发的工程量计算规则,分步分项地把拟建工程各工程项目的工程量计算出来,在此基础上,逐项地套用相应的现行预算定额,从而确定其单位价值,累计其全部直接费用,再根据规定的各项费用的取费标准,计算出工程所需的间接费,最后,综合计算出该单位工程的造价和技术经济指标。另外,再根据分项工程量分析材料和人工用量,最后汇总出各种材料和用工总量。

常用的施工图预算的编制方法可分为单价法和实物法两种。这里我们主要介绍单价法。单价法编制园林工程施工图预算的程序如下:

a. 分析施工图及有关资料；

b. 计算分项工程量；

c. 工程量汇总；

d. 套预算定额基价；

e. 计算定额直接费，进行工料分析；

f. 计算各项费用；

g. 校核整理；

h. 编制说明、填写封面、装订成册。

## 13.4.3 园林工程施工图预算中各项取费的计算方法

### 1) 直接费

直接费包括人工费、材料费、施工机械使用费和其他直接费。这些费用的计算可由下列式子表示：

$$直接费 = \sum [预算定额基价 \times 实物工程量] + 其他直接费$$

或　　　　　$$直接费 = \sum [预算定额基价 \times 实物工程量] + (1 \times 其他直接费率)$$

(1) 人工费 $= \sum [预算定额基价人工费 \times 实物工程量]$

(2) 材料费 $= \sum [预算定额基价材料费 \times 实物工程量]$

(3) 施工机械使用费 $= \sum [预算定额基价机械使用费 \times 实物工程量] + 施工机械进出场费$

(4) 其他直接费 = (人工费 + 材料费 + 机械使用费) × 其他直接费费率

### 2) 计算工程量

凡是工程预算都是由两个因素决定。一个是预算定额中每个分项工程的预算单价，另一个是该项工程的工程量。因此，工程量的计算是工程预算工作的基础和重要组成部分。工程量计算得正确与否，直接影响施工图预算的质量好坏。

预算人员应在熟悉图纸、预算定额和工程量计算规则的基础上，根据施工图上的尺寸、数量，准确地计算出各项工程的工作量，并填写工程量计算表格。

### 3) 套用预算定额单价

各项工程量计算完毕经校核后，就可以着手编制单位工程施工图预算书。预算书的表格的形式如表 13.2 所示。

**表 13.2　工程预算书**

工程名称：　　　　　　　　　　年　　月　　日　　　　　　　　　　单位:元

| 序号 | 定额编号 | 分项工程 | 工程量 | | 造价 | | 其中 | | | | | | 备注 |
|---|---|---|---|---|---|---|---|---|---|---|---|---|---|
| | | | | | | | 人工费 | | 材料费 | | 机械费 | | |
| | | | 单位 | 数量 | 单价 | 合价 | 单价 | 合价 | 单价 | 合价 | 单价 | 合价 | |
| | | | | | | | | | | | | | |
| | | | | | | | | | | | | | |
| | | | | | | | | | | | | | |
| | | | | | | | | | | | | | |
| | | | | | | | | | | | | | |
| | | | | | | | | | | | | | |
| | | | | | | | | | | | | | |

（1）抄写分项工程名称及工程量　按照预算定额的排列顺序,将分部工程项目名称和分项工程项目名称、工程量抄到预算书中相应栏内,同时将预算定额中相应分项工程的定额编号和计量单位一并抄到预算书中,以便套用预算单价。

（2）抄写预算单价　抄写预算单价,就是将预算定额中相应分项工程的预算单价抄到预算书中,抄写预算单价时,必须注意区分定额中哪些分项工程的单价可以直接套用,哪些必须经过换算(指施工使用时,材料或做法与定额不同时)后才能套用。

由于某些工程预算的就取费用是以人工费为计算基础,有些地区在现行取费中,有增调人工费和机械费的规定。为此,就应将预算定额中的人工费、材料费的单价逐一抄入预算书中相应栏内。

（3）计算合价与小计　计算合价是指用预算书中各项工程的数量乘以预算单价所得的积数。各项合价均应计算填列。

## 4）间接费

间接费包括企业管理费和其他间接费。

间接费的计算,是按照干什么工程,执行什么定额的原则。间接费定额与直接费定额,一般应配套使用。也就是说,执行什么直接费定额,就应该采用其相应的间接费定额。

计算可用下式表示：

$$企业管理费 = 直接费 \times 企业管理费率$$
$$其他间接费 = 直接费 \times 其他间接费率$$

## 5）差别利润

差别利润的计算,是用直接费与间接费之和乘以规定的差别利润率,其计算可用下式表示：

$$计划利润 = （直接费 + 间接费） \times 计划利润率$$

或用人工费与人工费调增费之和乘以规定的差别利润率：

$$计划利润 = （人工费 + 人工费调增）\times 计划利润率$$

**6）税金**

根据国家现行规定,税金是由营业税、城市维护建设税、教育费附加3部分构成。

**7）材料差价**

在市场经济条件下原材料实际价格常与预算价格不相符,因此在确定单位工程造价时,必须进行差价调整。材料差价一般采用两种方法计算。

（1）国拨材料差价的计算　某种材料差价 =（实际购入单价 – 预算定额的单价）
$$\times 材料数量$$

（2）地方材料差价的计算　差价 = 定额直接费 × 调价系数

## 13.4.4　园林工程造价的计算程序

为了适应和促进社会主义市场经济发展,贯彻落实国家有关规定,各地对现行的园林工程费用构成进行了不同程度的改革尝试,反映在工程造价的计算方法上存在着差异。为此,在编制工程预算时,必须执行本地区的有关规定,准确、客观地反映出工程造价。

一般情况下,计算工程预算造价的程序如下:

a. 计算工程直接费;

b. 计算间接费;

c. 计算差别利润;

d. 税金;

e. 定工程预算造价。

$$工程预算造价 = 直接费 + 间接费 + 差别利润 + 税金$$

工程造价的具体计算程序目前无统一规定,应以各地主管部门制定的费用标准为准。

## 13.4.5　应用电脑编制园林工程概预算

### 1）应用电脑编制预算的步骤和方法

（1）准备软件　电脑编制园林工程概算首先需要把有关数据输入计算机,然后利用计算机中现有的软件进行工程量的计算。

（2）准备工作　依据概预算过程中的概算规则和有关要求,使用计算机高级语言 FOR-TRAN、DBASF 等,编制通用的电算软件程序;建立定额库,将定额各种数据键入计算机内,以备调用;熟悉概算编制程序软件使用说明书。

（3）初始数据及其表格的填写　不同的电脑软件使用的初始数据种类和方法不同,以下供参考。

①编制工程预算程序及"初始数据表":编制预算程序首先要熟悉图纸,熟悉现行预算定

额,然后编制工程预算程序,为该预算程序设计出各种初始数据表,编写使用本程序的说明书。

②填写工程"初始数据表":填写工程初始数据表以前,首先要学习使用该程序及填写数据表的有关规定,然后按照有关规定详细填写有关初始数据。

③上机操作。

④整理,装订。

### 2)发展趋势

目前,采用计算机编制概预算书的形式正处在发展阶段。从园林概预算定额的建立及工程量的计算体系已经考虑到采用计算机进行编制的特点,并尽可能与之相适应。计算软件各具特色,都在不断的完善之中。将来工程量的计算与材料价格分离以后,就更有利于计算机概预算的发展。

将来,从园林建筑设计,到编制园林工程概预算书和审核工程投资工作等,将全面采用计算机来进行。人的工作将放在编制软件、调整工程量等管理工作方面了。

## 13.5　园林工程预算的审查与竣工决算

### 13.5.1　园林工程预算的审查

在园林工程施工过程中,园林施工图预算反映了园林工程造价,它包括了各种类型的园林建筑和安装工程在整个施工过程中所发生的全部费用的计算。必须进行严格的审查,施工图预算由建设单位和建设银行负责审查。

### 1)审查的意义

施工图预算是确定园林工程投资、编制工程计划、考核工程成本,进行工程竣工结算的依据,必须提高预算的准确性。在设计概算已经审定、工程项目已经确定的基础上,正确而及时地审查园林工程施工图预算,可以达到合理控制工程造价,节约投资,提高经济效益的目的。

### 2)审查的依据

(1)施工图纸和设计资料　完整的园林工程施工图预算图纸说明以及图纸上采用的全部标准图集是审查园林工程预算的重要依据。

(2)仿古建筑及园林工程预算定额　《仿古园林工程预算定额》一般都详细地规定了工程量计算方法,如分项分部工程的工程量的计算单位、哪些工程应该计算、哪些工程因定额中已综合考虑而不应该计算、哪些材料允许换算、哪些不允许换算等,必须严格按照预算定额的规定办理。

(3)单位估价表　工程所在地区颁布的单位估价表是审查园林工程施工图预算的第三个重要依据。工程量升级后,要严格按照单位估价表的规定以分部分项工程为单位,填入预算表,计算出该工程的直接费。

(4)补充单位估价表　补充单位估价表必须有当地的材料、成品、半成品的预算价格。

(5)园林工程施工组织设计或施工方案　施工组织方案必须合理,而且必须经过上级或业务主管部门的批准。

(6)建筑材料手册和预算手册　为了简化计算方法,节约计算时间,可以使用符合当地规定的建筑材料手册和预算手册,审查施工图预算。

(7)施工合同或协议书。

(8)现行的有关文件。

### 3)审查的方法

(1)全面审查法　全面审查法也可称为重算法,它同编预算一样,将图纸内容按照预算书的顺序重新计算一遍。这种方法全面细致,所审核过的工程预算准确性高,但工作量大,不能快速完成。

(2)重点审查法　这种方法可以在预算中对工程量小,价格低的项目从略审核,而将主要精力用于审核工程量大造价高的项目。此法能较准确快速的进行审核工作,但不能达到全面审查的深度和细度。

(3)分解对比审查法　分解对比审查法是将工程预算中的一些数据通过分析计算,求出一系列的经济技术数据,审查时首先以这些数据为基础,将要审查的预算与同类同期或类似的工程预算中的一些经济技术数据相比较来分析或寻找问题的一种方法。

在实际工作中,可采用分解对比审查法,初步发现问题,然后采用重点审查法对其进行认真仔细的核查,能较准确地快速进行审核工作,达到较好的结果。

### 4)审核工程预算的步骤

审核工程预算的一般步骤如下:

①做好准备工作:对施工图进行清点、整理,根据图纸说明准备有关图集和施工图册等工作。

②了解预算采用的定额:审核预算人员收到工程预算后,首先应根据预算编制说明,了解编制本预算所采用的定额是否符合施工合同规定的工程性质。

③了解预算包括的范围:例如某些配套工程、室外管线道路以及技术交底时三方谈好的设计变更等是否包括在所编制的工程预算中。

④认真贯彻有关规定:应该实事求是地提出应该增加或应该减少的意见,以提高工程预算的质量。

⑤根据情况进行审核:由于施工工程的规模大小,繁简程度不同,施工企业情况也不同,因此,审核预算人员应采用多种多样的审核方法。

### 5)审查施工图预算的内容

①工程量计算的审查。在熟悉定额说明、工程内容、附注和工程量计算规则以及设计资料的基础上,再审查预算的分部、分项工程,看有无重复计算、错误和漏算。

②定额套用的审查。审查定额套用,必须熟悉定额的说明,各分部、分项工程的工作内容及适用范围,并根据工程特点、设计图纸上构件的性质,对照预算上所列的分部、分项工程与定额所列的分部、分项工程是否一致。

③定额换算的审查。定额中规定,某些分部分项工程,因为材料的不同,做法或断面厚度不同,可以进行换算,审查定额的换算要按规定进行,换算中采用的材料价格应该按定额套用的预

算价格计算,需换算的要全部换算。

④补充定额的审查。补充定额的审查,要从编制区别出发,实事求是地进行。

⑤材料的二次搬运费定额上已有同样规定的,应按定额规定执行。

⑥执行定额的审查。

⑦材料差价的审查。

## 13.5.2 园林工程竣工结算

工程竣工结算是指一个单位工程或分项工程完工后,通过建设及有关部门的验收,竣工报告被批准后,承包方按国家有关规定和协议条款约定的时间、方式向发包方代表提出结算报告,办理竣工结算。竣工结算意味着承包发包双方经济关系的结束,还需办理工程财务结算,结清价款。

### 1)竣工结算的意义

①竣工结算是确定单位或单项工程最终造价,完结建设单位与施工单位的合同关系和经济责任的依据。

②为施工企业确定工程的最终收入,它是施工企业经济核算和考核工程成本的依据,关系到企业经营效果的好坏。

③反映园林工程工作量和实物量的实际完成情况,是建设单位编报竣工决算的依据。

④反映园林工程实际造价,是编制概算定额、概算指标的基础资料。

⑤竣工结算的工程,也是工程建设各方对建设过程的工作再认识和总结的过程,是提高以后施工质量的基础。

### 2)竣工结算的计价形式

园林工程竣工结算计价形式与建筑安装工程承包合同计价方式一样,根据计价方式的不同,一般情况下可以分为4种类型。

(1)合同价加签证的结算方式　这种方式对合同中没有包括的条款或出现的一些不可预见费用等,以施工中工程变更所增减的费用和建设单位或监理工程师的签证为依据,在竣工结算中调整,与原中标合同一起进行结算。

(2)施工图预算加签证的结算方式　该方式是以原施工图预算为基础,以施工中发生而原施工图预算没有包含的增减工程项目和费用签证为依据,与审定的施工图预算一起在竣工结算中进行调整。

(3)预算包干方式　此种方式是承包发包双方已经在承包合同中明确了双方的义务和经济责任,一般不需在工程结算时做增减调整。只有在发生超出包干范围的工程内容时,才在工程结算中进行调整。

(4)平方米造价包干的结算方式　这是承包发包双方根据预定的工程图纸及其有关资料,确定了固定的平方米造价,工程竣工结算时,按照已完成的平方米数量进行结算。

### 3)竣工结算所需的竣工资料

①工程竣工报告、竣工图及竣工验收单。

表 13.3    建筑安装工程竣工结算表

| | | | | | |
|---|---|---|---|---|---|
| 建设项目 | | 建设单位 | | | |
| 合同号 | | 施工单位 | | | |
| 开工日期 | | 建筑面积 | | | |
| 竣工日期 | | 交工证书号 | | | |
| 调整预算项目 | | | | | 说　明 |
| 原施工图预算金额/元 | | | | | |
| 调项目金额 | 增 | | 减 | | |
| 设计变更 | | | | | |
| 材料代用 | | | | | |
| 二次搬运 | | | | | |
| 费用签证 | | | | | 1. 原预算一份附后 |
| | | | | | 2. 调整项目凭据附后,共计　张 |
| | | | | | |
| | | | | | |
| 小　计 | | | | | |
| 应收金额 | | | | | |
| 已收金额 | | | | | |
| 结算: | | | | | |

制表单位:　　　　　　　　　　　　　　　　受理结算单位:

②施工全图、合同及协议书。
③施工图预算或招投标工程的合同标价。
④设计交底及图纸会审记录资料。
⑤设计变更通知单、图纸修改记录及现场施工变更记录。
⑥经建设单位签证认可的施工技术措施,技术核定单。
⑦预算外各种施工签证或施工记录。

### 4) 编制内容及方法

工程竣工结算的编制的内容和方法与施工图预算基本相同,不同之处是以增加施工过程中变动签证等资料为依据的变化部分,应以原施工图预算为基础,进行部分增减调整。一般主要有以下几种情况。

(1)采用施工图预算承包方式　在施工过程中不可避免地要发生一些变化,如施工条件和材料代用发生变化、设计变更、国家以及地方新政策的出台等,都会影响到原施工图预算价格的变动。因此这类工程的结算书是在原来工程预算书的基础之上,加上设计变更原因造成的增、减项目和其他经济签证费用编制而成的。

(2)采用招投标承包方式　这种工程结算原则上应按照中标价进行,如一些工期长、内容较复杂的工程,施工过程中难免会遇到有较大设计变更和材料调价。如在合同中规定有允许调价的条款,施工单位在工程竣工时,可在中标价的基础上进行调整。合同条款规定的、允许以外发生的非施工单位原因造成的中标价以外的费用,施工单位可以向建设单位提出洽商或补充合同作为结算调价的依据。

(3)采用施工图预算包干或平方米造价包干结算承包方式  采用该方式的工程,为了分清承发包双方的经济责任,发挥各自的主动性,不再办理施工过程中零星项目变动的经济洽商,在工程竣工结算时也不再办理增减调整。

总之,工程竣工结算,应根据不同的承包方式,按承包合同中所规定条文进行结算。工程竣工结算书没有统一的格式和表格,一般可以用预算表格代替,也可以根据需要自行设计表格。工程结算费用计算程序表见表 13.3 和表 13.4。

表 13.4  绿化、土建工程结算费用计算程序表

| 序 号 | 费用项目 | 计算公式 | 金额/元 |
|---|---|---|---|
| 1 | 原概(预)算直接费 | | |
| 2 | 历次增减变更直接费 | | |
| 3 | 调价金额 | (4+2)×调价系数 | |
| 4 | 工程直接费 | 1+2+3 | |
| 5 | 企业经营费 | 4×相应工程类别费率 | |
| 6 | 利润 | 4×相应工程类别费率 | |
| 7 | 税金 | 4×相应工程类别费率 | |
| 8 | 工程造价 | 4+5+6+7 | |

注:"计算公式"一列的 1,2,3,4,5,6,7 指左边第 1 列序号。

## 13.5.3  园林工程竣工决算

竣工决算又称成本决算,分施工企业竣工决算和建设单位竣工决算两种。

前者指施工企业内部进行成本分析,以工程竣工后的工程结算为依据,核算一个单位工程的预算成本、实际成本和成本降低额。

后者是建设单位根据国家建委《关于基本建设项目验收暂行规定》的要求,对所有新建、改建和扩建工程建设项目在其竣工以后都应编报竣工决算。它是反映整个建设项目从筹建到竣工验收投产的全部实际支出费用文件。

### 1)竣工决算的作用

①确定新增固定资产和流动资产价值,是办理交付使用、考核和分析投资效果的依据。

②及时办理竣工决算,不仅能够准确反映基本建设项目实际造价和投资效果,而且对投入生产或使用后的经营管理也有重要作用。

③办理竣工决算后,建设单位和施工企业可以正确地计算生产成本和企业利润,便于经济

核算。

④通过竣工决算与概、预算的对比分析,可以考核建设成本,总结经验教训,积累技术经济资料,提高投资效果。

### 2)竣工决算的主要内容

工程竣工决算是在建设项目或单位工程完工后,由建设单位财务及有关部门,以竣工决算等资料为基础进行编制的。竣工决算全面反映了竣工项目从筹建到竣工全过程中各项资金的使用情况和设计概预算执行的结果。它是考核建设成本的重要依据。竣工决算主要包括文字说明和决算报表两部分。

(1)文字说明　主要包括:工程概况、设计概算和基本建设投资计划的执行情况,各项技术经济指标完成情况,各项拨款的使用情况,建设工期、建设成本和投资效果分析,以及建设过程中的主要经验、问题和各项建议等。

(2)决算报表　按工程规模一般将其分为大中型和小型项目两种。大中型项目竣工决算包括:竣工工程概算表、竣工财务决算表、交付使用财产总表、交付使用财产说明细表,反映小型建设项目的全部工程和财务情况。表格的详细内容及具体做法按照地方基建主管部门规定。

竣工工程概况表:综合反映占地面积、新增生产能力、建设时间、初步设计和概算批准机关和文号,完成主要工程量、主要材料消耗及主要经济指标、建设成本、收尾工程等情况。

大中型建设项目竣工财务决算表:反映竣工建设项目的全部资金来源和运用情况,以作为考核和分析基本建设拨款及投资效果的依据。

# 复习思考题

1.什么叫园林工程预算定额? 有哪些特征?

2.举例说明园林工程工程量计算的方法和步骤。

3.园林工程施工图预算包含哪些费用? 如何算取?

4.园林工程施工图预算的作用有哪些? 包括哪些内容?

5.园林工程竣工结算和决算包括哪些内容? 各有何作用?

# 14 工程合同管理

第 14 章微课

**本章导读**　本章作为园林工程施工与管理的重要组成部分,主要介绍园林工程从工程承包、施工到工程结束所涉及的就主要合同,如园林工程施工合同、园林工程施工项目管理合同等,并详细阐述了合同的主要款项,合同双方的主要权利和义务以及园林工程施工合同的管理方法和手段,园林工程施工合同的履行、变更、转让和终止等方面的内容。目的是使学生熟悉工程合同管理的主要内容并在园林工程管理中如何运用。

园林工程合同包括园林工程勘察合同、园林工程设计合同、施工合同等。本文将重点阐述园林工程的施工及其有关的合同。园林工程项目经过招投、投标、开标、评标和定标后,招标单位和中标单位应当在规定的期限内签订园林建设承包合同,明确双方各自的权利和义务。中标单位内部、中标单位与其合作单位之间还要签订一定的管理合同、分包合同、材料供应合同等,合同一经生效将具有法律效力。

## 14.1　园林工程施工合同

### 14.1.1　园林工程施工合同的概念、作用

园林工程施工合同是指由承包方(设计、施工单位)为按期完成发包方(建设单位)交付的特定工程项目,确定双方权利和义务的协议。承包方按协议按期保质保量完成合同任务,发包方按期验收,并支付工程价款或报酬。

园林工程施工合同的当事人中,发包人和承包人双方应该是平等的民事主体。承包、发包双方签订施工合同,必须具备相应经济技术资质和履行园林工程施工合同的能力。在对合同范围内的工程实施建设时,发包人必须具备组织能力;承包人必须具备有关部门核定经济技术的资质等级证书和营业执照等证明文件。

园林工程施工合同是园林工程的主要合同,是园林工程建设质量控制、进度控制、投资控制、安全控制的主要依据。在市场经济条件下,建设市场主体之间相互的权利义务关系主要是

通过市场确立的,因此,在建设领域加强对园林工程施工合同的管理具有十分重要的意义。

## 14.1.2　园林工程施工合同订立的依据和条件

### 1)施工合同订立依据

①《中华人民共和国合同法》。
②《中华人民共和国建筑法》。
③《建设工程施工合同管理法》。
④《建设工程施工合同(示范文本)》。

### 2)施工合同订立应具备的条件

①初步设计已经批准。
②工程项目已经列入年度建设计划。
③有能够满足工程施工需要的设计文件和有关技术资料。
④建设资金已经落实。
⑤招标工程的中标通知书已经下达。

## 14.1.3　园林工程施工合同的特点

(1)合同目标的特殊性　园林工程施工合同中的各类建筑物、植物产品,其基础部分与大地相连,不能移动。这就决定了每个施工合同中的项目都是特殊的,相互间有不可替代性,这还决定了施工生产的流动性。植物、建筑所在地就是施工生产场地,施工队伍、施工机械必须围绕建筑产品不断移动。

(2)园林工程合同履行期限的长期性　在园林工程建设中植物、建筑物的施工,由于材料类型多、工作量大,施工工期都较长(与一般工业产品相比),而合同履行期限又长于施工工期,因为工程建设的施工单位合同履行期应当在合同签订后才开始,而需加上合同签订后到正式开工前的一个较长的施工准备时间和工程全部竣工验收后,办理竣工结算及保修期的时间,特别是对植物产品的管护工作需要更长的时间。此外,在工程的施工过程中,还可能因为不可抗力、工程变更、材料供应不及时等原因而导致工期顺延。所有这些情况,决定了施工合同的履行期限具有长期性。

(3)园林工程施工合同内容的多样性　园林工程施工合同除了应具备合同的一般内容外,还应对安全施工、专利技术使用、发现地下障碍和文物、工程分包、不可抗力、工程设计变更、材料设备的供应、运输、验收等内容作出规定。在施工合同的履行过程中,除施工企业与发包人的合同关系外,还应涉及与劳务人员的劳动关系、与保险公司的保险关系、与材料设备供应商的买卖关系、与运输企业的运输关系等。所有这些,都决定了施工合同的内容具有多样性和复杂性的特点。

(4)园林工程合同监督的严格性　由于园林工程施工合同的履行对国家的经济发展、人民

的工作、生活和生存环境等都有重大影响,因此,国家对园林工程施工合同的监督是十分严格的。具体体现在以下几个方面:

①对合同主体监督的严格性:园林工程施工合同主体一般只能是法人。发包人一般只能是经过批准进行工程项目建设的法人,必须有国家批准的建设项目,落实投资计划,并且应当具备相应的协调能力;承包人则必须具备法人资格,而且应当具备相应的从事园林工程施工的经济、技术等资质。

②对合同订立监督的严格性:考虑到园林工程的重要性和复杂性,在施工过程中经常会发生影响合同履行的纠纷,因此,园林工程施工合同应当采用书面形式。

③对合同履行监督的严格性:在园林工程施工合同履行的过程中,除了合同当事人及其主管机构应当对合同进行严格的管理外,合同的主管机关(工商行政管理机构)、金融机构、建设行政主管机关(管理机构)等,都要对施工合同的履行进行严格的监督。

## 14.1.4　签订园林工程施工合同应遵守的原则

(1)遵守法律、法规和计划的原则　订立园林工程施工合同,必须遵守国家法律、行政法规和对园林工程建设的特殊要求与规定,也应遵守国家的建设计划。由于园林工程施工对当地经济发展、社会环境与人们生活有多方面的影响,施工合同人必须遵守国家或地方许多强制性的管理规定。

(2)平等、自愿、公平的原则　签订园林工程施工合同的当事人双方同签订其他合同当事人双方一样,都具有平等的法律地位,任何一方都不得强迫对方接受不平等的合同条件。当事人有权决定是否订立合同和合同的内容,合同内容应当是双方当事人真实意愿的体现。合同的内容应当是公平的,不能损害一方的利益,对于显失公平的合同,当事人一方有权申请人民法院或者仲裁机构予以变更或者撤销。

(3)诚信原则　要求在订立园林工程施工合同时要诚实,不得有欺诈行为,合同当事人应当如实将自身和工程的情况介绍给对方。在履行合同时,施工当事人要守信用、严格履行合同。

## 14.1.5　承包人和发包人的条件及其权利和义务

### 1)承包人和发包人的条件

园林工程建设的发包人可以是具备法人资格的国家机关、事业单位、国有企业、集体企业、私营企业、经济联合体和其他社会团体;也可以是依法登记的个人合伙企业、个体经营者或个人,经合法完备手续取得甲方资格,承认全部合同条件,能够而且愿意履行合同规定义务(主要是支付工程价款能力)的合同当事人。发包人既可以是建设单位,也可以是取得建设项目总承包资格的项目总承包单位。园林工程施工的承包人应是具备与工程相应资质和法人资格的,并被发包人接受的合同当事人及其合法继承人。承包人应是施工单位。

在园林工程施工合同中,工程师受发包人委托或者委派对合同进行管理,在园林工程施工合同管理中具有重要的作用(虽然工程师不是施工合同当事人)。施工合同中的工程师是指监理单位派的总监理工程师或发包人指定履行合同的负责人,其身份和职责由双方在合同中约定。

## 2)施工合同双方当事人的一般权利和义务

园林工程施工合同双方当事人之间的权利和义务是对等的。了解施工合同中各方的权利和义务,是对施工项目经理最基本的要求。在市场经济条件下,施工任务的最终确认是以施工合同为依据的,项目经理必须代表施工企业完成应当完成的工作。了解发包人的工作则是项目经理在施工中要求发包人合作的基础,也是维护己方权益的基础。

(1)发包方的权利和义务

①发包方的权利:发包方有招标、开标、评标、定标,要求承包方执行合同,取得施工成果的权利。

②发包方的主要义务:

a. 办理正式工程和临时设施范围内的土地征用、租用,申请施工许可证和占道爆破以及临时铁道专用线接岔等的许可证。

b. 确定建筑物(构筑物)、道路、线路、上下水管线的定位标桩、水准点和坐标控制点。

c. 开工前,接通施工现场水源、电源和运输道路,拆迁现场内民房和障碍物(也可委托承包单位实施)。

d. 向经办银行提交拨款所需的文件(实行贷款或自筹的工程要保证资金供应),按时办理拨款和结算,按双方约定的分工范围和要求供应材料和设备。

e. 组织有关单位对施工图等技术资料进行审定,按照合同规定的时间和份数交给承包单位。

f. 派驻工地代表对工程进度、工程质量进行监督,检查隐蔽工程,办理中间交工工程验收手续,负责签证,解决应由发包单位解决的问题以及其他事宜。

g. 负责组织设计单位、施工单位共同商定施工组织设计、工程价款和竣工结算,负责组织工程竣工验收。

(2)承包方的权利和义务

①承包方的权利　承包方有中标、取得施工合同中规定的资料和图纸,取得合理报酬的权利。

②承包方的义务:

a. 施工场地的平整,施工界区以内的用水、用电、道路和临时设施的施工。

b. 编制施工组织设计(或施工方案),做好各项施工准备工作。

c. 按双方商定的分工范围,做好材料和设备的采购、供应和管理工作。

d. 及时向发包方提出开工通知书、施工进度计划表、施工平面布置图、隐蔽工程验收通知书、竣工验收报告,提供月份施工作业计划、月份施工统计报表、工程事故报告以及提出应由发包方供应的材料、设备的供应计划。

e. 严格按照施工图与说明书进行施工,确保工程质量,按合同规定的时间如期完工和交付。

f. 对已完工的项目,在交工前应负责保管,并清理现场;按有关规定提出竣工验收的技术资料,办理工程竣工结算,参加竣工验收。

g. 在合同规定的保修、养护期内,对属于承包方责任的工程质量问题,负责无偿的修理、苗木草坪补栽及修剪。

### 14.1.6　园林工程施工合同的主要内容

按《合同法》规定,园林工程施工合同的内容包括工程范围、建设工期、中间交工工程的开工和竣工时间、工程质量、工程造价、技术资料交付时间、材料和设备供应责任、拨款和结算、交工验收、质量保修范围和质量保证期、双方相互协作等条款。下面根据合同主要条款内容作简要说明。

#### 1) 工程的名称和地点

工程名称是指合同双方要进行的工程的名称,它应当以批准的设计文件所称的名称为准,不得擅自更改。工程地点是指工程的建设地点。对于扩建或者改建的工程项目,因主体结构已存在,所以施工地点只写主体结构地即可。但对于新建项目或者外地工程,必须详细地将建设项目所在地的省、市、县的具体地点标清楚,因为它涉及施工条件、取费标准等一系列问题。

#### 2) 工程范围和内容

工程范围和内容包括主要工程、附属工程的建设内容,每一工程建设内容都要写清楚,以免出现不必要的争议和麻烦。

#### 3) 开工、竣工日期及中间交工工程开工、竣工日期

时间在合同中是一项比较重要的内容,园林工程施工合同更是如此。开工、竣工日期是合同的必备条款。有时由于工期的要求,有些分部工程是在其他分部工程中插入的,如假山工程、小品工程、装饰工程等,都是在主体工程基础上施工的,有一定的依附性,因此,也必须规定这些工程的开工、竣工日期。

#### 4) 工程质量保修、养护期及保修养护条件

工程质量是基本建设的一个重大问题,双方当事人会因质量问题发生争议。一般情况下工程质量应达到国家验收标准及合同规定。保修养护期应在满足国家规定的最低保修(养护)期的基础上满足合同条款规定;保修及养护内容要按合同及有关法规规定执行。

#### 5) 工程造价

工程造价是指双方达成协议的工程内容和承包范围的工程价款。如工程项目为招标工程,应以中标时的中标价为准;如按初步设计总概算投资包干时,应以经审批的概算投资与承包内容相应部分的投资(包括相应的不可预见费)为工程价款;如按施工图预算包干,则应以经审查的施工图总概算或综合预算为准。合同条款中,应明确规定承包工程价款。如果一时不能计算出工程价款,尤其是按照施工图预算加现场签证或按实际结算的工程,不能事先确定其工程价款,合同中也应当明确规定工程价款计算原则,如执行定额和计算标准,以及如何签证和审定工程价款等。

#### 6) 工程价款的支付、结算及交工验收办法

工程价款的支付一般分预付款、中间结算和竣工结算 3 部分。工程开始,施工企业按规定向建设单位收取工程备料款和进度款,进度款是根据施工企业逐日完成建设安装工程量来确定。工程竣工后,承包、发包双方应办理交工验收手续,工程验收应以施工图及设计文件、施工

验收标准及合同协议为依据进行。由建设单位和施工单位协商确定各期付款所占总造价的比率。因为在施工中会出现各种变化,如地质条件的变化、材料的代换、工程量的增减、施工做法的变更等,这就要根据所发生的变化,利用单项工程竣工结算来重新确定结算时的工程实际造价。

### 7)设计文件及概算、预算和技术资料提供日期

设计文件及概算、预算和技术资料的提供是履行合同的基础,一般应在施工准备阶段完成。在合同中应对所提供的文件及提供日期加以明确规定。根据规定提供的施工图及设计说明应由建设单位组织有关人员进行图纸交底和会审。凡未经会审的图纸一律不得施工。施工过程中,施工单位发现施工图与说明书不符、设备有缺陷、材料代用等问题,应书面通知建设单位。建设单位应在约定期限内办理技术鉴定。在工程开工前,建设单位还应提供现场的有关技术资料,如隐蔽设施,然后施工单位才能开工。

### 8)材料和设备的供应和进场

园林工程施工过程中材料、设备的供应主要有两种情况:一是甲方(建设单位)供应材料、设备;二是乙方(施工单位)采购材料、设备。甲乙双方应严格按照合同规定,对各自负责的材料、设备保证按时、按质、按量供应。在建设工程施工合同中,材料、设备的采购、供应、验收、保管应有严格详细的责任划分。

### 9)双方相互协作事项

建设工程施工合同的顺利完成是需要双方当事人通力协作,因此合同中需要明确规定双方当事人协作的事宜,以确保按时、保质地完成工程。

### 10)违约责任

①承包方的违约责任:

a.工程质量不符合合同规定的,应负责无偿维修、补栽或返工;

b.由于维修、补栽、返工造成逾期交付或工程交付时间不符合规定时,偿付逾期违约金;

c.在工程保修养护期内负责对工程保修养护,不能负责保修养护的要承担违约责任。

②发包方的违约责任:

a.未能按照承包合同的规定履行自己应负的责任的,除竣工日期得以顺延外,还应赔偿承包方因此发生的实际损失;

b.工程中途停建、缓建或由于设计变更以及设计错误造成的返工,应采取措施弥补或减少损失,同时,赔偿承包方由此造成的停工、窝工、返工、倒运、人员和机械设备调迁、材料积压的实际损失;

c.工程未经验收,发包方提前使用或擅自动用,由此而发生的质量或其他问题,由发包方承担责任;

d.超过合同规定日期验收的,按合同的违约责任条款的规定偿付逾期违约金;

e.不按照合同规定拨付工程款的,按银行有关逾期付款办法或"工程价款结算办法"的有关规定处理。

### 11)争议解决方式

解决合同争议的方式按我国法律规定有和解、调解、仲裁和诉讼。其中仲裁和诉讼具有排

他性,因此,在合同中必须写明选择的解决方式。

## 14.2 园林工程施工项目管理合同

当园林施工企业经过投标竞争获得工程项目施工承包资格后,园林施工企业内部可以通过内部招标或委托方式,选聘项目经理,组建项目经理部。为实施施工项目管理,形成以项目经理部为中心的辐射管理体制,项目经理部将以内部的项目管理合同的方式明确其与相关部门的责任、权利和义务。

园林工程施工项目管理合同是企业内部进行经营管理的经济合同,是法人与自然人之间或自然人之间订立的经济合同。它明确了企业和项目经理或项目经理与其他当事人之间的权利和义务,是企业内部工程项目承包的法律依据。

### 14.2.1 项目管理合同的种类

(1)工程项目总承包合同 它是企业法人代表(公司经理)与项目经理之间签订的合同。

(2)分项工程作业承包合同 施工项目经理部与企业内部的水电、园林建筑、园林种植等以园林施工队为承包单位为完成相应任务而签订的承包合同。

(3)劳务合同 施工项目经理部与企业内部劳务公司签订的提供劳务服务的合同。

(4)其他合同 指施工项目经理部为完成施工项目所需的园林机械租赁、周转材料的租赁、原材料供应、周转资金的使用所签订的合同。这类合同是项目经理部与本施工企业的其他项目部或部门之间与外部生产要素市场各主体间、项目部各分项工程队之间等签订的合同,它是项目部生产要素的供求关系而形成的合同。

### 14.2.2 项目管理合同举例

#### 1)工程项目总承包合同

该合同是公司经理代表企业与项目经理之间签订的合同。它是法人与自然人之间订立的合同。其主要内容如下:

(1)承包指标 包括:工程进度、工程质量、安全、利润等应达到的指标,以及工程项目名称,施工面积、产值、质量等级、竣工时间、形象进度、文明施工等项要求。

(2)承包内容

a.承包工程费用基数;

b.年度利润指标及年度竣工面积;

c.工资总额与超计划完成利润留成比例等。

(3)公司对项目经理的保包权利和责任

a.材料、机械、机具的配套供应;

b. 图纸、技术资料的提供；

c. 劳务工种、专业的配套供应。

（4）项目经理的职责、权限、利益。

（5）考核与奖罚　包括：应达到的安全、工程质量、竣工面积及形象进度、利润、文明施工等各项指标及奖罚金额。

（6）合同的生效日期。

（7）合同的总份数，双方各执份数。

（8）双方承包人、监证人签字及日期。

### 2) 分项工程作业承包合同

分项工程作业承包合同是以分项工程作业承包队为一方，项目经理部为另一方所签订的承包合同。分项工程承包队是以单位工程为对象，以承包合同为纽带，从工程开工到竣工验收交付使用的全过程承包和管理。它既代表项目经理部对单位工程进行生产经营管理，又代表劳务队对生产工人实行劳务用工和施工管理，并伴随单位工程竣工交付使用而解体。分项工程承包合同的主要内容如下：

①发包方、承包方名称及承包工程名称。

②工程概况及承包范围：结构类型、建筑面积、总造价、合同期及开竣工日期、质量等级。

③承包费用及指标。

④考核与奖罚规定。

⑤双方职责。

⑥风险责任抵押金金额。

⑦其他规定。

⑧合同纠纷的解决与仲裁。

⑨合同总份数，双方各执份数。

⑩附生产计划总进度安排表，劳动力、材料、机具需求平衡计划表，重点部位安全、质量规范或交底书。

⑪当事人双方签字及日期。

### 3) 劳务合同

劳务合同是项目经理部与企业内部作业承包队之间签订的合同。项目经理部是施工现场管理机构，而劳务作业承包队是公司内部工程队（或分公司）。劳务合同的主要内容是：

①订立合同单位的名称。

②承建工程任务的劳务量及工程概况。具体包括：工程名称，结构形式，建筑面积，承包项目，计划用工数，提供劳动力人数，用工的进场、退场时间等。

③甲方（项目经理部）责任。为乙方提供施工图纸、技术资料、测试数据、材料性能及使用说明等；提供相应的施工原材料、大中型机械、机具；编制劳动力使用计划、制定安全生产管理办法和提供安全防护设施；按期支付劳务费用；为乙方（劳务承包队）的正常作业提供生产、生活临时设施等。

④乙方（劳务承包队）责任。根据甲方（项目经理部）计划要求调配劳动力；全面负责本单位人员的生活服务管理和劳保福利；教育职工遵守甲方制定的安全生产、文明施工、质量管理、

材料管理、劳动管理等各项规章制度;督促本单位人员做好产品自检、互检工作,保证工程质量;负责手工操作的小型工具、用具配备及劳保用品的发放;协助甲方做好劳务用工管理。

⑤劳务费计取和结算方式。

⑥奖励与罚款。

⑦合同未尽事宜的解决方式。

⑧合同总份数,双方各执份数。

⑨合同生效日期。

⑩双方签字及日期。

## 14.3 园林工程施工合同的履行、变更、转让和终止

### 14.3.1 园林工程施工合同的履行

园林工程施工合同履行是指合同当事人双方依据合同条款的规定,实现各自享有的权利,并履行各自负有的义务。当事人双方在履行合同时,必须全面地、善始善终地履行各自承担的义务,使当事人的权利得以实现,从而为社会各组织及自然人之间的生产经营及其他交易活动的顺利进行创造条件。就其实质来说,它是合同当事人在合同生效后,全面地、适时地履行合同所规定的义务的行为。合同的履行是合同法的核心内容,也是合同当事人订立合同的根本目的。

### 14.3.2 园林工程合同履行的原则

依照合同法的规定,合同当事人双方应当按照合同约定全面履行自己的义务,包括履行义务的主体、标底、数量、质量、价款或报酬以及履行的方式、地点、期限等。

①必须遵守诚信的原则,该原则应贯穿于合同的订立、履行、变更、终止全过程。当事人双方要互相协作,合同才能圆满地履行。

②公平合理的原则。合同当事人双方自订立合同起,直到合同的履行、变更、转让以及发生争议时对纠纷的解决,都应当依据公平合理的原则,按照合同法的规定履行其义务。

③合同的当事人不得擅自单方变更合同的原则。合同依法成立,即具有法律约束力,因此,合同当事人不得单方擅自变更合同。合同的变更,必须按合同法中有关规定进行,否则就是违法行为。

### 14.3.3 园林工程施工合同的变更

合同变更是指已签订的合同,在尚未履行或尚未完全履行时,当事人依法经过协商,对合同的内容进行修改或调整所达成的协议。合同变更时,当事人应当通过协商,对原合同的部分内

容条款做出修改、补充或增加新的条款。例如,对原合同中规定的标底数量、质量、履行期限、地点和方式、违约责任、解决争议的办法等做出变更。当事人对合同内容变更取得一致意见时并经双方确认方为有效。

当事人因重大误解、显失公平、欺诈、胁迫或乘人之危而订立的合同,受损害一方有权请求人民法院或者仲裁机构对合同做出变更或撤销合同中的相关内容的决定。

当事人要变更有关合同时,必须按照合同法、行政法规规定办理批准、登记手续,否则合同的变更不发生效力。

## 14.3.4　园林工程施工合同的转让

园林工程施工合同的转让分为债权人转让权利和债务人转移义务两种。但无论哪一种都必须办理批准、登记手续。债权转让是指园林工程施工合同债权人通过协议将其债权全部或者部分转让给第三人的行为,债权转让又称债权让或合同权利的转让。债务转移,是指园林工程施工合同债权人与第三人之间达成协议,并经债权人同意,将其义务全部或部分转移给第三人的法律行为。债务转移又称债务承担或合同义务转让。

合同法第八十七条规定:"法律、行政法规规定转让权利或者转移义务应当办理批准、登记等手续的,依照其规定。"

## 14.3.5　园林工程施工合同的权利义务终止

有合同终止和合同解除两种方式。

合同终止是指合同当事人双方依法使相互间的权利义务关系终止,即合同关系消除。依据合同法第九十一条规定:有下列情形之一的,合同的权利义务终止:a.债务已经按照约定履行;b.债务相互抵消;c.债务人依法将标的物提存;d.债权人免除债务;e.债权债务同归于一人;f.法律规定或者当事人约定终止的其他情形。但在现实的交易活动中,合同终止的原因绝大多数是属于第一种情形。

合同解除是指合同当事人依法行使解除权或者双方协商决定提前解除合同效力的行为。合同解除包括:约定解除和法定解除两种类型。合同法第九十三条规定:当事人协商一致,可以解除合同。当事人可以约定一方解除合同的条件。解除合同的条件成熟时,解除权人可以解除合同。所谓法定解除合同,是指解除条件由法律直接参与的合同解除合同。当事人在行使合同解除权时,应严格按照法律规定行事,从而达到保护自身合法权益的目的。

合同法第九十四条规定:有下列情形之一的,当事人可以解除合同。

①因不可抗力致使不能实现合同目的。

②在履行期限届满之前,当事人一方明确表示或者以自己的行为表明不履行主要债务。

③当事人一方迟延履行主要债务,经催告后在合理期限内仍未履行。

④当事人一方迟延履行债务或者有其他违约行为致使不能实现合同目的。

⑤法律规定的其他情形。

## 14.4　园林工程施工合同的管理

### 14.4.1　园林工程施工合同管理的目的和任务

园林工程施工合同,是项目法人单位与园林工程施工企业之间进行承包、发包的主要法律形式,是进行工程施工、监理和验收的主要法律依据,是园林工程施工企业走向市场经济的桥梁和纽带。订立和履行园林工程施工合同,直接关系到建设单位和园林工程施工企业的根本利益。

园林工程施工合同管理的目的是发展和完善社会主义园林工程市场经济,建立现代园林工程施工企业制度,规范园林工程施工的市场主体、市场价格和市场交易,并通过加强合同管理,提高园林工程施工合同的履约率。同时,通过园林工程施工的合同管理,保证了园林企业间的"平等互利,形式多样,讲求实效,共同发展"的经济合作方针和企业本身"守约、保质、薄利、重义"的经营原则。加强园林工程施工合同管理,加快了我国园林工程施工合同管理与国际园林工程施工惯例接轨的步伐。

园林工程施工合同管理的任务是:a. 要发展和培育园林工程施工市场,努力推行法人责任制、招标投标制、工程监理制和合同管理制,全面提高园林工程建设管理水平;b. 施工合同管理是控制工程质量、进度和造价的重要依据和保证;c. 对园林工程建设项目有关的各类合同,从条件的拟定、协商、签署、履行情况的检查和分析等环节进行的科学管理,以期通过合同管理实现园林工程项目"三大控制"的任务要求,维护当事人双方的合法权益。

### 14.4.2　园林工程施工合同管理的方法和手段

#### 1)园林工程施工合同管理的方法

(1)健全园林工程合同管理法规,依法管理　在园林工程建设管理活动中,要使所有工程建设项目从可行性研究开始,到工程项目报建、工程项目招标投标、工程建设承发包,直至工程建设项目施工和竣工验收等一系列活动全部纳入法制轨道,就必须增强发包商和承包商的法治观念,保证园林工程建设项目的全部活动依据法律和合同办事。

(2)建立和发展有形园林工程市场　建立完善的社会主义市场经济体制,发展我国园林工程发包承包活动,必须建立和发展有形的园林工程市场。有形园林工程市场必须具备及时收集、存贮和公开发布各类园林工程信息的 3 个基本功能,为园林工程交易活动,包括工程招标、投标、评标、定标和签订合同提供服务,以便于政府有关部门行使调控、监督的职能。

(3)完善园林工程合同管理评估制度　完善的园林工程合同管理评估制度是有形的园林工程市场的重要保证,又是提高我国园林工程管理质量的基础,也是发达国家经验的总结。我国在园林工程合同管理方面与发达国家还存在一定的差距,要使我国的园林工程合同管理评估制度符合以下几点要求,才能实现与国际惯例接轨。第一、合法性,指工程合同管理制度符合国家有关法律、法规的规定;第二、规范性,指工程合同管理制度具有规范合同行为的作用,对合同管理行为进行评价、指导、预测,对合同行为进行保护奖励,对违约行为进行预测、警示或制裁等;第三、实用性,指园林工程合同管理制度能适应园林建设工程合同管理的要求,以便于操作和实施;第四、系统性,指各类工程合同的管理制度是一个有机结合体,互相制约、互相协调,在园林工程合同管理中能够发挥整体效应的作用;第五,科学性,指园林工程合同管理制度能够正确反映合同管理的客观经济规律,保证人们运用客观规律进行有效的合同管理。

(4)推行园林工程合同管理目标制　园林工程合同管理目标制,就是要使园林工程各项合同管理活动按照计划达到结果和最终目的。其过程是一个动态过程,具体讲就是指工程项目管理机构和管理人员为实现预期的管理目标和最终目的,运用管理职能和管理方法对工程合同的订立和履行施行管理活动的过程。其过程主要包括:合同订立前的目标制管理、合同订立中的目标制管理、合同履行中的目标制管理和减少合同纠纷的目标制管理等5部分。

(5)园林工程合同管理机关必须严肃执法　园林工程合同法律、行政法规,是规范园林工程市场主体的行为准则。在培育和发展我国园林工程市场的初级阶段,具有法治观念的园林工程市场参与者,要学法、懂法、守法,依据法律、法规进入园林工程市场,签订和履行工程建设合同,维护自身的合法权益。而合同管理机关,对违反合同法律、行政法规的应从严查处。

## 2)园林工程施工合同管理的手段

园林工程施工合同管理是一项复杂而广泛的系统工程,必须采用综合管理的手段,才能达到预期目的,其常用的手段有:

①普及合同法制教育,培训合同管理人才。认真学习和熟悉必要的合同法律知识,以便合法地参与园林工程市场活动。发包单位和承包单位应当全面履行合同约定的义务,不按照合同约定履行义务的,依法承担违约责任。工程师必须学会依据法律的规定,公正地、公开地、独立地行使权力,努力做好园林工程合同的管理工作。这就要进行合同法制教育,通过培训等形式,培养合格的合同管理人才。

②设立专门合同管理机构并配备专业的合同管理人员。建立切实可行的园林建设工程合同审计工作制度,设立专门合同管理机构,并配备专业的管理人员,以强化园林建设工程合同的审计监督,维持园林工程建筑市场秩序,确保园林建设工程合同当事人的合法权益。

③积极推行合同示范文本制度。积极推行合同示范文本制度,是贯彻执行中华人民共和国合同法、加强建设合同监督、提高合同履约率、维护园林建筑市场秩序的一项重要措施。它一方面有助于当事人了解、掌握有关法律、法规,使园林工程合同签订符合规范,避免缺款少项和当事人意思表达不真实的合同,防止出现显失公平和违约条款;另一方面便于合同管理机关加强监督检查,也有利于仲裁机构或人民法院及时裁判纠纷,维护当事人的合法权益,保障国家和社会公共利益。

④开展对合同履行情况的检查评比活动,使园林工程建设者做到重合同、守信用。园林工程建设企业应牢固树立"重合同,守信用"的观念。在发展社会主义市场经济,开拓园林工程建筑市场的活动中,园林工程建设企业为了提高竞争能力,建筑企业家应该认识到"企业的生命在于信誉,企业的信誉高于一切"的原则的重要性。因此,园林工程建设企业各级领导应该经常教育全体员工认真贯彻岗位责任制,使每一名员工都来关心工程项目的合同管理,认识到自己的每一项具体工作都是在履行合同约定的义务,从而保证工作项目合同的全面履行。

⑤建立合同管理的微机信息系统。建立以微机数据库系统为基础的合同管理系统。在数据收集、整理、存贮、处理和分析等方面,建立工程项目管理中的合同管理系统,可以满足决策者

在合同管理方面的信息需求,提高管理水平。

⑥借鉴和采用国际通用规范和先进经验。现代园林工程建设活动,正处在日新月异的新时期。如今,园林工程承发包活动的国际性更加明显。国际园林工程市场吸引着各国的业主和承包商参与其流转活动。这就要求我国的园林工程建设项目的当事人学习、熟悉国际园林工程市场的运行规范和操作惯例,为进入国际园林工程市场而努力。

# 复习思考题

1. 园林工程施工合同的概念、作用及特点?

2. 园林工程施工合同签订的条件、原则及程序是什么?

3. 根据某一园林工程,按园林工程施工合同示范文本的要求模拟签订一份施工合同。

4. 试述园林工程施工合同的履行、变更、转让和终止的概念及相关法律规定。

5. 园林工程施工合同管理的目的和任务是什么?

6. 园林工程施工合同管理方法和手段有哪些?

# 15 园林工程组织与管理

**本章导读** 本章主要介绍了园林工程施工的组织设计及施工的组织管理;通过本章学习,使学生知道园林工程施工中组织设计和施工管理,在保证园林工程的质量、控制投资、合理安排施工队伍、保证施工安全和按期完工中的重要作用。

## 15.1 园林施工组织设计

第 15 章微课(1)

### 15.1.1 园林工程施工组织设计的作用

园林工程施工组织设计是以园林工程(整个工程或若干单项工程)为对象编写的用来指导工程施工的技术性文件。其核心内容是如何科学合理地安排好劳动力、材料、设备、资金和施工方法这 5 个主要的施工因素。根据园林工程的特点和要求,以先进的、科学的施工方法与组织手段使人力和物力、时间和空间、技术和经济、计划和组织等诸多因素合理优化配置,从而保证施工任务依质量要求按时完成。

园林工程施工组织设计是应用于园林工程施工中的科学管理手段之一,是长期工程建设中实践经验的总结,是组织现场施工的基本文件和法定性文件。因此,编制科学的、切合实际的、可操作的园林工程施工组织设计,对指导现场施工、确保施工进度和工程质量、降低成本等都具有重要意义。施工组织设计的主要作用:

①实践指导作用:施工组织设计对园林工程现场施工是最基本的指导性技术文件。

②保证正常施工程序:可保证园林施工按正常的程序有秩序地进行。

③施工准备的依据:施工准备要参照施工组织设计的劳动力、材料、设备等计划。

④有利于施工管理:方便施工管理者的工作。

⑤能协调各种施工关系:有助于使施工各方面保持协调、均衡和文明生产的状态。

园林工程施工组织设计,首先要符合园林工程的设计要求,体现园林工程的特点,对现场施工具有指导性。在此基础上,要充分考虑施工的具体情况,完成以下 4 部分内容:

a.依据施工条件,拟订合理施工方案,确定施工顺序、施工方法、劳动组织及技术措施等;

b. 按施工进度搞好材料、机具、劳动力等资源配置;

c. 根据实际情况布置临时设施、材料堆置及进场实施;

d. 通过组织设计协调好各方面的关系,统筹安排各个施工环节,做好必要的准备和及时采取相应的措施确保工程顺利进行。

## 15.1.2　园林施工组织设计原则和程序

### 1)设计原则

施工组织设计要做到科学、合理,就要在编制思路上注意吸收多年来园林工程施工中积累的成功经验,在编制技术上要遵循园林工程技术理论、施工规律和基本方法,并遵照下列 5 项原则来编制施工组织设计文件。

(1)合法性原则　依照政策、法规和工程承包合同编制施工组织设计。

(2)针对性原则　具体针对园林施工过程,要符合园林工程的特点。要紧密结合园林艺术的综合性特点,熟悉造园手法,采取针对性措施,切实有效地解决具体工程中可能遇到的施工矛盾和技术难点。

(3)科学性原则　采用先进技术和管理方法。选择合理的施工方案。做到施工方案 5 个"最优",即:

①施工方法和施工机械最优。

②施工进度和施工成本最优。

③劳动资源组合最优。

④施工现场调度最优。

⑤施工现场平面布置最优。

要按照 5 个最优原则合理安排施工计划,使各项施工进程保持均衡和协调。

(4)均衡施工原则　合理安排计划,使各项施工进程保持均衡和协调。

(5)质量安全原则　采取各种措施,确保施工质量和安全生产,树立质量第一、安全第一观念。施工组织设计中应针对工程的实际情况制定质量保证措施,推行全面质量管理,建立完备的工程质量检验体系和安全责任制度体系。

### 2)编制程序

要保证施工组织设计的科学性与合理性,在编制施工组织设计时就必须按照正确的程序和方法顺序进行。施工组织设计的一般编制程序分为下列 11 步:

①完备收集和掌握施工相关资料,熟悉规划设计图和施工图。

②工程分项,定工程量和工期,组织工程内容。

③确定施工方案,施工基本方式和方法。

④编制进度计划网络图。确定重要工序、工种的作进度横道图、施工网。

⑤制定设备、材料及劳动力计划,作物资及劳动力、技术队伍的准备。

⑥做好"四通一平",搭建临时性设施,完成施工现场准备的计划安排。

⑦制定施工准备计划,确定施工前期工作。

⑧绘制施工现场平面布置图,协调现场施工关系。

⑨计算指标,确定劳动和材料定额;量化工作目标,实行定额管理。

⑩制定安全技术措施,建立健全相关的各种安全施工、文明施工的规章制度。

⑪成文、定稿及装订成册,报送上级审批。

## 15.1.3　园林建设项目与园林施工项目

(1)园林建设项目　通常将园林建设中各方面的项目,统称为园林建设项目,如一个景区、一座公园、一个游乐园、一组居住小区等。

(2)园林施工项目　通常将处于项目施工准备、施工规划、项目施工、项目竣工验收及养护阶段的建设工程统称为园林施工项目。

## 15.1.4　园林施工的组织设计

园林工程不是一个单纯的栽植工程,而是与土建等其他行业协同工作的综合工程。因此,精心做好施工的组织设计是施工准备的核心。园林施工组织设计又分为投标前施工组织设计和中标后施工组织设计,中标后施工组织设计又包括园林建设项目施工组织总设计、单项工程施工组织设计和分项工程施工组织设计。

### 1)投标前施工组织设计

投标前施工组织设计,是编制投标书的依据,其目的是中标。投标前施工组织设计的主要内容包括:

①施工技术方案、施工方法的选择,对关键部位、工序采用的新技术、新工艺、新机械、新材料,以及投入的人力、机械设备的决定等。

②施工进度计划,包括横道计划、网络计划、开竣工日期及说明。

③施工质量计划,包括施工质量保证、制订施工质量控制点、施工质量保证的技术措施等。

④施工平面布置,水、电、路、生产、生活用地及施工的布置,用以与建设单位协调用地。

⑤保证质量、进度、安全、环保等项计划必须采取的措施。

⑥其他有关投标和签约的措施。

### 2)中标后施工组织设计

园林建设项目施工组织设计一般又可分为施工组织总设计、单位工程施工组织设计和分项工程作业设计3种(图15.1)。

(1)园林工程施工组织总设计　施工组织总设计是以整个工程为编制对象,园林建设项目施工组织总设计是依据园林建设项目基础文件、工程建设政策、法规和规范资料、建设地区原始调查资料、类似施工项目经验的初步设计文件拟定的总体施工规划。一般由施工单位组织编制,目的是对整个工程全面规划,并对有关具体内容进行布置。

施工组织总设计的作用是为判定按设计方案施工的可行性和经济合理性提供科学依据;为

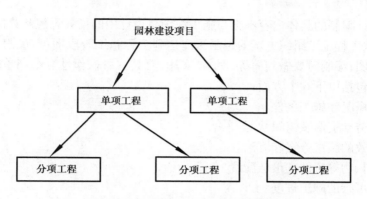

图 15.1　园林工程施工项目结构图

整个建设项目或建筑群体工程的施工做出全局性的战略部署;为组织全工地的施工作业提供科学的施工方案和实施步骤;为做好施工准备工作,合理组织技术力量,确保各项资源的供应提供可靠的依据;为施工企业编制施工生产计划和单位工程施工组织设计提供依据;为建设单位编制基本建设计划提供依据。主要内容包括:

①工程概况:主要包括工程的构成,设计、建设承包单位,施工组织总设计目标,工程所在地的自然状况及经济状况,施工条件等。

②施工部署:建立项目管理组织,做好施工部署,项目施工方案。

③全场性施工准备工作计划(见第 1 章)。

④施工总进度计划:

a.编制施工总进度计划:科学安排分项工程的顺序、衔接,分项工程、单位工程的工程量,人员的调配计划,对初始计划的优化选择;

b.制订施工总进度的保护措施:组织、技术、材料供应、经济保证、合同保证等措施。

⑤施工总质量计划:质量要求、达到的目标、各单项质量目标、确定施工质量控制点、施工质量保证措施等。

⑥施工总成本计划:施工成本包括直接成本和间接成本。施工成本的主要形式有施工预算成本、计划成本和实际成本。编制施工总成本计划包括确定单项工程施工成本计划、编制施工总成本计划、制订施工总成本保证措施。

⑦施工总资源计划:包括劳动力需要量、材料需要量、机具设备需要量等计划。

⑧施工总平面布置的原则:

a.原则:布置要紧凑合理、保护古树名木文物,保证施工所需水、电、路等的畅通、尽量利用永久性建筑;

b.依据:主要依据建设项目总平面图、施工部署和方案、施工的计划等方面;

c.布置内容:施工范围内的地形、等高线,地上地下已有和拟建工程的位置、标高,施工布置、安全防火布置等;

d.建设施工设施需要量。

⑨主要技术经济指标:施工工期、成本和利润、施工总质量、施工安全、施工效率及其他评价指标。

(2)单位工程施工组织设计　单位工程施工组织设计是根据经会审后的施工图,以单位工程为编制对象,由施工单位组织编制的技术文件。编制单位工程施工组织设计的要求为:单位工程施工组织设计编制的具体内容不得与施工组织总设计中的指导思想和具体内容相抵触;按照施工要求,单位工程施工组织方案的编制深度达到工程施工阶段即可;应附有施工进度计划和现场施工平面图;编制时要做到简练、明确、实用,要具有可操作性。编制单位工程施工组织设计的内容主要包括以下 6 个方面:

①说明工程概况和施工条件。

②说明实际劳动资源及组织状况。

③选择最有效的施工方案和方法。

④确定人、财、物等资源的最佳配置。

⑤制订科学可行的施工进度。

⑥设计出合理的施工现场平面图等。

(3)分项工程作业设计　多由最基层的施工单位编制,一般是对单位工程中某些特别重要部位或施工难度大、技术要求高,需采取特殊措施的工序,才要求编制出具有较强针对性的技术文件。例如园林喷水池的防水工程,瀑布出水口工程,园路中健身路的铺装,护坡工程中的倒渗层,假山工程中的拉底、收顶等。其设计要求具体、科学、实用并具可操作性。

### 3)园林工程施工组织总设计编制程序

园林工程施工组织总设计编制程序如图 15.2 所示。

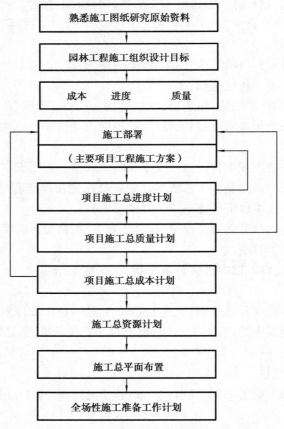

图 15.2　施工组织总设计编制程序

# 15.2　园林工程项目管理概述

施工项目,就是建筑施工企业的生产对象。施工单位通过工程施工投标取得工程施工承包合同,并以施工合同所界定的工程范围组织项目施工与管理。施工项目管理是施工企业为履行工程承包合同和落实企业生产经营方针目标,在项目经理负责条件下,依靠企业技术和管理的综合实力,对工程施工全过程所进行的计划、组织、指挥、协调和监督控制等系统管理活动。园林施工项目管理是园林工程施工单位进行企业管理的重要内容,它是指从承接施工任务开始,经过施工准备、技术设计、施工方案、施工组织设计、组织现场施工,一直到工程竣工验收、交付使用的全过程中的全部监控管理工作。

## 15.2.1　园林工程施工管理的任务与作用

### 1)园林工程施工管理的任务

园林工程施工管理是施工管理单位在特定的地域,按照设计图纸和与建设单位的合同的要求进行的园林工程施工的全部综合性管理活动。其基本任务是根据建设项目的要求,依照已审批的技术图纸和制订的施工方案,对现场进行全面合理组织,使劳动资源得到合理配置,按预定目标按期、优质、低成本、安全地完成园林建设项目。

### 2)园林工程施工管理的作用

园林工程在施工的过程中,既包含园林建筑施工技术,又有树木花草的种植养护技术,是一项涉及广泛而复杂的建设施工项目。随着现代高科技的发展、新材料的开发利用,使园林工程日趋综合化、复杂化和技术的现代化,因而对园林工程施工的科学组织与管理要求也越来越高。综合来看,园林工程施工管理的作用主要是:

①它是保证项目按计划顺利完成的重要条件,是在施工全过程中落实施工方案,遵循施工进度的基础。

②保证园林工程质量,达到设计目标,确保园林经管艺术通过工程手段充分表现出来。

③使施工单位的资源得到合理配置和利用,减少资源浪费,降低施工成本。

④通过园林工程施工的安全与健康的管理与控制,有利于劳动保护和施工的安全。

⑤通过园林工程施工管理可以促进施工新技术的应用与发展,提高工效和施工质量。

### 3)园林工程施工管理的主要内容

园林工程施工管理是一项综合性的管理活动,其主要内容包括:园林工程的进度控制、质量管理、安全管理、成本管理、资源和劳动管理。施工项目管理的全过程可分5个阶段:

a.投标签约阶段:投标决策、搜集信息、制订标书、签订合同;

b.施工准备阶段;

c.施工阶段;

d.验收交工与结算阶段;

e.用后服务阶段。

## 15.2.2　施工项目管理组织的建立

第15章微课(2)

### 1)建立施工项目管理组织

施工项目管理组织机构与企业管理组织机构是局部与整体的关系。组织机构设置的目的是充分发挥项目管理功能,提高项目整体管理效率,实现施工项目管理的最终目标。

施工项目管理组织机构的设置原则如下:

(1)目的性原则　施工项目管理组织机构设置的根本目的是实现组织功能,实现施工项目管理的总目标。从根本目的出发,因目标设事,因事设机构定编制,按编制设岗位定人员,以职责定制度授权力。

(2)精干高效原则　施工项目管理组织机构的人员设置,以能实现施工项目所要求的工作任务为前提,尽可能简化组织机构、减少层次,尽可能精干组织人员,充分发挥项目部人员的才能和积极性,提高工作效率。

(3)弹性和流动性原则　施工项目管理的不同阶段的管理内容差异很大,这就要求管理工作和组织机构要随之进行调整,要按照弹性和流动性的原则建立组织机构,以使组织机构适应施工任务的变化。

(4)项目组织与企业组织一体化原则　施工项目管理组织是企业管理组织的有机组成部分,企业组织是它的母体。从管理方面来看,企业是项目管理的主体,项目层次要服从于企业层次。项目管理人员全部来自企业,项目管理组织解体后,人员进入企业人才市场。因此,施工项目管理组织与企业组织是一体的。

### 2)施工项目管理组织机构的主要形式

(1)工作队式项目组织形式

①工作队式项目组织形式具有如下特征:项目经理在企业内部招聘产生或抽调职能部门人员组成施工项目管理组织机构(工作队),由项目经理指挥,独立性强;项目管理班子成员与原所在部门脱钩,原部门负责人仅负责对被抽调人员的业务指导,但不能随意干预其工作或调回人员;项目管理组织与施工项目同寿命,项目结束后机构撤销,所有人员仍回原部门。

②适用范围:这种项目组织形式适用于大型项目、工期紧迫的项目、要求多部门多工种配合的项目。它要求项目经理素质高,指挥能力强,有快速组织队伍及善于指挥来自各方人员的能力。

③优缺点:优点是选调人员可以完全为项目服务;项目经理权力集中,干扰少,决策及时,指挥灵便;项目管理成员来自各职能部门,在项目管理中配合工作,有利于取长补短,培养一专多能人才;各专业人员集中在现场办公,减少扯皮和等待时间,提高办事效率。其缺点是各类人员来自不同部门、不同的专业,配合不熟悉,难免配合不力;各类人员同一时段内的工作差异很大,容易出现忙闲不均,可能导致人才浪费;职能部门的优势无法发挥作用等。

(2)部门控制式项目组织形式

①部门控制式项目组织形式的特征是:不打乱企业原有建制,把项目委托给企业某一专业

部门或某一施工队组织管理,由被委托的部门领导在本部门选人组成的项目管理班子,项目结束后,项目班子成员恢复原职。

②适用范围:这种形式的项目组织一般适用于小型的、专业性较强的、不需涉及众多部门的施工项目。

③优缺点:该组织形式的优点是:人员熟悉,人才的作用能充分发挥;从接受任务到组织运转启动时间短;职责明确,职能专一,关系简单,易于协调。其缺点是:不利于精简机构;不利于对固定建制的组织机构进行调整;不能适应大型项目管理的需要。

### 3)施工项目经理部的建立

(1)施工项目经理部的作用　施工项目经理部是项目管理的组织机构和项目经理的办事机构,它是代表企业履行工程承包合同的主体,是对建筑产品和业主全面、全过程负责的管理实体。施工项目经理部组织机构设置的质量将直接影响到施工项目目标的全面实现。项目经理部在项目经理的领导下,作为项目管理的组织机构,负责施工项目从开工到竣工的全过程施工生产的经营管理。项目经理部为项目经理决策提供信息和依据,同时须执行项目经理的决策意图,并起着沟通信息、组织协调、实现以成本为中心的各项管理目标等作用。

(2)施工项目经理部的规模和部门设置　各企业应根据所承担项目的规模、特点,并结合企业的管理水平来确定项目经理部的规模和部门设置,以利于把项目建成企业市场竞争的核心、企业管理的重心、成本控制的中心、代表企业履行项目合同的主体和工程管理的实体为原则。一般应设置以下5个部门:

①工程技术部门:负责施工组织设计、生产调度、技术管理、文明施工、计划统计等工作。

②经营核算部门:负责预算、合同、索赔、财务、劳动工资管理等工作。

③物资设备部门:负责材料采购、供应、运输、仓储;负责工具用具管理和机械设备的租赁、配套使用等工作。

④监控管理部门:负责工程质量控制、安全管理、消防保卫和环境保护等工作。

⑤测试计量部门:负责试验、测量、计量等工作。

(3)施工项目经理部的解体　施工项目经理部是一次性的管理机构。工程临近结尾时,各类人员应陆续撤走。施工项目在全部工程办理交接后,由项目经理部在规定时间内向企业主管部门提交项目经理部解体报告,同时确定留用善后人员名单,经批准后执行,并妥善处理解聘人员和退场后劳务队伍的安置问题。项目留用善后人员负责处理工程项目的遗留问题,做好工程项目的善后工作。

### 4)施工项目经理

(1)施工项目经理的地位　确定施工项目经理的地位是搞好施工项目管理的关键。施工项目经理是指施工企业法人代表在项目上的全权委托代理人对工程项目施工过程全面负责的项目管理者,是建筑施工企业法定代表人在工程项目上的代表人。施工项目经理在项目管理中处于中心地位,在项目的施工管理活动中占有举足轻重的地位;项目经理是实现项目目标的最高责任者,是实现项目经理负责制的核心,它构成了项目经理的工作压力,是确定项目经理权力和利益的依据;项目经理在项目上有经营决策权、生产指挥权、人财物统一调配使用权、内部分配奖罚权等,若没有必要的权力,项目经理就无法对其工作负责;项目经理也是项目的利益主体,按照责、权、利相统一的原则,施工项目经理的利益是项目经理负有相应责任所应得到的报酬。

（2）施工项目经理应具备的基本条件　合格的项目经理应具备：

①较高的政治素质，包括自觉遵守国家的法律和法规，执行国家的方针、政策和上级主管部门的有关决定；自觉维护国家利益，能正确处理国家、企业和职工三者的利益关系；坚持原则，不怕吃苦，勇于负责，具有高尚的道德品质和高度的事业心、强烈的责任感。

②必须具有较高的领导素质，具备组织才能和管理能力，要求掌握现代管理理论，熟悉各种现代管理工具、管理手段和管理方法；具有多谋善断、灵活应变的能力；知人善任，善于团结别人共同工作；处事公道，为人正直，以身作则；铁面无私，赏罚分明；具有灵活处理各方面的工作关系、合理组织施工项目各种生产要素、提高施工项目经济效益的能力。

③懂得建筑施工技术知识、经营管理知识和法律知识，熟悉施工项目管理的有关知识，掌握施工项目管理规律，具有较强的决策能力。项目经理应在建设部认定的项目经理培训单位进行专门的学习，并取得培训合格证书。同时还必须按规定经过一段时间的实践锻炼，具备较丰富的实践经验。这样，才能处理好各种可能遇到的实际问题。

④施工项目经理应具有强健的身体和充沛的精力。

（3）施工项目经理的培养与选聘

①施工项目经理的培养。培训内容包括现代项目管理的基本知识和现代项目管理的主要技术培训两个方面。现代项目管理的基本知识培训包括项目及项目管理的特点和规律，管理思想，管理程序，管理体制，组织机构，项目控制，项目合同，项目经理，项目谈判等。主要技术培训包括项目管理的主要管理技术，即网络技术、项目计划管理、项目成本控制、项目质量控制等，以及与上述有关的管理理论，计算机应用及信息管理系统等。然后给从事项目管理者学习和实践锻炼的机会，锻炼的重点内容是项目的设计、施工、采购和管理知识及技能、对项目计划安排、网络计划编排、工程概算和估算、招标投标工作、合同业务、质量检验、技术措施制订及财务结算等工作。

②施工项目经理的选聘。施工项目经理的选聘必须坚持公开、公平、公正的原则，选择具备任职条件的称职人员担任项目经理。项目经理的选聘一般有 3 种方法：竞争招聘制、法定代表委任制和基层推荐制。

施工项目经理群体的数量、资质层次结构，总体素质是企业的一笔巨大无形资产，这些人员是企业施工经营中最富有活力的骨干力量，是实现施工企业生产经营方针和目标的重要人力资源。施工企业必须以项目经理资质为中心，加强项目经理人才的培养，全面提高其整体素质并增强其对企业的凝聚力，通过发挥他们的骨干作用来创造业绩，创造企业文化和塑造企业形象。

# 15.3　施工进度控制与管理

## 15.3.1　影响施工进度的因素

影响施工进度的因素主要有相关单位因素、项目经理部内部因素和不可预见因素。

## 15.3.2 施工进度控制的措施

### 1) 组织措施

主要是指落实各级进度控制的人员、具体任务和工作责任,建立组织系统,制订进度计划,建立进度控制的工期目标体系,建立进度控制的工作制度,定期检查,制订调整施工实际进度的组织措施。

施工进度计划主要有横道计划和网络计划。分别用施工进度横道图(图 15.3)和网络图(图 15.4、图 15.5)来表示。

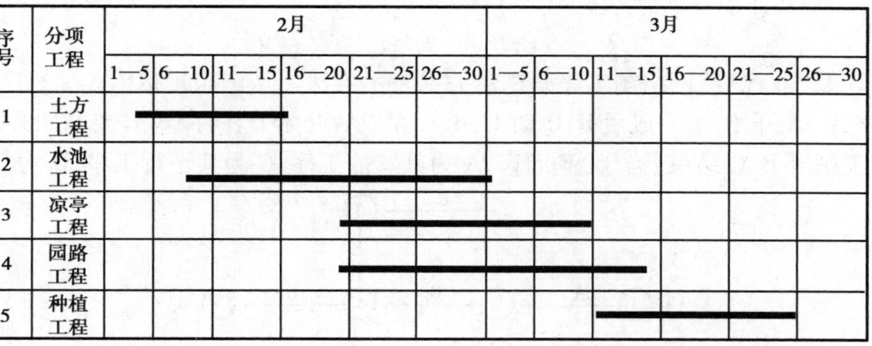

| 序号 | 分项工程 | 2月 | | | | | | 3月 | | | | | |
|---|---|---|---|---|---|---|---|---|---|---|---|---|---|
| | | 1—5 | 6—10 | 11—15 | 16—20 | 21—25 | 26—30 | 1—5 | 6—10 | 11—15 | 16—20 | 21—25 | 26—30 |
| 1 | 土方工程 | ▬▬▬ | ▬▬ | | | | | | | | | | |
| 2 | 水池工程 | | | | | | | | | | | | |
| 3 | 凉亭工程 | | | | ▬▬ | ▬▬ | ▬▬ | | | | | | |
| 4 | 园路工程 | | | | ▬▬ | ▬▬ | ▬▬ | ▬ | | | | | |
| 5 | 种植工程 | | | | | | | | | ▬▬ | ▬▬ | ▬▬ | |

图 15.3 施工进度横道图

(1)横道计划 从图 15.3 中可以看出:横道计划是以时间为横坐标、以施工过程的顺序为纵坐标绘制而成的一系列上下分段相错的水平线段,分别表示各施工过程在各施工段上的各项工作的起止时间和先后顺序的横线状图形。横道计划的优点是:

a. 编制比较容易,绘图比较简单;

b. 表达形象直观,排列整齐有序;

c. 便于用叠加法在图上统计劳动力、材料、机具等各项资源的需要量。

但横道图不能反映各施工过程之间和在各施工段上的各项工作之间的相互制约、相互依赖的逻辑关系;不能明确地指出哪些施工过程在哪一段上的工作是关键工作,更不能明确地表明某项工作的推迟或提前完成,对工程总工期的影响程度;横道计划方法的最大缺点是不能利用电子计算机进行计算,更不能对计划进行科学合理的调整和优化处理。

横道计划方法是已为园林建筑企业施工管理人员和技术工人所熟悉和掌握的传统计划方法,因为有上述许多适用性较强的优点,至今仍被广泛应用。

(2)网络图计划 网络图计划又称网络图法或统筹法。它是以网络图为基础,用来指导施工的全新的计划管理的方法。其基本原理是将某一工程划分为多个工序或项目,按各工序或项目间的逻辑关系,分析后找出"关键"线路后,编制成网络图,用以调整控制计划,以求得计划的最佳方案。并以形成的最佳方案对工程施工进行全面监测和指导,以求获得最大的经济效益。网络图是此法的基础。

网络图有"单代号"网络图和"双代号"网络图之分(图 15.4)。网络图主要是由工序、事件和线路 3 部分组成。其中每道工序均用一根箭线和 1 个或两个节点表示。用 1 个节点就是"单代号"网络图,用两个节点表示的叫"双代号"网络图,箭线两端点编号用以表明该箭线所表示的工序前进的方向。

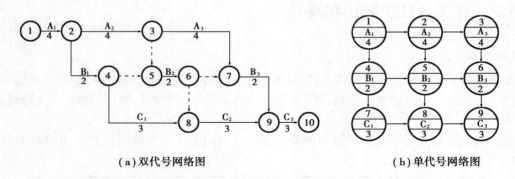

（a）双代号网络图　　　　　　（b）单代号网络图

图 15.4　网络计划图

图 15.5 是"双代号"网络图工序间逻辑关系表示方法。从图中可以看出,该工程可以划分为 5 个工序,由 A 开始,A 完成后 B、C 动工;B、C 完成后开始 D 工序;B、C 要开始必须待 A 完工后;D 要动工则等 B、C 结束后。就 B 而言,A 为其紧前工序;C 为其平行工序;D 为其紧后工序。

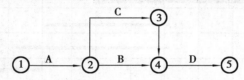

图 15.5　工序间的相互关系

A—紧前工序;B—本工序;C—平行工序;D—紧后工序

网络计划的优点在于:

①能全面而明确表达各施工过程在各阶段上各项工作时间的先后顺序和相互制约、相互依赖的逻辑关系,使一个流水组中的所有施工过程及其各项工作组成了一个有机整体。

②能对各项工作进行各种时间参数的计算,从名目繁多、错综复杂的计划中找出决定施工进度和总工期的关键线路,并能从许多可行施工方案中选出较优施工方案,并可再按某一目标进行优化处理从而获得最优施工方案。

③网络计划的编制、计算、调整、优化都可通过计算机来协助完成,为计算机在施工管理的现代化提供了必要的途径。

其缺点是:

①表达计划不直观、不形象,一般施工人员和工人看不懂,因而阻碍了网络计划的推广和使用。

②网络图不能反映流水施工的特点和要求。

③普通网络计划不能在图上反映出劳动力等各项资源使用的均衡情况,也不能在图上统计资源的日用量。

## 2）合同措施

施工过程中保证施工总进度与合同总工期一致;分包施工的工期与分包合同工期一致。

## 3）技术措施

采用先进的、能加快工程进度的技术措施,保证如期竣工。

4) 经济措施

通过工程用资金按计划到位加以实现。

5) 信息措施

通过对工程全过程监测、反馈、分析、调整,连续对施工全过程监控。

# 15.4　施工质量控制与管理

## 15.4.1　基本概念

(1) 质量管理　国家标准 GB/T 6583—94 对质量管理的定义:确定质量方针、目标和职责并在质量体系中通过诸如质量策划、质量控制、质量保证和质量改进使其实施全部管理职能的所有活动。施工项目质量管理的首要任务是确定质量方针、目标和职责,核心是建立有效的质量体系,通过质量策划、质量控制、质量保证来确保质量方针、目标的实施和实现。

(2) 全面质量管理　国家标准 GB/T 6583—94 对全面质量管理的定义:一个组织以质量为中心,以全员参与为基础,目的在于通过让顾客满意和本组织所有成员及社会受益而达到长期成功管理的途径。

(3) 质量控制　国家标准 GB/T 6583—94 对质量控制的定义:为达到质量要求所采取的作业技术和活动。

(4) 园林工程施工质量管理的主要内容　包括质量策划、质量控制、质量保证和质量改进 4 方面的内容。

## 15.4.2　质量策划

质量策划是质量管理的一部分,致力于设定质量目标并规定必要的作业过程和相关资源以实现其质量目标。施工项目的质量策划的具体内容如下:

①根据工程项目特点(包括建筑物特点、工程环境特点、外部各相关主体的特点),策划应达到的质量目标。

②选择有效的程序和过程实现质量目标,包括确定各种可以量化的指标、目标的分解、确定工序的质量管理点(控制点)。

③策划实现质量目标所需的资源。如人、材料、机械设备及机具、技术(方法)和信息、资金等。

④通过上述的策划活动编制质量计划,从而完成对工程项目的质量策划。

## 15.4.3　质量控制

园林工程施工质量控制包括施工项目外部(园林施工监理)的控制和施工企业内部的质量

控制。园林施工监理的质量控制见第16章。施工单位对施工项目的质量控制可分为系统控制、因素控制和阶段控制。

## 1）园林工程施工质量的系统控制

一个园林工程项目由若干单项工程组成；一个单项工程由若干单位工程组成并可以单独发挥经济效益和使用功能；一个单位工程由多个分部工程组成；一个分部工程又由若干个分项工程组成；每一个分项工程是由若干个施工过程（工序）来完成的，所以形成施工项目按系统来说最基本元素就是工序，所以工序质量是形成分项、分部、单位、单项和整个园林工程项目质量的基础。

## 2）园林工程施工质量的因素控制

影响施工项目的质量主要有5大因素，通常称为4M1E，即人（Man）、材料（Material）、机械（Machine）、方法（Method）、环境（Environment）。

（1）人的控制　控制对象包括管理者和操作者。主要从人的技术水平、人的生理缺陷、人的心理行为、人的错误行为等方面加以控制。

（2）材料的控制　材料包括原材料、成品、半成品、构配件，它们是工程施工的物质条件。材料质量是工程质量的基础，所以加强材料的质量控制是提高工程质量的重要保证。材料的质量控制应从以下几个方面入手：

①掌握材料信息，优选供货厂家。

②合理组织材料的供应，确保工程正常进行。

③合理组织材料的使用，减少使用中浪费。

④严格检查验收，把好质量关。

⑤重视材料的性能、质量标准、适用范围，以防错用或使用不合格材料。

（3）机械的控制　机械的控制，包括生产机械设备和施工机械设备的控制。施工项目的质量控制中主要指对施工机械设备的控制。机械的控制有以下要点：

a. 机械设备的选型；

b. 主要性能参数；

c. 机械设备的使用、操作。

（4）方法的控制　方法控制包括工程项目在整个周期内所采取的施工技术方案、工艺流程、组织措施、检测手段、施工组织设计等方面的控制。

（5）环境的控制　对影响工程项目质量的诸多环境因素加以控制。环境因素可概括为以下3种：

①工程技术环境，如工程地质、水文、气象等。

②工程管理环境，包括质量管理体系、质量保证体系、各项质量管理制度等。

③劳动环境，如劳动组合、劳动工具、工作面、作业场所等。

## 3）园林工程施工质量的阶段控制

施工阶段是项目质量的形成阶段，也是施工项目质量控制的重点阶段。按顺序分为事前控制、事中控制和事后控制3个阶段。

（1）园林工程施工事前的质量控制　事前控制的具体内容是指施工准备的内容，应围绕影响质量的5大因素做准备。

①技术准备。包括图纸的熟悉和会审、编制施工组织设计、编制施工图预算及施工预算、对项目所在地的自然条件和技术经济条件的调查和分析、技术交底等。

②物质准备。包括施工所需原材料的准备、构配件和制品的加工准备、施工机具准备、生产所需设备的准备等。

③组织准备。包括选聘委任施工项目经理、组建项目组织班子；编制并评审施工项目管理方案；集结施工队伍并对其培训教育等；建立各项管理制度；建立完善质量管理体系等。

④施工现场准备。包括控制网、水准点、标桩的测量工作；协助业主方实施"七通一平"（给水、排水、供电、道路、热力、燃气、通讯以及场地平整）；临时设施的准备；组织施工机具、材料进场；拟定试验计划及贯彻"有见证试验管理制度"的方针；技术开发和进步项目计划等。

（2）园林工程施工事中的质量控制　事中质量控制是保证工程质量一次交验合格的重要环节，没有良好的作业自控和监控能力，工程质量的受控状态和质量标准的达到就会受到影响。事中质量控制的策略是：全面控制施工过程，重点控制工序质量。

事中质量控制的措施包括：工序交接有检查、质量预控有对策、施工项目有方案、技术资料交底、图纸会审有记录、配制材料有试验、隐蔽工程有验收、测量监控装置有校准、设计变更有手续、钢筋代换有制度、质量处理有复查、成品保护有措施、行使质控有否决、质量文件有档案。

（3）园林工程施工事后的质量控制　事后的质量控制是指对施工项目竣工验收的控制。竣工验收前施工单位必须完成工程设计和合同约定的各项内容，对工程质量进行检查，确认工程质量符合有关法律、法规和工程建设强制性标准，符合设计文件及合同要求，并提出工程竣工报告，工程竣工报告应经项目经理和施工单位有关负责人审核签字；监理单位对工程质量评估报告应经总监理工程师和监理单位有关负责人审核签字；建设行政主管部门及其委托的工程质量监督机构等有关部门责令整改的问题全部整改完毕。由建设单位组织工程竣工验收。

## 15.4.4　质量保证

施工项目质量保证分对外的质量保证和对内的质量保证。对外的质量保证是对业主（顾客）的质量保证和对认证机构的保证。对业主（顾客）的质量保证主要是提供符合业主要求的园林工程。对认证机构的保证是指通过国家质量技术监督局下属的认证机构对园林施工产品的生产组织的质量管理体系的认证来实现其质量保证，现在许多园林施工企业已经通过了国家的质量管理体系的认证。对内的质量保证是施工项目经理部向企业经理（组织最高管理者）的保证。其保证的内容是施工项目质量管理的目标符合企业的生产经营总目标。企业以利润为中心，项目管理以成本为中心，项目的质量保证不能脱离降低成本、为企业盈利的总目标。

## 15.4.5　质量改进

园林工程施工的质量改进是园林施工企业为满足不断变化的顾客的需求和期望而进行的各项活动。

### 15.4.6　全面质量管理的程序

　　质量管理和其他各项管理工作一样,要做到有计划、有措施、有执行、有检查、有总结,才能使整个管理工作循序渐进,保证工程质量不断提高。为不断揭示项目施工过程中在生产、技术、管理诸方面的质量问题,通常采用 PDCA 法。PDCA 法有 4 个阶段,即计划(Plan)、执行(Do)、检查(Check)、处理(Action)阶段。该方法就是先进行现状分析,掌握质量规格、特性,制定目标,找出影响质量因素,安排计划;按计划执行;执行中进行动态检查、控制和调整;执行完成进行后总结处理,处理检查结果。当检查结果出现异常时,调查原因,消除异常。尚未解决的问题,通过循环,再次检查、处理,使工程质量更加完善。

　　要做到科学操作 PDCA,必须制订行之有效的措施,有一种被称作"5W1H"工作法就很有现实意义。其中"5W"代表:Why(为什么要制订这些措施或手段);What(这些措施的实施应达到什么目的);Where(这些措施应实施于哪个工序,哪个部门);When(什么时间内完成),和 Who(由谁来执行)。"1H"代表 How(实际施工中应如何贯彻落实这些措施)。5W1H 工作法的实施保证了 PDCA 的实现,从而保证了工程施工进度和质量,最终达到施工管理的目标,是一种值得推广的施工调度方法。

## 15.5　施工项目成本控制

### 15.5.1　施工项目成本控制概述

#### 1)施工项目成本的概念

　　成本是指企业为生产和销售一定种类、一定数量的产品所发生的物化劳动和活劳动的耗费。园林工程施工项目成本是项目经理部在承建并完成施工项目的过程中所发生的全部生产费用的总和。

#### 2)施工项目成本的主要形式

　　按成本发生的时间可划分为:

　　(1)预算成本　按项目所在地区园林业平均成本水平编制的该项目成本。编制依据:

　　a.施工图纸;

　　b.统一的工程计划规则;

　　c.统一的工程定额;

　　d.项目所在地区的各项价差系数;

　　e.项目所在地区的有关取费费率。

　　预算成本是确定工程造价的基础、编制计划成本的依据和评价实际成本的依据。

　　(2)计划成本　项目经理部编制的该项目计划达到的成本水平。编制依据:

　　a.公司下达的目标利润;

b.该项目的预算成本;

c.项目的组织设计及成本降低措施;

d.同行业同类项目的成本水平等;

e.施工定额。

其作用为建立健全项目经理部的成本控制责任、控制生产费用、加强经济核算与降低工程成本。

(3)实际成本　项目在施工阶段实际发生的各项生产费用之和。编制依据是成本核算。其作用主要是反映项目经理部的生产技术、施工条件和经营管理水平。

除按成本发生的时间划分外,还可按生产费用计入成本的方法把施工项目成本划分为直接成本和间接成本(见第 13 章)。

## 15.5.2　施工项目成本控制

### 1)施工项目成本控制

施工项目成本控制是项目经理部在项目施工的全部过程中,为控制人工、机械、材料消耗和费用支出,降低成本,达到预期的项目成本目标,所进行的成本预测、计划、实施、检查、核算、分析、考评等一系列活动。

### 2)施工项目成本控制的原则

(1)全面控制的原则

①全员控制。建立全员参加的责权利相结合的项目成本控制责任体系。项目经理和各部门、施工队、班组人员都负有成本控制的责任,在一定的范围内享有成本控制的权利,在成本控制方面的业绩与工资挂钩,从而形成一个有效的成本控制责任网络。

②全过程控制。成本控制贯穿项目施工过程的每一个阶段。每一项经济业务都要纳入成本控制的轨道。

(2)动态控制的原则　分段进行控制,如对投标阶段、施工准备阶段、施工阶段、竣工阶段、养护阶段进行控制。

①在施工开始之前进行成本预测,确定目标成本,编制成本计划,制订或修订各种消耗定额和费用开支标准。

②施工阶段重在执行成本计划,落实降低成本措施,实行成本目标管理。

③建立灵敏的成本信息反馈系统,使有关人员能及时获得信息、纠正不利成本偏差。

④制止不合理开支。

⑤竣工阶段,成本盈亏已成定局,主要进行整个项目的成本核算、分析和考评。

(3)开源节流的原则　坚持增收和节约;核查成本费用是否符合预算收入,收支是否平衡;严格财务制度,对各项成本费用的限制和监督;提高施工项目的科学管理水平,优化施工方案,提高生产效率,节约人、财、物的消耗量。

## 15.6 施工项目安全控制与管理

### 15.6.1 概 述

**1) 概念**

安全生产管理是施工中避免发生事故,杜绝劳动伤害,保证良好施工环境的管理活动。它是保证职工安全健康的企业管理制度,是搞好工程施工的重要措施。

**2) 基本原则**

管生产必须管安全;安全第一;预防为主;动态控制;全面控制;现场安全为重点。

### 15.6.2 安全管理的主要内容

建立安全生产管理制度;贯彻安全技术管理方针;坚持安全教育和安全培训;组织安全检查;进行事故处理;强化安全生产指标。

### 15.6.3 安全管理制度

(1) 建立健全必要的安全制度 如安全技术教育制度、安全保护制度、安全技术措施制度、安全考勤制度和奖惩制度、伤亡事故报告制度及安全应急制度等。

(2) 安全生产责任制 建立完善的安全生产管理体系。要有相应的安全组织,配备专人负责。做到专管成线,群管成网。

(3) 安全技术措施计划 严格贯彻执行各种技术规范和操作规程。如苗木花卉安全越冬技术要求、电气安装安全规定、起重机械安全技术管理规程、建筑施工安全技术规程、交通安全管理制度、架空索道安全技术标准、防暑降温措施实施细则、沙尘危害工作管理细则及危险物安全管理制度等。

(4) 制订具体的施工现场安全措施 必须详细、认真按施工工序或作业类别,譬如土方挖掘、脚手架、高空搬运、电气安装、机械操作、栽植过程中安全要求及苗木成活要求等制订相应的安全措施,并做好安全技术交底工作。现场内要建立良好的安全作业环境,例如悬挂安全标志,标贴安全宣传品,佩戴安全袖章、徽章,举办安全技术讨论会、演示会,召开定期安全总结会议等。

## 15.7　施工项目劳动管理

### 15.7.1　概述

施工项目劳动管理是项目经理把参加园林项目生产活动的人员作为生产要素,对其所进行的劳动、计划、组织、控制、协调、教育等工作的总称。工程施工应注意施工队伍的建设,特别是对施工人员的园林植物栽培管理技术的培训,除必要的劳务合同、后勤保障外,应做好劳动保险工作。加强职业的技术培训,采取有竞争性的奖励制度调动施工人员的积极性。与此同时,也要制订生产责任制,确定先进合理的劳动定额,保障职工利益,明确其施工责任。

### 15.7.2　施工项目劳动组织管理

①对外包、分包劳务的管理。项目经理通过对外签订合同进行管理,合同一定要全面、合理、准确。

②项目经理部直接组织的管理。项目经理部提出要求、标准,同时负责检查、考核,对提供的劳务以个人、班级、施工队为单位直接管理。与劳务原属组织部门共同管理;由劳务原属组织部门直接管理、培训、考核、奖惩。

③与企业劳务管理部门共同管理。

### 15.7.3　劳动定额与定员

#### 1)劳动定额

劳动定额是指在正常生产条件下,为完成单位工作所规定的劳动消耗的数量标准,有时间定额和产量定额。时间定额是指完成合格工程(工件)所必需的时间;产量定额是指在单位时间内应完成的合格工程(工件)。劳动定额是制订施工作业计划、工资计划的依据,是成本控制和经济核算的基础,是项目经理部合理定编、定员、定岗的依据,也是考评员工劳动效率、按劳分配的依据。

#### 2)劳动定员

劳动定员是指根据施工项目的规模和技术特点,为保证工程的顺利进行,在一段时间内项目必须配备的各类人员的数量和比例。劳动定员是合理用人、提高劳动生产率的重要措施之一。

## 15.8　施工项目材料管理及现场管理

### 15.8.1　施工项目材料管理

施工项目的材料管理主要包括园林工程施工中所需要的全部原材料、工具、构件以及各种加工订货的供应与现场管理。

施工材料供应主要包括编制材料供应采购计划,组织施工材料及制品的订货、采购、运输及加工和储备,使其保质保量按时满足施工要求。

施工材料的现场管理主要包括材料的进场验收、材料的储存与保管、材料的领发、材料的使用监督和周转材料的现场管理等方面的工作。

### 15.8.2　施工项目材料管理及现场管理

施工现场管理是指项目经理部门按照《施工现场管理规定》和城市建设管理的有关法规,为了科学合理地安排使用施工现场,协调各专业管理和各项施工活动,控制污染,创造文明安全的施工环境和人流、物流、资金流、信息流畅通的施工秩序所进行的一系列管理工作。

合理规划使用施工用地,科学设计施工总平面图,并随施工进展不断调节、完善;建立施工现场管理组织和管理规章制度,班组实行自检互检交接班制度;施工场地入口处应有施工单位标志、现场平面图、现场规章制度及岗位责任制。

## 复习思考题

1. 园林工程施工组织的作用、分类和原则是什么?
2. 园林工程施工组织设计的主要内容是什么?
3. 针对某一园林工程,画出一张施工现场平面布置图。
4. 请简述项目经理的作用和作为项目经理所应具备的条件。
5. 针对某一园林工程,做出该园林工程的施工组织设计。
6. 园林工程施工管理的主要内容和作用有哪些?
7. 何为施工进度控制? 施工进度控制主要有哪些? 各有何优缺点?
8. 何为施工质量管理?
9. 简述全面质量管理的程序。
10. 何为施工成本控制? 施工成本控制的原则是什么?
11. 安全施工管理的主要内容是什么? 要做到安全生产,应做好哪几方面的工作?

#  园林建设工程的施工监理

**本章导读**　本章主要介绍了园林工程施工监理的概念、性质及在园林工程施工中的主要作用,如园林工程的合同管理、进度管理、质量管理、安全管理、投资管理等方面的内容。通过学习,使学生知道工程监理工作的意义,掌握工程监理有关的知识。

我国《工程建设监理规定》中明确规定:工程建设监理是指监理单位受项目法人的委托,依据国家批准的工程项目文件、有关工程建设的法律、法规和工程建设监理合同及其他工程建设合同,对工程建设实施的专业化监督管理。

园林建设工程监理是园林工程监理单位依据特定的行为准则、程序、法律、法规,对园林工程项目的全过程跟踪监督管理,以使其行为规范,符合准则要求,并协助督促施工单位实现其规范行为的过程和手段。

我国自 1988 年开始,在建设领域实行了建设工程监理制度。1996 年开始转入全面推行阶段,目前执行的是由国家质量技术监督局和中华人民共和国建设部 2000 年 12 月 7 日联合发布的 GB 50319—2000《建设工程监理规范》,此规范自 2001 年 5 月 1 日起实施。建设工程监理制度已经纳入《中华人民共和国建筑法》的规定范畴。

## 16.1　园林工程监理的基本概念及主要工作内容

第 16 章微课(1)

### 16.1.1　园林工程监理的目的和意义

实行园林工程监理制,目的在于提高工程建设的投资效益和社会效益。工程监理的目的是通过监理工程师谨慎而勤奋的工作,在目标规划、动态控制、组织协调、合同管理、信息管理等方面,力求在计划的投资、进度和质量目标内与业主和承建单位共同实现建设项目。工程监理的对象,是新建、改建和扩建的各种工程项目。

实现建设工程监理,对于有效控制建设工程投资,采取科学的方式规范工程建设参与各方的建设行为;保证工程项目的工程质量;使建设工程的投资效益达到最大化。

在目前城市建设发展的进程中,园林绿化建设在城市建设中占据了相当大的比例,园林绿

化工程实施项目监理也成为必然趋势。由于园林绿化工程的行业特点,在开展监理工作中,除了必须严格遵守国家的法律、法规,工程建设监理的规范和要求以外,还必须结合园林工程的实际和特点,在行业标准和相关技术规范不完善的情况下,必须及时准确地掌握工程进度、质量,确保监理合同的履行。

## 16.1.2　监理工作的主要内容

园林工程监理工作的主要内容包括:协助园林建设单位进行工程项目可行性研究,优选园林设计方案、设计单位和施工单位,审查设计文件,控制工程质量、造价和工期,监督、管理建设工程合同的履行,以及协调建设单位与工程建设有关各方的工作关系等。

## 16.1.3　监理工作的依据

建设工程监理,是目前建设工程项目中的一种必备的形式。作为监理,应以法律为依据,公正、独立、自主地开展监理工作。工程建设监理,必须接受业主的委托和授权,在监理合同规定的范围内开展监理工作。在监理工作实施中具体的监理依据主要有:监理单位与建设单位签订工程建设监理合同;建设单位与施工单位签订的施工合同;工程的其他相关工程建设合同;政府批准的工程建设文件和工程项目外部环境调查研究资料;符合工程建设方面的国家和地方的有关强制性的法律、法规;编制的项目监理大纲和监理规划。

## 16.1.4　工程建设监理单位和监理工程师

### 1) 工程建设监理单位

监理单位是指具有法人资格、取得监理单位资质证书,主要从事工程建设监理工作的监理公司,是建筑市场的三大主体之一。《中华人民共和国建筑法》中对监理单位的从业资格和监理单位的工作都有明确的规定。按照有关规定我国现阶段的园林工程建设监理单位的资质可分为甲级、乙级、丙级3级,其中:a. 甲级:可以跨地区、跨部门监理一、二、三等的园林建设工程;b. 乙级:只能监理本地区、本部门二、三等的园林建设工程;c. 丙级:只能监理本地区、本部门三等的园林建设工程。

工程建设监理就是实现项目工程的三控制、二管理、一协调,围绕工程项目投资、进度和质量目标进行研究确定、分解综合、安排计划、风险管理、制定措施等项工作的集合。

### 2) 监理工程师

监理单位的工作主体是监理工程师,监理工程师必须是一专多能的复合型人才,作为建设工程中公正的第三方,为工程建设提供技术服务,实现项目的动态控制。在完成工程项目的过程中,通过对过程、目标和活动的跟踪,全面、及时、准确地掌握工程建设信息,将实际目标值和工程建设状况与计划目标和状况进行对比,如果偏离了计划和标准的要求,则以科学的手段,及时采取措施加以纠正,以达到计划总目标。

监理工程师是一种岗位职务,是指在工程建设监理工作岗位上工作,并经过全国监理工程师统一考试合格,获得政府主管部门注册的监理人员。监理工程师需持有《监理工程执业资格证书》和《监理工程师岗位证书》,具有大专以上学历和多学科的专业知识,丰富的工程建设实践经验,同时还必须严格遵守职业道德守则,明确监理工作纪律,以健康的体魄和充沛的精力来完成工程建设的监理任务,以科学的手段、规划、方法,公正、独立地开展监理工作。在《建设工程监理规范》中对总监理工程师、总监理工程师代表、专业监理工程师和监理员应履行的职责均有明确的规定。

## 16.1.5　园林工程建设监理的性质

### 1)独立性

从事园林工程建设监理活动的监理单位是直接参与工程项目建设的"三方当事人"之一。它与业主、承建商之间的关系是平等的、横向的。在园林工程建设项目中,监理单位是独立的一方。

### 2)公正性、公平性

在提供监理服务的过程中,园林工程监理单位和监理工程师应当排除各种干扰,以公正的态度对待委托方和被监理方,对双方持公平的态度。

### 3)科学性

我国《工程建设监理规定》指出:工程建设监理是一种高智能的技术服务,要求工程建设监理活动都必须遵循科学的准则。这就使得整个监理活动在科学指导下进行,从而具有科学性。

### 4)服务性

园林工程建设监理活动只是在园林工程项目建设过程中,利用自己对园林工程建设方面的知识(包括法律知识)、技能和经验为客户提供高智能监督管理服务,以满足项目业主对项目管理的需要。

## 16.1.6　监理规划

对于一个监理工程,首先确定项目总监理工程师,在总监理工程师的具体领导下,组建成立项目监理组织,总监理工程师对内向监理单位负责,对外向业主负责。对拟监理的项目,监理人员首先要熟悉工程情况,查看图纸及相关资料,编制工程项目的监理规划及监理细则,按照监理细则规范地开展监理工作。监理规划是监理单位接受业主委托并签订工程建设监理合同之后,由项目总监理工程师主持,根据监理合同,在监理大纲的基础上,结合项目的具体情况,广泛收集工程信息和资料的情况下制定的指导整个项目监理组织开展监理工作的技术组织文件。监理规划包括的主要内容为:

**1）工程项目概况**

工程项目概况包括工程项目名称、工程项目地点、规模,预计工程投资总额、工程计划工期、工程质量等级等工程自然状况。

**2）监理工作依据**

建设工程的相关法律、法规及有关项目的审批文件和合同,监理大纲和委托监理合同等作为监理工作依据。

**3）监理工作范围及内容**

以工程监理合同为依据,按照监理合同中所明确的工程监理阶段及监理范围,以工程项目的建设投资、进度、质量三大控制目标编制监理规划。并针对工程监理阶段的质量控制、进度控制和投资控制,进行合同管理,拟定本工程合同体系及合同管理制度,合同执行情况的分析和跟踪管理,协助业主处理与项目有关的事宜等。

**4）监理工作目标**

重点围绕工程的投资控制、进度控制、质量控制三大控制目标而制定。重点审核施工组织设计和施工方案,合理组织施工,对工程项目的工程计量签证必须严格核查把关,控制成本,严格控制工程变更。按照网络计划和施工作业计划体系及合同要求及时协调有关各方的进度,以确保项目总体进度。在工程材料、设备、施工工作流程以及关键节点的控制方面,监理人员应对关键部位、关键工序的施工质量实施全过程现场跟班的监督活动。

**5）项目监理机构的组织形式、人员配备及岗位职责**

根据监理的内容、规模以及所监理工程的复杂程度,拟定监理机构的组织形式。依照监理项目的内容和规模,合理配备各类专业技术人员,合理分工、专业配套,协调工作。并依据国家颁布的监理规范中监理人员的岗位职责开展监理活动。

**6）监理工作程序**

根据专业特点,按工作内容分别制定具体的监理工作程序,监理工作程序中明确工作内容、行为主体、考核标准、工作时限。

**7）监理工作方法及措施**

按照国家及地方的法律、法规,工程建设中相关的合同及文件规定,以事前控制、事中控制为主体,及时采取科学合理的措施,确保工程建设在质量、投资和进度三方面的有效控制,以精品工程的标准,严格把关。

**8）监理工作制度**

建立项目内部组织管理制度。如工作日志、监理周报、监理月报、建立技术经济资料及档案管理制度。

**9）监理设施**

根据监理工程的任务和监理的工程范围和性质,配备必需的监理仪器和设备。

## 16.2　园林工程的合同管理

园林工程的合同管理,是工程建设中一项十分重要的内容。监理单位必须首先接受建设单位的委托,在与业主签订监理合同后,按照监理合同所确定的监理阶段和工作范围,实施工程项目的监理工作。作为一名合格的监理工程师,必须遵守"以法律为准绳,以合同为核心"的原则,掌握工程建设合同管理的理论知识和实践技能,做好工程建设的监理服务台。

### 16.2.1　园林工程合同管理的目的

我国现行的行业规范和国家强制性的相关法律、法规,使园林工程建设的管理走上了法制的轨道。园林工程合同管理是保证工程质量和安全,促进建筑业健康发展的重要条件之一。规范的建筑市场,给建设、监理和施工等各方提供了良好的工作平台,给项目按计划建设和实施,提供了法制的保障。加强合同管理,提高建设工程合同履约率,按照《合同法》和建设工程合同《合同示范文本》要求签订相关文件,从而保障了工程建设的顺利进行。

### 16.2.2　园林工程合同管理的内容

#### 1)合同管理中的质量控制

监理工程师运用科学管理方法,严格约束承包单位,使其按照图纸和技术规范中写明的建设项目内容、材料性能和规格、施工技术要求等有关规定进行施工,及时消除事故隐患,防止事故发生,依据合同条款对工程质量进行控制,严格把好工程质量关。

在园林绿化工程监理中,特别应严格把住进苗关、栽植关,严格按照设计的苗木规格、品种进行质量控制,关键节点、关键工序实行旁站,对于不符合规格和生长不良的苗木,应及时予以退换,确保苗木栽种的成活率和工程景观效果,使施工质量达到工程预期目标。

#### 2)合同管理中的进度控制

监理工程师在接到承包单位提交的工程施工进度计划后,要结合工程特点和工期要求,对进度计划进行认真的审核,检查承包单位所制定的进度计划是否合理;特别是对一些绿化工程中需要反季节施工的项目,更应严格审查施工单位的技术措施和工程养护管理措施是否合理、可行;审查承包单位提交的工程总进度计划是否符合工程建设项目的合同工期规定。

对施工阶段的进度控制,要求监理工程师现场跟踪检查,督促进度计划的实施,在施工过程中要尽量减少或避免发生设计变更,如确因工程需要所发生的变更,需顺延工期的,必须严格按照管理程序予以书面确认。

#### 3)合同管理中的投资控制

监理工程师在对工程费用的控制过程中,起到十分关键的作用,除了加强对合同中所规定的工程量表、工程费用的计量与支付管理外,还将对合同中所规定的其他费用加强监督与管理。根据合同条款,制定工程计量制度,使监督管理科学化、规范化。

　　园林工程中,工程计量的签认是一项十分繁杂的工作,涉及的苗木种类多,规格变化大,数据不易统计,苗木的种类、数量、规格都直接影响到工程的总投资。特别是近几年来,大规格树木的应用,给苗木定价带来了很大的随机性,大面积花灌木和地被植物的密植形式的应用,又对工程的计量提出了更高的要求,因此,监理工程师在实施监理工作中,就必须严格按照工程设计的苗木的数量、规格和要求,采用科学合理的统计标准和方法,进行工程计量,使工程的总投资控制在预期的目标内。

## 16.2.3　建设工程合同管理的方法

　　工程建设合同管理的过程,是一个动态管理的过程,它贯穿于整个工程项目的建设过程始终。监理工程师必须用合同赋予的权力,承担起工程建设各方在工程合同的订立和履行过程中的监督和管理的职责,使合同合法、公平、有效,在开展"重合同,守信用"的评比活动中,使合同各方明确合同的法律约束性,加强法治观念,充分享有合同所赋予的权利和应该承担义务。

　　在合同管理工作中,加强合同资料的管理,建立合同管理的微机信息系统,充分运用好合同资料这一重要有效的法定证据,为监理工程师提供及时、准确、可靠的数据,为监理工程师的科学决策和管理提供技术保障。

　　同时,在建设各方发生争议时,必须依据合同的约定,按照国家和地方的强制性法律、法规的规定,以双方签订的有效合同为依据,进行争议的调解,及时处理工程施工进程中所遇到的问题,确保建设工程在计划目标内的顺利完成。

## 16.2.4　园林工程委托监理合同

　　园林工程委托监理合同简称监理合同,是指工程建设单位聘请监理单位代其对工程项目进行管理,并在合同中明确双方的权利、义务的协议。监理单位所承担的工程监理业务应与单位资质相符合,不得承接超出监理资质所规定的工程建设规模和监理范围的业务。

　　监理合同的订立必须符合工程项目建设程序。委托监理合同的标的是服务,即监理工程师凭借自己的知识、经验、技能受业主委托为其所签订的其他合同的履行实施监督和管理。《建设工程委托监理合同(示范文本)》由"建设工程委托监理合同""标准条件"和"专用条件"组成,工程建设监理包括工程监理的正常工作、附加工作和额外工作。

　　在整个工程项目的监理过程中,监理单位必须严格按照监理合同所规定的工作内容进行监理工作,在接受建设单位的监理委托后,根据所承担的监理项目的工作内容,确定监理组织。监理工程师必须以监理合同为依据,制定监理规划和监理细则。总监理工程师、专业监理工程师、监理员都必须按照监理规范中所明确规定的工作职责,开展各项监理活动。

第 16 章微课(2)

# 16.3  园林工程的质量管理

园林工程项目的质量控制,是监理工作三控制的主要内容之一,与建设的成效密切相关。监理工程师要以科学、公正的态度,坚持质量标准,尊重科学、尊重事实,秉公办事。质量控制是对工程项目的全过程控制,可分为事前控制、事中控制和事后控制。对于工程质量应重点在事前控制、事中严格监督,将事故消灭于萌芽之中。

## 16.3.1  园林工程质量监理的职责

监理人员对施工质量的监理,除需在组织上健全,还必须建立相应的职责范围与工作制度,使监理人员明确在施工质量控制中的主要职责。一般规定的职责有:

①负责检查和控制工程项目的质量,组织单位工程的验收,参加施工阶段的中间验收。

②审查工程使用的材料、设备的质量合格证和复验报告,对合格的给予签证。

③审查和控制项目的有关文件,如承建单位的资质证件、开工报告、施工方案、图纸会审记录、设计变更,以及对采用的新材料、新技术、新工艺等的技术鉴定成果。

④审查月进度付款的工程数量和质量。

⑤参加对承建单位所制定的施工计划、方法、措施的审查。

⑥组织对承建单位的各种申请进行审查,并提出处理意见。

⑦审查质量监理人员的值班记录、日报。一方面将其作为分析汇总用,另一方面作为编写分项工程的周报使用。

⑧收集和保管工程项目的各项记录、资料,并进行整理归档。

⑨负责编写单项工程施工阶段的报告,以及季度、年度工作计划和总结。

⑩签发工程项目的通知以及违章通知和停工通知。

## 16.3.2  施工阶段质量控制的方法

在目前的工程监理过程中,多数都是工程建设施工阶段的监理,施工阶段的质量控制是一个系统的工程,监理工程师进行质量控制的依据是工程的相关合同、设计文件、技术规范,以及有关质量检验的专门技术标准、评定质量标准。

质量控制的程序为:由施工单位施工,完工后,施工单位组织质量监督管理人员进行自检,填报质量验收通知书,由监理人员进行质量检查,如质量合格,监理工程师签署质量验收单,进行下道工序的验收,各道工序均验收合格后,进行竣工验收。

### 1)前期图纸审核、技术交底

监理工程师在工程施工前,应对所监理的工程进行环境和资料的熟悉,对施工单位的各项准备工程进行检查和控制,审查施工单位提交的施工组织设计和施工方案。重点审查施工序、设备选择和施工方法,以及他们对保证工程的质量进度和费用的影响。对进场设备和材料进行检验,严格把好材料关。

监理工程师应组织设计单位向施工单位进行设计交底和图纸会审,对施工图中的具体问题,三方共同达成一致意见,并写出会议纪要。

严把工程开工关。监理工程师对现场准备工作检查合格后,方可下达书面的开工令。

### 2)施工过程中的质量控制

监理工程师在对施工过程的监理过程中要对施工单位的质量控制自检系统进行监督。施工过程中,监理工程师进行现场跟踪和关键节点的旁站。对工程施工过程中的工程变更或图纸修改,均须由监理工程师发布变更指令方能生效。对施工过程中的质量异常,监理工程师有权行使质量控制权,下达停工令,及时进行整改。

### 3)竣工验收的程序

当工程项目达到竣工验收条件后,施工单位应在自审、自查、自评工作完成后,认真填写工程竣工报验单,并将全部工程竣工资料报监理单位,申请竣工验收。

监理单位收到施工单位的竣工报验单及资料后,总监理工程师对竣工资料及专业工程的质量情况进行全面检查,对发现的问题,督促施工单位及时整改。

经监理单位对竣工资料及实物全面检查、验收,合格后由总监理工程师签署工程竣工报验单,并向建设单位提出质量评估报告。

## 16.3.3　园林工程监理工程师对质量问题的处理

任何园林建设工程在施工中,都存在程度不同的质量问题。因此监理工程师一旦发现有质量问题时就要立即进行处理。

### 1)处理的程序

首先对发现的质量问题以质量单形式通知承建单位,要求承建单位停止对有质量问题的部位或与其有关联部位的下道工序施工。承建单位在接到质量通知单后,应向监理工程师提出"质量问题报告",说明质量问题的性质及其严重程度、造成的原因,并提出处理的具体方案。监理工程师在接到承建单位的报告后,即进行调查和研究,并向承建单位提出"不合格工程项目通知",作出处理决定。

### 2)质量问题处理方式

监理工程师对出现的质量问题,视情况分别作以下决定:

①返工重做:凡是工程质量未达到合同条款规定的标准,质量问题亦较严重或无法通过修补使工程质量达到合同规定的标准的工程,监理工程师应该做出返工重做的处理决定。

②修补处理:对于工程质量某些部分未达到合同条款规定的标准,但质量问题并不严重,通过修补后可以达到规定的标准的,监理工程师可以做出修补处理的决定。

### 3)处理质量问题方法

监理工程师对质量问题处理的决定是一项较复杂的工作,因为它不仅涉及工程质量问题,而且还涉及工期和工程费用的问题。因此,监理工程师应持慎重的态度对质量问题的处理作出决定,在作出决定之前,一般通过实验验证、定期观察和专家论证等方法,使处理决定能够更为合理。

### 4)园林工程监理工程师对工程质量监理的手段

(1)旁站监理　就是监理人员在承建单位施工期间,全部或大部分时间是在现场对承建单位的各项工程活动进行跟踪监理。在监理过程中一旦发现问题,便可及时指令承建单位予以纠正。

(2)测量　测量贯穿了工程监理的全过程。开工前、施工过程中以及已完的工程均要采用测量手段进行施工的控制。因此在监理人员中应配有测量人员,随时随地通过测量控制工程质量,并对承建单位送上的测量放线报验单进行查验并做出结论。

(3)试验　对一些工程项目的质量评价往往以试验的数据为依据。采用经验、目测或观感的方法来对工程质量进行评价是不允许的。

(4)严格执行监理的程序　通过严格执行监理程序,以强化承建单位的质量管理意识,提高质量水平。

(5)指令性文件　按国际惯例,承建单位应严格执行监理工程师对任何事项发出的指示。监理工程师的指示一般采用书面形式,因此也称为"指令性文件"。在对工程质量监理中,监理工程师应充分利用指令性文件对承建单位施工的工程进行质量控制。

(6)拒绝支付　它是监理工程师对工程质量控制的最主要手段,由于监理工程师掌握工程支付签认权,因而对承建单位的行为起到约束作用,能在施工的各个环节上发挥其监督和管理的作用。

以上6种手段,是园林工程监理工程师在工程质量监理中经常采用的,可以采用其中的一种或几种。

# 16.4　园林工程的进度管理

建设项目进度控制的总目标是建设工期,工程进度控制是动态控制过程,要不断将工程实际情况与计划进行对比,发现与实际工作有偏差,则找出偏差的原因,采取相应的措施。

## 16.4.1　施工阶段的进度控制

施工阶段进行进度控制的总任务就是在满足工程项目建设总进度计划要求的基础上,编制或审核施工进度计划,并对其执行情况加以动态控制,以保证工程项目按期竣工交付使用。

根据监理工程的实际,在掌握施工单位的施工及管理水平的基础上,制定详细的进度控制细则,明确监理人员的分工,掌握进度控制的工作内容、工作流程及深度,制定进行进度控制的具体检查方式、技术措施、组织措施和经济措施,检查施工的工序和养护管理是否符合施工程序要求,各分包单位的进度是否相协调,是否满足总工期的要求。

在项目实施过程中应根据工程的进度,每月、每周定期召开现场协调会,通报各自的进度情况、存在问题及下周工作安排,提出需要协调或解决的问题。关键工序交接多,平行、交叉施工单位多的情况下,应及时召开工地协调会,监理工程师随时整理进度资料,做好监理日志。

## 16.4.2　实施过程中的调整方法

当检查到实际进度与计划进度出现偏差时,分析偏差对后续工序及总工期产生的影响,分析出现偏差是否是关键节点,确定必须采用相应的调整措施。

工程建设进度控制的主要控制措施为组织措施、技术措施、合同措施、经济措施和信息管理措施。在审查检查进度过程中发现问题,应及时向施工单位提出书面修改意见,其中重大问题应及时向业主汇报。

## 16.4.3　园林工程常用进度控制形式

进度计划主要采用横道图和网络图表示,网络计划则是对任务的工作进度进行时间安排和控制,以科学的管理手段,编制科学的管理计划。而在园林建设工程中,由于工序较为简单,各项工作关键节点的协调不太复杂,目前的施工进度计划,常采用横道图来表示。

如施工单位对某工程的施工进度计划表,它是根据主要项目内容和总工期,进行计划安排。主要对定位放线、地形改造、假山工程、场地平整、进种植土、土壤改良、乔灌木种植、草坪及地被铺种、成品清理保护、绿化修剪养护、清场扫尾等工序进行安排。

在施工进度的监理控制中,以横道图为基础,将实际完成进度与计划进度相比较,定期收集进度报表,监理人员及时检查进度计划的实际执行情况,随时督促施工单位按进度计划完成工作量。

# 16.5　园林工程的投资管理

## 16.5.1　园林工程投资控制的含义、原理及其控制手段

工程项目的投资控制就是项目投资决策、设计、施工及交付使用的整个阶段,将项目建设的实际投资控制在批准的投资限额内,随时纠正发生的偏差,以保证在各建设阶段人力、财力、物力的最合理配置,保证项目投资管理目标的实现,取得较好的社会效益和经济效益。

投资控制的基本原理是把计划的投资额作为工程项目投资控制的目标值,再把工程项目建设进展过程中的实际支出额与工程项目投资目标进行对比,通过对比发现并找出实际支出额与控制目标额之间的差距,从而采用有效措施加以控制。

在不同的项目建设阶段,投资控制的目标是不同的。设计方案合理,是项目投资控制的关键,监理工程师要有效地从技术、经济、合同、组织管理和信息管理等多方面采取措施,以技术与经济相结合的方式控制项目投资。工程建设项目施工阶段的投资控制的重点在工程计量和工程变更两方面。

## 16.5.2　工程计量的控制

工程计量是控制项目投资的关键环节,是建设单位向承建单位支付工程款项的凭证。工程计量的程序为:由施工单位在分部或分项工程完工后,及时提交已完工程量的报告,监理工程师在接到工程计量报告后,按设计图纸核实已完工程量,与施工单位共同参加计量,并将其作为工程价款支付的依据。

**1)工程计量的程序与依据**

监理工程师通过计量来控制项目投资,工程计量是体现监理工程师公正地执行合同的重要环节。对于采用单价合同的项目,工程量的大小对项目投资控制起着很重要的影响。工程计量的依据主要是工程设计的质量标准、工程量清单和技术规范,按照工程量计算方法和规定的计量方法确定的工作内容和范围。

①监理工程师在计量中,对施工单位超出设计图纸要求增加的工程量和自身原因造成的返工的工程量,不予计量。

②工程计量的内容主要是在工程量清单中所列出的全部内容,合同文件中规定的项目内容,以及根据工程需要所必需的设计变更项目。

在工程量清单中,多采取按照设计图纸所列的尺寸进行计量。为保证工程质量所采用的加大工程的开挖面积,并导致施工量增加,这些工程的工程量计算都应以原设计断面为计算基准。

**2)工程价款结算**

工程价款的结算方式,可以在施工合同文本中予以确定,主要方式有:工程预付款、工程进度款、竣工结算和返回保修金。

## 16.5.3　工程变更的控制

**1)变更程序**

工程变更必须符合变更程序,可由施工单位提出,报监理工程师,经设计单位和建设单位同意,以书面形式通知施工单位;建设单位也可根据建设要求,更改设计方案,因业主原因引起的工作量增加以及工期延长,施工单位应进行费用索赔和工期索赔。

**2)变更价款确定**

工程变更价款的确认,主要有以下几种方法:对于在原合同中已经有的且适用于本变更工程的价格,如用作绿篱的金叶女贞,在原合同中已有单价,而根据工程需要,增加了种植面积并改变了种植地点,这样的变更,可参照原工作量清单中所列的单价计量;对于只有类似的变更工程,则参照类似价格变更合同价款;在原合同中没有类似可参考的或适用的类似变更价格,则由施工单位提出适当的变更价格,经监理工程师确认后,报业主同意方可执行。

**3)索赔控制**

监理工程师处理双方所提出的索赔必须以合同为依据,根据施工单位提出的索赔理由,进行科学分析,现场勘测,按照实际责任确定索赔标准和索赔数额,对于因施工单位原因引起的工作量增加和工期拖延或因自身因素发生的赶工费用,监理工程师应严格把关,不予同意索赔。

## 16.6　园林工程的信息管理

在建设工程监理过程中,监理工程师要对工程建设过程中需要的信息进行收集、整理、处理、存储、传递、应用等一系列工作,这些工作总称为工程建设信息管理。信息管理是工程建设监理工作的重要内容,是一项基础性的工作,是监理工作的重要依据之一。监理工程师信息管理工作的情况,将直接反映在工程监理的工作成效上。

### 16.6.1　资料的收集与整理

收集监理资料的内容包括各项施工、监理合同,工程设计文件及图纸、工作量清单、监理规划,监理工作实施细则,施工单位工程进度计划、工程开工表、测量试验资料、工程计量单、设计和工程变更,质量验收单、监理工程师联系单、通知单、监理月报、各类会议纪要等,在《建设工程监理规范》中对需要收集的监理资料的内容都有明确的规定。收集监理资料要形成规范的书面资料,由监理单位、建设单位和施工单位分别存档,这些资料既是工程建设单位进行工程管理的依据,也是工程施工单位工程建设和工程结算的必要条件,同时也是监理单位进行工程监理做出科学决策的根据,因此,监理资料的收集是信息管理的基础。

### 16.6.2　图纸文件登记管理

由总监理工程师负责,指定专人具体实施;各阶段监理工作结束后,要及时将各方面的信息资料、文件、签证等文档整理完毕,全部监理工作完成后,完成监理工作总结并向建设单位提交完整的监理档案资料。对于庞大的基础资料的管理,必须按科目、内容、进度等分别进行登记、编目、装订,完善资料管理会签制度,为现场监理工程师及时提供信息服务。

信息是进行质量控制、进度控制和投资控制的基础,监理工程师只有在充分掌握了设计、施工等阶段的真实信息,并加以整理和分析,才能做出科学、合理的监理决策。

监理的档案管理必须立卷、分类,形成案卷,归档文件要保证齐全、完整,报表文件要标准化、规范化,应采用计算机协助完成文件档案的管理工作。

### 16.6.3　签证与变更

签证和变更资料,是信息管理中的关键资料,它直接关系到项目的投资控制、质量控制和进度控制,手续必须完备。

工程计量签证,主要是对已完工程所完成的工作量以及各工序中工程质量的书面验收凭据。以园林绿化工程为例,工程计量主要包括场地整理、进场苗木种类、规格、数量、修剪、栽植质量等,是否符合设计要求。

在场地整理中,关键要把握土方量的签证,对施工方提出的计算依据,测量面积,清运及机械台班进行现场核实,对换土厚度等必须严格按图纸要求,关键工序现场旁站,上道工序验收完毕方可进入下道工序。对于为保证工程质量所做的扩大施工面积及增大开挖工作面所产生的工作量,监理不予计量。

在苗木计量上,严格按设计图要求,验收植物品种、规格、数量,对不易清点的大面积花灌木和地被植物,要进行抽样核对,制定切实可行的计算标准和方法,保证达到设计效果,不重复计算绿化面积,在计量过程中,应严格区别施工单位的原因造成的苗木死亡后进行补植苗木的数量,对未达到约定成活率造成的植物补植数量和未按设计要求造成的栽植返工,监理均不予计量苗木数量和栽植工作量。这些资料均是建设单位向施工单位支付工程价款的依据。

工程变更在施工过程中均有可能发生,由于不可抗力或未能预见的特殊情况,需修改设计、发生工程变更的,监理工程师必须按规定程序办事,发生的变更必须由建设单位、设计单位、监理单位认可,有正式变更通知书下发施工单位,这些资料也是监理工程师质量验收、工作量计量签证的重要凭证,分类装订在文件归档材料中。

## 16.6.4  监理月报及监理工作总结

监理月报是监理单位进行质量控制、进度控制和投资控制的重要手段,通过监理月报,建设单位可及时掌握工程进展情况,监理单位可采取科学的方法分析发生的偏差并及时纠偏,进行科学决策,保证工程顺利完成。及时调控和协调,处理好施工过程中遇到的问题。监理月报包括:月工程情况概要,月工程质量控制情况评析,月工程进度控制情况评析,月工程费用控制情况评析。

监理工作总结,是监理单位完成所监理的工作任务后,向建设单位递交的工作总结报告,该报告系统总结了所监理工程项目的基本情况及施工过程中遇到的问题和解决处理的结果。是监理成果的直接表现形式,也是建设工程项目完整资料的重要内容之一。

监理工作总结主要包括以下几方面的内容:

①工程概况:包括工程名称、建设单位、监理单位和施工单位;工程地点,工程投资,工程规模,开、竣工日期,工程基本情况。

②监理组织机构,专业监理人员的配备,投入的监理设施。明确总监理工程师、专业监理工程师和监理员的配备及分工,以及本项目监理部所投入的设施和采用的监理手段。

③监理合同履行情况和监理成效,特别是在质量控制、进度控制和费用控制中所进行的动态管理和科学的监理方法,及时处理施工过程中遇到的问题和解决处理的情况。

## 16.7　园林工程的施工安全管理

安全生产是园林工程施工中的一项重要控制内容。在施工过程中如果不重视安全生产,往往会发生重大伤亡事故,不仅使工程不能顺利进行,而且会给建设单位及承建单位带来重大损失和在社会上造成不良影响;重视安全生产不仅能保证工程施工顺利进行,而且还可获得良好的社会效益、经济效益和环境效益。因此监理工程师必须重视安全控制。

### 16.7.1　安全控制的主要内容

安全控制的主要内容主要有安全法规教育和管理,如安全生产责任制、安全教育、伤亡事故调查等;安全环境检查和安全技术管理。

### 16.7.2　园林工程监理工程师在安全控制中的主要工作

①协助承建单位贯彻、执行国家关于施工安全生产管理方面的方针、政策和规定,拟定安全生产管理规章制度和安全操作规程,建立和完善有关安全生产制度,从立法上、组织上加强安全生产的科学管理,实行专业管理和群众管理相结合。

②严格审查施工组织设计、施工方案和施工技术措施及安全技术措施方案。

③审核施工中采用的新工艺、新结构、新材料、新设备等方案,同时审核有无相应的安全技术操作规程。

④做好安全控制的监督检查工作,针对施工现场不安全的因素,应研究采取有效的安全技术措施,消除施工中的不安全因素,预防伤亡事故的发生,并督促有关人员限期解决;要及时参与组织伤亡事故的调查分析和处理,违章作业应立即制止。

⑤加强职工的安全健康教育,研究并制定施工过程中有损职工身体健康的职业病和职业性中毒的防范措施。

## 复习思考题

1. 园林工程监理的性质和特点是什么?
2. 工程监理的内容有哪些?应遵循哪些原则?
3. 工程监理单位的资质分几级?其业务范围是什么?
4. 园林建设工程监理业务委托的形式及程序是什么?
5. 园林建设项目实施准备阶段的监理工作内容有哪些?
6. 监理工程师对工程质量检查的内容有哪些?

7. 质量监理的职责有哪些？监理工程师如何处理质量问题？

8. 监理工程师对质量监理的方法和手段是什么？

9. 谈谈园林工程进度的监理。

10. 投资控制的含义是什么？为保证监理工程师有效地控制投资,对监理工程师授权的内容是什么？

11. 监理工程师在信息和安全控制中的主要工作有哪些？

# $17$ 园林工程竣工验收

**本章导读** 本章主要介绍工程竣工的验收与保修的一般知识和重点应掌握的竣工验收的依据、内容、程序、方法技术及各分部分项工程的保修期。

## 17.1 概 述

第17章微课

### 17.1.1 园林工程竣工验收的概念

当按设计要求完成园林工程全部施工任务、整理完相关的工程资料并且园林工程可供开放使用时,由建设单位、施工单位和项目验收委员会,以项目批准的设计任务书和设计文件,以及国家或部门颁发的施工验收规范和质量检验标准为依据,按照一定的程序和手续,对园林工程项目的总体进行检验、认证、综合评价和鉴定的活动。竣工验收是在园林建设工程的最后阶段,根据国家有关规定评定质量等级,对建设成果和投资效果的总检验。

园林建设项目的竣工验收,按被验收的对象可分为:单项工程、单位工程验收(称为"交工验收")及工程整体验收(称为"动用验收")。通常所说的建设项目竣工验收,指的是"动用验收",它是指建设单位在建设项目按批准的设计文件所规定的内容全部建成后,向使用单位(国有资金建设的工程向国家)交工的过程。验收委员会或验收组听取有关单位的工作报告,审阅工程技术档案资料,并实地查验建筑工程和设备安装情况,对工程设计、施工和设备质量等方面作出全面的评价。

### 17.1.2 建设项目竣工验收的作用

①全面考核建设成果,检查设计、工程质量、景观效果是否符合要求,确保项目按设计要求的各项技术经济指标正常使用。

②通过竣工验收,建设双方可以总结工程建设经验,提高园林项目的建设和管理水平,使项

目投资发挥最大的经济效益。

③通过对财务资料的验收，可以检查各环节的资金使用情况，审查投资是否合理。

### 17.1.3  园林建设项目竣工验收的任务

园林建设项目通过竣工验收后，由施工单位移交建设单位使用，并办理各种移交手续，这时标志着建设项目全部结束，即建设资金转化为使用价值。建设项目竣工验收的主要任务有：

①建设单位、勘察和设计单位、施工单位分别对建设项目的决策和论证、勘察和设计以及施工的全过程进行最后的评价，对各自在建设项目进展过程中的经验和教训进行客观的评价和总结。

②办理建设项目的验收和移交手续，并办理建设项目竣工结算和竣工决算，以及建设项目档案资料的移交和保修手续等。

## 17.2  园林建设项目竣工验收的内容

园林建设项目竣工验收的内容因建设项目的不同而有所不同，一般包括以下两部分。

### 17.2.1  工程资料验收

工程资料验收包括工程技术资料、工程综合资料和工程财务资料的验收。

**1）工程技术资料验收的内容**

a. 工程地质、水文、气象、地形、地貌、建筑物、构筑物及重要设备安装位置、勘察报告、记录；

b. 初步设计、技术设计或扩大初步设计、关键的技术试验、总体规划设计；

c. 土质试验报告、基础处理；

d. 园林建筑工程施工记录、单位工程质量检验记录、管线强度和密封性试验报告、设备及管线安装施工记录及质量检查、仪表安装施工记录；

e. 验收使用、维修记录；

f. 产品的技术参数、性能、图纸、工艺说明、工艺规程、技术总结；

g. 设备的图纸、说明书；

h. 涉外合同、谈判协议、意向书；

i. 各单项工程及全部管网竣工图等资料；

j. 永久性水准点位置坐标记录。

**2）工程综合资料验收内容**

其内容包括项目建议书及批件，可行性研究报告及批件，项目评估报告，环境影响评估报告书，设计任务书，以及土地征用申报及批准的文件，承包合同，招标投标文件，施工执照，项目竣工验收报告,验收鉴定书。

### 3)工程财务资料验收内容

  a.历年建设资金供应(拨、贷)情况和应用情况;

  b.历年批准的年度财务决算;

  c.历年年度投资计划、财务收支计划;

  d.建设成本资料;

  e.支付使用的财务资料;

  f.设计概算、预算资料;

  g.施工决算资料。

## 17.2.2　工程验收条件及内容

  国务院 2000 年 1 月发布的第 279 号令《建设工程质量管理条例》规定,建设工程进行竣工验收时应当具备以下条件:

  a.完成建设工程设计和合同规定的各项内容;

  b.有完整的技术档案和施工管理资料;

  c.有工程使用的主要建筑材料、建筑构配件和设备的进场试验报告;

  d.有勘察、设计、施工、工程监理等单位分别签署的质量合格文件;

  e.有施工单位签署的工程保修书。

  工程内容验收包括建筑工程验收、安装工程验收、绿化工程验收。

### 1)建筑工程验收内容

  建筑工程验收,主要是运用有关资料进行审查验收,主要包括:

  a.检查建筑物的位置、尺寸、标高、轴线、外观是否符合设计要求;

  b.对基础及地上部分结构的验收,主要查看施工日志和隐蔽工程记录;

  c.对装饰装修工程的验收。

### 2)安装工程验收内容

  安装工程验收主要指建筑设备安装工程验收,主要包括园林中建筑物的上下水管道、暖气、煤气、通风、电气照明等安装工程的验收。应检查这些设备的规格、型号、数量、质量是否符合设计要求,检查安装时的材料、材质、材种,检查试压、闭水试验、照明。

### 3)园林工程竣工验收主要检查内容

  a.对道路、铺装的位置、形式、标高的验收;

  b.对建筑小品的造型、体量、结构、颜色的验收;

  c.对游戏设施的安全性、造型、体量、结构、颜色的验收;

  d.检查场地平整是否满足设计要求;

  e.检查植物的栽植,包括种类、大小、花色等是否满足设计及施工规范的要求。

## 17.3 园林工程竣工验收的依据和标准

### 17.3.1 竣工验收的依据

a. 上级主管部门审批的可行性研究报告、计划任务书、设计文件等；
b. 招投标文件和工程合同；
c. 施工图纸和说明、图纸会审记录、设计变更签证和技术核定单；
d. 国家或行业颁布的现行施工技术验收规范及工程质量检验评定标准；
e. 有关施工记录及工程所用的材料、构件、设备质量合格文件及验收报告单；
f. 施工单位提供的有关质量保证等文件；
g. 国家颁布的有关竣工验收文件。

### 17.3.2 竣工验收的标准

园林建设项目涉及多种门类、多种专业，且不同建设项目要求的竣工验收标准也各异，加之其艺术性较强，故很难形成国家统一标准，因此对工程项目或一个单位工程的竣工验收，可将工程分解成若干部分，再选用相应或相近工种的标准进行竣工验收（各工程质量验收标准内容详见有关手册）。一般园林工程可分解为土建工程、建筑安装工程和绿化工程3个部分。

## 17.4 园林工程竣工验收的准备工作

竣工验收前的准备工作是竣工验收工作的基础，施工单位、建设单位、设计单位和监理单位均应尽早做好准备工作。

**1）工程档案资料的汇总整理**

工程档案是园林工程的永久性技术资料，是园林工程项目竣工验收和维修改造的主要依据。因此，档案资料的准备必须符合有关规定及规范的要求，必须做到准确、齐全，能够满足园林建设工程进行维修、改造和扩建的需要。

**2）施工自验**

施工自验是工程施工完成后在项目经理组织领导下，按照相关技术标准对已完工程进行自检、做好记录。对不符合要求的部位和项目，要制定修补处理措施和标准，并限期修补好。施工单位在自验的基础上，对已查出的问题全部修补处理完毕后，项目经理应报请上级再进行复检，为正式验收做好充分准备。

**3）编制竣工图**

竣工图是如实记录园林场地内各种地上、地下建筑物及构筑物，水电暖通讯管线等情况的技术文件。它是工程竣工验收的主要文件。园林施工项目在竣工前,应及时组织有关人员根据记录和现场实际情况进行测定和绘制,以保证工程档案的完备,并满足维修、管理养护、改造或扩建的需要。

（1）竣工图编制的依据　其依据为原设计施工图,设计变更通知书,工程联系单,施工洽商记录,施工放样资料,隐蔽工程记录和工程质量检查记录等原始资料。

（2）竣工图编制的内容要求

①施工中未发生设计变更、按图施工的施工项目,应由施工单位负责在原施工图纸上加盖"竣工图"标志,可将其作为竣工图。

②施工过程中有一般性的设计变更,但没有较大结构性的或重要管线等方面的设计变更,而且可以在原施工图上进行修改和补充的施工项目,可不再绘制新图纸,由施工单位在原施工图纸上注明修改或补充后的实际情况,并附以设计变更通知书、设计变更记录和施工说明,然后加盖"竣工图"标志,亦可作为竣工图。

③施工过程中凡有重大变更或全部修改的,如结构形式改变、标高改变、平面布置改变等,不宜在原施工图上修改补充时,应重新绘制实测改变后的竣工图。由原设计原因造成的,由设计单位负责重新绘制;由施工原因造成的,由施工单位负责重新绘图;由其他原因造成的,由建设单位自行绘制或委托设计单位绘制。施工单位负责在新图上加盖"竣工图"标志,并附以有关记录和说明,可作为竣工图。

竣工图必须做到与竣工的工程实际情况完全吻合,不论是原施工图还是新绘制的竣工图,都必须是新图纸。必须保证竣工图绘制质量完全符合技术档案的要求。坚持竣工图的校对、审核制度,重新绘制的竣工图,一定要经过施工单位主要技术负责人审核签字。

**4）进行工程与设备的试运转和试验的准备工作**

一般包括:安排各种设施、设备的试运转和考核计划;各种游乐设施,尤其关系到人身安全的设施,如缆车等的安全运行,应是试运行和试验的重点;编制各运转系统的操作规程;对各种设备、电气、仪表和设施做全面的检查和校验;进行电气工程的全面试验,管网工程的试水、试压试验;喷泉工程试水试验等。

# 17.5　竣工验收程序

## 17.5.1　竣工项目的预验收

竣工项目的预验收是在施工单位完成自检自验并认为符合正式验收条件,在申报工程验收之后和正式验收之前的这段时间内进行的。对于委托监理的园林工程项目,总监理工程师即应组织其所有各专业监理工程师来完成。竣工预验收要吸收建设单位、设计、质量监督人员参加,而施工单位也必须派人配合竣工验收工作。

由于竣工预验收的时间长,并多由各方面派出的专业技术人员参加,因此对验收中发现的问题多在此时解决,为正式验收创造条件。为做好竣工预验收工作,总监理工程师要提出一个预验收方案,这个方案含预验收需要达到的目的和要求、预验收的重点、预验收的组织分工、预验收的主要方法和主要检测工具等,并向参加预验收的人员进行必要的培训,使其明确预验收内容。

预验收工作大致可分为以下两大部分：

**1）竣工资料的审查**

认真审查技术资料，不仅是正式验收的需要，也是为工程档案资料的审查打下基础。

（1）技术资料主要审查的内容

a. 工程项目的开工报告，工程项目的竣工报告；b. 图纸会审及设计交底记录；c. 设计变更通知单；d. 技术变更核定单；e. 工程质量事故调查和处理资料；f. 水准点、定位测量记录；g. 材料、设备、构件的质量合格证书，试验、检验报告；h. 隐蔽工程记录；i. 施工日志；j. 竣工图；k. 质量检验评定资料；l. 工程竣工验收有关资料。

（2）技术资料审查方法

①审阅。边看边查，把有不当的及遗漏或错误的地方记录下来，然后再对重点仔细审阅，做出正确判断，并与承接施工单位协商更正。

②校对。监理工程师将自己日常监理过程中所收集积累的数据、资料，与施工单位提交的资料一一校对，凡是不一致的地方都记载下来，然后再与承接施工单位商讨，如果仍然不能确定的地方，再与当地质量监督站及设计单位的佐证资料进行核定。

③验证。若出现几个方面资料不一致而难以确定时，可重新测量实物予以验证。

**2）工程竣工的预验收**

园林工程的竣工预验收，在某种意义上说，它比正式验收更为重要。因为正式验收时间短促，不可能详细、全面地对工程项目一一查看，而这主要依靠对工程项目的预验收来完成。因此所有参加预验收的人员均要以高度的责任感，并在可能的检查范围内，对工程数量、质量进行全面的确认，特别对那些重要和易于遗忘的部位都应分别登记造册，作为预验收的成果资料，提供给正式验收中的验收委员会参考和承接施工单位进行整改。

## 17.5.2　正式竣工验收

正式竣工验收是由国家、地方政府、建设单位以及单位领导和专家参加的最终整体验收。大中型园林建设项目的正式验收，一般由竣工验收委员会（或验收小组）的主任（组长）主持，具体的事务性工作可由总监理工程师来组织实施。正式竣工验收的工作程序如下：

**1）准备工作**

①向各验收委员会单位发出请柬，并书面通知设计、施工及质量监督等有关单位。

②拟定竣工验收的工作议程，报验收委员会主任审定。

③选定会议地点、时间。

④准备好一套完整的竣工图和验收的报告及有关技术资料。

**2）正式竣工验收**

①由验收委员会主任主持验收委员会会议。会议首先宣布验收委员会名单，介绍验收工作议程及时间安排，简要介绍工程概况，说明此次竣工验收工作的目的、要求及做法。

②由设计单位汇报设计施工情况及对设计的自检情况。

③由施工单位汇报施工情况以及自检自验的结果情况。

④由监理工程师汇报工程监理的工作情况和预验收结果。

⑤在实施验收中,验收人员可先后,也可分为两组分别对竣工验收的技术资料及工程实物进行验收检查。在检查中可吸收监理单位、设计单位、质量监督人员参加。在广泛听取意见、认真讨论的基础上,提出竣工验收的统一结论意见,如无异议,则予以办理竣工验收证书和工程验收鉴定书。

⑥验收委员会主任或副主任宣布验收委员会的验收意见,举行竣工验收证书和鉴定书的签字仪式。

⑦建设单位代表发言。

⑧验收委员会会议结束。

## 17.5.3　建设项目竣工验收的质量核定

建设项目竣工验收的质量核定是政府对竣工工程进行质量监督的一种带有法律性的手段,是竣工验收交付使用必须办理的手续。质量核定的范围包括新建、扩建、改建的工业与民用建筑,设备安装工程,市政工程等。质量等级分为合格和不合格两个等级,合格的发《合格证书》,不合格的不发证书,待整改、验收合格后发《合格证书》。

### 1)申报竣工质量核定的工程条件

①必须符合国家或地区规定的竣工条件和合同规定的内容。委托工程监理的工程,必须提供监理单位对工程质量进行监理的有关资料。

②必须具备各方签认的验收记录。对验收各方提出质量问题,施工单位进行返修的工程,应具备建设单位和监理单位的复验记录。

③提供按照规定齐全有效的施工技术资料。

④保证竣工质量核定所需的水、电供应及其他必备的条件。

### 2)质量核定的方法和步骤

①单位工程完成之后,施工单位应按照国家检验评定标准的规定进行自验,符合有关规范、设计文件和合同要求的质量标准后,提交建设单位。

②建设单位组织设计、监理、施工等单位,对工程质量评出等级,并向有关的监督机构提出申报竣工工程质量核定。

③监督机构在受理竣工工程质量核定后,按照国家的《工程质量检验评定标准》进行核定,经核定合格或优良的工程,发给《合格证书》,并说明其质量等级。工程交付使用后,如工程质量出现永久缺陷等严重问题,监督机构将收回《合格证书》,并予以公布。

④经监督机构核定不合格的单位工程,不发给《合格证书》,不准投入使用,责任单位在规定期限返修后,再重新进行申报、核定。

⑤在核定中,如施工单位资料不能说明结构安全或不能保证使用功能的,由施工单位委托法定监测单位进行监测,并由监督机构对隐瞒事故者进行依法处理。

## 17.6　园林工程项目的交接

园林工程的交接,一般主要包含工程移交和技术资料移交两大部分内容。

### 17.6.1　工程移交

当竣工验收合格后,施工单位对一些漏项和工程缺陷进行修补,拆除临时设施,撤出施工场地,将工程移交给甲方。当移交清点工作结束后,监理工程师签发工程竣工交接证书见表17.1。签发的工程竣工交接书一式3份,建设单位、承接施工单位、监理单位各1份。

表17.1　竣工移交证书

工程名称:　　　　　合同号:　　　　　监理单位:

致建设单位＿＿＿＿＿＿＿＿＿＿＿＿＿＿＿＿＿:

兹证明＿＿＿＿＿＿＿＿＿＿＿号竣工报验单所报工程＿＿＿＿＿＿＿已按合同和监理工程师的指示完成,从＿＿＿＿＿＿＿＿＿开始,该工程进入保修阶段。

附注:(工程缺陷和未完成工程)

　　　　　　　监理工程师:　　　　　日期:

总监理工程师的意见:

　　　　　　　签名:　　　　　日期:

注:本表一式3份,建设单位、承接施工单位和监理单位各1份。

### 17.6.2　技术资料的移交

技术资料是由建设单位、施工单位、监理单位3家共同提供,由施工单位整理,交监理工程师审阅,审阅无误后,装订成册后交给建设单位。具体内容见表17.2。

表 17.2　移交技术资料内容一览表

| 工程阶段 | 移交档案资料内容 |
|---|---|
| 项目准备<br>施工准备 | 1. 申请报告,批准文件<br>2. 有关建设项目的决议、批示及会议记录<br>3. 可行性研究、方案论证资料<br>4. 征用土地、拆迁、补偿等文件<br>5. 工程地质(含水文、气象)勘察报告<br>6. 概预算<br>7. 承包合同、协议书、招投标文件<br>8. 企业执照及规划、园林、消防、环保、劳动等部门审核文件 |
| 项目施工 | 1. 开工报告<br>2. 工程测量定位记录<br>3. 图纸会审、技术交底<br>4. 施工组织设计等<br>5. 基础处理、基础工程施工文件,隐蔽工程验收记录<br>6. 施工成本管理的有关资料<br>7. 工程变更通知单,技术核定单及材料代用单<br>8. 建筑材料、构件、设备质量保证单及进场试验单<br>9. 栽植的植物名单、栽植地点及数量清单<br>10. 各类植物材料已采取的养护措施及方法<br>11. 假山等非标工程的养护措施及方法<br>12. 古树名木的栽植地点、数量、已采取的保护措施<br>13. 水、电、暖、气等管线及设备安装施工记录和检查记录<br>14. 工程质量事故的调查报告及所采取措施的记录<br>15. 分项、单项工程质量评定记录<br>16. 项目工程质量检验评定及当地工程质量监督站核定的记录<br>17. 其他(如施工日志)等<br>18. 竣工验收申请报告 |
| 竣工验收 | 1. 竣工项目的验收报告<br>2. 竣工决算及审核文件<br>3. 竣工验收的会议文件<br>4. 竣工验收质量评价<br>5. 工程建设的总结报告<br>6. 工程建设中的照片、录像以及领导、名人的题词等<br>7. 竣工图(含土建、设备、水、电、暖、绿化种植等) |

# 17.7　园林工程的回访、养护及保修保活

　　园林工程项目交付使用后,在一定期限内施工单位应到建设单位进行回访,对该项工程的相关内容进行养护管理和维修工作。对由于施工责任造成的使用问题,应由施工单位负责修

理,直至达到能正常使用为止。

回访、养护及维修,体现了承包者对工程项目负责的态度和优质服务的作风,并可在回访、养护及保修的同时,进一步发现施工中的薄弱环节,以便总结经验、提高施工技术和质量管理水平。

## 17.7.1　回访的方式

工程移交后,由项目经理组织相关人员,到建设单位查看现场、听取意见、做好记录,对发现的问题制定整改措施,进行整改,具体方式有如下几种:

### 1)季节性回访

一般是雨季回访屋面、墙面的防水情况,自然地面、铺装地面的排水组织情况,植物的生长情况;冬季回访植物材料的防寒措施搭建效果,池壁驳岸工程有无冻裂现象等。

### 2)技术性回访

主要了解园林施工中所采用的新材料、新技术、新工艺、新设备的技术性能和使用后的效果,新引进的植物材料的生长状况等。

### 3)保修期满前的回访

主要是在保修期将结束时,提醒建设单位注意各设施的维护、使用和管理情况,并对遗留问题进行处理。

### 4)绿化工程的日常管理养护

保修期内对植物材料的浇水、修剪、施肥、打药、除虫、搭建风障、间苗、补植等日常养护工作,应按施工规范经常性地进行。

## 17.7.2　保修保活的范围和时间

### 1)保修、保活范围

一般来讲,凡是园林施工单位的责任或者由于施工质量不良而造成的问题,都应该实行保修。

### 2)养护保修保活时间

自竣工验收完毕次日起,绿化工程一般为1年,由于竣工当时不一定能看出所栽植的植物材料的成活情况,需要经过一个完整的生长期的考验,因而1年是最短的期限。土建工程的结构工程为整个寿命期,防水工程一般为5年;水、电、卫生和通风等工程,一般保修期为1年;采暖工程为1个采暖期。保修期长短也可以承包合同为准。

### 17.7.3　经济责任

园林工程一般比较复杂,修理项目的问题往往由多种原因造成,所以,经济责任必须根据修理项目的性质、内容和修理原因等诸多因素,由建设单位、施工单位和监理工程师共同处理。一般本着责任自负的原则,即由谁引起由谁负担经济责任。

### 17.7.4　养护、保修、保活期阶段监理工程师的工作

监理单位的养护、保修责任为 1 年,在结束养护保修期时,监理单位应做好以下工作:
①将养护、保修期内发生的质量缺陷的所有技术资料归类整理。
②将所有期满的合同书及养护、保修书归档之后交还给建设单位。
③协助建设单位办理养护、维修费用的结算工作。
④召集建设单位、设计单位、承接施工单位联席会议,宣布养护、保修期结束。

## 复习思考题

1. 园林工程竣工验收的依据和标准是什么?
2. 园林工程竣工验收时整理工程档案应汇总哪些资料?
3. 园林工程竣工验收应检查哪些内容?
4. 编制竣工图的依据及内容要求有哪些?
5. 竣工验收对技术资料的主要审查内容有哪些?
6. 园林建筑各项工程的保修期是多少?
7. 园林植物的保活期怎样确定?

# 实训教学

## 实训 1　土方测量与土方量计算

### 1. 实训目的

通过实地测量和土方量的计算,使学生掌握土方量的计算方法。

### 2. 实训方法

选择一高低不平的实地进行测量并记录结果,分别用求体积类似法和方格网法计算进行场地平整所完成的土方量。

### 3. 实训报告

实地测量结果和土方量的计算方法及结果。

### 4. 实训要求

要求每 5 人一组进行测量,每个学生按测量结果独自完成土方量计算。

## 实训 2　给排水观察

### 1. 实训目的

通过某一公园实地考察,使学生了解公园内的主要给排水系统的详细情况,并使学生知道如何在实际施工中正确运用。

### 2. 实训方法

对某一公园实地考察,让学生调查公园内的主要给排水系统的详细情况,如给水方式、给水管道的布置、排水类型、排水管网的布置、地表排水的方式、窨井的主要结构及分布等。教师与同学一起分析公园的给排水情况,并最后做总结。

### 3. 实训报告

(1)绘出公园局部给排水管网图。
(2)分析该公园给排水系统的优缺点。

## 实训 3　园林中常用管件、喷头的识别及水景组合安装

### 1. 实训目的

通过实验使学生能够识别各种管件及加压、控制装置,熟练安装各种水管及管件,并能充分利用现有喷头和管件组装不同的喷泉水景(组合)。

### 2. 实训材料与方法

(1)实验材料　不同类型、不同管径的水管,弯头、等径三通、变径三通、内接、外接等不同种类管件;控制器、电磁阀、过滤器、单向阀、加压泵;各种喷头,如喷灌用喷头、水景用喷头等。
(2)实验方法
①识别各种管件、喷头及加压、控制装置。

②熟练安装各种水管及管件并能充分利用现有喷头和管件组装不同的喷泉水景(组合)。

## 3. 实训报告

(1)写出所见的各种园林水景用喷头名称。

(2)绘出所制作的水景组合平面图及效果图。

(3)说明控制器、电磁阀、过滤器、单向阀、加压泵等在园林水景中的作用。

## 4. 实训要求

4人或5人一组进行喷泉水景的安装,每人设计一种喷头组合,同学之间进行讨论各喷头组合的优缺点,最后教师点评。实验报告要求独立完成。

# 实训 4 园林景墙参观与测绘

## 1. 实训目的

了解景墙的园林置景作用,了解景墙的结构构造组成,知道相应的建造施工情况,进行测绘图的绘制。

## 2. 实训材料与方法

选择有代表性的景墙,进行以下内容的参观测绘实训:

(1)调查景墙的置景位置和相应的功能特点。

(2)景墙的平面、立面、剖面的测绘。

(3)分析景墙的结构与构造组成,研究其施工程序的方法。

(4)景墙的细部节点分析和测绘。

## 3. 实训报告

实训报告书写内容:

(1)景墙的名称与相应的配景特点。

(2)景墙的施工程序。

(3)景墙的平面布置测绘图与主体效果图。

（4）景墙的立面图、剖面图及构造节点、大样图。

（5）参观体会或有关问题的提示。

# 实训 5　假山石的识别及假山的评价

## 1. 实训目的

使学生能够分辨出不同的假山石；并对已建假山进行评价，通过对假山的评价，提高学生对假山的审美水平和制作技巧。

## 2. 实训材料与方法

带学生到假山石或山石盆景销售市场，观察各种假山石的特点；带学生参观著名（或已建）假山，根据掇山手法，让学生从山形山势、山石的同质、同色、接形、合纹等方面入手，观察并评价该假山的制作优缺点，并指出在建造假山时应注意的事项。

## 3. 实训报告

假山实习的心得体会。

# 实训 6　假山的设计和模型制作

## 1. 实训目的

（1）使学生知道假山的设计与制作应与周围的环境相协调，不同的假山石建造的假山山形与山势也应有所不同。

（2）掌握假山模型的制作方法。

## 2. 实训材料与方法

（1）给出不同的环境和假山石材，根据环境和石材绘制假山。

（2）两人一组，用泡沫塑料制作假山模型，并突出不同假山石的皴纹变化。

### 3. 实训报告

（1）假山设计的平面图、立面图。
（2）假山模型。

# 实训 7　园路的设计与施工（广场砖路面）

## 1. 实训目的

熟悉各种园路的基本结构，掌握园路施工的基本程序和方法。

## 2. 实训材料与方法

（1）材料　广场砖、山沙、混凝土、碎石。
（2）方法
①自行设计园路的基本结构和路面图案并编制施工方案。
②计算每平方米主要材料的用量并组织材料。
③施工：防线、挖路槽、平整夯实、铺碎石、混凝土基层、结合层、面层及图案。

## 3. 实训报告

（1）所设计的路面图案和园路结构图。
（2）施工方案和材料的用量的计算。

## 4. 实训要求

4 人或 5 人一组，根据要求每人做一项园路结构和路面图案设计，并按其中之一设计进行施工。

## 实训 8　草坪建植施工

### 1. 实训目的

通过实训,使学生掌握草坪的几种建植方式。

### 2. 实训材料与方法

(1)草坪播种建植　草坪的播种量、播种密度及播种方法的确定、播后的复土与管理。

(2)草皮铺栽建植　满铺(无缝铺栽)、有缝铺栽、方格型花纹铺栽及压实与浇水的方法。

### 3. 实训报告

不同草坪建植方法的比较。

### 4. 实训要求

4 人一组,每组播种 2 m²,草皮满铺(无缝铺栽)、有缝铺栽、方格型花纹铺栽各 2 m²,同一块地可重复使用。

## 实训 9　照明灯具的识别、选用

### 1. 实训目的

通过对照明灯具的识别、选用,让学生了解当前园林工程中使用的园林照明灯具类型,掌握不同性质、功能的园林工程应用相应的园林照明灯具。

### 2. 实训材料与方法

(1)选择规模较大的灯具制造厂、园林灯具销售公司、园林工程公司或其他相关实训基地,作为实训场所,进行相关园林灯具的识别、选用。

(2)在实训场所内,选择园林建设中应用的园林照明灯具,详细观察其外形、组成,了解其

功能及在园林工程中的不同应用。

### 3. 实训报告

将所观察的各类园林照明灯具的名称、外形、组成和功能记载整理,并自我评述其优点或提出不足之处。

## 实训 10　园林照明、供电设计

### 1. 实训目的

通过对园林照明、供电进行设计,让学生了解基本的园林照明、供电设计基本知识,掌握不同性质、功能的园林工程所采用相应的园林照明、供电设计。

### 2. 实训材料与方法

(1)选择一在建或拟建的园林工程,或园林工程设计图纸,作为实训对象,进行相关园林照明供电设计。

(2)针对实训对象进行照明供电线路设计、配电设备布置、灯具的选择等。

### 3. 实训报告

将所设计的照明线路、设备和使用的灯具等进行记载整理,并自我评述其优点或提出不足之处。

## 实训 11　园林机械的识别及使用

### 1. 实训目的

通过对园林机械的识别,让学生了解当前园林工程中常用的园林机械类型和当地常用的园林机械种类,掌握不同的园林工程应用相应的园林机械。

## 2. 实训材料与方法

(1)选择规模较大的园林机械厂、园林机械销售公司、园林工程公司或其他相关实训基地,作为实训场所,进行相关园林机械的识别。

(2)在实训场所内,选择园林工程施工与管理中应用的园林机械,详细观察其外形、组成,了解其功能及在园林工程中的不同应用。

(3)部分园林机械的使用,如草坪机械、绿篱机械、灌溉机械、植保机械等的使用与维修。

## 3. 实训报告

(1)将所观察的各类园林机械的名称、外形、组成和功能记载整理,并评述其优点或提出不足之处。

(2)所操作的园林机械的名称、组成、功能和操作方法要点进行详细记载整理,并写出操作心得体会。

# 实训 12　投标标书的编制

## 1. 实训目的

通过投标标书的编制,使学生熟练掌握园林工程投标标书的要求、内容及技术文本的编制。

## 2. 实训材料与方法

(1)材料准备

提供某一园林工程的招标文件及其相关的技术资料。

(2)方法步骤

①熟悉研究招标文件和相关资料。

②模拟投标环境。

③进行投标决策,决定投标策略。

④制订施工方案。

⑤研究分析决定报价。

⑥完成编制标书。

### 3. 实训报告

完成一份详尽的投标标书的技术标本报告。

### 4. 实训要求

（1）课内讲解,学生利用课余时间完成。
（2）可结合课程教学一并进行。

# 实训 13    园林工程施工图预算的编制（1）

## 1. 实训目的

通过施工图预算的实训,使学生把课堂理论教学上的知识应用于实践,熟练掌握园林工程施工图预算的内容和编制的方法,能根据工程实际,编制出满足施工需要的施工图预算。

## 2. 实训材料与方法

（1）资料准备
①某一工程的施工图。
②该工程的施工组织设计。
③选用的预算定额。
④当地的取费标准。
⑤国家及地区签发的有关文件。
⑥建设双方的合同或协议。
⑦其他所需资料。
（2）工具准备
①计算器或计算机。
②编制施工图预算的各种表格。
（3）实训方法与步骤
①熟悉施工图纸、施工组织设计及施工现场情况。
②计算各项工程量。
③汇总工程量。
④套用预算定额基价。

⑤调查了解各种材料的市场价格,计算材料差价。

⑥计算工程直接费用。

⑦按照取费标准,计算综合间接费、计划利润和税收及工程总造价。

⑧校对审核。

⑨编写施工图预算说明并填写封面,装订成册。

### 3. 实训报告

(1)要求学生每人完成一份施工预算。

(2)实训报告中除完成的施工图预算外,还要写明实训的全过程和中间发现的问题及处理的方法。

### 4. 实训要求

(1)各种表格要规范,填写要认真。

(2)根据提供工程项目内容可按 1~2 次实验课。

# 实训14　园林工程施工图预算的编制（2）

同实训 13。

# 实训15　园林工程施工合同的编制

## 1. 实训目的

通过园林工程施工合同的编制,使学生掌握一般园林工程施工合同所需的条款和编制技术。

## 2. 实训材料与方法

编写某一园林工程施工合同。

(1)材料准备

①审批后的施工图纸资料。

②依法成立的招、投标文件。

③建设双方达成的协议及相关文件。

（2）方法步骤

①熟悉施工图纸，研究相关资料和法规。

②确定园林工程施工合同的主要内容。

③确定承包人和发包人的条件及其权利和义务。

④确定工程造价、工程价款的支付、结算及交工验收办法。

⑤确定双方的违约责任和争议解决方式。

## 3. 实训报告

该园林工程施工合同。

## 4. 实训要求

用 2 个学时进行讲解，然后在教师指导下学生独立完成一套完整的工程施工合同的编制。

# 实训 16　园林工程施工方案的编制

## 1. 实训目的

通过园林工程施工方案的编制，使学生掌握一般园林工程施工组织设计编制技术，能够完成中、小型园林工程施工方案的编制任务，为进行施工与管理打下基础。

## 2. 实训材料与方法

为某一园林工程编制施工方案。

（1）材料准备

①审批后的施工图纸资料。

②依法成立的招、投标文件及中标签订的合同。

③建设双方达成的协议及相关文件。

④绘图工具等。

（2）方法步骤

①熟悉施工图纸，研究相关资料。

②确定施工规划的目标。

③完成施工组织设计图。

④编制施工方案。

## 3. 实训报告

该园林工程施工方案。

## 4. 实训要求

每个学生独立完成一套完整的单项工程施工方案。

# 实训 17　施工总平面图在施工管理中的应用

## 1. 实训目的

通过实训使学生运用已有的施工总平面图，能够很好进行现场施工的调度和检查，培养发现问题，及时处理问题的能力。

## 2. 实训材料与方法

（1）材料准备
①某园林工程施工现场总平面图一份。
②必要的表格和有关计算、绘图、填写的工具和材料等。
（2）方法步骤
①某一园林工程施工工地。
②熟悉、完善施工现场情况和施工总平面图。
③运用总平面图进行现场施工调度（也可模拟）。
④进行施工现场检查和评定。
⑤发现问题及时处理。

## 3. 实训报告

每组或每人完成一份实训报告，内容为：
（1）工程概况及实训情况简介。
（2）施工总平面图及其要点说明。

（3）现存调度,检查记录。

（4）发现的问题及处理意见和结果。

（5）实训体会。

## 4. 实训方式

（1）实训时间:分组进行,3 天时间完成实训任务。

（2）可结合课堂教学,在施工现场结合教学一次完成。

（3）也可作为毕业实习的一个内容安排完成。

# 实训 18  园林工程施工监理的质量控制

## 1. 实训目的

通过工程监理内容的实训,使学生能够掌握施工监理中质量控制的主要内容、方法和过程。

## 2. 实训方法

（1）选择某一园林在建工程,参加监理质量控制的全过程。

（2）与该工程监理部门联系建立关系,不定期地让学生参加其质量控制的各个环节的工作（图纸会审、有关答疑、技术交底、质量检查、试验、监督、质量事故处理、质量评定等）,最少在 3 个内容。

## 3. 实训报告

完成质量监理总结报告一份,并详细叙述参与的质量监理环节的过程和结果;填写必要的监理表格。

## 4. 实训要求

（1）严格按照工程监理所应遵循的原则要求自己。

（2）可结合工程施工情况,灵活安排实训时间。

# 附 录

## 附录1 园林绿化工程施工及验收规范

扫描二维码学习。

## 附录2 城市绿化条例

扫描二维码学习。

# 参考文献

[1] 孟兆祯.园林工程[M].北京:中国林业出版社,2002.

[2] 梁盛任.园林建设工程[M].北京:中国城市出版社,2000.

[3] 周维权.中国古典园林史[M].北京:清华大学出版社,1996.

[4] 游泳.园林史[M].北京:中国农业科学技术出版,2002.

[5] 余树勋.园林美学与园林艺术[M].北京:科学出版社,1987.

[6] 钱昆润,葛筠圃.建筑施工组织设计[M].南京:东南大学出版社,1989.

[7] 陈科东.园林工程施工与管理[M].北京:高等教育出版社,2002.

[8] 唐来春.园林工程与施工[M].北京:中国建筑工业出版社,1999.

[9] 杜训,陆惠民.建筑企业施工现场管理[M].北京:中国建筑工业出版社,1997.

[10] 张长友.建筑装饰施工与管理[M].北京:中国建筑工业出版社,2000.

[11] 丁文锋.城市绿地喷灌[M].北京:中国林业出版社,2001.

[12] 张京.园林施工工程师手册[M].北京:北京中科多媒体电子出版社,1996.

[13] 毛培琳.喷泉设计[M].北京:中国建筑工业出版社,1990.

[14] 刘祖绳,唐祥忠.建筑施工手册[M].北京:中国林业出版社,1997.

[15] 吴根宝.建筑施工组织[M].北京:中国建筑工业出版社,1995.

[16] 毛鹤琴.土木工程施工[M].武汉:武汉工业大学出版社,2000.

[17] 园林工程编写组.园林工程[M].北京:中国林业出版社,1999.

[18] 董三孝.园林工程概预算与施工组织管理[M].北京:中国林业出版社,2003.

[19] 孟兆祯,毛培琳.园林工程[M].北京:中国林业出版社,1995.

[20] 湖南大学.建筑材料[M].北京:中国建筑工业出版社,1996.

[21] 莱若·G.汉尼鲍姆.园林景观设计实践方法[M].宋力主,译.沈阳:辽宁科学技术出版社,2003.

[22] 阿论·布兰克.园林景观构造及细部设计[M].罗福午,黎钟,译.北京:中国建筑工业出版社,2002.

[23] 金井格.道路和广场的地面铺装[M].章俊华,乌恩,译.北京:中国建筑工业出版社,2002.

[24] 陈飞.城市道路工程[M].北京:中国建筑工业出版社,1998.

［25］周初梅. 园林建筑设计与施工［M］. 北京：中国农业出版社，2002.

［26］陈祺. 园林工程建设现场施工技术［M］. 北京：化学工业出版社，2004.

［27］石祚江，王利明，张鲁归. 家庭社区绿地绿化养护手册［M］. 上海：上海科技教育出版社，2003.

［28］南京林业学校. 园林植物栽培学［M］. 北京：中国林业出版社，1999.

［29］谢国文. 园林花卉学［M］. 北京：中国农业科学技术出版社，2002.

［30］金波. 园林花木病虫害识别与防治［M］. 北京：化学工业出版社，2004.

［31］陈有民. 园林树木学［M］. 北京：中国林业出版社，1994.

［32］吴志华. 园林工程施工与管理［M］. 北京：中国农业出版社，2001.

［33］丰田辛夫. 风景建筑小品设计图集［M］. 北京：中国建筑工业出版社，1999.

［34］马月吉. 怎样编制与审核工程预算［M］. 北京：中国建筑工业出版社，1984.

［35］肖斌. 城市园林经济管理学［M］. 西安：陕西科学技术出版社，2001.

［36］卢谦. 建筑工程招标投标工作手册［M］. 北京：中国建筑工业出版社，1987.

［37］赵香贵. 建筑施工组织与进度控制［M］. 北京：金盾出版社，2003.

［38］李广述. 园林法规［M］. 北京：中国林业出版社，2003.

［39］曹露春. 建筑施工组织与管理［M］. 南京：河海大学出版社，1999.

［40］彭圣洁. 建筑工程施工组织设计实例应用手册［M］. 北京：中国建筑工业出版社，1996.

［41］John Brookes. John Brookes Garden Design Book［M］. Montreal：Dorling Kindersley Limited，1991.

［42］赵兵. 园林工程［M］. 南京：东南大学出版社，2004.

［43］王晓俊. 风景园林设计［M］. 南京：江苏科学技术出版社，2000.

［44］毛培林. 中国园林假山［M］. 北京：中国建筑工业出版社，2004.

［45］王乃康，茅也冰，赵平. 现代园林机械［M］. 北京：中国林业出版社，2000.

［46］顾正平. 园林绿化机械与设备［M］. 北京：机械工业出版社，2002.

［47］董三孝. 园林工程施工与管理［M］. 北京：中国林业出版社，2004.

［48］周武忠. 寻求伊甸园——中国古典园林艺术比较［M］. 南京：东南大学出版社，2001.

［49］吴俊奇，付婉霞，曹秀芹. 给水排水工程［M］. 北京：中国水利水电出版社，2004.

［50］张建林. 园林工程［M］. 北京：中国农业出版社，2002.

［51］赵世伟. 园林工程景观设计大全［M］. 北京：中国农业科学技术出版社，2000.

［52］韩烈报. 草坪建植与管理手册［M］. 北京：中国林业出版社，2001.

［53］郭学望，包满珠. 园林树木种植养护学［M］. 北京：中国林业出版社，2004.

［54］潘文明. 草坪建植与养护［M］. 北京：高等教育出版社，2006.

［55］胡长龙. 园林规划设计［M］. 北京：中国农业出版社，1995.

［56］刘师汉，胡中华. 园林植物种植设计与施工［M］. 北京：中国林业出版社，1999.